"十二五"普通高等教育本科规划教材

全国本科院校机械类创新型应用人才培养规划教材

模具设计与制造(第2版)

主　　编　田光辉　　林红旗

副主编　周先辉　　梁秀山　　蔡广宇

参　　编　杨　样　　李国慧　　邱玉江

　　　　　张　欣

主　　审　张洪峰

北京大学出版社

PEKING UNIVERSITY PRESS

内 容 简 介

本书分为 3 篇共 12 章内容：第 1 篇冲压成形工艺与模具设计(第 1～6 章)，介绍冲压工艺基础，冲裁工艺与冲裁模，弯曲工艺与弯曲模，拉深工艺与拉深模，其他冲压成形工艺与模具设计(胀形、翻边及缩口)，冲模设计流程及 eta/DYNAFORM 有限元分析软件；第 2 篇塑料成型工艺与模具设计(第 7～9 章)，介绍塑料成型工艺基础，注射成型工艺及注射模，其他塑料成型工艺及模具(压缩成型工艺与压缩模、压注成型工艺与压注模、挤出成型工艺及模具、中空吹塑成型、真空成型、压缩空气成型及泡沫塑料成型)；第 3 篇模具制造技术(第 10～12 章)，介绍模具制造基础，模具成形表面的加工和模具装配工艺。除正文之外，附录中有冲模零件常用材料及热处理要求、常用塑料的收缩率、塑料模具成型零件及其他工作零件常用材料及热处理要求。此外，还有冲压模和塑料模专业术语中英文对照、金属材料性能符号的新旧标准便于读者查阅。

本书力求将模具设计与制造的基本原理、基本知识与实际应用紧密结合，体现应用型本科生的培养特点；同时，也对现代模具先进技术作了适当的介绍，各章后均附有习题，重点章节还附有"综合案例"。本书可作为高等院校机械类、近机类各专业教材，也可作为成人高校等的培训教材，还可供从事模具设计与制造的工程技术人员参考使用。

图书在版编目(CIP)数据

模具设计与制造/田光辉，林红旗主编. —2 版. —北京：北京大学出版社，2015.1
(全国本科院校机械类创新型应用人才培养规划教材)
ISBN 978-7-301-24801-0

Ⅰ. ①模… Ⅱ. ①田…②林… Ⅲ. ①模具—设计—高等学校—教材②模具—制造—高等学校—教材 Ⅳ. ①TG76

中国版本图书馆 CIP 数据核字(2014)第 210381 号

书　　　　名：	模具设计与制造(第 2 版)
著作责任者：	田光辉　林红旗　主编
策 划 编 辑：	童君鑫　黄红珍
责 任 编 辑：	黄红珍
标 准 书 号：	ISBN 978-7-301-24801-0/TH·0407
出 版 发 行：	北京大学出版社
地　　　　址：	北京市海淀区成府路 205 号　100871
网　　　　址：	http://www.pup.cn　新浪官方微博：@北京大学出版社
电 子 信 箱：	pup_6@163.com
电　　　　话：	邮购部 62752015　发行部 62750672　编辑部 62750667　出版部 62754962
印 刷 者：	北京宏伟双华印刷有限公司
经 销 者：	新华书店

　　　　　　787 毫米×1092 毫米　16 开本　28.25 印张　658 千字
　　　　　　2009 年 9 月第 1 版
　　　　　　2015 年 1 月第 2 版　2019 年 5 月第 7 次印刷

定　　　　价：59.00 元

第 2 版前言

在国家产业政策的引导下，经过几十年的努力，我国模具的设计与制造能力已达到较高水平，包括信息工程和虚拟技术等许多现代设计制造技术已在很多模具企业得到应用。虽然如此，我国的模具设计与制造能力与市场需要和国际先进水平相比仍有较大差距，在大型、精密、复杂模具的设计与制造方面还需要付出巨大努力。

目前，我国模具行业从业人员已超过 700 多万，但仍不能满足日益增长的需求。为适应社会对人才持续增长的需求，近年来，许多本科院校的机械类专业都把"模具设计与制造"这门课程作为专业课或专业选修课，但适用于培养应用型人才的本科教材却非常少，因此，我们策划并编写了本书，作为我校省级精品课程"模具设计与制造"的配套教材。

全书分为 3 篇共 12 章内容：第 1 篇冲压成形工艺与模具设计(第 1～6 章)，介绍了常见的各种冲压工艺及模具设计的基础知识，重点讲解了冲裁模、弯曲模和拉深模设计；第 2 篇塑料成型工艺与模具设计(第 7～9 章)，介绍了塑料的组成和特性，以及压缩成型、压注成型、挤出成型、中空吹塑成型、真空成型、压缩空气成型及泡沫塑料成型等常见的塑料成型工艺及模具特点，重点讲解了使用最为广泛、结构比较复杂、最具代表性的注射模具设计；第 3 篇模具制造技术(第 10～12 章)，介绍了模具制造的基础知识，重点讲解了模具零件加工工艺、模具装配工艺。

本书通俗易懂，层次结构分明，内容实用，注重模具新技术、新工艺的介绍，并力求体现近年来各有关院校在教学改革方面所取得的成果。本书各章后均附有习题，并且重点章节后还附有"综合案例"和"综合实训"。 除正文之外，附录中有冲模零件常用材料及热处理要求、常用塑料的收缩率、塑料模具成型零件及其他工作零件常用材料及热处理要求。此外，还有冲压模和塑料模专业术语中英文对照、金属材料性能符号的新旧标准便于读者查阅。

模具设计与制造是一门综合性、实践性很强的学科，本书在编写过程中，充分体现了这一特点。本次再版，编者对插图做了大量修改，尽可能地贴近实际；对重点章节的"综合案例"进行了细化，设计步骤和计算更加清晰，既注重理论计算，又突出了设计的经验运用，引导学生利用所学知识一步步完成设计工作。

本书由南阳理工学院田光辉(第 1、2 章)、林红旗(第 8 章)担任主编并负责统稿，周先辉(第 11、12 章)、梁秀山(第 5、6 章)、蔡广宇(第 7 章)担任副主编，杨样(第 3 章)、邱玉江(第 4 章)、李国慧(第 9 章及附录 A、B、C、D、E)、张欣(第 10 章)参与编写，张洪峰担任主审。

本书第 1 版自出版以来，得到了广大师生的厚爱，在此表示深深的谢意！本次修订时不胜惶恐，怕辜负了读者的厚爱，因此格外努力，但仍难保证完全满足教学的需求，不足之处希望大家见谅。

编　者

2014 年 6 月

目　　录

第 1 篇

冲压成形工艺与模具设计

第 1 章

冲压工艺基础

(Basic of Stamping Process)

本章学习目标

  通过本章的学习，使学生掌握冲压成形的概念、特点及分类，掌握冲压常用材料的要求及种类，了解常用冲压设备类型及主要参数，理解塑性、加工硬化、力学性能等对冲压成形的影响。

  应该具备的能力，初步具备选择冲压材料及选择冲压设备的基本能力；能够分析材料的塑性、加工硬化等性能对冲压成形的影响。

本章教学要求

能力目标	知识要点	权重	自测分数
掌握冲压成形的概念、特点及分类	冲压成形的概念、特点及分类	30%	
熟悉冲压常用材料的要求及种类	冲压常用材料的要求及种类	25%	
了解常用冲压设备类型及主要参数	常用冲压设备主要参数	25%	
理解影响冲压成形的因素	影响冲压成形的因素	20%	

导入案例

在日常生活中，有许多用品都是冲压产品，如图 1.01 中的不锈钢锅、易拉罐等。这些产品都是利用金属板材，通过安装在压力机上的冲压模具加工而成的。那么我们知道不知道冲压用的设备是什么样子的？是不是所有的金属材料都能用于冲压加工呢？这是首先应了解的内容。

(a) 不锈钢锅   (b) 易拉罐

图 1.01 冲压产品

复习回忆《机械工程材料》中有关材料组织性能和力学性能的相关知识。

1.1 模具概述(What's mould and die？)

1.1.1 模具的概念(Conception of Mould and Die)

一般读者以前可能没有接触过模具，对模具有一种神秘感，其实模具实质上就是一种工具，是一种工艺装备，有简单的，也有复杂的。模具制造企业中有各式各样的模具，如用于生产摩托车变速箱的压铸模、生产塑料制品的注射模、生产不锈钢炊具的冲压模、生产铝合金型材的挤压模等。在汽车覆盖件生产车间，还会看到重达上百吨的汽车覆盖件模具。总之，模具有大有小，有轻有重，有简单有复杂，形式各异、多种多样。

那么，模具是什么呢？可以说，模具就是服务于人们意志的一种工具。

可以通过使用不同的模具，在各种必要的外部条件(如温度、压力等)作用下，来得到我们所期望的产品。

1.1.2 模具的分类(Classification of Mould and Die)

从广义上讲，模具可以分为两大类。

(1) 有型腔的模具，如冲裁模，注射模——模具。

(2) 无型腔的模具，如木模，仿型模——模型。

有型腔的模具，是通过型腔制造出产品；没有型腔的模具，是通过仿型复制出产品，或通过它制造出型腔，然后再制造出产品。

通常所讲的模具是指第一种，即有型腔的模具；而把无型腔的模具称为模型。

一个有实质使用意义的模具，其重要标志之一，就是具有"重复使用性"。

现实生活中，常根据模具的结构、产品的属性、生产工艺条件等，从多方面对模具进行分类，如冲压模、塑料模、压铸模等。

学习的重点：冲模中的冲裁模，塑料模中的注射模；其次为冲模中的弯曲模和拉深模，塑料模中比较常用的压注模和注塑模。

1.1.3 如何学习好"模具设计与制造"课程(What should we do to learn "Mould and Die Design and Fabrication" course well?)

"模具设计与制造"课程是专业课程，综合性较强，且对实践经验要求比较高，学习时要注意以下几个方面。

(1) 要具备扎实的相关基础知识。如机械制图(手工制图、AutoCAD、CAXA、Pro/ENGINEER 等)、公差与配合、工程材料及热处理、机械设计、机械制造等，应熟练掌握。

(2) 熟知各种模具的典型结构及各主要零部件的作用，举一反三。

(3) 熟悉各种国家标准或行业标准，设计时尽可能地采用标准件。

(4) 设计零部件时，要考虑其机械加工工艺性。

(5) 注意实践经验的积累，理论联系实际，特别是在实训、实习等实践教学环节。

1.2 冲压成形的特点与分类(Features and Classification of Stamping)

1.2.1 冲压成形(Stamping)

冲压成形是指在压力机上通过模具对板料(金属或非金属)加压，使其产生分离或发生塑性变形，从而得到一定形状、尺寸和性能要求的零件的加工方法。它属于塑性加工方法之一，这种方法又称为冷冲压或板料冲压。冲压模具设计是实现冷冲压工艺的核心。

1.2.2 冲压成形的特点(Features of Stamping)

冲压成形是一种先进的加工方法，与机械加工方法相比，具有以下特点。

(1) 可以获得其他加工方法不能加工或难以加工的形状复杂的零件，如汽车覆盖件等。

(2) 冲压生产的零件的尺寸精度主要是靠冲压模具来保证的，加工出的冲压零件质量稳定，一致性好，具有"一模一样"的特性。

(3) 材料的利用率高，属于少、无切屑加工。

(4) 可以利用金属材料的塑性变形来提高工件的强度。

(5) 生产率高，易实现自动化生产。

(6) 模具使用寿命长，生产成本低。

1.2.3 冲压工序分类(Classification of Stamping Process)

按照变形性质，冲压工序可分为两大类，即分离工序和成形工序，见表1-1。

分离工序：板料在压力作用下，其压力超过材料的抗剪强度而沿一定轮廓线断裂成制件的工序。通常分离工序又称冲裁。

成形工序：板料在压力作用下，其应力超过屈服强度(未达到抗剪强度)而产生塑性变形，从而获得一定形状和尺寸的制件的工序。

表 1-1　冲压工序

类别	组别	工序名称	工序简图	工序特点
分离工序	冲裁	切断	制件	将板料沿不封闭的轮廓分离
		落料	废料　制件	沿封闭的轮廓将制件或毛坯与板料分离
		冲孔	制件　废料	在毛坯或板料上，沿封闭的轮廓分离出废料得到带孔制件
		切舌		沿不封闭轮廓将部分板料切开并使其折弯
		切边	废料　制件	切去成形制件多余的边缘材料
		剖切		沿不封闭轮廓将半成品制件切离为两个或数个制件
成形工序	弯曲	折弯		将毛坯或半成品制件沿弯曲线弯成一定角度和形状
		卷边		把板料端部弯曲成接近封闭的圆筒状
	拉深	拉深		把平板毛坯拉压成空心体，或者把空心体拉压成外形更小的空心体

类别	组别	工序名称	工序简图	工序特点
成形工序	成形	起伏		使半成品发生局部塑性变形，按凸模与凹模的形状变成凹凸形状
		翻边		在预先制好的半成品上或未经制孔的板料上冲制出竖立孔边缘的制件
		胀形	剖视	使空心毛坯内部在双向拉应力作用下，产生塑性变形，得到凸肚形制件
		缩口	剖视	使空心毛坯或管状毛坯端部的径向尺寸缩小而得到制件

1.3　板料的冲压成形性能(Stamping Formability of Metal Sheet)

1.3.1　金属材料的塑性与变形抗力(Plasticity and Resistance to Deformation of Metal)

1. 塑性

塑性是指固体材料在外力作用下发生永久变形而不破坏其完整性的能力。常用的塑性指标有伸长率 A 和断面收缩率 ψ。材料的塑性是塑性加工的依据，冲压成形时总希望被冲压的材料具有良好的塑性。

金属材料的塑性与柔软性概念不同，柔软性只是物质变形抗力的标志，与金属的塑性没有直接的联系。即软的材料塑性不一定好，塑性好的材料不一定柔软。例如奥氏体不锈钢在室温下具有良好的塑性，但其变形抗力却很大，需在很大压力下成形。

同一变形条件下不同的材料具有不同的塑性，同一种材料在不同的变形条件下又会出现不同的塑性。例如金属铅在一般情况下变形时，具有极好的塑性，但在三向等拉应力的作用下却会像脆性材料一样被破坏，而不产生任何塑性变形；而大理石一般情况下毫无塑性，却可以在三向压应力的作用下产生一定的塑性变形。此外，某些金属在一定温度及低的变形速度下进行拉深，可以得到几倍甚至十几倍的均匀拉深变形，即达到金属的超塑性状态。

影响金属材料塑性变形的因素有两个方面。一是金属材料本身的性质，如化学成分、金相组织等；二是外部条件，如变形温度、变形速度和应力状态等。

1) 化学成分及组织的影响

金属的组织结构取决于它的化学成分。组成金属主要元素的晶格类型、杂质的性质、数量及分布情况，晶粒大小、方向及形状等，都与化学成分有关。一般来说，组成金属的元素越少(如纯金属和固溶体)，塑性越好；滑移系统数量越多，力学性能越一致，晶界强度越大，塑性越好。

2) 变形温度对塑性的影响

对于大多数金属和合金而言，随着温度的升高会使塑性增加。但一些金属在升温过程中的某些温度区间内，塑性会降低，出现脆性区。如碳钢，随着温度升高塑性会增加，但在 200～250℃、800～900℃ 及超过 1250℃ 的 3 个温度区间，出现塑性下降，分别称为蓝脆区、热脆区和高温脆区。

温度升高使塑性增加有如下原因：发生了回复和再结晶；临界切应力降低，滑移系增加；金属的组织结构发生变化，可能由多相组织转变为单相组织，也可能由对塑性不利的晶格转变为对塑性有利的晶格等。

3) 应力状态对塑性的影响

金属在塑性变形时应力状态非常复杂，为了研究变形金属各部位的应力状态，在变形物体中取一个微小的六面体单元，在六面体上画出所受的应力和方向，这种图称为应力状态图。如果六面体上只有正应力而没有切应力，则此应力状态图称主应力图。根据主应力方向及组合不同，主应力图共有 9 种，如图 1.1 所示。

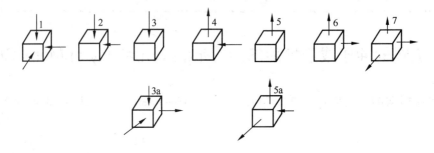

图 1.1　主应力示意

应力状态对塑性的影响很大，主应力图中压应力个数越多、数值越大，则塑性越好。图 1.1 所示的主应力图中第 1 种塑性最好，第 7 种塑性最差。

当 3 个主应力的大小都相等，即 $\sigma_1 = \sigma_2 = \sigma_3$ 时，称为球应力状态。深水中的微小物体所处的就是这样一种应力状态，习惯上将三向等压应力称为静水压力。在静水压力作用下的金属，其塑性将提高，静水压越大，塑性提高越多，这种现象称为静水压效应。静水压效应对塑性加工很有利，应尽量加以利用。

2. 变形抗力

塑性变形时，使金属产生塑性变形的外力称为变形力，金属抵抗变形的力称为变形抗力。变形抗力反映了使材料产生塑性变形的难易程度。

变形抗力与变形力数值相等，方向相反。在材料力学中变形应力 σ 是用载荷 F 与试棒初始截面积 A_0 的比值来表示的，即 $\sigma = F/A_0$。这种表示方法有其不合理性，因为拉伸试验中试棒的截面积在不断减小，真正的应力应该是该瞬间的载荷与该瞬间试棒的截面积之比，这个应力称为真实应力。通常用真实应力作为变形抗力的指标。

在冲压生产中常用真实应力-应变曲线来表示材料变形抗力与变形程度的关系，这是一个指数曲线，表示如下：

$$\sigma = C\varepsilon^n$$

式中，C——与材料性能有关的系数(MPa)；

n——硬化指数。

C 和 n 的值取决于材料的种类和性能，可通过拉伸试验获得。n 是材料在变形时硬化性能的重要指标，n 值越大，表示变形过程中，材料的变形抗力随着变形程度的增加而迅速增长，同时不易出现局部的集中变形和破坏，有利于增大伸长类零件成形时的变形极限，所以 n 对板料的成形性能有着重要的影响。

金属塑性加工过程多数是在两向或三向应力状态下进行的，加工同一种材料的变形抗力一般要比单向应力状态的真实应力大得多，可达真实应力的 1.5～6 倍。因此，变形抗力的大小除了取决于该材料在一定变形温度、变形速度和变形程度下的真实应力外，还取决于塑性加工时的应力状态、接触摩擦及相对尺寸因素等。

1) 化学成分及组织对变形抗力的影响

对于纯金属，因原子间的作用特性不同，各种纯金属的变形抗力也不同，纯度越高，变形抗力越小。不同牌号的合金，因组织状态不同，变形抗力也不同。如硬铝合金 LY12 在退火状态下的变形抗力为 100MPa，淬火时效后变形抗力为 300MPa。一般合金元素、杂质元素含量越高，变形抗力越大，尤其是弥散分布对变形抗力的增大影响较大。

材料发生相变时，力学性能和物理性能都会发生变形，当然变形抗力也发生变化。对单相组织，单相固溶体中合金元素的含量越高，引越晶格畸变越大，变形抗力越高。单相组织比多相组织的变形抗力要低。

2) 变形温度对变形抗力的影响

温度升高，金属原子间的结合力降低，变形抗力降低。但那些在升温过程中在某些温度区间出现脆性区的金属则例外。

3) 变形速度对变形抗力的影响

变形速度的提高使热效应增大，从而使变形抗力降低；另一方面，变形速度提高缩短了变形时间，位错运动的发生与发展时间不足，又使变形抗力增加。一般来说，随着变形速度的提高，金属的真实应力提高，但提高的程度与变形温度有关。冷变形时变形速度对真实应力影响不大，而在热变形时随变形速度的提高会引起真实应力的显著提高。

4) 变形程度对变形抗力的影响

金属变形过程中随着塑形变形程度的增加，其变形抗力(即每一瞬间的下屈服强度 R_{eL} 与抗拉强度 R_m)增加，硬度提高，而塑性和韧性降低，这种现象称为加工硬化。材料的加工硬化对塑性变形的影响很大，材料在发生加工硬化以后，不仅使变形抗力增加，而且还限制了材料的进一步变形，甚至要在后续成形工序前增加退火工序。

5) 应力状态对变形抗力的影响

塑性理论指出，只有应力差才会导致物体的形状变形。物体受到的静水压力越大，其变形抗力越大。如挤压时金属受三向压应力作用，拉拔时受两压一拉的应力作用，虽然两者产生的变形状态是相同的，但挤压时的变形抗力远大于拉拔时的变形抗力。

1.3.2 冲压成形工艺的分类(Classification of Stamping Technology)

在各种冲压成形工艺中，毛坯变形区的应力状态和变形特点是制订工艺过程、设计模具和确定极限变形参数的主要依据，所以只有能够充分地反映变形毛坯的受力与变形特点的分类方法，才可能真正具有实用的意义。

从本质上看各种冲压成形过程就是毛坯变形区在力的作用下产生变形的过程，所以毛坯变形区的受力情况和变形特点是决定各种冲压变形性质的主要依据。从毛坯变形区的应力与应变特点，可以把冲压变形概括为两大类：伸长类变形和压缩类变形。

当作用于毛坯变形区内的最大应力、应变为正值时，称这种冲压变形为伸长类变形，如胀形、翻边与弯曲外侧变形等。这种成形主要是靠材料的伸长和厚度的减薄来实现的，此时拉应力的成分越多，数值越大，材料的伸长与厚度减薄越严重。

当作用于毛坯变形区内的最大应力、应变为负值时，称这种冲压变形为压缩类变形，如拉深凸缘变形区和弯曲内侧变形等。这种成形主要是靠材料的压缩与增厚来实现的，压应力的成分越多，数值越大，板料的缩短与增厚就越严重。

伸长类变形的极限变形参数主要决定于材料的塑性，并且可以用板材的塑性指标直接或间接地表示。例如多数实验结果证实：平板毛坯的局部胀形深度、圆柱体空心毛坯的胀形系数、圆孔翻边系数、最小弯曲半径等都与伸长率有明显的正比关系。压缩类成形的极限变形参数(如拉深系数)，通常都受毛坯传力区的承载能力的限制，有时则受变形区或传力区的失稳起皱的限制。两类成形方法极限变形参数确定的基础不同，所以影响极限变形参数的因素和提高极限变形参数的途径和方法也不一样。

1.3.3 板料力学性能与成形性能的关系(Relationship between Mechanical Property and Formability of Metal Sheet)

板料的冲压成形性能是指板料对各种冲压方法的适应能力。但要测定板料的成形性能非常困难，因为板料的成形方式多种多样，每一种成形方式的应力状态、变形特点等情况都不相同，目前还不能用一个统一的指标来判别其成形性能的好坏，不过可通过对板料拉伸试验中测得的一些力学性能数据进行分析来判断板料的成形性能。

图 1.2 表示板料单向拉伸的试样，其各部分尺寸见表 1-2。试验时利用测量装置测量拉伸力 F 与拉伸行程(即试验伸长值)，根据这些数值作出 R - A 曲线，如图 1.3 所示。

图 1.2 拉伸试样

图 1.3 拉伸曲线

表 1-2 拉伸试样尺寸 (单位：mm)

板料厚度 a	材料宽度 b	H	短试样 $L_0 = 5.65\sqrt{S_0}$		短试样 $L_0 = 11.3\sqrt{S_0}$	
			L_0	L_c	L_0	L_c
0.5	20	40	20	30	40	50
1.0	20	40	25	35	50	60
1.5	20	40	30	40	60	70
2.0	20	40	35	45	70	80

从拉伸试验可获得板料的一些机械性能指标：下屈服极限 R_{eL} 或规定残余延伸强度 $R_{r0.2}$、抗拉强度 R_m、最大力总伸长率 A_{gt}、断裂总伸长率 A_t、加工硬化指数 n、厚向异性指数 γ 及板平面各向异性指数 $\Delta\gamma$ 等。下面将其中重要的几项分述如下。

1. 下屈服强度 R_{eL}

下屈服强度 R_{eL} 小，材料容易变形，则变形抗力小，所需变形力小。在压缩类变形时，因易于变形而不易出现起皱，弯曲变形后回弹也小。

2. 屈强比 R_{eL} / R_m

屈强比对冲压成形影响比较大。屈强比小，说明 R_{eL} 小而 R_m 大，允许的塑性变形区间大，即易于产生塑性变形而不易破裂。尤其对拉深变形而言，屈强比小，意味着变形区易于变形而不易起皱，而传力区又不易拉裂，有利于提高拉深变形程度。

3. 伸长率

拉伸试验中，试样拉断时的伸长率称断裂总伸长率 A_t。试样在屈服阶段之后达到所能抵抗的最大力时，即试样开始产生局部集中变形时(颈缩时)的伸长率称最大力总伸长率 A_{gt}，如图 1.3 所示。

A_{gt} 表示材料产生均匀的或稳定的塑性变形的能力，它直接决定材料在伸长类变形中的冲压成形性能。从试验中得到验证，大多数材料的翻边变形程度都与 A_{gt} 成正比。可以得出结论：伸长率是影响翻边或扩孔成形性能的主要参数。

4. 硬化指数 n 和弹性模量 E

n 值表示材料在塑性变形中的硬化程度。n 值大，材料在变形中加工硬化，真实应力增大。在拉伸类变形中，n 值大，变形抗力增大，从而使变形趋于均匀，板料厚度方向变薄量减小，厚度分布均匀，表面质量好，成形极限增大，制件不易产生裂纹，冲压性能好。

弹性模量 E 越大，材料抗压失稳能力越强，卸载后回弹越小，冲压件质量越高。

5. 厚向异性指数 γ

由于钢锭结晶和板材轧制时出现纤维组织等原因，板料的塑性会因方向不同而出现差异，这种现象称为板料的塑性各向异性。厚度方向的各向异性用厚度异性指数 γ 表示，其表达式为：

$$\gamma = \varepsilon_b / \varepsilon_t$$

式中，γ ——厚向异性指数；

ε_b，ε_t ——试样宽度和厚度方向的应变。

由上式可知，当 $\gamma > 1$ 时，板料宽度方向较厚度方向容易产生变形，即板料不易变薄或增厚。在拉深变形工序中，加大 γ 值，毛坯宽度方向易于变形，切向易于收缩，不易起皱，有利于提高变形程度和保证产品质量。故 γ 值越大，材料的拉深性能越好。

6. 板平面各向异性指数 $\Delta\gamma$

板料轧制后，在板平面内也出现各向异性，因此沿各不同方向，其力学性能和物理性能均不同。板平面各向异性用板平面各向异性指数 $\Delta\gamma$ 表示，其表达式为：

$$\Delta\gamma = \frac{\gamma_{0°} + \gamma_{90°} - 2\gamma_{45°}}{2}$$

式中，$\gamma_{0°}$，$\gamma_{90°}$，$\gamma_{45°}$ ——与板料轧制纤维方向成 0°、90°、45°试样的厚向异性指数。

$\Delta\gamma$ 越大，表示板平面内的各向异性越严重。拉深件拉深后口部不齐，出现"凸耳"，就是由板料的各向异性而引起的，它既浪费材料又要增加一道切边工序。

1.4 冲压常用的材料(Frequent Material in Stamping)

冲压最常用的材料是金属板料，也有部分用非金属板料。生产时，往往是使用剪板机把板料剪切成条料，对大批量生产可采用专门规格的带料(或卷料)。

一般来说，伸长率大、屈强比小、弹性模量大、硬化指数高和厚向异性指数大有利于各种冲压成形工序。此外，还要满足以下要求。

(1) 板料应有良好的表面质量。板料表面不能有划伤、缩孔、麻点或断面分层，否则在冲压过程中会造成应力集中而产生破裂。板料表面若扭曲不平，会引起毛坯定位不稳定而造成冲压废品。板料按表面质量可分为Ⅰ(高质量表面)、Ⅱ(较高质量表面)和Ⅲ(一般质量表面)三种。

(2) 板料的规格应符合有关标准。在冲压中，如拉深工艺，凸模和凹模的间隙主要是根据板料厚度及公差确定的，所以板厚必须符合标准。否则，不仅会影响制件的质量，还可能引起模具或压力机的损坏。我国对板料厚度公差的要求，规定有高级(A)、较高级(B)

和普通级(C)三种。

表 1-3 列出了部分冲压常用金属材料及其力学性能；表 1-4 列出了冲压常用非金属材料及其力学性能。

表 1-3 部分冲压常用金属材料及其力学性能

材料名称	材料牌号	热处理状态	抗剪强度 τ_b/MPa	抗拉强度 R_m/MPa	下屈服强度 R_{eL}/MPa	伸长率 $\delta11.3$/(%)
电工用纯铁 ($w_C < 0.025$)	DT1，DT2，DT3	已退火	180	230	—	26
电工用硅钢	D11，D21，D31	已退火	190	230	—	26
普通碳素钢	Q215	未退火	270～340	340～420	220	26～31
	Q235		310～380	380～470	240	21～25
	Q275		400～500	550～620	280	15～19
碳素结构钢	08F	已退火	220～310	280～390	180	32
	08		260～360	330～450	200	32
	10		260～340	300～440	210	29
	20		280～400	360～510	250	25
	45		440～560	550～700	360	16
优质碳素钢	65Mn	已退火	600	750	400	12
碳素工具钢	T7～T12	已退火	600	750	—	10
不锈钢	1Cr13	已退火	320～380	400～470	—	21
	2Cr13		320～400	400～500	—	20
	1Cr18Ni9Ti	热处理退软	430～550	540～700	200	40
纯铝	1060，1050A，1200	已退火	80	75～110	50～80	25
		淬硬后冷作硬化	100	120～150	—	4
铝锰合金	3A21	已退火	70～100	110～145	50	19
硬铝合金	2A12	已退火	105～150	150～215	—	12
纯铜	T1、T2、T3	软态	160	200	7	30
		硬态	240	300	—	3
黄铜	H62	软态	260	300	—	35
		半硬态	300	380	200	20
	H68	软态	240	300	100	40
		半硬态	280	350	—	25

表 1-4　部分常用非金属板料的抗剪强度

板料名称	抗剪强度 τ_b/MPa	
	用管状凸模冲裁	用普通凸模冲裁
布胶板	90～100	120～180
金属箔纸胶板	110～130	140～200
有机玻璃	70～80	90～100
聚氯乙烯	60～80	100～130
氯乙烯	30～40	50
赛璐珞	40～60	80～100
橡胶板	1～6	20～80
硬钢纸板	30～50	40～45
柔软皮革	6～8	30～50
绝缘纸板	40～70	60～100

1.5　冲压设备(Stamping Machine)

常用的冲压设备很多，但主要是压力机。压力机的主要形式有曲柄压力机、液压压力机、摩擦压力机、双动压力机、三动压力机、多工位压力机、弯曲机、精冲压力机、高速压力机和数控冲床等。下面介绍常用的曲柄压力机。

1.5.1　曲柄压力机(Crank Press)

1. 曲柄压力机的结构及工作原理

曲柄压力机是冲压生产中应用最广泛的一种机械压力机，习惯称之为冲床。图 1.4 所示为曲柄压力机的外形图，图 1.5 为其工作原理图。电动机 1 通过带轮 2、3 及大、小齿轮带动曲轴 7 旋转，曲轴通过连杆带动滑块 10 沿导轨作下上往复运动，从而带动模具实施冲压。模具安装在滑块与工作台之间。

曲柄压力机结构包括工作机构、传动机构、操作机构、支承机构和辅助机构等。

(1) 工作机构。工作机构主要由曲轴 7、连杆 9 和滑块 10 组成。其作用是将电动主轴的旋转运动变为滑块的往复直线运动。滑块底平面中心设有模具安装孔，大型压力机滑块底面还设有 T 形槽，用来安装和压紧模具，滑块中还设有退料装置(如图 1.4 中所示横梁)，用以在滑块回程时将工件或废料从模具退出。

(2) 传动系统。传动系统由电动机 1、小带轮 2、大带轮 3、小齿轮 4 和大齿轮 5 等组成。其作用是将电动机的运动和能量按照一定要求传给曲柄滑块机构。

(3) 操作系统。操作系统包括空气分配系统、离合器、制动器、电气控制箱等。离合器是用来接通或断开大齿轮与曲轴间运动传递的机构，即控制滑块是否产生冲压动作，由操作者操纵。制动器可以确保离合器脱开时，滑块比较准确地停止在曲轴运动的上止点位置。

图1.4 可倾式曲柄压力机

图1.5 曲柄压力机工作理

1—电动机；2—小带轮；3—大带轮；4—小齿轮；
5—大齿轮；6—离合器；7—曲轴；8—制动器；
9—连杆；10—滑块；11—上模；12—下模；
13—垫板；14—工作台

(4) 支承部件。支承部件包括机身、工作台、拉紧螺栓等。

此外，压力机还具有气路和滑润等辅助系统，以及安全保护、气垫、顶料等附属装置。

2. 压力机的型号

压力机的型号用汉语拼音字母、英文字母和数字表示。例如 JA23-63B 型号的意义如下：

机械压力机列别、组别的划分如下。

1列：单柱偏心压力机。其中，1列1组为单柱固定台式压力机；1列2组为单柱活动台式压力机。

2列：开式双柱压力机。其中，2列3组为开式双柱可倾式压力机。

3列：闭式曲柄压力机。其中，3列1组为闭式单点压力机；3列6组为闭式双点压力机；3列9组为闭式四点压力机。

4列：拉深压力机。其中，4列3组为开式双动拉深压力机；4列4组为底传动双柱拉深压力机；4列5组为闭式上传动双动拉深压力机。

5列：摩擦压力机。其中，5列3组为双盘摩擦压力机。

3. 曲柄压力机的基本技术参数

曲柄压力机的基本技术参数表示压力机的工艺性能和应用范围，是选用压力机和设计模具的主要依据。压力机的主要技术参数如下。

(1) 公称压力 F_p(kN)。压力机滑块的压力 P，在全行程中不是一个常数，而是随着曲轴转角 α 的变化而变化，如图1.6所示。压力机的公称压力 F，是指滑块离下止点前某一特定距离，或曲轴转角离下止点前某一角度时所产生的最大压力(即 $F_p = P_{max}$)，这个角度称为工作角(曲柄压力机一般为 $25°\sim30°$)。对应工作角滑块运动的那一段距离称为公称压力行程。公称压力应与模具设计所需的总压力相适应，它是选择压力机的主要依据。

(2) 滑块行程 s。滑块行程是指滑块上、下止点间的距离。对于曲柄压力机，其值等于曲柄长度的两倍(即 $s = 2R$)，如图1.6所示。滑块行程 s 与加工制件 h_0 的最大高度有关，应能保证制件的放入与取出。对于拉深件，为方便安放毛坯和取出制件，滑块行程要大于制件高度 h_0 的2倍以上(如图1.7所示)，一般要求 $s \geqslant (2.3\sim2.5)h_0$。

(3) 滑块行程次数。滑块行程次数是指滑块空载时，每分钟上下往复运动的次数。有负载时，实际滑块行程次数小于空载次数。对于自动送料曲柄压力机，滑块行程次数越高，生产效率越高。

(4) 装模高度。压力机装模高度是指压力机滑块处于下止点位置时，滑块下表面到工作台上表面的距离。当装模高度调节装置将滑块调整到最上位置时(即当连杆调至最短时)，装模高度达到最大值，称为最大装模高度，用 H_{max} 表示。反之，即为最小装模高度，H_{min} 表示。装模高度调节装置所能调节的距离，称为装模高度调节量。模具的闭合高度 h 应在压力机的最小装模高度和最大装模高度之间，如图1.8所示。

(a) 原理图

(b) 曲线图

图1.6　曲柄压力机的许用负荷

(a) 下止点位置　　　　(b) 上止点位置

图 1.7　拉深模具的行程示意

1—凹模；2—凸模；3—压边圈；4—工件

 特别提示

> 当模具的闭合高度 h 小于压力机的最小装模高度 H_{min} 时该怎么办？此时可在压力机的工作台上加装垫板，增加模具的装模高度，如图 1.8 所示。

(5) 工作台尺寸和滑块底面尺寸。压力机工作台面尺寸应大于冲模的相应尺寸 $a_1 \times b_1$。一般情况下，工作台面尺寸应大于下模座尺寸 50～70mm，为固定下模留下足够的空间。上模座的平面尺寸一般不应该超过滑块底面尺寸 $a \times b$。

(6) 模柄孔和漏料孔尺寸。如图 1.8 所示，模柄直径应略小于滑块内模柄安装孔的直径 D，模柄的长度应小于模柄孔的深度 l_1。在自然漏料的模具中，要考虑工作台面上的漏料孔直径 D_1 尺寸能保证漏料。

图 1.8　冲模与压力机尺寸的关系

表 1-5 所示为开式可倾式曲柄压力机的主要技术参数。

表 1-5 开式可倾式曲柄压力机的主要技术参数

型号		J23-6.3	J23-16	J23-25	J23-40	J23-63	J23-80	J23-100	J23-125
公称压力/kN		63	160	250	400	630	800	1000	1250
公称力行程/mm		3.5	5	6	7	8	9	10	11
滑块行程/mm		50	70	80	100	120	130	140	150
行程次数/(次/min)		160	115	100	80	70	60	60	50
最大装模高度 (封闭高度)/mm		170	220	250	300	360	380	400	430
封闭高度调节量/mm		40	60	70	80	90	100	110	120
滑块中心到床身 距离(喉口深度)/mm		110	160	190	220	260	290	320	350
滑块底面 尺寸/mm	左右	140	200	250	300	300	430	540	540
	前后	120	180	220	260	260	360	480	480
工作台面 尺寸/mm	左右	315	450	560	630	710	800	900	970
	前后	200	300	360	420	480	540	600	650
落料孔直径/mm		60	100	120	150	150	200	220	280
立柱间距离/mm		150	220	260	300	340	380	420	460
模柄孔尺寸 (直径×深度)/mm		$\phi30×50$	$\phi50×70$	$\phi50×70$	$\phi50×70$	$\phi50×70$	$\phi60×75$	$\phi60×75$	$\phi70×80$
工作台板厚度/mm		40	60	70	80	90	100	110	120
电动机功率/kW		0.75	1.5	2.2	5.5	5.5	7.5	11	11

1.5.2 压力机类型的选择(Selection of Press Type)

曲柄压力机适用于落料模、冲孔模、弯曲模和拉深模。C 形床身的开式曲柄压力机具有操作方便及容易安装机构化附属设备等优点，适用于中小型冲模。闭式机身的曲柄压力机刚度较好，精度较高，适用于大中型或精度要求较高的冲模。

液压压力机适用于小批生产大型厚板的弯曲模、拉深模、成形模和校平模。它不会因为板料厚度超差而过载，特别对于行程较大的加工，具有明显的优点。

摩擦压力机适用于中小型件的校正模、压印模和成形模。生产率比曲柄压力机低。

双动压力机适用于大量生产大型、较复杂拉深件的拉深模。

多工位压力机适用于同时安装落料、冲孔、压花、弯曲、拉深、切边等多副模具，不宜用于连续模。它适用于不宜用连续模生产的大批量成形冲件。

弯曲机适用于小型复杂的弯曲件生产。弯曲机是一种自动化机床，它具有自动送料装置及多滑块，可对带料或丝料进行切边、冲载、弯曲等加工。每一个动作都是利用凸轮、连杆和滑块单独进行驱动，模具各部分成为独立的单一体，从而大大简化了模具结构。

精冲压力机适用于精冲模，能冲载出具有光洁平直剪切面的精密冲裁件，也可以进行冲裁—弯曲、冲裁—成形等连续工序。

高速压力机适用于连续模。高速压力机是高效率、高精度的自动化设备，一般配有卷料架、校平和送料装置，以及废料切刀等附属设施。

数控冲床的步冲次数(数控冲床工作步距和频率简称步冲次数)高、冲压稳定，并配有高效自动编程软件。主要用于带多种尺寸规格孔型的板冲件加工，在大型电气控制柜加工行业有着广泛的市场，也可用于其他大批量板冲件的加工。

本章小结(Brief Summary of this Chapter)

本章对冲压工艺的基础知识作了较为详细的阐述，包括模具的概念、冲压成形工艺的分类与特点、板料的冲压性能及冲压设备。

冲压成形的特点与分类介绍了冲压成形的概念以及冲压工序的分类和特点。

板料的冲压性能介绍了金属材料的塑性、变形抗力及冷作硬化的概念及影响因素，并对其力学性能与成形性能之间的关系作了阐述。

冲压设备主要介绍了曲柄压力机的基本结构和主要技术参数，并对选用原则作了简要说明。

本章的教学目标是使学生具备冲压工艺的基础知识。

习题(Exercises)

1. 简答题

(1) 什么是冲压加工？冲压加工与其他加工方法相比有何特点？

(2) 冲压工序分为哪两大类？从每一大类中各列举 3 个主要工序，并说明其变形特点和应用。

(3) 冲压用板料的力学性能与成形性能之间有什么关系？

(4) 曲柄压力机的主要技术参数有哪些？如何选择冲压设备？

(5) 查阅资料，试述冲压模具技术的现状和发展趋势如何。

2. 案例题

图 1.9 所示为不同类型压力机的实物图片，试查阅相关资料，确定这几种压力机的类型，各有什么特点，一般用于哪些方面。并指出主要结构组成。

(a)

(b)

(c)

图1.9　压力机

综合实训(Comprehensive Practical Training)

1．实训目标：提高学生对压力机和模具的感性认知，帮助学生认识模具在压力机上进行安装的过程，提高学生的动手操作能力。

2．实训内容：指导学生掌握压力机基本结构和基本操作，使学生掌握冲压模在压力机的安装与拆卸过程，有条件的可以使用板料进行冲压演示，增强冲压加工的感性认知。

3．实训要求：模具在压力机的安装与拆卸要严格按照以下要求进行。

1) 冲压模安装过程

(1) 装模前要了解所用冲压模的结构特点及使用条件。如冲压模具的闭合高度、出件方式等。然后检查压力机的运转是否正常，确认压力机工作状态良好后，着手进行模具安装。安装时必须将压力机行程开关转换到"手动"上，严禁用脚踏开关进行模具安装。

(2) 准备好安装冲压模所需的紧固螺栓、螺母、压板、垫块、垫板及冲压模上的附件(如打料杆、顶杆等)。

(3) 将压力机的打料螺栓调整到最上位置。

(4) 测量冲压模的闭合高度，并根据测量的尺寸调整压力机滑块的高度，使滑块在下止点时，滑块底面与压力机工作台面的距离略大于模具的闭合高度(若有垫板应为模具闭合高度与垫板之和)。

(5) 将模具与压力机的接触面擦拭干净，松开滑块上夹持块上的紧固螺栓，卸下夹持块，将处于闭合状态的模具沿槽推入滑块的模柄孔内。

(6) 将压力机滑块停在下止点，仔细调整压力机滑块高度，使滑块与上模面接触，再装上模具夹持块。

(7) 调整好模具的送料方向，紧固模具夹持块，安装下模压板，但不要将螺栓拧得太紧，如模具有弹顶器时，应先安装弹顶器。

(8) 调整压力机上的连杆，使滑块向上调3～5mm，开动压力机使滑块停在上止点。擦净导柱导套部位并加润滑油后，再点动压力机，使滑块上下运动1～2次后使滑块停在下止点。靠导柱导套将上下模具的位置导正后，将压板螺栓拧紧。

(9) 空冲试机几次后，并逐步调整压力机滑块高度，先用与条料等宽的硬纸条料进行试冲，刚好冲下零件后，将可调连杆螺钉锁紧。

(10) 观察试件周边的断面状况，可以判断模具间隙的分布情况。如发现模具间隙分布不均匀，可以在模具闭合状态下，松开下模的压板螺钉，用手锤对模具间隙作微小调整。

(11) 若模具需要打料，再调整打料装置。打料装置的螺栓不必调得过低，只需将模具中的工件或废料刚好打出即可。打料装置的螺栓调得过低，滑块上升时，会使打料横梁严重撞击螺栓而产生故障。

2) 冲压模卸模步骤

(1) 用手动或点动使压力机的滑块下降，使模具处于完全闭合状态。

(2) 待压力机停稳后，松开模具夹持块上的紧固螺栓及紧定螺钉，使模柄或上模座与滑块松开。

(3) 将滑块上升到上止点位置并离开模具的上模部分，切断压力机的电源。在滑块上升前应用手锤敲打一下上模座，以避免上模座随滑块上升后又重新落下损坏冲压模刃口。

(4) 卸开下模压板螺钉，将冲压模从压力机垫板台面上移出，完成卸模的全部工作。

第2章
冲裁工艺与冲裁模
(Blanking Process and Blanking Die)

本章学习目标

理解冲裁变形过程分析，掌握冲裁件工艺性分析、排样与搭边、冲裁间隙、冲裁工序力、压力中心的确定方法及凸、凹模刃口尺寸计算原则和方法，掌握冲裁模的典型结构、组成、工作过程分析和零部件的结构设计。

应该具备的能力：具备中等复杂程度冲裁件的工艺分析、工艺计算、模具典型结构选择及零部件结构设计的能力。

本章教学要求

能力目标	知识要点	权重	自测分数
熟悉冲裁变形过程分析	冲裁工艺概念、冲裁变形过程及断面特征	10%	
掌握冲裁模典型结构	冲裁模典型结构组成、种类、工作过程分析及典型结构选择	20%	
掌握冲裁工艺设计	冲裁件的工艺性分析、排样与搭边、冲裁间隙、冲裁工序力、压力中心的确定方法及凸、凹模刃口尺寸计算原则和方法	35%	
掌握冲裁模零部件结构设计	工作零件、定位装置、卸料与推件、顶件装置、固定零件、导向零件、闭合高度等的设计	35%	

导入案例

冲裁加工是冲压加工中的基本工序，如图 2.01 所示的各种常用工具和电动机硅钢片就是采用冲裁加工而成的。这些工具的共同特点：平板类零件，形状比较简单，使用量大，生产批量大。

(a) 工具   (b) 电动机硅钢片

图 2.01 冲裁加工制品

思考这些工具的加工方法有哪些？如果采用模具生产，如何完成模具设计？

2.1 冲裁工艺设计基础(Basic of Blanking Process Design)

2.1.1 冲裁工艺(Blanking Process)

1. 冲裁工艺概念

冲裁是指利用装在压力机上的模具使板料沿着一定的轮廓形状产生分离的一种冲压工艺。它可以直接冲出所需形状的零件，也可为其他工序制备毛坯(如弯曲、拉深等工序)。主要有冲孔、落料、切边、切口等工序。冲裁工艺分为普通冲裁和精密冲裁两大类。这里只介绍普通冲裁。

2. 冲裁工序分类

冲裁工序的种类很多，最常用的是冲孔和落料。

板料经过冲裁以后，分为冲落部分和带孔部分，如图 2.1 所示。从板料上冲下所需形状的零件(毛坯)叫落料；在工件上冲出所需形状的孔叫冲孔(冲去部分为废料)。如图 2.2 所示垫片冲裁件，冲制外形属于落料；冲制内形属于冲孔。

图 2.1 冲裁件示意   图 2.2 垫片冲裁件

2.1.2 冲裁变形过程(Deformation Process in Blanking)

普通冲裁过程如图 2.3 所示，当冲裁间隙正常时，板料的冲裁变形过程可以分为以下 3 个阶段，即弹性变形阶段、塑性变形阶段、断裂阶段。

图 2.3 冲裁变形过程

1. 弹性变形阶段

如图 2.3(a)所示，当凸模开始接触板料并下压时，变形区内产生弹性压缩、拉伸与弯曲等变形，这时凸模和凹模刃口分别略微挤入板料中。当凸模切入深度达到一定程度时，板料内应力达到弹性极限(此时 $P < R_{eL}$)。

现象：凸模下面的板料略有弯曲，凹模上面的板料开始上翘，若卸去凸模压力，板料能够恢复原状，不产生永久变形(只到弹性变形的极限，无塑性变形)。

2. 塑性变形阶段

如图 2.3(b)所示，凸模继续下压，板料的内应力达到屈服极限，板料在与凸、凹模刃口接触处产生塑性变形，此时凸模切入板料，板料挤入凹模，产生塑性剪切变形，形成光亮的剪切断面。随着塑性变形加大，变形区的材料硬化加剧，冲裁变形力不断增大，当刃口附近的材料由于拉应力的作用出现微裂纹时，标志着塑性变形阶段结束(此时 $R_{eL} \leqslant P < \tau_b$)。

现象：凸模和凹模都切入板料，形成光亮的剪切断面(发生塑性剪切变形，形成光亮带，但没有产生分离，没有裂纹，板料还是一个整体)。

3. 断裂阶段

如图 2.3(c)所示，凸模继续下压，当板料的内应力达到强度极限($P \geqslant \tau_b$)时，在凸模、凹模的刃口接触处，板料产生微小裂纹。

现象：应力作用下，裂纹不断扩展，当上、下裂纹汇合时，板料发生分离；凸模继续下压，将已分离的材料从板料中推出，完成冲裁过程。

2.1.3 冲裁件的断面特征(Fracture Surface Characteristic of Blanking Part)

冲裁件的断面具有明显的区域性特征，在断面上明显地分为圆角带、光亮带、断裂带和毛刺四个部分。如图 2.4 所示为冲孔件和落料件断面的四个区域。

1. 圆角带(塌角区)

圆角带是板料在弹性变形时，刃口附近的板料被牵连，产生弯曲和拉深变形而形成的。它在弹性变形时产生，塑性变形时定形。软材料比硬材料的圆角带大。

(a) 冲孔件   (b) 落料件

图 2.4 冲裁件断面

2. 光亮带

光亮带是板料在塑性剪切变形时，凸、凹模刃口侧压力将毛料压平而形成的光亮垂直的断面，通常光亮带在整个断面上所占的比例小于 1/3，是断面质量最好的区域。板料的塑性越好，冲裁间隙越大，光亮带的宽度就越宽。

3. 断裂带

断裂带是由刃口处的微裂纹在拉应力作用下不断扩展而形成的撕裂面，在断裂阶段产生的。断裂带是断面质量较差的区域，表面粗糙，且有斜度。塑性越差，冲裁间隙越大，断裂带越宽且斜度越大。

4. 毛刺(又称环状毛刺)

毛刺是因为微裂纹产生的位置不是正对刃口，而是在刃口附近的侧面上，加之凸、凹模之间的间隙及刃口不锋利等因素，使金属拉断成毛刺而残留在冲裁件上。普通冲裁件的断面毛刺难以避免。凸模刃口磨钝后，在落料件边缘产生较大毛刺；凹模刃口磨钝后，在冲孔件边缘会产生较大毛刺；间隙不均匀，会使冲裁件产生局部毛刺。

圆角带、光亮带、断裂带、毛刺四个部分在整个断面上所占比例不是固定的，随着材料的机械性能、凸模和凹模之间的间隙、模具结构等不同而变化。

2.1.4 冲裁件的工艺性(Processability of Blanking Part)

1. 冲裁件的结构工艺性

(1) 形状设计应力求简单、对称，同时应减少排样废料。如图 2.5 所示，如果图 2.5(a)所示零件的外形要求不高，只有 3 个孔位要求较高，就可改为图 2.5(b)所示形状，仍能保证 3 个孔的位置精度，这样冲裁时就可以节省材料。

(a)   (b)

图 2.5 冲裁件形状对工艺性的影响

(2) 外形和内孔应避免尖角，用圆弧过渡。这样可便于模具加工，减少热处理变形或冲压时模具工作零件的开裂，减少冲裁时尖角处的崩刃和过快磨损。过渡圆弧的最小圆角半径 r_{min} 见表2-1。

表2-1　冲裁件的最小过渡圆角半径 r_{min}

零件种类			黄铜、纯铜、铝	合金钢	软钢	备注
落料	交角	≥90°	0.18t	0.35t	0.25t	≥0.25mm
		<90°	0.35t	0.70t	0.50t	≤0.50mm
冲孔	交角	≥90°	0.20t	0.45t	0.30t	≥0.30mm
		<90°	0.40t	0.90t	0.60t	≤6mm

注：t 为材料厚度，当 $t<1mm$ 时，均以 $t=1mm$ 计。

(3) 要保证冲裁件的强度、凸模和凹模的强度。冲裁件尽量避免狭长的槽与过长的悬壁。图2.6所示的凸起和凹槽的宽度应保证 $b>2t$。若 b 值太小，则相应的凸模很薄，强度不足，甚至无法生产。应保证孔与孔之间的距离 $c'≥1.5t$，孔与边缘之间的距离 $c≥t$，否则会严重降低凸凹模的强度。

图2.6　冲裁件的结构工艺性

(4) 冲孔时，孔径不能太小，以防止凸模折断或弯曲。可冲压的最小的孔径有两种情况：表2-2所示为无导向凸模冲孔的最小孔径；表2-3所示为带保护套凸模冲孔的最小孔径。

表2-2　无导向凸模可冲孔的最小孔径

材料	圆形孔(直径 d)	方形孔(孔宽 b)	长圆形孔(直径 d)	矩形孔(孔宽 b)
钢，$\tau_b>700MPa$	$d≥1.5t$	$b≥1.35t$	$d≥1.1t$	$b≥1.2t$
钢，$\tau_b=400\sim700\ MPa$	$d≥1.3t$	$b≥1.2t$	$d≥0.9t$	$b≥1.0t$
钢，$\tau_b<400MPa$	$d≥1.0t$	$b≥0.9t$	$d≥0.7t$	$b≥0.8t$
黄铜、铜	$d≥0.9t$	$b≥0.8t$	$d≥0.6t$	$b≥0.7t$
铝、锌	$d≥0.8t$	$b≥0.7t$	$d≥0.5t$	$b≥0.6t$
纸胶板、布胶板	$d≥0.7t$	$b≥0.7t$	$d≥0.4t$	$b≥0.5t$
纸	$d≥0.6t$	$b≥0.5t$	$d≥0.3t$	$b≥0.4t$

注：τ_b 为材料抗剪强度。

表 2-3　带保护套凸模可冲孔的最小孔径

材料	圆形孔(直径 d)	矩形孔(孔宽 b)
硬钢	$d \geqslant 0.5t$	$b \geqslant 0.4t$
软钢及黄铜	$d \geqslant 0.35t$	$b \geqslant 0.3t$
铝、锌	$d \geqslant 0.3t$	$b \geqslant 0.28t$

2. 冲裁件的尺寸精度和表面粗糙度

(1) 尺寸精度。金属冲裁件的经济精度不高于 IT11 级。对于经济精度要求高的制件，外形尺寸应低于 IT10 级；内形尺寸应低于 IT9 级。内形尺寸精度取决于凸模刃口尺寸，制造容易一些，尺寸精度可比外形尺寸的精度高一级。冲裁件的尺寸公差、孔中心距的公差及孔对外缘轮廓的偏移公差分别见表 2-4、表 2-5、表 2-6。

非金属冲裁件内、外形的经济精度为 IT14、IT15 级。

表 2-4　冲裁件内外形所能达到的经济精度

材料厚度 t/mm	基本尺寸/mm				
	≤3	3～6	6～10	10～18	18～500
≤1	IT11～IT13			IT11	
>1～2	IT14	IT12～IT13			IT11
>2～3	IT14			IT12～IT13	
>3～5	—	IT14			IT12～IT13

表 2-5　两孔中心距公差

材料厚度 t/mm	孔距基本尺寸/mm					
	一般精度			较高精度		
	≤50	50～150	150～300	≤50	50～150	150～300
≤1	±0.10	±0.15	±0.20	±0.03	±0.05	±0.08
>1～2	±0.12	±0.30	±0.30	±0.04	±0.06	±0.10
>2～4	±0.15	±0.25	±0.35	±0.06	±0.08	±0.12
>4～6	±0.20	±0.30	±0.40	±0.08	±0.10	±0.15

表 2-6　孔中心与边缘距离尺寸公差

材料厚度 t/mm	孔距基本尺寸(孔中心与边缘距离)/mm			
	≤50	50～120	120～220	220～360
≤1	±0.05	±0.05	±0.05	±0.08
>1～2	±0.06	±0.06	±0.06	±0.10
>2～4	±0.08	±0.08	±0.08	±0.12

(2) 断面表面粗糙度。冲裁件的断面粗糙度一般为 Ra=12.5～50μm，见表 2-7。

表 2-7　一般冲裁件断面的表面粗糙度

材料厚度 t/mm	≤1	1～2	2～3	3～4	4～5
断面表面粗糙度 Ra/μm	3.2	6.3	12.5	25	50

3. 尺寸标注

尺寸标注应符合冲压工艺的要求。如图 2.7(a)的标注形式不合理，因为这样标注，尺寸 S_1、S_2 必须考虑到模具的磨损而相应给以较宽的公差，结果造成孔心距的不稳定；图 2.7(b) 所示标注形式，孔心距不受模具磨损的影响，比较合理。所以孔位置尺寸基准应尽量选择 在冲裁过程中始终不参加变形的面或线上，切不要与参加变形的部分联系起来。

(a) 标注不合理　　　　　　　　(b) 标注合理

图 2.7　尺寸标注示意

2.2　冲裁模结构(Structure of Blanking Die)

2.2.1　冲裁模的结构组成(Structure Composition of Blanking Die)

根据零部件在模具中的作用，冲裁模具结构一般由以下 5 个部分组成，如图 2.8 所示。

1. 工作零件

工作零件指实现冲裁变形，使板料分离，保证冲裁件形状的零件。包括：凸模、凹模、 凸凹模。工作零件直接影响冲裁件的质量，并且影响模具寿命、冲裁力和卸料力等。

2. 定位零件

定位零件指保证条料或毛坯在模具中的位置正确的零件。包括：导料板、挡料销、导 正销、侧刃、固定板(半成品的定位)等。

3. 卸料及推件零件

卸料及推件零件指将冲裁后由于弹性回复而卡在凹模孔口内或紧箍在凸模上的工件或 废料脱卸下来的零件。

(1) 紧箍在凸模上的工件或废料，用卸料板(刚性卸料或弹性卸料)。

(2) 卡在凹模孔口内的工件或废料，用推件装置或顶件装置。

4. 导向零件

导向零件指保证上模和下模正确位置和运动导向的零件。一般由导柱和导套组成。采用导向装置可保证冲裁时，凸模和凹模之间间隙均匀，有利于提高冲裁件质量和模具寿命。

5. 连接固定类零件

连接固定类零件是指将凸、凹模固定于上、下模座及将上、下模座固定在压力机上的零件。如固定板(凸模、凹模)，上、下模座，模柄，推板，紧固件等。

典型冲裁模结构一般由上述 5 部分零件组成，但不是所有的冲裁模都包含这 5 部分零件。冲模的结构取决于工件的要求、生产批量、生产条件和模具制造技术水平等诸多因素，因此模具结构是多种多样的，作用相同的零件其形状也不尽相同。

(a) 开模状态   (b) 合模状态

图 2.8　导柱式单工序冲裁模

1—下模座；2，15—销；3—凹模；4—销套；5—导柱；6—导套；7—上模座；8—卸料板；9—橡胶；
10—凸模固定板；11—垫板；12—卸料螺钉；13—凸模；14—模柄；16，17—螺钉

2.2.2　冲裁模典型结构(Typical Structure of Blanking Die)

冲裁是冲压最基本、最常用的工艺方法之一，其模具的分类方法很多。按照不同的工序组合方式，冲裁模可分为单工序冲裁模、连续冲裁模和复合冲裁模，见表 2-8。

表 2-8　冲裁模分类

比 较 项 目	单工序冲裁模	连续冲裁模	复合冲裁模
冲裁模的工位数	1	≥2	1
一次行程内完成的工序数	1	≥2	≥2

1. 单工序冲裁模

单工序冲裁模是指在压力机的一次行程中，只完成一道工序的冲裁模。根据模具导向装置的不同，可分为 3 类：无导向单工序冲裁模，导板式单工序冲裁模，导柱式单工序冲裁模。

(1) 无导向单工序冲裁模。此类模具上、下模之间没有导向装置，完全依靠压力机的滑块和导轨导向，来保证冲裁间隙的均匀性。其优点是模具结构简单，制造容易；缺点是安装、调试麻烦，制件精度差，操作不安全。适用于精度低、形状简单、批量小的冲裁件，或试制用模具。

(2) 导板式单工序冲裁模。如图2.9所示，在上、下模之间，凸模和导板起导向作用。其特点为：导板兼起卸料作用，省去卸料装置；导板和凸模之间的配合间隙必须小于凸、凹模冲裁间隙；在冲裁过程中，要求凸模与导板不能脱开；模具结构简单，但导板与凸模的配合精度要求高，特别是当冲裁间隙小时，导板与凸模的配合间隙更小，导板的加工非常困难。主要适用于材料较厚，工件精度要求不太高的场合。

(3) 导柱式单工序冲裁模。如图2.8所示，该模具上、下模之间靠导柱、导套起导向作用。其结构特点：导向精度高，凸、凹模之间的冲裁间隙容易保证，从而能保证制件的精度；安装方便，运行可靠，但结构较为复杂一些。主要适用于制件精度高、模具寿命长等场合，适合大批量生产。大多数冲裁模都采用这种形式。

(a) 开模状态　　　　　　　　　(b) 合模状态

图 2.9　导板式单工序落料模

1—下模座；2，4，9—销；3—导板；5—挡料销；6—凸模；7，12，15—螺钉；8—上模座；
10—垫板；11—凸模固定板；13—导料板；14—凹模

2. 连续冲裁模

连续冲裁模又称级进模、跳步模等，可按一定的程序(排样设计时规定好)，在压力机的一个行程中，在两个或两个以上的工位上完成两道或两道以上的冲裁工序。如图2.10所示的工件，若用单工序冲裁模冲裁，需冲孔、落料两套模具才能完成，这时可采用连续冲裁模结构。

在这套模具中共有两个工位，在压力机的一个行程内完成两个工序：冲孔、落料。条料从右向左送进，在第一个工位上完成两个小孔的冲裁，条料继续送进，在第二个工位完成整个制件的冲裁工作，同时在第一个工位上又完成了两个小孔的冲裁，以此类推连续冲裁。

连续模的主要特点：工序分散，不存在最小壁厚问题(与复合冲裁模相比)，模具强度高；凸模全部安装在上模，制件和废料(结构废料)均可实现向下的自然落料，易于实现自动化；结构复杂，制造较困难，模具成本较高，但生产效率高；定位多，因此制件的精度不太高。这类模具主要适用于批量大，精度要求不太高的制件。

3. 复合冲裁模

复合冲裁模是指在压力机的一次行程中，板料同时完成冲孔和落料等多个工序的冲裁模。该类模具结构中有一个既为落料凸模又为冲孔凹模的凸凹模，按照凸凹模位置的不同，复合模分为正装式和倒装式两种。

(1) 正装式复合模。凸凹模安装在上模部分时，称之为正装式复合模，如图 2.11 所示。冲裁时，冲孔凸模 15 和凸凹模 2(作冲孔凹模用)完成冲孔工序；落料凹模 1 和凸凹模 2(作落料凸模用)完成落料工序。制件和冲孔废料落在下模或条料上，需人工清除，操作不安全，故很少采用。

(2) 倒装式复合模。凸凹模安装在下模部分时，称之为倒装式复合模，如图 2.12 所示。冲裁时，凸模 4 和凸凹模 2(作冲孔凹模用)完成冲孔工序；凹模 3 和凸凹模 2(作落料凹模用)完成落料工序。冲孔废料由凸凹模孔直接漏下，制件被凸凹模顶入落料凹模内，再由推件块 12 推出。

(a) 装配简图　　　　　　　　　　(b) 条料冲裁过程

图 2.10　连续冲裁模

1—模柄；2—止转销；3—小凸模；4—大凸模；5—导正销；6—挡料销；7—始用挡料销

(a) 开模状态　　　　　(b) 合模状态

图 2.11　正装式复合冲裁模

1—落料凹模；2—凸凹模；3—卸料螺钉；4—打料杆；5—推板；6—推杆；7—弹性橡胶；
8—弹性卸料板；9，10，11，12，13，14—弹顶装置；15—冲孔凸模

(a) 开模状态　　　　　(b) 合模状态

图 2.12　倒装式复合冲裁模

1—凸凹模固定板；2—凸凹模；3—凹模；4—凸模；5—垫板；6—凸模；7，16，21—螺钉；
8—模柄；9—打料杆；10—推板；11—连接推杆；12—推件块；13—凸模固定板；14—上模座；
15—导套；17—活动挡料销；18—卸料板；19—弹簧；20—导柱；22—下模座

复合模的主要特点：由于工序是在一个工位上完成的，且条料和制件都在压紧状态下完成冲裁，因此冲裁的制件平直，精度可高达 IT10～IT11 级，形位误差小；该类模具结构紧凑，体积较小，生产效率高，但结构复杂，模具零件的精度要求高，成本高，制造周期长。凸凹模的内、外形之间的壁厚不能太薄(最小壁厚的数值参见本章 2.6.1 节)，否则其强度不够会造成胀裂而损坏；适用于冲裁批量大、精度要求高的制件。一般情况下，以板料厚度不大于 3mm 为宜，主要是保护凸凹模的强度。

2.3　排样设计(Black Layout Design)

排样设计是指冲裁件在条料、带料或板料上的布置方式。合理的排样设计是提高材料利用率、降低生产成本、保证工件质量及模具寿命的有效措施。

2.3.1　排样设计的原则及分类(Principle and Classification in Black Layout Design)

1. 排样设计的原则

(1) 提高材料的利用率。在不影响零件性能的前提下，尽可能提高材料利用率。

(2) 改善操作性。要考虑工人操作方便、安全，降低劳动强度，如减少条料的翻动次数。

(3) 使模具的结构简单、合理，使用寿命长。

(4) 保证冲裁件的质量。如采用合理的搭边值，一般沿封闭的轮廓冲裁而不沿开放式轮廓进行冲裁等措施。

2. 排样的分类

1) 冲裁废料

冲裁废料=板料－制件

冲裁废料可分为结构废料和工艺废料两种。如图2.13所示为冲裁垫片时产生的废料。结构废料是由制件本身的形状决定，一般是固定不变的；工艺废料决定于搭边值、排样形式和冲压方法等。

图 2.13　冲裁废料

2) 排样的分类

按照材料的利用程度，排样可分为以下3类。

(1) 有废料排样：在冲裁件与冲裁件之间，冲裁件与条料侧边之间均有工艺废料，冲裁是沿冲裁件的封闭轮廓进行的，如图2.14(a)所示。

(2) 少废料排样：只在冲裁件之间，或只在冲裁件与条料侧边之间留有搭边值，冲裁只沿冲裁件的部分轮廓进行，如图2.14(b)所示。

(3) 无废料排样：在冲裁件之间、冲裁件与条料侧边之间都无搭边存在，冲裁件实际上是由切断条料获得的，如图2.14(c)所示。

图 2.14　排样方式

有废料排样时，冲裁件的质量和模具寿命较高，但材料的利用率低；少废料排样和无废料排样时，材料的利用率高，且可以简化模具结构，但制件的尺寸精度不易保证，且制件还必须具备特定的形状。在实际生产中，有废料排样使用的较多。

3. 材料利用率

冲压零件的成本中，材料费用占 60%以上，因此材料的经济利用具有非常重要的意义。衡量排样经济性的指标是材料的利用率，可用式(2-1)计算：

$$\eta = \frac{F}{F_0} \times 100\% = \frac{F}{AB} \times 100\% \tag{2-1}$$

式中，η——材料利用率(%)；

　　　F——工件的实际面积(mm^2)；

　　　F_0——所用材料面积(包括工件面积与废料面积，单位为 mm^2)；

　　　A——送料步距，即相邻两个冲压件对应点之间的距离(mm)；

　　　B——条料宽度(mm)。

从式(2-1)可以看出，由于结构废料由工件的形状决定，一般不能改变，所以只有设计合理的排样方案，减少工艺废料，才能有效提高材料的利用率。

4. 排样的形式

排样有直排、单行排、多行排、斜排、对排等多种形式，见表2-9。

表2-9　排样形式

排样形式	有废料排样		少废料或无废料排样	
	制件图	排样图	制件图	排样图
直排				
斜排				

续表

排样形式	有废料排样		少废料或无废料排样	
	制件图	排样图	制件图	排样图
直对排				
斜对排				
混合排				
多行排				
裁搭边				

2.3.2 排样设计参数的选用与计算(Parameters Selection and Calculation of Black Layout Design)

本节介绍搭边值、送料进距、条料的宽度、排样图等内容。

1. 搭边(a、a_1)

冲裁件之间、冲裁件与条料侧边之间的工艺废料称为搭边。如图 2.14 所示的 a 和 a_1 就是搭边值。搭边过大,材料浪费、利用率低;搭边过小,起不到搭边应有的作用,条料易被拉断,降低模具寿命。搭边值的大小,通常由经验确定。低碳钢冲裁时,常用的最小搭边值见表 2-10。

2. 送料进距(A)

模具每冲裁一次,条料在模具上前进的距离称为送料进距。当单个进距内只冲裁一个零件时,送料进距为

$$A = D + a_1 \qquad (2-2)$$

式中,A——送料进距(mm);

D——在送料方向上冲裁件的宽度(mm);

a_1——冲裁件之间的搭边值(mm)。

表 2-10　最小工艺搭边值(低碳钢)　　　　　　　(单位：mm)

材料厚度 t	圆件及 r>2t 的工件		矩形工件边长 L<50mm		矩形工件边长 L>50mm 或 r<2t 的工件	
	工件间 a_1	侧边 a	工件间 a_1	侧边 a	工件间 a_1	侧边 a
≤0.25	1.8	2.0	2.2	2.5	2.8	3.0
0.25~0.5	1.2	1.5	1.8	2.0	2.2	2.5
0.5~0.8	1.0	1.2	1.5	1.8	1.8	2.0
0.8~1.2	0.8	1.0	1.2	1.5	1.5	1.8
1.2~1.6	1.0	1.2	1.5	1.8	1.8	2.0
1.6~2.0	1.2	1.5	1.8	2.0	2.0	2.2
2.0~2.5	1.5	1.8	2.0	2.2	2.2	2.5
2.5~3.0	1.8	2.2	2.2	2.5	2.5	2.8
3.0~3.5	2.2	2.5	2.5	2.8	2.8	3.2
3.5~4.0	2.5	2.8	2.5	3.2	3.2	3.5
4.0~5.0	3.0	3.5	3.5	4.0	4.0	4.5
5.0~12	0.6t	0.7t	0.7t	0.8t	0.8t	0.9t

3. 条料的宽度(B)

(1) 条料的下料公差规定为负偏差。冲裁所使用的条料是用板料按要求剪切成的，一般在冲裁模具上都有导料装置，有时还有侧压装置。为了防止发生送料时的"卡死"现象，条料的下料公差规定为负偏差，导料装置之间的尺寸公差规定为正偏差。

(2) 条料的下料方式分为纵裁、横裁两种。纵裁是沿板料长度方向剪裁下料，这种裁剪方式得到的条料较长，可降低工人的劳动强度，应尽可能选用；横裁是沿板料宽度方向剪裁下料。

(3) 条料的宽度计算。当条料在无侧压边装置的导料板之间送料时，条料的宽度应增加可能的摆动量。条料与导料板之间的间隙按表 2-11 查得，并按式(2-3)计算条料宽度：

$$B = (L + 2a + b_0)_{-\Delta}^{0} \qquad (2\text{-}3)$$

当条料在有侧压装置或要求手动保持条料紧贴单侧导料板送料时，按式(2-4)计算条料宽度：

$$B = (L + 2a)_{-\Delta}^{0} \qquad (2\text{-}4)$$

当用侧刃装置时，条料宽度按下式计算：

$$B = (L + 2a + nb)_{-\Delta}^{0} \qquad (2\text{-}5)$$

式中，B——条料宽度(mm)；

　　　L——冲裁件与送料方向垂直的最大尺寸(mm)；

a——冲裁件与条料侧边之间的搭边(mm);

b_0——条料与导料板之间的间隙值，见表2-11；

Δ——条料下料时的下偏差值，见表2-11；

n——侧刃数，单侧刃时 $n=1$，双侧刃时 $n=2$；

b——侧刃裁切的条料宽度(mm)，金属材料取 $b=1.5\sim2.5$mm，非金属取 $b=2\sim4$mm。

表 2-11　条料宽度下料偏差 Δ、条料与导料板之间隙 b_0　　(单位：mm)

条料宽度 B	条料厚度 t							
	≤ 1		$>1\sim2$		$>2\sim3$		$>3\sim5$	
	Δ	b_0	Δ	b_0	Δ	b_0	Δ	b_0
≤ 50	0.4	0.1	0.5	0.2	0.7	0.4	0.9	0.6
$>50\sim100$	0.5	0.1	0.6	0.2	0.8	0.4	1.0	0.6
$>100\sim150$	0.6	0.2	0.7	0.3	0.9	0.5	1.1	0.7
$>150\sim220$	0.7	0.2	0.8	0.3	1.0	0.5	1.2	0.7
$>220\sim220$	0.8	0.3	0.9	0.4	1.1	0.6	1.3	0.8

4. 排样图

排样图是排样设计的最终表达形式，是编制冲裁工艺与设计冲裁模具的重要工艺文件。一张完整的冲裁模具装配图，应在其右上角画出冲裁件图形及排样图。在排样图上，应注明条料宽度及偏差、送料进距、搭边值等，其送料方向应和装配图中的送料方向一致，如图2.8～图2.12所示。

2.4　冲裁工艺计算(Blanking Process Calculation)

冲裁工艺计算是冲裁模设计的重要部分之一，包括冲裁间隙的选取；凸、凹模刃口尺寸的计算；冲裁工序力的计算；压力中心的计算等。

2.4.1　冲裁间隙(Blanking Clearance)

1. 冲裁间隙的定义

冲裁间隙是指冲裁模具中凸、凹模刃口部分的尺寸之差，如图2.15所示，一般用 Z 表示。

2. 冲裁间隙对冲裁过程的影响

冲裁间隙是冲裁模设计的一个重要参数，它对冲裁过程的影响是多方面的，在冲裁模设计的过程中必须综合考虑，选取合理的冲裁间隙。

(1) 冲裁间隙对冲裁件质量的影响。如图2.16所示，一般来说，间隙小，冲裁件的断面质量就高(光亮带增加)；间隙大，则断

图 2.15　冲裁间隙示意

面塌角大，光亮带减小，毛刺大。但是，间隙过小，则断面易产生"二次剪切"现象，有潜伏裂纹。

(a) 间隙过小   (b) 间隙适中   (c) 间隙过大

图 2.16　冲裁间隙对冲裁件质量的影响

(2) 冲裁间隙对冲裁力的影响。间隙小，所需的冲裁力大(材料不容易分离)；间隙大，材料容易分离，所需的冲裁力就小。

(3) 冲裁间隙对冲裁模具寿命的影响。间隙大，有利于减小模具磨损，避免凹模刃口胀裂，可以提高冲裁模具的寿命。

3．合理冲裁间隙的确定

根据对冲裁过程的分析，冲裁间隙过大、过小都不合理，只有选取适中的冲裁间隙，才能进行正常的冲裁生产。同时考虑到冲裁模具的磨损，在冲裁生产过程中，凸模磨损后尺寸减小，凹模磨损后尺寸增大，这样冲裁间隙就随着冲裁模具的磨损而增大。

为保证冲裁模有一定的使用寿命，设计时的初始间隙就必须选用适中间隙范围内的最小冲裁间隙 $Z_{\min}$。合理最小冲裁间隙的确定通常有两种方法。

(1) 经验确定法。一般可按下列经验公式计算最小合理冲裁间隙值：

$$Z_{\min} = ct \tag{2-6}$$

式中，$Z_{\min}$——最小冲裁间隙(mm)；

    c——系数(当 $t<3$mm 时，c=6%～12%；当 $t>3$mm 时，c=15%～25%。材料软时，取小值；材料硬时，取大值。目的是为了减小冲裁力)；

    t——板料厚度(mm)。

(2) 查表法。表 2-12 所提供的经验数据为落料、冲孔模具的初始值，可用于一般条件下的冲裁。表中初始间隙的最小值 $Z_{\min}$ 为最小合理间隙值，而初始间隙的最大值 $Z_{\max}$ 是考虑到凸模和凹模的制造误差，在 $Z_{\min}$ 的基础上增加一个数值。在使用过程中，由于模具零件部分的磨损，间隙将会有所增加，因而使间隙的最大值(最大合理间隙)可能超过表中所列数值。

表 2-12　冲裁模刃口初始值间隙　　　　　　　　　　　　　　　（单位：mm）

材料名称	45；T7，T8(退火)；磷青铜(硬)；铍青铜(硬)		10，15，20冷轧钢带；30钢板；H62，H68(硬)；2A12，硅钢片		Q215，Q235；08，10，15；H62，H68(半硬)；磷青铜、铍青铜(软)		H62，H68(软)；纯铜（软）；3A12，5A02，1060，1050A，1035，1200，8A06，2A12		酚醛环氧层压玻璃布板、酚醛层压纸板、酚醛层压布板		钢纸板、绝缘纸板、云母板、橡胶板	
力学性能	HBW≥190 R_m≥600MPa		HBW=140～190 R_m≥400～600MPa		HBW=70～140 R_m≥300～400MPa		HBW≤70 R_m≤300MPa		—		—	
厚度	初 始 间 隙											
	Z_{min}	Z_{max}	Z_{min}	Z_{max}	Z_{min}	Z_{max}	Z_{min}	Z_{max}	Z_{min}	Z_{max}	Z_{min}	Z_{max}
0.1	0.015	0.035	0.01	0.03	—	—	—	—	—	—	—	—
0.2	0.025	0.045	0.015	0.035	0.01	0.03	—	—	—	—	—	—
0.3	0.04	0.06	0.03	0.05	0.02	0.04	0.01	0.03	—	—	—	—
0.5	0.08	0.10	0.06	0.08	0.04	0.06	0.025	0.045	0.01	0.02	—	—
0.8	0.13	0.16	0.10	0.13	0.07	0.10	0.045	0.075	0.015	0.03	—	—
1.0	0.17	0.20	0.13	0.16.	0.10	0.13	0.065	0.095	0.025	0.04	0.01～0.03	0.015～0.045
1.2	0.21	0.24	0.16	0.19	0.13	0.16	0.075	0.105	0.035	0.05		
1.5	0.27	0.31	0.21	0.25	0.15	0.19	0.10	0.14	0.04	0.06		
1.8	0.34	0.38	0.27	0.31	0.20	0.24	0.13	0.17	0.05	0.07		
2.0	0.38	0.42	0.30	0.34	0.22	0.26	0.14	0.18	0.06	0.08		
2.5	0.49	0.55	0.39	0.45	0.29	0.35	0.18	0.24	0.07	0.10		
3.0	0.62	0.68	0.49	0.55	0.36	0.42	0.23	0.29	0.10	0.13	0.04	0.06
3.5	0.73	0.81	0.58	0.66	0.43	0.51	0.27	0.35	0.12	0.16		
4.0	0.86	0.94	0.68	0.76	0.50	0.58	0.32	0.40	0.14	0.18		

2.4.2　刃口尺寸设计(Cutting Edge Design)

冲裁时，冲裁件的尺寸精度是靠冲裁模具保证的，而主要是取决于凸、凹模刃口部分的尺寸，并且合理的冲裁间隙也是靠凸、凹模刃口尺寸来保证的。

1. 凸、凹模刃口尺寸的计算原则

由于冲裁时凸、凹模之间存在间隙，所以所落的料和冲出的孔的断面都是带有锥度的。落料时工件的大端尺寸近似等于凹模的刃口尺寸；冲孔时，工件的小端尺寸近似等于凸模的刃口尺寸。因此，在计算刃口尺寸时，应按落料、冲孔两种情况分别进行，同时，要考虑磨损后的尺寸变化情况。

进行凸、凹模刃口尺寸计算时应考虑以下 3 个方面的问题。

(1) 基准问题。落料时，工件的大端尺寸近似等于凹模的刃口尺寸，所以落料工序应以凹模为基准件，先确定凹模尺寸，凸模尺寸按凹模尺寸减去最小冲裁间隙确定。

冲孔时，工件的小端尺寸近似等于凸模的刃口尺寸，所以冲孔工序应以凸模为基准件，先确定凸模尺寸，凹模尺寸按凸模尺寸加上最小冲裁间隙确定。

(2) 磨损问题。磨损遵照"实体减小"的原则。磨损后，凸模尺寸减小，凹模尺寸增大，因此就会出现"料越落越大"、"孔越冲越小"的现象。为了保证冲裁模架有一定的寿命，分两种情况讨论：① 落料时，为了保证凹模磨损后(尺寸变大)仍能冲出合格零件(料越落越大)，凹模刃口尺寸应取制件公差允许范围内的最小值；② 冲孔时，为了保证凸模磨损后(尺寸变小)仍能冲出合格零件(孔越冲越小)，凸模刃口尺寸应取制件公差允许范围内的最大值。

(3) 合适的制造公差。凸、凹模刃口的制造精度应比冲裁件的精度要求高 2～3 级，一般圆形件可按 IT6～IT7 级，其他按表 2-13 选取。

为了使新模具间隙不小于最小合理间隙(Z_{min})，一般凹模公差标成 $+\sigma_d$，下偏差为 0；凸模公差标成 $-\delta_p$，上偏差为 0。也可以按制件公差的 1/4 来考虑(即 $\Delta/4$)。

表 2-13 模具制造精度与冲裁件精度的关系

冲模制造精度	材料厚度 t/mm								
	0.5	0.8	1.0	1.5	2	3	4	5	6～12
IT6～IT7	IT8	IT8	IT9	IT10	IT10				
IT7～IT8		IT9	IT10	IT10	IT12	IT12	IT12		
IT9				IT12	IT12	IT12	IT12	IT12	IT14

2. 凸、凹模刃口尺寸的计算

在模具制造中，凸、凹模的加工方法有两种，一种是按互换性原则组织生产(分别制造法)，一种是按配合加工原则组织生产(配合加工法)。那么刃口尺寸的计算方法对应也分两种。

1) 互换加工法中凸、凹模刃口尺寸的计算

冲孔时以凸模为基准件进行计算。设冲裁件孔的直径为 $d_0^{+\Delta}$，根据刃口尺寸计算原则，计算公式如下。

凸模：

$$d_p = (d + x\Delta)_{-\delta_p}^{0} \tag{2-7}$$

凹模：

$$d_d = (d + x\Delta + Z_{min})_0^{+\delta_d} \tag{2-8}$$

落料时以凹模为基准件进行计算。设落料件的落料尺寸为 $D_{-\Delta}^0$，根据刃口尺寸计算原则，计算公式如下。

凹模：

$$D_d = (D - x\Delta)_0^{+\delta_d} \tag{2-9}$$

凸模：

$$D_p = (D - x\Delta - Z_{\min})^0_{-\delta_p} \qquad (2\text{-}10)$$

式中，D、d——落料、冲孔工件的基本尺寸(mm)；

D_d、D_p——落料凹模、凸模刃口尺寸(mm)；

d_p、d_d——冲孔凸、凹模刃口尺寸(mm)；

Δ ——工件公差(mm)；

δ_p、δ_d——凸、凹模的制造公差(mm)；

x ——磨损系数，见表 2-14。

表 2-14 磨损系数

材料厚度 t/mm	非圆形工件 x 值			圆形工件 x 值	
	1	0.75	0.5	0.75	0.5
	工件公差Δ/mm				
≤1	<0.16	0.17～0.35	≥0.36	<0.16	≥0.16
1～2	<0.20	0.21～0.41	≥0.42	<0.20	≥0.20
2～4	<0.24	0.25～0.49	≥0.50	<0.24	≥0.24
>4	<0.30	0.31～0.59	≥0.60	<0.30	≥0.30

采用互换加工法进行刃口尺寸计算时，应注意以下三点。

(1) 考虑到工件的形状、厚度不一样，模具的磨损情况也不一样，因此引入一个系数，即磨损系数 x。

(2) 为了保证冲裁间隙在合理的范围内，必须保证 $\delta_p + \delta_d \leqslant Z_{\max} - Z_{\min}$；否则，模具的初始间隙将超出 $Z_{\max}$(模具寿命降低)，如图 2.17 所示。

当 $\delta_p + \delta_d > Z_{\max} - Z_{\min}$ 时，应提高凸、凹模的制造精度，以减小 δ_p、δ_d 值。

一般情况下，取：

$$\delta_p = 0.4(Z_{\max} - Z_{\min}) \qquad (2\text{-}11)$$

$$\delta_d = 0.6(Z_{\max} - Z_{\min}) \qquad (2\text{-}12)$$

图 2.17 刃口制造公差与冲裁间隙关系

（3）这种计算方法适合于圆形和形状规则的零件，当模具的形状复杂、工件复杂时不能用此方法，应采用下面要讲的配合加工法。

2）配制加工法中凸、凹模刃口尺寸的计算

对于形状复杂、薄料、模具复杂的冲裁件，为保证凸、凹模之间的合理间隙，必须使用配合加工法。一般企业大多采用配合加工法。根据计算原则，应先确定基准件。落料时以凹模为基准件，冲孔时以凸模为基准件，配套件按基准件的实际尺寸配制，保证最小冲裁间隙 $Z_{\min}$。

凸模和凹模的磨损结果都是实体缩小，因此基准件(不论是凸模还是凹模)磨损后，都存在着有的尺寸增大、有的尺寸减小、有的尺寸不变这三种情况。为了能正确地对尺寸分类，我们引入磨损图的概念。设磨损增大的尺寸为 A 类尺寸；磨损减小的尺寸为 B 类尺寸；磨损后不变的尺寸为 C 类尺寸。则如图 2.18(a)所示制件，当为落料件时，凹模为基准件，凹模磨损图及尺寸分类如图 2.18(b)所示；当为冲孔件时，凸模为基准件，凸模磨损图及尺寸分类如图 2.18(c)所示。因此，无论对冲孔件还是落料件，其基准件的刃口尺寸均可按下式计算。

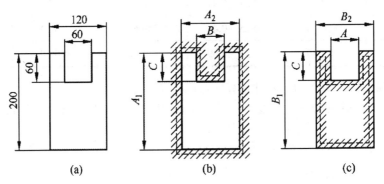

图 2.18　凸、凹模刃口尺寸磨损

A 类尺寸($A_{-\Delta}^{\ 0}$)：

$$A_{\mathrm{m}} = (A - x\Delta)_0^{+\delta} \qquad (2\text{-}13)$$

B 类尺寸($B_0^{+\Delta}$)：

$$B_{\mathrm{m}} = (B + x\Delta)_{-\delta}^{\ 0} \qquad (2\text{-}14)$$

C 类尺寸($C \pm \Delta'$)：

$$C_{\mathrm{m}} = C \pm \Delta'/4 \qquad (2\text{-}15)$$

式中，A_{m}，B_{m}，C_{m}——基准件的刃口尺寸(凸模/或凹模，单位为 mm)；

$\quad\quad A$，B，C——工件的基本尺寸(mm)；

$\quad\quad \Delta$，Δ'——工件公差(mm)；

$\quad\quad \delta$——模具制造公差(一般取 $\delta = \Delta/4$，单位为 mm)；

$\quad\quad x$——磨损系数，见表 2-14。

3．实例讲解

【例 2-1】冲裁如图 2.19(a)所示制件，材料为 20 钢，料厚 t =0.5mm，试用配制法确定落料模的刃口尺寸及制造公差。

图 2.19 零件实例及凹模刃口磨损图

解：分为 5 个步骤。

(1) 确定基准件。此零件为落料件，应以凹模为基准件。

(2) 画出基准件的磨损图。凹模刃口的磨损情况如图 2.19(b)所示。

(3) 对基准件的尺寸进行分类(A、B、C 三类)计算。根据凹模刃口的磨损情况，其尺寸变化可分为三类。

① 凹模刃口磨损后，尺寸 A_1、A_2、A_3 增大，按落料凹模类尺寸处理。

查表 2-14，得 x_1=0.75，$x_2=x_3$=1，取 $\delta = \Delta/4$，则 x_3

$$A_1 = (52 - 0.75 \times 0.2)_0^{+0.2/4} = 51.85_0^{+0.05} = 52_{-0.15}^{-0.10} \text{(mm)}$$

$$A_2 = (20 - 1 \times 0.15)_0^{+0.15/4} = 19.85_0^{+0.04} = 20_{-0.15}^{-0.11} \text{(mm)}$$

$$A_3 = (21 - 1 \times 0.15)_0^{+0.15/4} = 20.85_0^{+0.04} = 21_{-0.15}^{-0.11} \text{(mm)}$$

② 凹模刃口磨损后，尺寸 B 减小，按冲孔凸模类尺寸处理。

查表 2-14，得 x=1，取 $\delta = \Delta/4$，则

$$B = (8.5 + 1 \times 0.1)_{-0.1/4}^0 = 8.6_{-0.025}^0 = 8.5_{+0.075}^{+0.100} \text{(mm)}$$

③ 凹模刃口磨损后，尺寸 C_1、C_2 不变，按中心距类尺寸处理。

则

$$C_1 = 12 \pm 0.1/4 = 12 \pm 0.025 \text{(mm)}$$

$$C_2 = 29.5 \pm 0.1/4 = 29.5 \pm 0.025 \text{(mm)}$$

(4) 选取冲裁间隙。查表 2-12，取 Z_{min}=0.06mm，Z_{min}=0.08mm。

(5) 注明配制关系。凸模刃口尺寸按凹模刃口的实际尺寸配制，保证单边最小冲裁间隙为 0.06mm。

2.4.3 冲裁工序力的计算(Process Force Calculation in Blanking)

冲裁工序力包括冲裁力、卸料力、推件力、顶件力等，其中，最主要的是冲裁力的确定。

1．冲裁力

冲裁力是指冲裁时所需要的压力，即在凸模和凹模的作用下，使板料在厚度方向分离

的剪切力。它与板料的剪切面积有关，一般用 F_c 来表示。冲裁刃口分为平刃和斜刃两种情况，这里只介绍常用的平刃冲裁。平刃冲裁时，冲裁力 F_c 可按式(2-16)计算：

$$F_c = KA\tau_b = KLt\tau_b \tag{2-16}$$

为了简化计算，也可用材料的抗拉强度 R_m 按式(2-17)进行估算：

$$F_c = LtR_m \tag{2-17}$$

式中，F_c——冲裁力(N)；

$\quad\quad K$——系数，常取 $K=1.3$；

$\quad\quad A$——冲裁断面面积(mm)；

$\quad\quad \tau_b$——材料的抗剪强度(MPa)；

$\quad\quad L$——冲裁断面的周长(mm)；

$\quad\quad t$——材料厚度(即冲裁件的厚度，单位为 mm)。

2. 卸料力 F_x，推件力 F_t，顶件力 F_d 的计算

(1) 卸料力。冲裁后，从凸模上将零件或废料卸下来所需的力，称为卸料力 F_x。冲裁后，带孔的板料紧箍在凸模上，为连续生产，需用卸料力 F_x 把带孔板料卸掉。

(2) 推件力。顺冲裁方向将零件或废料从凹模型腔中推出的力，称为推件力 F_t，如图 2.20(b)所示。

(3) 顶件力。逆冲裁方向将零件或废料从凹模型腔中顶出的力，称为顶件力 F_d。如图 2.20(c)所示。

要想准确计算出这些力是很困难的，在生产中常用下式进行估算：

$$F_x = K_x F_c \tag{2-18}$$
$$F_t = nK_t F_c \tag{2-19}$$
$$F_d = K_d F_c \tag{2-20}$$

式中，K_x，K_t，K_d——卸料力、推件力、顶件力系数，其值可查表 2-15 得到；

$\quad\quad F_c$——冲裁力(N)；

$\quad\quad n$——同时卡在凹模内的冲落部分制件或废料的数量，$n = h/t$；

$\quad\quad h$——凹模洞口的直刃壁高度(mm)；

$\quad\quad t$——板料厚度(mm)。

表 2-15　卸料力、推件力、顶件力系数

材料厚度 t/mm		K_x	K_t	K_d
钢	≤0.1	0.065～0.075	0.1	0.14
	0.1～0.5	0.045～0.055	0.063	0.08
	0.5～2.5	0.04～0.05	0.055	0.06
	2.5～6.5	0.03～0.04	0.045	0.05
	>6.5	0.02～0.03	0.025	0.03
纯铝、铝合金		0.025～0.08	0.03～0.07	0.03～0.07
纯铜、黄铜		0.02～0.06	0.03～0.09	0.03～0.09

3. 冲裁工序力(F)的计算

冲裁工序力的计算应根据冲裁模具的具体结构形式分别考虑。

(1) 如图 2.20(a)所示，当采用刚性卸料装置和下出件时，F_x 由模具来承担，所以不予考虑。则冲裁工序力为

$$F = F_c + F_t \tag{2-21}$$

(2) 如图 2.20(b)所示，当采用弹性卸料装置和下出件时，冲裁工序力为

$$F = F_c + F_x + F_t \tag{2-22}$$

(3) 如图 2.20(c)所示，当采用弹性卸料装置和上出件时，冲裁工序力为

$$F = F_c + F_x + F_d \tag{2-23}$$

图 2.20 卸料、推件受力示意图

选择压力机时，应根据冲裁工序力 F 来确定。一般所选压力机的公称压力 $F_p \geqslant 1.2F$。

2.4.4 冲裁压力中心的计算(Pressure Center Determination in Blanking)

1. 冲裁压力中心

冲裁压力中心就是指冲裁力的合力作用点。为什么要确定冲裁模具的压力中心呢？因为在冲压生产中，为保证压力机和模具正常工作，必须使冲裁模具的压力中心和压力机滑块的中心线相重合。否则，在冲裁过程中，会使滑块、模柄及导柱承受附加弯矩，使模具与压力机滑块产生偏斜，凸、凹模之间的间隙分布不均匀，从而造成导向零件的加速磨损，模具刃口及其他零件损坏，甚至会引起压力机导轨磨损，影响压力机精度。因此，在设计模具时，必须确定模具的压力中心，并使之与模柄轴线重合，从而保证模具的压力中心与压力机的滑块中心相重合。

2. 形状简单的凸模压力中心的确定

(1) 直线段：其压力中心为直线段的中心。

(2) 圆弧线段：如图 2.21 所示，对于圆心角为 2α 的圆弧线段，其压力中心可按式(2-24)计算：

$$\begin{cases} C_0 = (57.29/\alpha)R \cdot \sin\alpha \\ L = 2R\alpha/57.29 \end{cases} \tag{2-24}$$

式中，C_0 ——圆弧线段的压力中心坐标值(mm)；

R ——圆弧线段的半径(mm)；

α ——圆弧线段的中心角的一半(°)；

L ——圆弧线段的弧长(mm)。

(3) 形状对称的零件：其凸模的压力中心位于刃口轮廓的几何中心，如圆形的压力中心在圆心上，而矩形的压力中心在对称中心。

3. 形状复杂的凸模压力中心的确定

复杂形状冲裁件压力中心的求解方法有解析法、图解法、合成法等。下面讲解最常用的解析法，具体步骤如下。

(1) 按比例画出冲裁件的冲裁轮廓，如图 2.22 所示。

图 2.21　圆弧冲裁压力中心

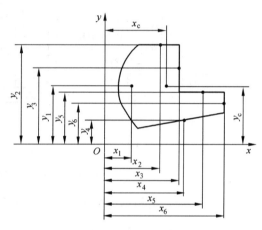

图 2.22　复杂形状冲裁压力中心

(2) 建立合适的直角坐标系 xOy(应能简化计算)。

(3) 将冲裁件的冲裁轮廓分解成若干个直线段或圆弧线段 L_1，L_2，…，L_n 等基本线段。由于冲裁力 F_c 与轮廓长度 L 成正比关系($F_c = KLt\tau$)，所以可以用线段的长度 L 代替冲裁力 F_c 进行压力中心计算。

(4) 计算各基本线段的长度及压力中心的坐标$(x_1，y_1)$，$(x_2，y_2)$，…，$(x_n，y_n)$。

(5) 根据力矩平衡原理，计算压力中心坐标$(x_c，y_c)$。

$$x_c = \frac{L_1 x_1 + L_2 x_2 + \cdots + L_n x_n}{L_1 + L_2 + \cdots + L_n} \tag{2-25}$$

$$y_c = \frac{L_1 y_1 + L_2 y_2 + \cdots + L_n y_n}{L_1 + L_2 + \cdots + L_n} \tag{2-26}$$

【例 2-2】确定图 2.23(a)所示落料凸模的压力中心位置。

解：① 建立坐标系 xOy，如图 2.23(b)所示。

② 把刃口轮廓分成 7 段，并确定各线段长度，列入表 2-16。

③ 确定各线段的压力中心位置，计算其坐标值，列入表 2-16。

表 2-16　计算数据列表 (单位：mm)

线段长度	压力中心坐标	
	x	y
$L_1 = 12.5$	0	6.25
$L_2 = 21.5$	10.75	12.5
$L_3 = 4$	21.5	10.5
$L_4 = 3.93$	22.4	6.9
$L_5 = 4$	26	6
$L_6 = 6$	28	3
$L_7 = 28$	14	0

L_4 段的计算，如图 2.24 所示：

图 2.23　冲裁件压力中心例题

图 2.24　L_4 圆弧处压力中心求解

$$L_4 = 2R\alpha / 57.29 = 2 \times 2.5 \times 45 / 57.29 = 3.39 \text{(mm)}$$

$$C = (57.92 / \alpha) R \sin\alpha = (57.29 / 45) \times 2.5 \times \sin 45° = 2.25 \text{(mm)}$$

$$x_4 = L_7 - L_5 - C \sin\alpha = 28 - 4 - 2.25 \times \sin 45° = 22.4 \text{(mm)}$$

$$y_4 = L_6 + R - C \cos\alpha = 6 + 2.5 - 2.25 \times \cos 45° = 6.9 \text{(mm)}$$

④ 计算凸模压力中心位置

$$x_c = \frac{21.5 \times 10.75 + 4 \times 21.5 + \cdots + 28 \times 14}{12.5 + 21.5 + 4 + 3.93 + 4 + 6 + 28} = 13.3 \text{(mm)}$$

$$y_c = \frac{12.5 \times 6.25 + 21.5 \times 12.5 + \cdots + 6 \times 3}{12.5 + 21.5 + 4 + 3.93 + 4 + 6 + 28} = 5.7 \text{(mm)}$$

4. 多凸模冲裁时压力中心的确定

在连续冲裁模和复合冲裁模设计时，存在多凸模冲裁压力中心的计算，其计算方法与复杂形状凸模计算类似，这里也只介绍解析法。如图 2.25 所示的多凸模冲裁压力中心求解步骤如下。

① 选取坐标系 xOy。

② 计算确定各个凸模压力中心的坐标 (x_i, y_i)。

③ 求总合力的中心坐标 (x_c, y_c)：

$$x_c = \frac{L_1 x_1 + L_2 x_2 + \cdots + L_n x_n}{L_1 + L_2 + \cdots + L_n} \tag{2-27}$$

$$y_c = \frac{L_1 y_1 + L_2 y_2 + \cdots + L_n y_n}{L_1 + L_2 + \cdots + L_n}$$

(2-28)

式中，L_i——各凸模刃口的周长(mm)，$i = 1, 2, 3, \cdots, n$。

图 2.25　多凸模冲裁压力中心

在利用解析法计算多凸模冲裁压力中心时，要注意以下几点。

(1) 多凸模的压力中心也可以在一个坐标系中分解成多个线段进行计算。

(2) 所分解的各个凸模必须是独立的，各自有一个完整的外形轮廓。

(3) 要利用力矩平衡的原理进行简化计算。若一个凸模或者多凸模沿某一直线对称时，其压力中心必定在这条对称线上。如图 2.26(a)所示，图形关于 x 轴对称，所以压力中心必在 x 轴上，只需计算压力中心的 x 轴坐标值。如果几个凸模关于原点 O 中心对称，则其力矩之和为零，其压力中心必在坐标原点上。如图 2.26(b)所示，4 个圆形冲孔凸模关于原点 O 中心对称，因此这 4 个凸模的压力中心必在原点 O 上。计算时可把 4 个圆形凸模作为一组，椭圆形凸模作为一组，从而简化计算。

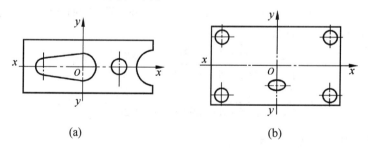

(a)　　　　　　　　　　　　　　(b)

图 2.26　对称分布的多凸模冲裁压力中心

2.5　冲裁模零部件结构设计(Parts Structure Design of Blanking Die)

本节将分项介绍冲裁模具各个零部件的设计，如：工作零件中凸模、凹模、凸凹模的设计，定位装置的设计，卸料装置的设计，模架的选用，固定零件的设计等。

2.5.1 工作零件的设计(Working Parts Design)

冲裁模的工作零件是指实现冲裁变形、使条料正确分离、保证冲裁件形状的零件，包括凸模、凹模、凸凹模三种。

1. 凸模结构的设计

1) 凸模的结构形式

凸模的形式很多，从结构上分有整体式、组合式；从形状上分有圆形、非圆形。

(1) 圆形凸模。圆形凸模是指刃口端面形状为圆形的凸模，用来冲制各种圆形孔或制件。常见形式有 5 种：图 2.27(a)所示为圆柱头直杆圆凸模，适用于冲制直径在 1~36mm 的工件；图 2.27(b)所示为圆柱头缩杆圆凸模，适用于冲制直径在 5~36mm 的工件；图 2.27(c)所示为 60°锥头直杆圆凸模，适用于冲制直径在 0.5~15mm 的工件；图 2.27(d)所示为球锁紧圆凸模，适用于冲制直径在 6~22mm 的工件；图 2.27(e)所示为组合式圆凸模，适用于冲制直径较大的工件。

在较厚的板料上冲制小直径工件时，为避免凸模在冲裁时折断，可在凸模外加装凸模保护套。常用的凸模保护套有两种形式，如图 2.28 所示。

图 2.27　圆形凸模

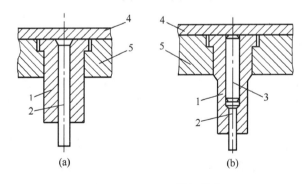

图 2.28　凸模保护套

1—凸模保护套；2—凸模；3—芯柱；4—垫板；5—固定板

(2) 非圆形凸模。非圆形凸模是指刃口端面形状为非圆形的凸模，用来冲制各种非圆形孔或制件，如图 2.29 所示。从结构上也可分为 3 种形式：整体式、镶拼式、组合式。

整体式凸模的工作部分和固定部分做成一体。按其安装固定部分的情况又可分为两种形式：图 2.29(a)、图 2.29(b)所示为直通式，凸模工作部分和固定部分的形状与尺寸一致，轮廓为曲面或较复杂，机械加工困难，常采用线切割加工；图 2.29(c)和图 2.29(d)所示为台阶式，其凸模工作部分和固定部分的形状与尺寸不一致，一般采用机械加工。

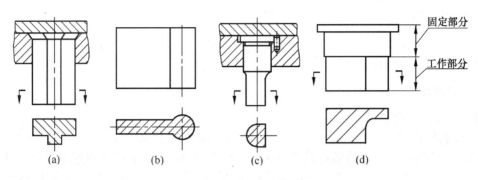

图 2.29　整体式非圆形凸模

镶拼式凸模是将凸模分成若干分体零件分别加工，然后用圆柱销连成一体，安装在凸模固定板上，这样可降低凸模的加工难度，如图 2.30 所示。

组合式凸模由基体部分和工作部分两部分组合而成，如图 2.31 所示。工作部分用模具钢制造，基体部分采用普通钢材(如 45 钢)来制造，从而节约了优质钢材，降低模具成本。此种形式适合于大型制件的凸模。

图 2.30　镶拼式凸模

图 2.31　组合式凸模

2) 凸模的固定方法

凸模的安装部分，大多数是先与凸模固定板连接好以后，再安装在上模座上。当形状简单，模具设计寿命低时，也可以直接安装在上模座上(中间有时需加设垫板)。凸模的固定方法很多，其形式取决于凸模的受力状态、安装空间的限制、有无特殊要求、凸模自身的形状及工艺特性等因素。

(1) 台阶式固定法。台阶式固定法是应用较为普遍的一种方法，多用于圆形及规则凸模的安装。其固定部分设计有台阶，以防止凸模从固定板中脱落(即轴向定位)，凸模与固定板之间多采用 H7/m6 配合(过渡配合)，装配稳定性好。凸模压入凸模固定板后，应磨平，如图 2.32 和图 2.29(c)所示。

(2) 铆接式固定法。一般用于直通式凸模，多为不规则形状断面的小凸模，或较细的圆形凸模。如图 2.29(a)所示，凸模压入凸模固定板后，将凸模上端铆出(1.5～2.5)×45°的斜面，以防止凸模从固定板中脱落，铆接后应将端面磨平。

(3) 螺钉及销钉固定法。对于一些大、中型凸模，由于其自身的安装基面较大，一般可用螺钉及销钉将凸模直接固定在凸模固定板上，安装及拆卸都比较方便，如图 2.33 所示。当制件精度要求较低时，也可直接将凸模固定在模座上，如图 2.27(e)和图 2.31 所示。对于一些较大的轮廓形状复杂的直通式凸模，也可采用挂销式固定，如图 2.34 所示。

图 2.32　台阶式固定

图 2.33　镙钉及销钉固定

图 2.34　挂销固定

图 2.35　浇注粘接固定

(4) 浇注粘接固定法。此法指采用低熔点金属、环氧树脂、无机粘接剂等进行浇注粘接固定。固定板和凸模的固定部位都不需进行精加工，简化了加工工作量，适用于冲制厚度小于 2mm 的冲裁件。图 2.35(a)为环氧树脂固定；图 2.35(b)为低熔点合金固定；图 2.35(c)为无机粘接剂固定。

3) 凸模长度的计算

凸模长度的计算，一般是按模具结构来确定的。

(1) 使用刚性卸料装置，如图 2.36(a)所示，凸模长度用式(2-29)计算：

$$L_p = h_g + h_x + h_{dl} + A \tag{2-29}$$

式中，h_g ——凸模固定板厚度(mm)；

　　　h_x ——弹性卸料板厚度(mm)；

　　　h_{dl} ——导料板厚度(mm)；

　　　t ——板料的厚度(mm)；

　　　A ——自由尺寸(mm)。包括 3 部分：闭合状态时固定板和卸料板之间的距离，凸模的修磨量，凸模进入凹模的距离 0.5～1mm。一般取 $A=15\sim20$mm。

(2) 使用弹性卸料装置，如图 2.36(b)所示，导料板的厚度对凸模长度就没什么影响，凸模长度应按式(2-30)进行计算：

$$L_p = h_g + H' + h_x - (0.5\sim1) \tag{2-30}$$

式中，H' ——弹簧或橡胶的安装高度(mm)。其值按式(3-15)、式(3-20)计算。

4) 凸模的材料和技术要求

凸模材料常用的有：T10A、9Mn2V、Cr12、Cr6WV 等冷作模具钢。热处理要求达到 58～62 HRC，尾部回火至 40～50 HRC。

技术要求按 GB 14662—2006《冲模技术条件》执行。一般凸模的通用技术条件如下：凸模尾部端面与凸模固定板装配后一体磨平；保持刃口锋利，不得倒钝；刃口部位的粗糙度值 Ra 为 0.8～0.4μm；小直径凸模的刃口端面不允许打中心孔。

图 2.36　凸模长度计算

2.　凹模的结构设计

1) 凹模结构形式

凹模的结构也分为整体式、组合式、镶拼式 3 种形式。

(1) 整体式凹模。整体式凹模如图 2.37(a)所示。其优点是模具结构简单，强度好，制造精度高。缺点是非工作部分也用模具钢制造，制造成本较高；若刃口损坏，需整体更换。主要适用于中小型及尺寸精度要求高的制件。

(2) 组合式凹模。组合式凹模如图 2.37(b)所示。其凹模工作部分采用模具钢制造，非工件部分采用普通材料制造，制造成本低，维修方便。缺点是结构稍复杂，制造精度比整体式有所降低。主要适用于大中型及精度要求不太高的制件。

(3) 镶拼式凹模。镶拼式凹模如图 2.37(c)所示，凹模型腔由两个或两个以上的零件组成。这种结构使零件加工方便，降低了复杂模具的加工难度，易损部分易更换，维修费用低。缺点是制件的精度低，装配要求高。主要适用于窄臂制件或形状复杂的制件。

图 2.37　凹模

2) 凹模的刃口形式

大体上可以把凹模的刃口分为 3 种形式。

(1) 直筒式。如图 2.38 所示的 3 种刃口均为直筒式。其刃口加工方便、强度高，且刃口尺寸不会因修磨而过大变化，适用于冲裁形状复杂或精度要求高的制件。其缺点是冲落部分的制件或废料积存在刃口部位，增大了推件力和凹模的胀裂力，会加快刃口磨损。图 2.38(a) 和图 2.38(b) 所示形式的刃口高度一般按板料厚度选取：$t \leqslant 0.5$mm，$h=3\sim 5$mm；0.5mm$< t \leqslant 5$mm，$h=5\sim 10$mm；$t>5\sim 10$mm，$h=10\sim 15$mm。一般用于单工序冲裁模或连续冲裁模且采用下出料的情况。图 2.38(c) 所示形式用于带有顶出装置的复合冲裁模。

图 2.38　直筒式刃口

(2) 锥形。锥形凹模刃口如图 2.39 所示。其优点是冲落的工件或废料容易漏下，凸模对凹模孔壁的摩擦及压力也较小。图 2.39(a) 所示结构因刃口为锐角，刃口强度较差，修磨刃口尺寸易增大，适合冲裁形状简单、精度要求不高的制件。图 2.39(b) 所示结构的设计参数 α、β、h 值的大小与板料厚度有关：当 $t<2.5$mm 时，$\alpha=15'$，$\beta=2°$，$h=4\sim 6$mm；$t>2.5$mm，$\alpha=30'$，$\beta=3°$，$h\geqslant 8$mm。

(3) 凸台式。凸台式凹模刃口如图 2.40 所示。凹模的淬火硬度较低，一般为 35～40HRC，装配时，可以锤打凸台斜面来调整间隙，直到冲制出合格的工件为止。适用于冲裁厚度在 0.3mm 以下的薄料工件。

图 2.39　锥形刃口

图 2.40　凸台式刃口

3) 固定方法

凹模的固定方法如图 2.41 所示。图 2.41(a) 是凹模与固定板采用 H7/m6 配合，常用于带肩圆凹模的固定；图 2.41(b) 是凹模与固定板采用 H7/m6 或 H7/s6 配合，一般只用于小型制件的冲裁；图 2.41(c) 和图 2.41(d) 是凹模直接固定在模座上，图 2.41(c) 适用于冲裁大型制件，图 2.41(d) 适合冲裁小批量的简单形状的制件。

4) 外形设计

凹模的外形尺寸应保证凹模有足够的强度、刚度和修磨量。一般有矩形和圆形两种，视具体情况而定。凹模外形尺寸如图 2.42 所示，其厚度和壁厚可按如下经验公式计算：

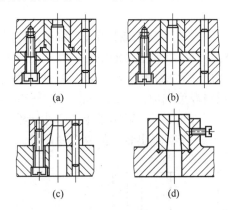

图 2.41　凹模固定方式　　　　　　　　　图 2.42　凹模外形尺寸

凹模厚度，如图 2.42 所示：

$$H_a = K \sqrt[3]{0.1F_c} \tag{2-31}$$

式中，H_a——凹模厚度(单位为 mm，当 $H_a \leqslant 12mm$ 时，取 $H_a = 12mm$)；

　　　F_c——冲裁力(N)；

　　　K——修正系数，见表 2-17。

凹模壁厚的计算有 3 种情况，如图 2.42 所示：

$$\left.\begin{array}{l}\text{当刃口形状为平滑曲线时：} \quad c_1 = 1.2H_a \\ \text{当刃口形状为直线时：} \quad\quad c_2 = 1.5H_a \\ \text{当刃口形状为复杂有尖角时：} \quad c_3 = 2.0H_a\end{array}\right\} \tag{2-32}$$

式中，c_1、c_2、c_3——凹模壁厚(mm)。

表 2-17　凹模厚度修正系数 K

凹模刃口周长 L_a/mm	修正系数 K
$\leqslant 50$	1.00
$>50 \sim 75$	1.12
$>75 \sim 150$	1.25
$>150 \sim 300$	1.37
$>300 \sim 500$	1.50
>500	1.60

5) 凹模的材料和技术要求

凹模所用材料和凸模的选材基本相同。热处理要求比凸模的硬度稍高一些，为 60～64HRC。技术要求按 GB 14662—2006《冲模技术条件》执行。通用技术条件和凸模的类似。

3. 凸凹模的结构设计

凸凹模是复合模中的一个工作零件，其外形起凸模作用，内形起凹模作用。在设计时，外形可参考凸模结构设计，内形可参考凹模结构设计。

设计凸凹模的关键是要保证外形和内形之间的壁厚强度，许用最小壁厚 c 可按表 2-18 选取。凸凹模内形和外形刃口之间的位置是由制件的尺寸来决定的，但可在其刃口之外采取增加壁厚的措施来增加壁厚强度，如图 2.43 所示。采取增强措施以后，若还不能保证内外形之间的壁厚强度，则应放弃使用复合冲裁模结构，改用单工序冲裁模结构或连续冲裁模结构。

表 2-18　凸凹模最小壁厚 c　　　　　　　　　　　（单位：mm）

工件材料	材料厚度 t		
	≤0.5	0.6～0.8	≥1
铝、铜	0.6～0.8	0.8～1.0	(1.0～1.2)t
黄铜、低碳钢	0.8～1.0	1.0～1.2	(1.2～1.5)t
硅钢、磷铜、中碳钢	1.2～1.5	1.5～2.0	(2.0～2.5)t

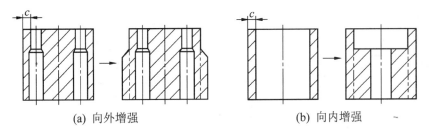

(a) 向外增强　　　　　　　　　　　(b) 向内增强

图 2.43　凸凹模增加强度措施

2.5.2　定位装置的设计(Positioning Device Design)

定位装置的作用是确定条料或半成品在模具中的位置，以保证冲压件的质量，使冲压生产连续顺利进行。下面分条料的定位和半成品的定位两大类来讲解。

1. 条料的定位

条料的定位分纵向和横向两个方面。

纵向定位：控制条料的送料进距。包括挡料销、导正销、定距侧刃等零件。

横向定位：保证条料的送进方向。包括导料板、导料销等零件。

1) 挡料销

挡料销的作用是保证条料有准确的送进位置。常见的挡料销有 3 种形式：固定挡料销、活动挡料销、始用挡料销。挡料销一般用 45 钢制造(43～48HRC)，其高度应稍大于条料的厚度。

(1) 固定挡料销。一般安装在凹模或凹模固定板上，但安装孔会造成凹模强度的削弱。常用于单工序模和连续模中。形式主要有圆头挡料销、钩形挡料销，如图 2.44 所示。当挡料销孔与凹模刃口距离太近时，为增大刃口强度，采用钩形挡料销；但此种挡料销由于不对称，需要另加定向装置，适用于冲制较大较厚材料的工件。

图 2.44　固定挡料销

（2）活动挡料销。活动挡料销常用于倒装式复合模中。如图 2.45 所示，落料凹模 1 位于上半模，要完成落料工序，落料凹模 1 必然向下运动并接触条料，并迫使弹性卸料板 3 下降，进而使挡料销 2 受压下降，与条料平齐，避免产生干涉。

图 2.45　活动挡料销

1—凹模；2—活动挡料销；3—弹性卸料板；4—簧片（或弹簧）；5—下模座

（3）始用挡料销。始用挡料销在连续模冲裁中使用，仅用于每块条料开始冲裁时的定位。其结构形式很多，如图 2.46 所示即为常用的一种。工作时，先用手按下始用挡料销 2，使其伸出导料板 4 的边缘，阻挡条料令其前端定位。然后松开始用挡料销，使其在弹簧 1 的作用下自动复位，开始冲裁。

图 2.46　始用挡料销装置

1—弹簧；2—始用挡料销；3—凹模；4—导料板；5—刚性卸料板；6—固定挡料销

2) 导正销

导正销多用于连续模中条料的精确定位，用于保证工件内孔与外形的相对位置精度。冲模工作时，导正销先插入上一工位已冲制好的孔中(制件上的孔或条料上的工艺孔)，将条料精确定位，然后开始冲压加工。

(1) 结构形式。当零件上有适合于导正销导正用的孔时，导正销就固定在落料凸模上，按其固定方法可分为6种形式：图2.47(a)～图2.47(c)所示用于直径小于10mm的孔导正；图2.47(d)所示用于直径为10～30mm的孔导正；图2.47(e)所示用于直径为20～50mm的孔导正；为了便于装卸，小的导正销也可采用图2.47(f)所示的结构，更换十分方便。

图2.47　导正销形式及固定方式

当零件上没有适合于导正销导正用的孔时，对于工步数较多、零件精度要求较高的连续模，应在条料两侧的空位处设置工艺孔，以供导正销导正条料用。此时，导正销一般固定在凸模固定板上，如图2.48所示。

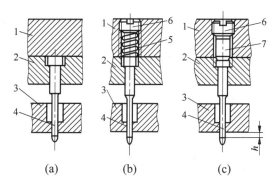

图2.48　导正销固定在凸模固定板上的形式

1—上模座；2—凸模固定板；3—卸料板；4—导正销；5—弹簧；6—螺塞；7—顶销

(2) 设计要点。导正销和导孔之间要有一定的间隙(小间隙配合)。导正销的高度应大于模具中最长凸模的高度(如阶梯冲裁)，以确保先导正、后冲裁。导正销一般使用T7、T8或45钢制造，并需经热处理淬火。

3) 定距侧刃

定距侧刃多用于连续模中条料的精确定位。用导正销精确定位困难时，可以选用定距侧刃定位，但定位精度不如导正销。考虑侧刃的磨损情况，一般适用于冲制料厚在1.5mm以下、送料进矩 A 较小、精度要求不太高的制件。冲裁时，侧刃在条料的侧边冲去一个窄条，窄条的长度等于送料进距 A，冲去窄条后的条料才能通过导料板，如图 2.49 所示。

(a) 矩形侧刃　　　　(b) 齿形侧刃　　　　(c) 尖角形侧刃

图 2.49　侧刃定距

(1) 侧刃定位的特点。条料宽度要求不严格；省去挡料销和始用挡料销；操作方便，易实现自动化；定距侧刃实际上就是一个工艺切边凸模，要有相应的凹模；但条料浪费较多。

(2) 侧刃形状。可分为 I 类无导向侧刃和 II 类有导向侧刃两大类，每一类又可根据断面形状分为多种，如图 2.50 所示。其中 A、B、C 均为标准型侧刃(JB 7648—2008)。

图 2.50　侧刃结构形状

A 型为矩形侧刃，结构简单，制造方便。但侧刃变钝后，切后条料边上产生圆角，影响条料的送进和准确定位，如图 2.51(a)所示。B、C 型为齿形侧刃，虽然加工困难些，但克服了矩形侧刃的缺点，使条料台肩能紧靠挡料块的定位面，送料较矩形侧刃准确，不随侧刃的磨损而影响定位，在生产中常用，如图 2.51(b)所示。尖角形侧刃虽然定位也准确，且节省条料，但在冲裁时需要前后移动条料，操作不便，多用于贵重金属的冲裁。

(a)　　　　　　　　　　　(b)

图 2.51　侧刃的定位误差

1—导料板；2—侧刃挡块；3—侧刃；4—条料

(3) 设计要点。侧刃属于切边凸模，制造时以侧刃为基准件，侧刃孔(即凹模)按侧刃配制，长度等于条料的送料进距 A。侧刃材料一般同凸模的选材，常用 T10、T10A、Cr12 等，硬度 62～64HRC。布置方式分为单侧刃或双侧刃两种形式，使用双侧刃时，定位精度比单侧刃高，但材料的利用率下降了。使用双侧刃时，可以对称放置，也可以对角放置。

4) 导料板

导料板的作用是引导条料沿正确的方向前进，属于横向定位零件。

(1) 导料板形式。按固定方式，可分为整体式和分离式两种。分离式的导料板和固定卸料板是分开的，如图 2.52(a)所示。整体式的导料板和固定卸料板连成一体，如图 2.52(b)所示。导料板一般安装固定在凹模或凹模固定板上。

(2) 设计要点。导料板之间的导料间距，要大于条料宽度，无侧压装置时的间隙值 b_0 可查表 2-11。有侧压装置时，一般间隙值 $b_0 \geqslant 5\sim 8mm$，当条料较薄、宽度较小时，间隙要小一些；当条料较厚、宽度较大时，间隙要大一些。导料板的厚度要大于挡料销顶端高度与条料厚度之和，并有 $2\sim 8mm$ 的空隙。

(a) 分离式　　　(b) 整体式

图 2.52　导料板形式

5) 侧压装置

如果条料的宽度公差过大，则需要在一侧的导料板上设计侧压装置，以消除板料的宽度误差，保证条料紧靠另一侧的导料板而正确地送料。

侧压装置的形式很多，图 2.53 所示为常用侧压装置的几种结构形式。簧片式和簧片压块式侧压装置用于料厚小于 1mm、侧压力要求不大的情况；弹簧压块式和弹簧压板式侧压装置用于侧压力较大的场合。当条料的厚度小于 0.3mm 时，不宜使用侧压装置。使用簧片式和压块式侧压装置时，一般设置 $2\sim 3$ 个侧压装置。

(a) 弹簧压块式　　　　　　(b) 簧片式

(c) 簧片压块式　　　　　　(d) 弹簧压板式

图 2.53　侧压装置

6) 导料销

导料销是导料板的简化形式，多用于采用弹性卸料装置的倒装式复合冲裁模中。当采用导料销保证送料方向时，一般要选用两个。

7) 典型组合

(1) 在单工序冲裁模中，多采用挡料销+导料板的形式。

(2) 在倒装式复合模中，多采用挡料销+两个导料销的形式来实现条料的定位。

(3) 在连续模中，多采用挡料销+导正销+导料板，或定距侧刃+导料板等形式来实现条料的定位。当挡料销和导正销配合使用来对条料进行纵向定位时(保证送料进距)，要注意它们之间的位置关系，如图 2.54 所示。

如图 2.54(a)所示，条料采用前推式定位：

$$l = A - \frac{D_p}{2} + \frac{D}{2} + 0.1 \tag{2-33}$$

如图 2.54(b)所示，条料采用回带式定位：

$$l = A + \frac{D_p}{2} - \frac{D}{2} - 0.1 \tag{2-34}$$

式中，A ——送料步距(mm)；

D_p ——落料凸模部分直径(mm)；

D ——挡料销头部直径(mm)；

l ——挡料销与导正销的中心距(mm)。

(a)   (b)

图 2.54　导正销与挡料销之间的位置关系

 特别提示

为什么在 l 中要+0.1mm 或者-0.1mm 呢？

挡料销对条料的定位是粗定位，而导正销为精定位。在粗定位时，使条料沿送料方向超前或者滞后 0.1mm，给导正销精定位时留取了 0.1mm 的调整距离，从而防止损伤模具，降低模具制造难度。

2. 半成品的定位

在冲裁生产过程中，并不是每一个冲裁件都是一次冲裁成形的，如单工序模经常给下道工序提供毛坯或半成品，对下道工序而言，就存在一个毛坯或半成品的定位问题。半成品的定位分内孔定位(图 2.55)和外形定位(图 2.56)两种方式。定位板或定位钉一般用 45 钢制造，淬火硬度为 43～48HRC。

图 2.55 半成品的内孔定位

图 2.56 半成品的外形定位

2.5.3 卸料与推件、顶件装置(Discharging, Push-off and Liftout Device)

1. 卸料装置

卸料装置的作用是卸去冲裁后紧箍在凸模外面的条料或制件。可分为刚性卸料装置和弹性卸料装置两大类。

1) 刚性卸料装置

刚性卸料板直接固定在凹模(或凹模固定板)上，卸料力大，常用于材料较硬、厚度较大、精度要求不太高的工件的冲裁。刚性卸料板分为封闭式、悬臂式、钩形三种形式，如图 2.57 所示。

(a) 封闭式   (b) 悬臂式   (c) 钩形

图 2.57 刚性卸料装置的结构形式

1—凸模；2—刚性卸料板；3—凹模；4—导料板

封闭式卸料板和导料板可做成整体形式，也可做成组合形式。在冲裁模中，组合式应用得比较广泛。悬臂式一般用于窄长零件的冲孔或切口。钩形又称拱形，用于空心件或弯曲件底部的冲孔(考虑成形件的高度，取件距离较大)。

2) 弹性卸料装置

弹性卸料装置是借助于弹性元件(橡胶或弹簧)的弹力推动卸料板动作而实现卸料的装置。弹性卸料装置可安装在上半模，如图2.58(a)和图2.58(b)所示；也可安装在下半模，如图2.58(c)和图2.58(d)所示。

工作时，弹性卸料板1先将条料压紧，然后再进行冲裁。冲裁完成后，上模复位，弹性元件2推动卸料板1完成卸料动作。由于在冲裁时弹性卸料板对条料有预压作用，因此冲裁后的带孔部分表面平整，精度较高。卸料力靠弹性元件提供，因此相对较小，常用于材料较薄、硬度较低的工件的冲裁。

图2.58　弹性卸料装置的结构形式

1—弹性卸料板；2—弹性元件；3—卸料螺钉；4—凸凹模；5—凸模；6—凹模

 特别提示

当料厚 $t<2$mm 时，常使用弹性卸料装置；当料厚 $t≥3$mm 时，常使用刚性卸料装置；当 $3>t≥2$mm 时，应视具体情况选用卸料方式。

3) 卸料板的设计

卸料板的设计应考虑以下几个方面的内容。

(1) 外形尺寸。与凹模(或凹模固定板)的外形尺寸一致。

(2) 内形尺寸。卸料板的内形型孔形状基本上与凹模孔形状相同，内形型孔和凸模之间要有一定的间隙。一般地，对于弹性卸料板，其单面间隙取 0.05～0.1mm，对于固定卸料板，其单面间隙取 0.2～0.5mm。卸料板兼起弹压导板作用时，凸模与成形孔的配合应取 H7/h6。

但卸料板与凸模之间的间隙应大于冲裁间隙，同时还要保证在卸料力的作用下，带孔条料(工件或废料)不被拉进间隙内。

(3) 厚度可按表2-19选取。

(4) 卸料板的上下两面应光洁(磨床加工)，与板料接触面上的孔不应倒角。材料一般选用 45 钢或 Q235。不需要进行热处理。

表 2-19 刚性卸料板厚度 h_x，弹性卸料板厚度 h_x' （单位：mm）

工件料厚 t/mm	卸料板宽度 B/mm									
	≤50		50～80		80～125		125～200		>200	
	h_x	h_x'	h_x	h_x'	h_x	h_x'	h_x	h_x'	h_x	h_x'
≤0.8	6	8	6	10	8	12	10	14	12	16
0.8～1.5	6	10	8	12	10	14	12	16	14	18
1.5～3.0	8	—	10	—	12	—	14	—	16	—
3.0～4.5	10	—	12	—	14	—	16	—	18	—
>4.5	12	—	14	—	16	—	18	—	20	—

2. 推件装置

推件装置安装在冲裁模的上模部分，利用压力机的横梁或模具内的弹性元件，通过推杆、推板等，将制件或废料从凹模型腔内推出。

(1) 刚性推件装置。刚性推件装置是利用压力机的横梁，通过安装在模柄内的打料杆进行推件。如图 2.59 所示，冲模的上模通过模柄 1 固定在压力机的滑块 4 上。冲压完成后，上模随着滑块 4 回程，当打料杆 2 与横梁 3 接触时，打料杆 2、推板 8、推杆 9、推件块 10 不再随上模上行，而上模的其他部分仍随着滑块向上运动，从而将制件从凹模内推出。

(2) 弹性推件装置。弹性推件装置是利用安装在模具内部的弹性元件完成推出动作的。如图 2.60 所示，冲裁时弹性元件橡胶 1 被压缩，冲裁后弹性元件要释放能量，推动推件块 4 完成推件动作。

图 2.59 刚性推件装置工作原理

1—模柄；2—打料杆；3—压力机横梁；4—压力机滑块；
5—螺栓；6—螺母；7—上模座；8—推板；9—推杆；
10—推件块；11—凹模

图 2.60 弹性推件装置

1—橡胶；2—推板；3—推杆；4—推件块

(3) 推件装置的设计。推件装置的结构比较精巧。由于推件装置安装在上半模的内部，所以在设计时要特别注意与相邻模具零件的配合与让位。推杆和推板一般用45钢制造，淬火硬度43～48HRC。

3. 顶件装置

顶件装置安装在下半模部分，多用于正装复合模或平面要求平整的落料模(有顶件装置时，冲落部分是在顶件板和凸模的夹持下被冲裁掉的，因此比较平整)。其结构形式可分为弹性元件安装在模具内部和弹性元件安装在模具外部两种。如图2.61所示，冲裁完毕回程时，靠弹性元件5释放能量，通过顶件块2完成顶件动作，其设计要点同推件装置。

图 2.61　弹性顶件装置

1—凹模；2—顶件块；3—顶杆；4—托板；5—橡胶

2.5.4　固定零件(Fixed Parts)

冲裁模的固定零件包括模架、模柄、固定板、垫板、紧固件等。

1. 模架

模架是组合体，由上模座、下模座、导柱和导套四部分组成。

模架是模具的基础，模具的所有零件都直接或间接地安装在模架上构成完整的冲裁模具。模架的上模座通过模柄和曲柄压力机的滑块相连，模架的下模座固定在压力机的工作台面上。

1) 模架分类

按导向方式分为滑动导向模架和滚动导向模架两大类，其中滑动导向模架应用得最为广泛，图2.62所示均为滑动导向模架。在滚动导向模架中，导套内镶有成行的滚珠，通过滚珠与导柱实现无间隙配合，导向精度高，广泛应用于精密冲裁模具中。

按导柱的布置形式，模架可分为对角导柱模架、中间导柱模架、后侧导柱模架和四角导柱模架4种，均有国家标准可供选用，结构如图2.62所示。除中间导柱模架只能沿前后方向送料外，其他3种模架均可以沿纵、横两个方向送料。其中，中间导柱模架和对角导柱模架在中、小型冲裁模中应用非常广泛，并且为了防止误装，还常将两个导柱设计成直径相差 2~5mm 大小不等的形状。四导柱模架的导向性能好,受力均匀,刚性好,适合于大型模具。

(a) 对角导柱模架   (b) 中间导柱模架   (c) 后侧导柱模架   (d) 四角导柱模架

图 2.62 模架形式

2) 设计要点

(1) 导柱和导套。导柱安装在下模座,导套安装在上模座,使用时尽量选用标准件。导柱与导套常选用 H7/h6 或 H6/h5 的小间隙配合;导柱与下模座之间、导套与上模座之间常选用 H7/r6 的过盈配合。导套压入上模座的长度,要比上模座的厚度小 2~5mm;模具闭合时,导柱上端面距上模座上平面的距离不得小于 5mm,如图 2.63 所示。有的导套的导滑段上还开设有储存润滑油的油槽。

(2) 下模座。往下自然漏料时,漏料孔的尺寸要比漏料尺寸大些,形状可简化,以便于加工。自行设计时,下模座厚度为

$$H_x = (1.0 \sim 1.5) H_a \tag{2-35}$$

图 2.63 滑动式导柱导套

1—上模座;2—导套;3—导柱;4—下模座

(3) 上模座。在上平面开设浅槽,和安装导套的间隙相连,防止出现真空,如图 2.63

所示。自己设计时，上模座厚度为

$$H_s = H_x - 5 \tag{2-36}$$

式中，H_a——凹模厚度(mm)；

H_s——上模座厚度(mm)；

H_x——下模座厚度(mm)。

(4) 材料选用。上、下模座为 HT200 或 Q235。导柱、导套为 20 钢，渗碳淬火硬度 60～62HRC。

2. 模柄

模柄是上模部分和压力机滑块的连接零件。其下部固定在上模座上；工作时，其上部固定在压力机滑块的模柄孔内。模柄的行业标准结构共有 6 类 10 种，如图 2.64 所示。

图 2.64　模柄形式

压入式模柄与上模座连接时，要加销钉以防转动；旋入式模柄与上模座连接时，要加螺钉防止松动。这两种模柄适用于中、小型模具，压入式模柄最为常用。

凸缘模柄多用于较大型模具。槽形模柄用于直接固定凸模，主要用于简单模具。浮动式模柄采用了凹面浮动结构，以消除压力机导向误差对冲模导向精度的影响，从而提高了冲裁精度，主要用于精密模具中。推入式模柄也是一种浮动模柄，主要用于精密模具中。

模柄直径根据所选压力机的安装孔尺寸而定，材料一般选用 45 钢或 Q235。

3. 固定板

固定板是用来固定凸模、凹模或凸凹模的，之后再和模座相连接。一般采用台阶式固定方式，选用 H7/m6 的过渡配合，如图 2.31、图 2.42(a)所示。

固定板的外形尺寸与凹模的外轮廓尺寸基本一致，材料一般选用 45 钢或 Q235。其厚度按式(2-37)计算：

$$h_g = (0.8 \sim 0.9) H_a \tag{2-37}$$

式中，h_g——固定板厚度(mm)；

H_a——凹模厚度(mm)。

4. 垫板

垫板的作用是直接承受和扩散凸模传递过来的压力，以减小模座所承受的单位压力，保护凸模顶面处的模座平面不被压陷损坏，如图 2.65 所示。安装位置在凸模和模座之间。既可能在上模部分，也可能在下模部分。

图 2.65　垫板的受力情况

垫板的外形多与凸模固定板一致。厚度一般取 5～12mm(条料硬度高、厚度大时，垫板厚度取较大值)。材料可选用 T7、T8，淬火硬度 52～56HRC；45 钢，淬火硬度 43～48HRC。垫板的上、下面要磨平。

是否需要加设垫板，应根据模座承受的单位面积上的压应力的大小来决定。当模座承受的单位面积上的压力超过模座材料的许用压应力时，就需要在凸模与模座之间加设垫板，因此加设垫板的条件为：

$$\sigma_y = F_y / S \geqslant [\sigma_y] \tag{2-38}$$

式中，　σ_y ——模座承受的单位压力(MPa)；

F_y ——凸模的冲压力(N)；

S ——凸模顶面的面积(mm^2)；

$[\sigma_y]$ ——模座材料的许用压应力(MPa)。

5. 紧固件

模具中使用的紧固件主要是螺钉和销钉。螺钉用来连接冲裁模中的各个零件，使其成为一个整体；销钉用来起定位作用。紧固件应尽量选用标准件，选用时应注意以下两点。

(1) 选用螺钉时，应尽量选用内六角螺钉，这种螺钉的头部可以埋入模板内，占用空间小，拆装方便。

(2) 选用销钉时，一般应选用圆柱销，以便于拆装。销钉数量不能少于两个；螺钉和销钉之间的距离不能太小，否则会降低模具的强度。

2.6　综合案例(Comprehensive Case)

图 2.66　零件图

零件名称：垫圈(图 2.66)。

生产批量：大批量。

材料：Q235；t =2mm。

设计该零件的冲裁模，并绘制模具装配图。

1. 冲裁件工艺性分析

冲裁件材料为 Q235 钢板，普通碳素钢，属于低碳钢，具有良好的冲压性能；冲裁件形状简单、对称，由圆弧和直线组成，符合冲裁件工艺要求。

ϕ3.8mm 孔大于表 2-2 的最小孔径要求，与边缘之间的距离为 2.1mm，大于 t；ϕ3.8mm

两孔中心距公差满足表 2-5 中的要求；查标准公差数值表(GB/T 1800.1—2009)，零件图中标注的外形尺寸公差等级在 IT12～IT14，在冲裁件的经济精度范围内。综上所述，该零件所有形状都可以通过冲裁加工得到保证。

2. 冲压工艺方案设计

由以上分析可知，冲裁件具有尺寸精度不高，形状轮廓较小，生产批量大，板料厚度较低等特点，所以采用工序集中的工艺方案。

查表 2-17 可得凸凹模最小壁厚 $c =1.2t =2.4mm$，而 $\phi 3.8mm$ 孔边缘与外轮廓边缘的距离为 2.1mm，小于凸凹模允许的最小壁厚，所以不能采用复合模结构。

综上所述，模具结构形式采用导正销定位，刚性卸料，自然漏料方式的连续冲裁模。设计两个工位，第一工位完成 $2\times\phi 3.8mm$、$\phi 11mm$ 三个孔的冲孔工序，第二工位完成外轮廓的落料工序。

3. 排样设计

(1) 计算条料宽度和送进距离。采用单排排样，如图 2.67 所示。首先确定搭边值。查表 2-10，按矩形形状和板料厚度值，取工件间搭边值 $a_1=1.8mm$，侧边搭边值按圆形取 $a=2.0mm$。

因此送料步距为：

$$A = D + a_1{}' = D + \frac{a_1}{\cos 31^\circ} = 22.5 + \frac{1.8}{\cos 31^\circ} \approx 24.6(mm)$$

采用手动保持条料紧贴单侧导料板送料，则条料宽度按式(2-4)计算，查表 2-11，取 $\Delta = 0.5mm$，$b_0=0.2mm$。

$$B = (L + 2a)_{-\Delta}^{0} = (19.8 + 2\times 2.0)_{-0.5}^{0} \approx 24_{-0.5}^{0}(mm)$$

最终确定的工件间搭边值、侧边搭边值、条料宽度如图 2.68 所示。

(2) 计算材料利用率。选用 2mm×1000mm×1500mm 的钢板。裁成宽 24mm，长 1000mm 的条料，则每张板所出零件数为：

$$n = \frac{1500}{B} \times \frac{1000 - a_1}{A} = \frac{1500}{24} \times \frac{1000 - 1.8}{24.6} = 62\times 40 = 2480$$

裁成宽 24mm、长 1500mm 的条料，则每张板所出零件数为：

$$n = \frac{1000}{B} \times \frac{1500 - a_1}{A} = \frac{1000}{24} \times \frac{1500 - 1.8}{24.6} = 41\times 60 = 2460$$

由计算可知，板料采用第一种裁切方法比较经济。板料利用率为：

$$\eta = \frac{nS}{1000\times 1500} \times 100\% = \frac{2480\times 413.05}{1000\times 1500} \times 100\% \approx 68.29\%$$

式中，S——冲裁制件面积(mm^2)。

4. 计算压力中心

如图 2.68 所示，建立 XO_2Y 坐标系。因在两个工位上，图形分别相对于 O_1、O_2 中心对称，所以冲孔时的压力中心在 O_1 上，$x_1 = 25$；落料时的压力中心在 O_2 上，$x_2 = 0$；总的压力中心在 X 轴上。

由式(2-25)得

$$x_c = \frac{L_1 x_1 + L_2 x_2}{L_1 + L_2} = \frac{(\pi \times 11 + 2 \times \pi \times 4.1) \times 25}{(\pi \times 11 + 2 \times \pi \times 4.1) + 77.34} \approx 11 (\text{mm})$$

图 2.67　排样图

图 2.68　压力中心

5. 计算工序力，初选压力机

因采用刚性卸料装置和自然漏料方式，只用计算冲裁力和推件力即可。

(1) 计算冲裁力。为了降低冲裁力，可将 4 个凸模设计成两组不同的高度，即冲裁外形的凸模和冲裁 ϕ 11mm 孔的凸模等高，冲裁 $2 \times \phi$ 3.8mm 孔的两个小凸模等高，两组凸模高度相差 2mm。这样做可避免各组凸模冲裁力的最大值同时出现，而且可避免冲裁 $2 \times \phi$ 3.8 的小凸模由于承受材料流动挤压力而产生倾斜或折断事故。

首先计算第一工位冲裁 ϕ 11mm 孔、$2 \times \phi$ 3.8mm 孔的冲孔力和第二工位冲裁外形的落料力。

查表 1-3 取 τ_b =360MPa，由式(2-16)计算冲孔力分别为

$$F_{c11} = KL_{11} t \tau_b = 1.3 \times \pi \times 11 \times 2 \times 360 / 1000 = 32.35 (\text{kN})$$
$$F_{c12} = 2KL_{12} t \tau_b = 2 \times 1.3 \times \pi \times 3.8 \times 2 \times 360 / 1000 = 22.34 (\text{kN})$$

由式(2-16)计算冲裁外形的落料力为

$$F_{c2} = KL_2 t \tau_b = 1.3 \times 77.34 \times 2 \times 360 / 1000 = 72.39 (\text{kN})$$

采用阶梯凸模冲裁法时，分别计算每一组等高度的凸模冲裁力之和，取其中最大一级冲裁力之和作为冲裁件的冲裁力。故总的冲裁力为：

$$F_c = F_{c11} + F_{c2} = 32.35 + 72.39 = 104.74 (\text{kN})$$

 特别提示

> 利用平面几何知识计算送料方向冲裁件宽度 D 和外形轮廓周长 L_2 较为麻烦，本书冲裁件宽度 D=22.5mm、周长 L_2=77.33mm、面积 S=413.05mm^2 是在 AutoCAD 软件中绘好图后，直接测量查询得到。

(2) 计算推件力。查表 2-15，得 K_t=0.055。取 n=3，由式(2-19)可得

$$F_t = nK_t F_c = 3 \times 0.055 \times 104.74 = 17.28 (\text{kN})$$

(3) 计算冲裁工序力。由式(2-21)得

$$F = F_c + F_t = 107.74 + 17.28 \approx 125 (\text{kN})$$

(4) 初选压力机。压力机的公称压力应大于冲裁工序力，即 $F_p \geq 1.2F$=150kN，查表 1-5，

初选开式双柱可倾式压力机，型号为 J23-16。

6. 冲模零部件的选用、设计和计算

1）计算凸、凹模刃口尺寸

（1）查表 2-12，确定冲裁间隙为 $Z_{min}=0.22$mm，$Z_{max}=0.26$mm。

（2）计算落料刃口尺寸。采用配制加工，刃口尺寸以凹模为基准，凸模尺寸按相应的凹模实际尺寸进行配制，保证最小冲裁间隙为 0.22mm。

未注尺寸公差等级取经济精度 IT14，查标准公差数值表(GB/T 1800.1—2009)，得到 $A_1 = R4_{-0.30}^{0}$mm、$A_2 = R9.9_{-0.36}^{0}$mm；进行偏差转换 $A_3 = 31_{0}^{+0.50}$mm$= 31.5_{-0.50}^{0}$mm；$A_4 = 19.8_{-0.20}^{0}$mm。

查表 2-14，由于工件四角均为圆弧，因此按圆形工件，取尺寸的磨损系数均为 $x = 0.5$。落料刃口尺寸均为 A 类尺寸，取 $\delta_d = \Delta /4$，按式(2-13)计算得：

$$A_{m1} = (A_1 - x\Delta_1)_{0}^{+\Delta_1/4} = (4 - 0.5 \times 0.30)_{0}^{+0.30/4} = 3.85_{0}^{+0.075} \text{(mm)}$$

$$A_{m2} = (A_2 - x\Delta_2)_{0}^{+\Delta_2/4} = (9.9 - 0.5 \times 0.36)_{0}^{+0.36/4} = 9.72_{0}^{+0.09} \text{(mm)}$$

$$A_{m3} = (A_3 - x\Delta_3)_{0}^{+\Delta_3/4} = (31.5 - 0.5 \times 0.50)_{0}^{+0.50/4} = 31.25_{0}^{+0.125} \text{(mm)}$$

$$A_{m4} = (A_4 - x\Delta_4)_{0}^{+\Delta_4/4} = (19.8 - 0.5 \times 0.20)_{0}^{+0.20/4} = 19.7_{0}^{+0.05} \text{(mm)}$$

（3）计算冲孔刃口尺寸。采用互换加工，即凸、凹模分开的加工方法，以凸模为基准件。

冲裁件尺寸 $d_1 = 3.8_{+0.1}^{+0.2}$mm$= 3.9_{0}^{+0.1}$mm，$d_2 = 11_{0}^{+0.05}$mm。圆形件刃口制造公差等级可取 IT6～IT7，因孔的制造精度一般比轴低一等级，故取凸模的制造公差为 IT6，凹模的制造公差为 IT7。查标准公差数值表(GB/T 1800.1—2009)，得：$\delta_{p1} = 0.008$mm，$\delta_{d1} = 0.012$mm，$\delta_{p2} = 0.011$mm，$\delta_{d2} = 0.018$mm。

因 $\delta_{p1} + \delta_{d1} = 0.02 < Z_{max} - Z_{min} = 0.04$，$\delta_{p2} + \delta_{d2} = 0.029 < Z_{max} - Z_{min} = 0.04$，均满足：

$$\delta_p + \delta_d \leq Z_{max} - Z_{min}$$

故所选取的凸、凹模制造公差能够保证冲裁间隙位于 0.22～0.26mm 范围内。

查表 2-14，取磨损系数均为 $x = 0.75$，按式(2-7)、式(2-8)计算得：

$$d_{p1} = (d_1 + x\Delta)_{-\delta_{p1}}^{0} = (3.9 + 0.75 \times 0.1)_{-0.008}^{0} \approx 3.98_{-0.008}^{0} \text{(mm)}$$

$$d_{d1} = (d_1 + x\Delta + Z_{min})_{0}^{+\delta_{p1}} = (3.98 + 0.22)_{0}^{+0.012} = 4.2_{0}^{+0.012} \text{(mm)}$$

$$d_{p2} = (d_2 + x\Delta)_{-\delta_{p2}}^{0} = (11 + 0.75 \times 0.05)_{-0.011}^{0} \approx 11.04_{-0.011}^{0} \text{(mm)}$$

$$d_{d2} = (d_2 + x\Delta + Z_{min})_{0}^{+\delta_{d2}} = (11.04 + 0.22)_{0}^{+0.018} = 11.26_{0}^{+0.018} \text{(mm)}$$

（4）在冲孔落料工序中，不随磨损变化的尺寸，按式(2-15)计算得：

$$C = C \pm \Delta' /4 = 23 \pm 0.1/4 = 23 \pm 0.025 \text{(mm)}$$

2）初定各主要零件外形尺寸

（1）凹模外形尺寸的确定

查表 2-17，依据 $L_a = L_2 = 77.33$mm，取 $K = 1.25$。根据式(2-31)，计算凹模厚度：

$$H_a = K\sqrt[3]{0.1F_{c2}} = 1.25 \times \sqrt[3]{0.1 \times 72390} \approx 24 \text{(mm)}$$

根据式(2-32)，凹模横向壁厚：$c_1 = 1.2H_a \approx 29$mm；纵向壁厚：$c_2 = 1.5H_a \approx 36$mm

凹模宽度 B 的确定：

$$B = 工件宽 + 2c_2 = 19.8 + 2 \times 36 = 91.8(\text{mm})$$

凹模长度 L 的确定：

$$L = 工件长 + 送料步距 + 2c_1 = 27.7 + 25 + 2 \times 29 = 110.7(\text{mm})$$

查冲模矩形凹模板标准(JB/T 7643.1—2008)，确定凹模外形尺寸为 125mm×100mm×28mm。

(2) 凸模固定板、刚性卸料板、导料板、垫板等厚度尺寸的确定。

根据式(2-37)初算固定板厚度：$h_g = 0.8H_a = 0.8 \times 24 = 19.2(\text{mm})$。取外形尺寸与凹模相同，查矩形固定板标准(JB/T 7643.2—2008)，取固定板厚度 $h_g = 20\text{mm}$。

查表 2-19，得卸料板厚度 $h_x = 12\text{mm}$。

导料板的厚度要大于挡料销顶端高度与条料厚度之和，并有 2~8mm 的空隙。导料板大致的外形尺寸近似为 125mm×38mm，查冲模导料板标准(JB/T 7648.5—2008)，取 $h_{dl} = 8\text{mm}$。

根据凹模外形尺寸，查矩形垫板标准(JB/T 7643.3—2008)，取垫板厚度为：$h_{db} = 6\text{mm}$。

(3) 凸模长度尺寸的确定。模具闭合状态时，凸模固定板和刚性卸料板之间的距离、凸模的修磨量、凸模进入凹模的距离，一般在 15~20mm 之间取值，此处取 A=20mm。根据式(2-29)，得凸模的长度：

$$L_p = h_g + h_x + h_{dl} + A = 20 + 12 + 8 + 20 = 60(\text{mm})$$

(4) 上、下模座的计算。根据式(2-35)，计算得下模座厚度：

$$H_x = 1.2H_a = 1.2 \times 24 \approx 29(\text{mm})$$

根据式(2-36)，计算得上模座厚度：

$$H_s = H_x - 5 = 24(\text{mm})$$

(5) 标准模架的选取。依据已初算出来的各板厚度，估算模具闭合高度值为：

$$H_{闭合} = H_x + H_a + h_{dl} + h_x + A + h_g + h_{db} + H_s$$
$$= 29 + 24 + 8 + 12 + 20 + 20 + 6 + 24 = 143(\text{mm})$$

由于模具要求导向平稳，故选用对角导柱模架。根据凹模周界尺寸 125mm×100mm 及初算闭合高度 $H_{闭合}$，查冲模滑动导向对角导柱模架标准(GB/T 2851—2008)，选取模架规格为：

滑动导向模架　对角导柱 125×100×140~165　I　GB/T 2851—2008

并由此确定上、下模座及导柱、导套规格为：

对角导柱上模座 125×100×30 GB/T 2855.1—2008

对角导柱下模座 125×100×35 GB/T 2855.2—2008

导柱 A 22h5×130 GB/T 2861.1—2008

导套 A 22H6×80×28 GB/T 2861.3—2008

经查表 1-5，初选的压力机 J23-16 的最大装模高度、工作台尺寸，均能够满足模具的安装和使用要求。

 特别提示

> 冲模模架及常用冲模零件均有相关标准(GB 为国家标准，JB 为机械行业标准)，所以初算零件尺寸值后，尽可能查阅标准，圆整数值选用标准件，这将大大缩短设计时间，降低制造成本。

7. 绘制模具装配图

按已确定的模具形式及模具各零件尺寸，绘制模具装配图，如图2.69所示。

图2.69　模具装配图

1—下模座；2—凹模；3—固定挡料销；4—导正销；5—固定卸料板；6—上模座；7—凸模固定板；
8—垫板；9—大凸模；10，11—圆凸模；12，17—销钉；13，16—螺钉；14—导套；15—导柱；
18—导料板；19—初始挡料销；20—小弹簧；21—芯柱

 特别提示

在绘制零件图时，最重要的是细节，所谓差之毫厘，谬以千里，在设计中的表现尤为突出。比如：

(1) 在标注尺寸时，凸模与固定板之间的配合公差、导料板与条料之间的间隙、凸模与卸料板之间的间隙、凸模与卸料板端面等，数值虽小但作用很大，所以标注时一定要细心。这些要求和数据都可以在《冲模设计手册》中查到。

(2) 模具零部件的设计基准要尽量一致，很多学生不注意这一点。如模座采用中心基准，固定板却采用边基准，基准来回变换，造成尺寸标注混乱，也会给制造和检验带来麻烦。

(3) 零件上任何的局部轮廓，都应包括两部分尺寸：定位尺寸和定形尺寸。定位尺寸确定这个轮廓在零件上相对于设计基准的具体位置，定形尺寸则确定轮廓形状大小。二者缺一不可，但很多学生经常标注不全。

(4) 重要部位的粗糙度和形位公差的标注很重要。它们决定了零件的加工精度，不标注，加工人员就可按未注公差处理，加工出来的零件能符合要求吗？能保证装配要求吗？

(5) 根据零件的功能选用不同的材质、毛坯形式和热处理，选用不同的未注公差等级和粗糙度，这些一定要在标题栏和技术要求中说(标)明。

本章小结(Brief Summary of this Chapter)

本章对冲裁工艺及冲裁模具设计进行了较详细的阐述，包括冲裁变形过程、冲裁件工艺性、排样设计、冲裁间隙、压力中心、冲裁工序力及单工序模、复合模和连续模的设计。

介绍了冲裁变形过程及制件的断面特征。

冲裁件的结构工艺性能介绍了满足冲裁工艺要求的制件的形状、精度、粗糙度和结构。

模具工艺设计介绍了典型模具结构、排样设计、冲裁间隙、冲裁工序力和压力中心计算；模具结构设计介绍了典型的模具结构和主要零部件的设计要求。

本章的教学目标是使学生具备冲裁模设计的基础知识，通过典型模具结构和实例的讲解，掌握弯曲模设计的基础知识及冲裁模设计的一般流程。

习题(Exercises)

1. 简答题

(1) 什么是冲裁？冲裁变形过程分为哪三个阶段？说明每一段的变形情况。

(2) 冲裁时，断面质量分为哪几个区？各区有什么特征？是怎样形成的？

(3) 什么是排样？冲压废料有哪两种？要提高材料利用率，应从减少哪种废料着手？

(4) 什么是搭边？搭边大小决定于哪些因素？

(5) 什么是冲裁间隙？它对冲裁件的断面质量、冲裁工序力、模具寿命有什么影响？怎样确定模具的合理冲裁间隙？

(6) 求冲裁模的压力中心位置有哪几种方法？用解析法如何求冲裁模的压力中心位置？求冲裁模压力中心位置有什么用处？

(7) 冲裁模刃口尺寸计算的原则有哪些？

(8) 在什么情况下采用凸模和凹模分别标注、分别加工？分别加工时应满足什么条件？

(9) 在什么情况下采用凸模和凹模配合加工？配合加工有什么优点？

(10) 何谓正装复合模？何谓倒装复合模？各有什么优点？设计复合模中的凸凹模时

应注意什么问题？

(11) 选择冲裁模的结构类型时应遵循什么原则？

(12) 冲模工作时，毛坯在送进平面内怎样定位？左右怎样导向？各有哪几种方式和零件？

(13) 模架由哪几种零件组成？标准中规定了哪几种模架形式？各有什么特点？模架在模具中起什么作用？

(14) 垫板起什么作用？在什么情况下可以不加垫板？

2. 设计题

(1) 设计计算图 2.70 所示制件的冲孔-落料复合模，并绘制出模具结构图。

(2) 设计计算图 2.71 所示制件的冲孔-落料级进模，并绘制出模具结构图。

图 2.70 制件图(一)

图 2.71 制件图(二)

(3) 设计计算图 2.72 所示 4 个制件的冲裁模。生产批量和设计工作量由教师根据教学需要确定，模具类型由学生根据综合分析确定。

图 2.72 制件图(三)

综合实训(Comprehensive Practical Training)

1．实训目标：提高学生的实践能力，增加对冲裁模具结构的感性认识，将冲裁模理论知识与模具实物相对应，并提高模具拆装的实际操作技能和绘图能力。

2．实训内容：指导学生完成冲裁模具拆装，测量并填写冲模零件配合关系测绘表(见表 2-20)，绘制拆卸模具的结构图和主要零件工作图。

3．实训要求：模具的拆装与测绘按下面的要求进行。

1) 模具拆卸的一般规则

在拆装模具时可先将模具的某一部分(如冲压模的上模，注射模的定模部分)托住，另一只手拿木锤或铜棒轻轻地敲击模具另一部分(如冲压模的下模，注射模的动模部分)的座板，从而使模具分开。绝不可用很大的力来锤击模具的其他工作面，或使模具左右摆动从而对模具的精度产生不良影响。然后用铜棒顶住销钉，用手锤将销钉卸除，再用内六角扳手卸下紧固螺钉和其他紧固零件。在拆卸时要特别小心，绝不可碰伤模具工作零件的表面。拆卸下来的零件应放在指定的容器内，以防生锈或遗失。在拆卸模具时，一般应遵循下列规则：

(1) 模具的拆卸工作应按照各模具的具体结构，预先考虑好拆卸程序。如果先后顺序倒置或贪图省事而猛拆猛敲，就会造成零件损伤或变形，严重时还会导致模具难以装配复原。

(2) 模具的拆卸顺序一般应先拆外部附件，然后再拆主体部件。在拆卸部件或组合件时，应按从外部拆到内部、从上部拆到下部的顺序进行，依次拆卸组合件或零件。

(3) 拆卸时，使用的工具必须保证对合格零件不会造成损伤，应尽量使用专用工具，严禁用钢锤直接敲击零件的工作表面。

(4) 拆卸时，对容易产生位移而又无定位的零件，应做好标记；各零件的安装方向也需要辨别清楚，并做好相应标记，以免在装配复原时浪费时间。

(5) 对于精密的模具零件，如凸模、凹模和型芯等，应放在专用的盘内或单独存放，以防碰伤工作部位。

(6) 拆下的零件应尽快清洗，以免生锈腐蚀，最好涂上润滑油。

表 2-20　冲压模零件配合关系测绘表

序号	相关配合关系	配合松紧程度	配合要求	配合尺寸测量值	配合尺寸
1	凸模与凹模		凸模实体小于凹模洞口一个间隙		

序号	相关配合关系	配合松紧程度	配合要求	配合尺寸 测量值	配合尺寸
2	凸模与凸模固定板		H7/m6 或 H7/n6		
3	上模座与模柄		H7/r6 或 H7/s6		
4	上模座与导套		H7/r6 或 H7/s6		
5	下模座与导柱		H7/r6 或 H7/s6		
6	导柱与导套		H7/h5 或 H7/h6		
7	卸料板与凸模		卸料板孔大于凸模实体 0.2～0.6mm		
8	销钉与模板		H7/m6 或 H7/n6		

注：表中列出了模具配合零件间的配合要求，测绘者可根据测绘过程中的实感及实测数据填写有关栏目，为完成所测绘模具的装配图作准备。表中所留空行供记录所列的模具配合零件测绘数据用。

2) 模具测绘的基本内容

模具测绘在模具拆卸之后进行。通过模具测绘有助于进一步认识模具零件，了解模具相关零件之间的装配关系。

模具测绘最终要完成所拆卸模具的装配图和重要零件图的绘制。由于模具测绘时主要采用游标卡尺、千分尺与直尺等普通测量工具，测量结果就远不及采用专用测量工具时精确，再加上使用方法难免有不够完善的地方，由此而产生的测量误差相应较大，因此需要对测量结果按技术资料上的理论数据进行必要的"圆整"。只有用"圆整"后的数据来绘制模具装配图，才能较好地反映模具结构的实际情况。模具测绘可按下列步骤进行。

(1) 模具拆卸之前，应先画出模具的结构草图，并测量总体尺寸。

(2) 拆卸后对照实样，勾画各模具零部件的结构草图。

(3) 选择基准，设计各模具零件的尺寸标注方案。对于相关零件的相关尺寸，建议用彩笔标出，以便测量时引起重视。

(4) 根据设计好的尺寸标注方案，测量所需尺寸数据，并做好记录。在查阅有关技术资料基础上，再进行尺寸数值的"圆整"工作。

(5) 完成所拆卸模具的装配图。

(6) 根据指导教师的具体要求，完成重要模具零件的工作图。

3) 模具装配复原的一般程序

模具的装配复原程序主要取决于模具的类型和结构，基本上与模具拆卸的程序相反。模具的装配复原应在模具测绘所形成的模具装配图的基础上进行，并且在模具的装配复原过程中，要不断地修正模具装配图中的错误。模具装配复原的一般程序如下。

(1) 先装模具的工作零件(如凸模、凹模或型芯、镶件等)。一般情况下，冲压模先装下模部分，注射模先装动模部分比较方便。

(2) 装配推料或卸料零部件(塑料模装配推出机构)。

(3) 在各模板上装入销钉并拧紧螺钉。

(4) 总装其他零部件，最后将上模和下模合在一起(塑料模将动模和定模合在一起)。

(5) 指导教师进行模具装配复原考评。

第 3 章
弯曲工艺与弯曲模
(Bending Process and Bending Die)

 本章学习目标

了解弯曲工艺及弯曲件的结构工艺性分析，理解弯曲变形过程分析，理解弯曲件的质量问题及防止措施，掌握弯曲工艺设计和弯曲模具典型结构组成及工作过程分析。

应该具备的能力：具备弯曲件的工艺性分析、工艺计算和典型结构选择的基本能力，初步具备根据弯曲件质量问题正确分析原因并给出防止措施的能力。

 本章教学要求

能力目标	知识要点	权重	自测分数
了解弯曲工艺及弯曲件的结构工艺性分析	弯曲的概念、方法及弯曲件的结构工艺性分析	15%	
理解弯曲变形过程分析	弯曲变形过程及变形分析	10%	
掌握弯曲模具典型结构	U 形件、V 形件、Ω形件、Z 形件、圆形件弯曲模及冲裁弯曲连续模、冲裁弯曲复合模的结构组成、工作过程	25%	
理解弯曲件的质量问题及防止措施	弯曲件的回弹、滑移、弯裂的原因及防止措施	15%	
掌握弯曲工艺设计	弯曲件的展开长度计算及工序安排、弯曲力的计算、弯曲模工作部分尺寸的计算	35%	

导入案例

弯曲件在生产生活中经常见到,如图 3.01 所示的电器元件和弯管均为弯曲件。这些产品的共同特点是: 不管是板类件还是管形件,都有一定的弯曲角度。另外,很多弯曲件上有孔,是先冲孔还是先弯曲,如何判断并制订加工的先后顺序呢?

图 3.01 弯曲件

思考设计这些弯曲件模具要注意哪些问题,设计内容包括哪些?

3.1 弯曲工艺及弯曲件工艺性(Bending Process and Processability of Bending Parts)

3.1.1 弯曲工艺(Bending Technology)

1. 弯曲

弯曲是指把金属坯料弯成一定角度或形状的过程,是冲压生产中应用较广泛的一种工艺。弯曲时所使用的模具称为弯曲模。

弯曲工艺可用于制造大型结构零件,也可以用于生产中小型机器及电子仪器仪表零件。

2. 弯曲方法

弯曲的方法很多,有压弯、折弯、滚弯、拉弯等,如图 3.1 所示。所用的设备也很多,有压力机、折弯机、滚弯机(卷板机)、拉弯机等。本章只介绍在压力机上进行的压弯工艺及弯曲模的设计。

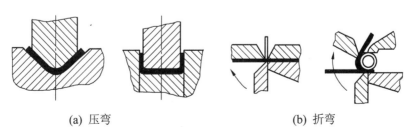

(a) 压弯　　　　　　　　　　　　　　(b) 折弯

图 3.1 弯曲方法示意图

(c) 滚弯　　　　　　　　　　　(d) 拉弯

图 3.1　弯曲方法示意图(续)

3.1.2　弯曲变形过程(Deformation Process in Bending)

前面已经讲过，弯曲是指把金属坯料弯成一定角度或形状的过程，属于冲压生产中的成形工序。下面以 V 形件的弯曲为例简述其弯曲变形过程。

如图 3.2 所示，在弯曲的开始阶段，弯曲圆角半径 r 很大，弯曲力矩很小，仅引起材料的弹性变形。随着凸模进入凹模深度的增大，凹模与板料的接触位置发生变化，弯曲力臂 l 逐渐减小，即 $l_k < l_2 < l_1 < l_0$。同时弯曲圆角半径也随之逐渐减小，即 $r < r_2 < r_1 < r_0$。当弯曲圆角半径减小到一定值时，毛坯变形区内外表面首先开始出现塑性变形，并逐渐向毛坯内部扩展，变形由弹性弯曲过渡到弹-塑性弯曲。在此变形过程中，促使材料塑性变形的弯曲力矩是逐渐增大的。由于弯曲力臂 l 逐渐减小，因此弯曲力处于不断上升的趋势。凸模继续下行，板料与凸模 V 形斜面接触后被后向弯曲，如图 3.2(c)所示，再与凹模斜面逐渐靠紧，弯曲力矩继续增加；当凸模到达下止点时，毛坯被紧紧地压在凸模和凹模之间，使毛坯内侧弯曲半径与凸模的弯曲半径吻合，完成弯曲过程，变形由弹-塑性弯曲过渡到塑性弯曲。

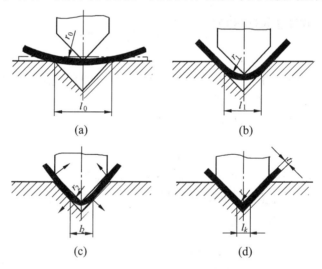

图 3.2　V 形件弯曲变形过程

弯曲分自由弯曲和校正弯曲两大类。自由弯曲是指当弯曲过程结束，凸模、凹模、毛坯三者相吻合后，凸模不再下压的弯曲工序，回弹量较大。校正弯曲是指当弯曲过程结束，凸模、凹模、毛坯三者相吻合后，凸模继续下压，产生刚性镦压，使毛坯产生进一步的塑性变形，从而对弯曲件的弯曲变形部分进行校正的弯曲工序。由于校正弯曲增强了弯曲变形部分的塑性变形成分，因而回弹量较小。

3.1.3 弯曲变形特点(Characteristic of Bending Deformation)

研究材料的变形，常采用网格法。如图 3.3 所示，在弯曲前，先在毛坯侧面用机械刻线或照相腐蚀的方法画出网格，弯曲后可根据坐标网格的变化情况来分析弯曲变形时毛坯的变形特点。

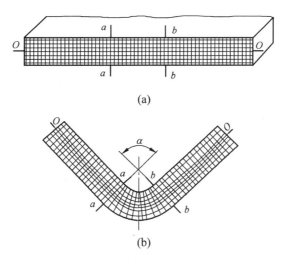

图 3.3 弯曲前后网格变化

1. 弯曲变形区的位置

通过对网格的观察，可见弯曲圆角部分的网格发生了显著的变化，原来的正方形网格变成了扇形。靠近圆角部分的直边有少量变形，而其余直边部分的网格仍保持原状，没有变形。说明弯曲变形的区域主要发生在弯曲圆角区，即弯曲带中心角 α 范围内。如图 3.4 所示，弯曲带中心角 α 和弯曲角 θ (弯曲边的夹角)为互补关系，即 $\alpha + \theta = 180°$。

2. 应变中性层

网格由正方形变成了扇形，靠近凹模的外侧纤维切向受拉伸长，靠近凸模的内侧纤维切向受压缩短，在拉伸与压缩之间存在一个既不伸长也不缩短的中间纤维层，称为应变中性层。

如图 3.5 所示，应变中性层的位置可用其弯曲半径 ρ 来确定。ρ 可按式(3-1)计算：

$$\rho = r + xt \tag{3-1}$$

式中，ρ ——中性层弯曲半径(mm)；

r ——弯曲半径(mm)；

t ——材料厚度(mm)；

x ——中性层位移系数(弯曲变形时，一般情况下都是中性层内移，即 $x < 0.5$，见表 3-1)。

表 3-1　中性层位移系数

r/t	0.1	0.2	0.3	0.4	0.5	0.6	0.7	0.8	1.0	1.2
X	0.21	0.22	0.23	0.24	0.25	0.26	0.28	0.30	0.32	0.33
r/t	1.3	1.5	2.0	2.5	3.0	4.0	5.0	6.0	7.0	≥8.0
x	0.34	0.36	0.38	0.39	0.40	0.42	0.44	0.46	0.48	0.50

图 3.4　弯曲角与弯曲带中心角

图 3.5　中性层位置的确定

3. 变形区厚度和板料长度

根据试验可知，弯曲半径与板厚之比 r/t 较小($r/t \leqslant 4$)时，弯曲中性层向内偏移。中性层内移的结果是：内层纤维长度缩短，导致厚度增加；外层纤维拉长，厚度相应减薄。由于厚度增加量小于变薄量，因此板料总厚度在弯曲变形区内变薄。同时，由于体积不变，故变形区的变薄使板料长度略有增加。

4. 变形区横断面的变形

板料的相对宽度 b/t 对弯曲变形区的材料变形有很大影响。一般将相对宽度 $b/t>3$ 的板料称为宽板；相对宽度 $b/t<3$ 的板料称为窄板。

如图 3.6 所示，窄板弯曲时，宽度方向的变形不受约束。由于弯曲变形区外侧材料受拉而引起板料宽度方向收缩，内侧材料受压引起板料宽度方向增厚，其横断面形状变成外窄内宽的扇形。变形区横断面形状尺寸发生改变称为畸变。宽板弯曲时，材料在宽度方向上的变形会受到相邻金属的限制，其变形区断面几乎不变，基本保持为矩形(变形量很微小，可以忽略不计)。大部分的弯曲都属于宽板弯曲，可以忽略其宽度方向上的微小变化。

(a) 窄板弯曲　　　　　　　　　(b) 宽板弯曲

图 3.6　板料宽度方向变形情况

3.1.4 弯曲件的结构工艺性(Processability of Bending Part Structure)

弯曲件的结构工艺性对弯曲生产有很大的影响。弯曲件良好的工艺性，不仅能简化弯曲工序和弯曲模的设计，而且还能提高弯曲件的精度、节约材料、提高生产率。

1. 弯曲件的形状

弯曲件的形状一般应对称，弯曲半径应左右一致，如图 3.7(a)所示。图 3.7(b)所示形状左右不对称，弯曲时由于工件受力不平衡将会产生滑动现象，影响工件精度。

图 3.7 弯曲件的对称性

2. 最小弯曲半径

最小弯曲半径指弯曲件弯曲部分的内角半径，用 r 表示，如图 3.7(a)所示。弯曲件的弯曲半径越小，则毛坯弯曲时外表面的变形程度就越大。如果弯曲半径过小，毛坯在弯曲时，其外表面的变形就可能会超过材料的变形极限而产生裂纹。因此弯曲工艺受最小弯曲半径 r_{min} 的限制。

最小弯曲半径受材料的力学性能、弯曲方向、板料厚度、弯曲中心角等因素的影响。图 3.8 所示为板料的弯曲方向对最小弯曲半径的影响。由于弯曲所用冷轧钢板经多次轧制后具有多方向性，顺着纤维方向的塑性指标优于与纤维相垂直方向的指标。

(a) 效果好(r_{min} 小)　(b) 效果不好(r_{min} 大)　(c) 双弯曲线夹角 45°

图 3.8 弯曲方向对弯曲半径的影响

由于难以准确地建立最小弯曲半径与影响因素的关系，所以最小弯曲半径一般由试验确定。部分常用材料的最小弯曲半径参见表 3-2。

表 3-2　最小弯曲半径 r_{min} 值

材料	退火或正火状态		冷作硬化状态	
	弯曲线位置			
	垂直轧制纹方向	平行轧制纹方向	垂直轧制纹方向	平行轧制纹方向
08，10，Q195，Q215	0.1t	0.4t	0.4t	0.8t
15，20，Q235	0.1t	0.5t	0.5t	1.0t
25，30，Q255	0.2t	0.6t	0.6t	1.2t
35，40，Q275	0.3t	0.8t	0.8t	1.5t
45，50	0.5t	1.0t	1.0t	1.7t
55，60	0.7t	1.3t	1.3t	2.0t
Cr18Ni9	1.0t	2.0t	3.0t	4.0t
磷青铜	—	—	1.0t	3.0t
半硬黄铜	0.1t	0.35t	0.5t	1.2t
软黄铜	0.1t	0.35t	0.35t	0.8t
紫铜	0.1t	0.35t	1.0t	2.0t
铝	0.1t	0.35t	0.5t	1.0t

3. 弯曲件的直边高度

弯曲件的直边高度是指弯曲件非变形区的边的长度，用 H 表示。如果直边高度 H 过小，那么直边在弯曲模上支承的长度也过小，不易形成足够的弯矩，弯曲件的形状难以控制。一般地，应保证弯曲件的直边高度不小于料厚的 2 倍，即 $H \geqslant 2t$。若 $H < 2t$(受结构限制)，可加大直边高度(图 3.9(a))，待弯曲成形后，再将直边的高出部分切除；或采用先开槽后弯曲的方法(图 3.9(b))。当弯曲边带有斜度时，应保证 $H = (2\sim4)t$，且 $H > 3mm$，如图 3.9(c)所示。

图 3.9　直边高度要求

4. 弯曲件孔边距

当弯曲带孔的工件时，如孔位于弯曲变形区附近，则弯曲后孔的形状会发生改变。为了避免这种缺陷的出现，必须使孔处于弯曲变形区之外。

如图 3.10 所示，设孔边到弯曲半径 r 的中心的最小距离为 s，则应满足：当 $t<2\text{mm}$ 时，$s≥t$；当 $t≥2\text{mm}$ 时，$s≥2t$。如果上述条件不成立，那么就要采用先弯曲后冲孔的工艺。如果弯曲件结构允许，可采取图 3.11 所示的措施，吸收弯曲变形应力，防止孔在弯曲时变形。

图 3.10　弯曲件孔边距　　　　　图 3.11　防止孔变形的措施

5. 止裂孔、止裂槽

如图 3.12 所示，当局部弯曲某一段边缘时，为了防止尖角处由于应力集中而产生裂纹，可增添工艺孔、工艺槽或将弯曲线移动一定距离，以避开尺寸突变处，并满足 $b≥t, h=t+r+b/2$ 的条件。

图 3.12　止裂孔、止裂槽

6. 弯曲件尺寸标注和精度

(1) 尺寸标注。尺寸标注时要考虑弯曲工艺的特点，尽量避免对由于回弹和变形而引起的变形区进行尺寸标注。关于两孔的位置尺寸标注有图 3.13 所示 3 种标注方法。当孔无装配要求时尽量采用图 3.13(a)所示的标注方法，这样工艺比较简单，可先进行冲孔落料工序，然后弯曲成形。采用图 3.13(b)和图 3.13(c)所示的标注方法时，冲孔只能在弯曲成形后进行。

(2) 精度要求。弯曲件的尺寸精度一般不高于 IT13 级，角度公差大于±15′。

图 3.13　孔的位置标注

3.2　弯曲模典型结构(Typical Structure of Bending Die)

弯曲模的结构主要取决于弯曲件的形状和弯曲工序的安排。

与冲裁模具一样，弯曲模具结构也可分为工作零件(凸模、凹模，凸凹模)、定位零件(定位板、定位钉等)、顶件及压料装置、导向零件(常用导柱导套式)、固定零件(模架、固定板、垫板、模柄、紧固件等)五个部分。且常常根据弯曲件的形状和精度要求省去某些组成部分。

3.2.1　V 形件弯曲模(V-bending Die)

V 形件形状简单，能一次弯曲成形。常用的方法有两种：一种是沿弯曲件的角平分线方向弯曲，称为 V 形弯曲；另一种是垂直于一直边方向的弯曲，称为 L 形弯曲。

(1) V 形弯曲模。图 3.14 所示为典型的 V 形件弯曲模。这类模具结构简单，在压力机上安装调整方便。因凸、凹模之间的间隙是靠调节压力机的装模高度来控制，所以对材料的厚度公差要求不严。可实现校正弯曲，弯曲件的回弹小，平面度好。适用于两直边相差不大的 V 形弯曲件。

(2) L 形弯曲模。图 3.15 所示为 L 形弯曲模。该模具在弯曲时固定工件长边，弯曲短边。因为竖起的短边无法得到校正，因而回弹较大。为克服这一缺点，可采用图 3.15(b)所示的有校正作用的结构。适用于两直边长度相差较大的 V 形弯曲件。

图 3.14 V 形件弯曲模

1—顶杆；2—定位钉；3—模柄；4—凸模；5—凹模；6—下模座

(a)   (b)

图 3.15 L 形件弯曲模

1—凸模；2—凹模；3—定位销；4—压料板；5—挡块；6—定位板

3.2.2 U 形件弯曲模(U-bending Die)

(1) U 形件弯曲模。图 3.16 所示为一般 U 形件弯曲模。该模具因为有回弹现象，所以工件一般不会包紧在凸模上，一般不需要卸料装置，且两竖边无法得到校正，回弹较大。

(2) 闭角弯曲模。图 3.17 所示为使用回转凹模结构的闭角弯曲模。工作过程：弯曲前，两个回转凹模 4 在弹簧 3 的作用下处于初始位置；弯曲时，凸模 1 先将毛坯弯曲成 U 形，之后，凸模 1 继续下降，迫使毛坯底部压向回转凹模的缺口处，使两边的回转凹模 4 向内侧旋转，将工作弯曲成闭角形状；弯曲结束后，凸模 1 上升，弹簧使两转动凹模 4 复位，工件从凸模1侧向取出。该模具的特点：成形件两侧弯曲形状依靠凸模压动回转凹模成形，压力大，可弯曲成形较厚的材料。

图 3.16　U 形件弯曲模

1—模柄；2—上模座；3—凸模；4—推杆；5—凹模；6—下模座；
7—顶杆；8—顶件块；9—圆柱销；10—定位销

(a) 先变曲成U形　　　　　　　　　(b) 弯曲成形

图 3.17　使用回转凹模的 U 形件弯曲模

1—凸模；2—定位板；3—弹簧；4—回转凹模；5—限位钉

图 3.18 所示为使用斜楔机构的闭角弯曲模。工作过程：弯曲前，两个活动凹模 7、8 在弹簧 9 的作用下处于初始位置(在最外侧位置)；弯曲时，凸模 5 先将毛坯弯曲成 U 形，这时弹簧的预紧压力应大于弯曲成 U 形所需的弯曲力，之后上模座继续下压，弹簧 3 被压

缩，同时安装在上模座上的斜锲 1 压向滚柱 11，使两侧的活动凹模分别向内侧移动，将 U
形件弯曲成闭角形状；弯曲结束后，上模座上升，斜楔 1 上升，两侧的活动凹模在弹簧 9
的作用下向外侧复位，当上模的弹簧 3 恢复到初始位置时，凸模继续随上模上升，工件从
凸模侧向取出。该模具结构在弯曲时，是靠弹簧将毛坯先弯曲成 U 形的，受弹簧弹力限制，
该结构只适用于弯曲薄板。

(a) 初始状态　　　　　　　(b) 弯曲成形

图 3.18　使用斜楔结构的 U 形件弯曲模

1—斜楔；2—凸模支杆；3，9—弹簧；4—上模座；5—凸模；
6—定位销；7，8—活动凹模；10—下模座；11—滚柱

3.2.3　帽形件弯曲模(Cap-bending Die)

这种件的成形有两种典型工艺，一种是使用两套单工序弯曲模分两次弯曲成形；另一
种是使用一套复合弯曲模一次弯曲成形。

使用两套 U 形弯曲模，模具结构简单。先弯曲成 U 形，然后再弯曲成帽形，如图 3.19
所示。

(a) 弯曲成 U 形　　　　　(b) 初始位置　　　　　(c) 弯曲成形

图 3.19　两次弯曲成形

当使用如图 3.20 所示的弯曲模结构一次弯曲成帽形零件时，在弯曲过程中是内角先成形、外角后成形，且外角处弯曲变形区的位置在弯曲过程中是变化的，毛坯在弯曲外角时有拉长现象，脱模后外角形状不准确，直边有变薄现象。此结构是一种不合理结构，生产中不采用。

(a)   (b)   (c)

图 3.20   一次弯曲成形

当使用如图 3.21 所示的复合弯曲模一次弯曲成帽形零件时，是先弯曲外角、后弯曲内角，且内、外角的弯曲变形区位置在弯曲过程中是固定不变的。弯曲时，先将坯料弯曲成 U 形，再弯曲成帽形。与复合冲裁模的结构一样，在复合弯曲模中也有一个既起凸模作用又起凹模作用的凸凹模 1。

(a) 弯曲外角   (b) 弯曲内角

图 3.21   复合弯曲模一次弯曲成形

1—凸凹模；2—活动凸模；3—凹模；4—顶板

3.2.4   Z 形件弯曲模(Z-bending Die)

Z 形件弯曲模的结构如图 3.22 所示。图 3.22(a)所示为常用的结构。弯曲前(即初始位置)，由于橡胶 3 的作用，使凹模 6 的下表面的下表面与凸模 7 的下表面平齐，此时压柱 4 与上模座 5 是分离的，顶件板 1 的上表面和下模板 8 的上表面是平齐的。弯曲时，凸模 7 与顶件板 1 将毛坯夹紧，由于橡胶的弹力大于顶件板上弹顶装置的弹力(弹顶装置安装在下模板 8 的下面)，迫使顶件板 1 向下运动，完成左端弯曲。当顶件板 1 接触下模板 8 后，上模继续下降，迫使橡胶 3 压缩，凹模 6 随上模继续下降，和顶件板 1 完成右端的弯曲。当压柱 4 与上模座 5 接触时，工件得到校正(但两个直边得不到校正)。设计时上模橡胶的弹力要大于顶件板弹顶装置的弹力。

图 3.22(b)所示结构与图 3.22(a)所示结构相近，不同的是将工件位置倾斜了 20°～30°，

使整个零件在弯曲结束时可以得到更为有效的校正，因而回弹较小。这种结构适合于冲压折弯边较长的弯曲件。

中间状态　　　　　　最终成形

(a)　　　　　　　　　　　　　　　　　(b)

图 3.22　Z 形件弯曲模

1—顶件板；2—托板；3—橡胶；4—压柱；5—上模座；6—凹模；7—凸模；8—下模板

3.2.5　圆形件弯曲模(Circular-bending Die)

圆形件的弯曲方法据直径大小不同而不同，分大圆弯曲和小圆弯曲两类。

(1) 大圆弯曲模。圆筒内径 $d \geqslant 20\text{mm}$ 的称为大圆。由于直径较大，回弹较大，一般是采用两道工序弯曲成形的。首先将其弯曲成波浪形，如图 3.23(a)所示，然后将其弯曲成圆形，如图 3.23(b)所示，但上部得不到校正。

(a)　　　　　　　　　　　　　　　(b)

图 3.23　大圆两次弯曲模

1—凸模；2—凹模；3—定位板

对于直径为 10～30mm、材料厚度大约为 1mm 的圆形件，为了提高生产率，可采用如图 3.24 所示的大圆一次弯曲成形模。弯曲时凸模 3 下降，先将坯料弯曲成 U 形；凸模继续下降，转动凹模 2 将 U 形弯曲成圆形。其缺点是弯曲件上部得不到校正，回弹较大。

（2）小圆弯曲模。圆筒内径 $d \leqslant 5mm$ 的称为小圆。一般也是采用两道工序，先将坯料弯曲成 U 形，再将其弯曲成圆形，并在弯曲成形后，对其进行有效的校正，如图 3.25 所示。当零件太小时，分两道工序弯曲操作不便，可采用一次弯曲模结构，大家可自行思考这一结构。

(a) 初始状态　　(b) 弯曲成形

图 3.24　大圆一次弯曲模

1—弹顶装置；2—转动凹模；3—凸模；4—支撑

半成品图　　零件图

(a)　开始状态　　(b)　弯曲成形

图 3.25　小圆两次弯曲成形

3.3　弯曲件的质量分析(Quality Analysis of Bending Part)

弯曲件的主要质量问题有弯裂、回弹和滑移三种。

3.3.1 弯曲件的弯裂(Rupture of Bending Part)

弯裂是指弯曲变形区外侧出现裂纹。

弯曲件产生弯曲裂纹的原因较多，如相对弯曲半径过小、板料塑性差、弯曲模间隙小、润滑不良、板厚严重超差等，最主要的原因是相对弯曲半径 r/t 过小。

防止弯裂的措施如下。

(1) 使用表面质量好的毛坯。

(2) 采用合理的模具间隙，改善润滑条件，减少弯曲时毛坯的流动阻力。

(3) 制件的相对弯曲半径大于最小相对弯曲半径。若不能满足，应分两次或多次进行弯曲。

(4) 对于塑性差或加工硬化较严重的毛坯，先退火后弯曲。

(5) 把毛坯有毛刺的一面置于变形区的内侧。

3.3.2 弯曲件的滑移(Slipping of Bending Part)

滑移是指在弯曲过程中，毛坯沿凹模口滑动时由于两边所承受摩擦阻力不同而出现的毛坯向左或向右移动的现象，使弯曲件的尺寸精度达不到要求。形成滑移的主要原因是毛坯沿凹模口滑动时两边所受的摩擦阻力不相等，如图 3.26 所示。其中，图 3.26(a)所示为制件形状不对称而造成的滑移；图 3.26(b)所示为凹模口两边圆角不相等造成的滑移；图 3.26(c)所示为制件两边弯曲角不同而造成的滑移。

图 3.26　滑移现象

防止滑移的措施主要有以下几种。

(1) 采用对称的凹模结构，保证模具间隙均匀。

(2) 采用有顶件装置的弯曲模结构。如图 3.14、图 3.15(b)、图 3.21 和图 3.22(b)所示，弯曲时顶件装置和凸模把毛坯夹紧，限制了滑移。

(3) 采用定位销防止滑移。如图 3.15(a)、图 3.16 和图 3.22(a)所示，利用制件底部的孔或工艺孔定位，使毛坯在弯曲时不能左右滑动，从而保证制件的尺寸精度。

3.3.3 弯曲件的回弹(Rebound of Bending Part)

1. 弯曲件的回弹

材料在弯曲过程中，伴随着塑性变形总存在着弹性变形，弯曲力消失后，塑性变形部分保留下来，而弹性变形部分要恢复，从而使弯曲件与弯曲模的形状并不完全一致，这种现象称为弯曲件的回弹。回弹是所有弯曲件都存在的问题，只不过是回弹量大小而已。回弹量的大小通常用角度回弹量 $\Delta\theta$ 和曲率回弹量 Δr 来表示。

角度回弹量 $\Delta\theta$ 是指模具在闭合状态时工件弯曲角 θ_0 与弯曲后工件的实际角度 θ 的差值，即 $\Delta\theta = \theta_0 - \theta$，如图 3.27 所示。曲率回弹量 Δr 是指模具在闭合状态时工件的曲率半径 r_0(等于凸模的圆角半径 r_p)与弯曲后工件的实际曲率半径 r 的差值，即 $\Delta r = r_0 - r$。

图 3.27 弯曲件的回弹

2. 影响回弹的主要因素

影响回弹的因素很多，主要有以下方面。

(1) 材料的力学性能。下屈服强度 R_{eL} 越高，材料在一定变形程度下，其变形区断面内的应力也越大，因而引起更大的弹性变形，所以回弹值也大。弹性模量 E 越大，则抵抗弹性变形的能力越强，所以回弹值越小。

(2) 材料的相对弯曲半径 r/t。随着 r/t 的减小，塑性变形成分变大，回弹量降低。

(3) 弯曲件的形状。一般 U 形件比 V 形件的回弹量要小。弯曲角 θ 越大，参加变形的区域越大，弹性变形量越大，回弹越大。弯曲件的形状复杂时，同时弯曲的部位多，由于各部位相互牵制，所以回弹值小。

(4) 凸、凹模之间的间隙。在弯曲 U 形件时，模具间隙对回弹有直接影响。间隙越小，回弹值越小。

(5) 弯曲校正力。弯曲校正力越大，塑性变形程度越大，回弹越小。

3. 减小回弹的措施

由于影响回弹的因素很多，且各因素之间往往又互相影响，因此很难实现对回弹量的精确计算和分析。在模具设计时，对回弹量的确定大多按经验确定(也可查有关冲压资料进行估算)，最后通过试模来修正。

在模具设计时，要尽可能消除或减小回弹的影响(指消除回弹对弯曲件的影响，但并不能消除弯曲件的回弹现象)，最常用的方法是补偿法和校正法。

1) 补偿法

补偿法是预先估算或试验出工件弯曲后的回弹量，在设计模具时，使弯曲件的变形量超过原设计的变形量，工件回弹后就得到所需要的正确形状，如图 3.28 所示。其中图 3.29(b)使用的是抵消补偿法。弯曲后，底部的圆弧部分有回弹成直线的趋势，带动两侧板向内倾斜，使两侧板向外的回弹得到补偿。

2) 校正法

校正弯曲时，在模具结构上采取措施，让校正压力集中施加在弯曲变形区，使其塑性变形成分增加，弹性变形成分减小，从而使回弹量减小，如图 3.29 所示。

图 3.28　补偿法示意

图 3.29　校正法示意

📖 **特别提示**

　　减小回弹的方法还有很多，如弯曲时增大压料力、减小凸模和凹模间隙、采用软凹模弯曲等，其作用都是通过增加弯曲变形区的拉应变，达到增强塑性变形的目的。这部分内容可查阅相关资料。

3.4　弯曲工艺计算(Bending Process Calculation)

3.4.1　弯曲件展开长度的计算(Length of Run Calculation of Bending Part)

　　弯曲件展开长度是指弯曲件在弯曲之前的展平尺寸。它是毛坯下料的依据，是弯曲出合格零件的基本保证。弯曲件展开长度的计算据弯曲件的形状、弯曲半径、弯曲方向的不同而不同。下面我们分两类来介绍。

1. 圆角半径 $r > 0.5t$

此类弯曲件又称为有圆角半径的弯曲件，在弯曲过程中，毛坯的中性层尺寸基本不发生变化，因此在计算其展开长度时，只需计算其中性层展开尺寸即可，如图3.30所示。

图3.30 多角弯曲件的展开长度

其展开长度等于所有直线段和弯曲部分中性层展开长度之和，计算式如下：

$$L = a_1 + a_2 + a_3 + \cdots + l_1 + l_2 + l_3 + \cdots \tag{3-2}$$

式中，　　L——弯曲件展开长度(mm)；

a_1，a_2，a_3——各圆弧线段的展开长度(mm)；

l_1，l_2，l_3——各直线段的长度(mm)。

例：如图3.31所示，单角弯曲件的毛坯展开尺寸为

$$L = l_1 + l_2 + a$$
$$= l_1 + l_2 + 2\pi\rho \times \frac{\alpha}{360}$$
$$= l_1 + l_2 + \frac{\pi\alpha}{180} \times (r + xt) \tag{3-3}$$

式中，　α——弯曲带中心角($^\circ$)；

　　　x——中性层位移系数。

图3.31 $\theta < 90^\circ$ 的弯曲件示意

2. 圆角半径 $r < 0.5t$

此类弯曲件的中性层变化复杂，其毛坯展开长度是按体积不变的原则计算的，计算公式如表 3-3 所示。计算时应注意以下两点。

(1) 对于同一形状的弯曲件，若弯曲方法不同，那么毛坯的展开尺寸也不一样。

(2) 对于尺寸精度要求高的弯曲件，其毛坯展开长度应在试件弯曲后进行校正，修改模具后才能进行批量下料。

表 3-3　圆角半径 $r < 0.5t$ 时弯曲件展开长度计算公式

序号	弯曲特征	简图	公式
1	弯一个角(弯曲180°)		$L = l_1 + l_2 - 0.43t$
2	弯一个角(弯曲90°)		$L \approx l_1 + l_2 + 0.4t$
3	一次同时弯两个角		$L = l_1 + l_2 + l_3 + 0.6t$
4	一次同时弯三个角		$L = l_1 + l_2 + l_3 + l_4 + 0.75t$
5	一次同时弯两个角，第二次弯曲另一个角		$L = l_1 + l_2 + l_3 + l_4 + t$
6	一次同时弯四个角		$L = l_1 + 2l_2 + 2l_3 + t$
7	分两次弯曲四个角		$L = l_1 + 2l_2 + 2l_3 + 1.2t$

3.4.2　弯曲力的计算(Bending Force Calculation)

弯曲力是指压力机完成预定的弯曲工序所需施加的压力，是选择合适压力机的依据。

弯曲力的大小与毛坯尺寸、材料力学性能、凹模支点间的距离、弯曲半径、凸凹模间隙等因素有关，计算过程非常复杂，生产中常用经验公式进行计算。

1. 自由弯曲的弯曲力

按弯曲件的形状可分为 V 形件和 U 形件两种情况，如图 3.32 所示。

(1) 对于 V 形件

$$F_z = \frac{0.6kbt^2R_m}{r+t} \tag{3-4}$$

(2) 对于 U 形件

$$F_z = \frac{0.7kbt^2R_m}{r+t} \tag{3-5}$$

式中，F_z——自由弯曲力(冲压结束时的弯曲力，单位为 N)；

k——安全系数，一般取 $k=1.3$；

b——弯曲件宽度(mm)；

t——弯曲件厚度(mm)；

R_m——材料的抗拉强度(MPa)；

r——弯曲半径(内角半径，单位为 mm)。

(a) V 形件自由弯曲 (b) U 形件自由弯曲

图 3.32　自由弯曲示意图

2. 校正弯曲时的弯曲力

校正弯曲是在自由弯曲阶段之后进行的，如图 3.33 所示。两个力并非同时存在，且校正弯曲力比自由弯曲力大得多，因此，在校正弯曲时，只需计算校正弯曲力。

(a) V 形件校正弯曲 (b) U 形件校正弯曲

图 3.33　校正弯曲示意图

校正弯曲力可按式(3-6)进行计算：

$$F_j = Ap \tag{3-6}$$

式中，F_j——校正弯曲力(N)；

p——单位校正力(MPa)，可查表 3-4；

A——工件被校正部分在凹模上的水平投影面积(mm^2)。

表 3-4　单位校正力 p　　　　　　　　(单位：MPa)

材料	材料厚度 t/mm			
	≤1	1~2	2~5	5~10
铝	10~15	15~20	20~30	30~40
黄铜	15~20	20~30	30~40	40~60
10~20 钢	20~30	30~40	40~60	60~80
25~30 钢	30~40	40~50	50~70	70~100

3．顶件力和压料力

对于设置顶件装置或压料装置的弯曲模，顶件力或压料力可根据式(3-7)估算：

$$F_Q = (0.3 \sim 0.8)F_z \tag{3-7}$$

式中，F_Q——顶件力或压料力；

F_z——自由弯曲力。

4．弯曲时压力机的确定

弯曲时所用压力机是根据弯曲时所需的总弯曲工艺力 F 来选取的。总弯曲工艺力 F 的确定方法如下。

(1) 自由弯曲时：$F = F_z + F_Q$。

(2) 校正弯曲时：$F = F_j + F_Q \approx F_j$。在校正弯曲时，校正弯曲力远大于自由弯曲力 F_z，当然也就远大于顶件力或压料力 F_Q。因此，在计算总工艺力 F 时，顶件力或压料力 F_Q 可以忽略不计，只考虑校正弯曲力 F_j 即可。

选择压力机时，一般应使压力机的公称压力 $F_p \geqslant 1.3F$。

特别提示

(1) 计算弯曲件展开长度时，一定要注意：弯曲半径 r 的大小不同，选用的计算方法也不相同。

(2) 弯曲力的计算与模具结构形式有关，所以计算时要首先确定模具结构设计方案，是采用自由弯曲形式还是校正弯曲形式。

3.5　弯曲模具设计(Bending Die Design)

3.5.1　弯曲件的工序安排(Procedure Schedule of Bending Part)

弯曲件的弯曲次数和工序安排，必须根据工件形状的复杂程度、弯曲材料的性质、尺寸精度要求的高低、生产批量的大小等因素综合考虑。合理地安排弯曲工序，可以简化模具结构、减小弯曲次数，提高弯曲件的质量和劳动生产率。

形状复杂的弯曲件，一般需要多次弯曲才能成形，在确定工序安排和模具结构时，应反复比较，制订出合理的弯曲工序。

1. 工序安排遵循的原则

(1) 先弯外角，后弯内角。

(2) 后道工序弯曲时不能破坏前道工序弯曲的变形部分。

(3) 前道工序弯曲必须考虑后道工序弯曲时有合适的定位基准。

2. 工序安排的方法

(1) 对于形状简单的弯曲件，可以采用一次弯曲成形的方法，如图3.34所示。

图3.34　一道工序弯曲成形

(2) 对于形状复杂的弯曲件，一般采用两次或多次弯曲成形。

① 二道工序弯曲成形，如图3.35所示。

图3.35　二道工序弯曲成形

② 三道工序弯曲成形，如图3.36所示。

(3) 对于某些结构不对称的零件，弯曲时毛坯容易发生滑移，可以采用工件对称弯曲成形、弯曲后再切开的方法，这样既防止了滑移，又改善了弯曲模具的受力状态，如图3.37所示。

(4) 如果弯曲件上孔的位置会受到弯曲过程的影响，而孔的精度要求又较高时，应在弯曲之后再冲孔，否则孔的位置精度无法保证，如图3.13(b)所示。

(5) 对于批量大而尺寸较小的弯曲件(如电子产品中的元器件)，为了提高生产率和产品质量，可以采用多工位连续模的冲压工艺方法。即在一套模具上完成冲裁(冲孔、落料)、弯曲、切断等多道工序，连续地进行冲压成形。

图 3.36　三道工序弯曲成形

(a) 工件　　　　　　　　　　　　　　(b) 成对弯曲

图 3.37　成对弯曲成形

3.5.2　弯曲模工作部分尺寸的计算(Dimension Determination in Working Portion of Bending Die)

1.　凸、凹模间隙 C

凸、凹模间隙是指弯曲模中凸、凹模之间的单边间隙，用 C 表示。

弯曲 V 形件时，凸、凹模间隙靠调节压力机的装模高度来控制，不需模具结构保证。弯曲 U 形件时，凸、凹模间隙对弯曲件的回弹、弯曲力等都有很大的影响。间隙越小，弯曲力越大；间隙过小，会使工件壁变薄，并降低凹模寿命；间隙过大，则回弹较大，还会降低工件精度。当 $C<t$ 时，可能会出现负回弹。

间隙值一般按经验公式进行计算：对钢板，$C=(1.05\sim1.15)t$；对有色合金，$C=(1\sim1.1)t$。

2.　凸、凹模宽度尺寸(U 形件)

据弯曲件的标注方法不同，可分为两类情况：

1) 工件标注外形尺寸

如图 3.38 所示，当工件标注外形尺寸时，应以凹模为基准件。

图 3.38　尺寸标注在外形

(1) 凹模宽度。

$$L_{\mathrm{d}} = (L - x\Delta)_0^{+\delta_{\mathrm{d}}} \tag{3-8}$$

当工件标注双向对称偏差($L \pm \Delta$)时，取 $x = 0.5$；当工件标注单向偏差($L_{-\Delta}^0$)时，取 $x = 0.75$。

(2) 凸模宽度。

① 用互换法：

$$L_{\mathrm{p}} = (L_{\mathrm{d}} - 2C)_{-\delta_{\mathrm{p}}}^0 \tag{3-9}$$

② 按凹模的实际尺寸配制，保证单边间隙值 C。

2) 工件标注内形尺寸

如图 3.39 所示，当工件标注内形尺寸时，应以凸模为基准件。

图 3.39　尺寸标注在内形

(1) 凸模宽度。

$$L_{\mathrm{p}} = (L + x\Delta)_{-\delta_{\mathrm{p}}}^0 \tag{3-10}$$

当工件标注双向对称偏差($L \pm \Delta$)时，取 $x = 0.5$；当工件标注单向偏差($L_0^{+\Delta}$)时，取 $x = 0.75$。

(2) 凹模宽度。

① 用互换法：

$$L_{\mathrm{d}} = (L_{\mathrm{p}} + 2C)_0^{+\delta_{\mathrm{d}}} \tag{3-11}$$

② 按凸模的实际尺寸配制，保证单边间隙值 C。

式中，L_{d}，L_{p}——凸、凹模宽度尺寸(mm)；

L——工件的公称尺寸(mm)；

Δ——工件宽度尺寸公差(mm)；

δ_{p}，δ_{d}——凸、凹模的制造公差，一般取 IT7～IT9 级。

3. 凸、凹模圆角半径及凹模深度

1) 凸模圆角半径 r_p

(1) 当弯曲件的内侧弯曲半径为 r 时,凸模圆角半径应等于弯曲件的圆角半径,即 $r_p = r$,但必须使凸模圆角半径 r_p 大于最小弯曲半径 r_{min}。

若因结构需要,必须使凸模圆角半径 r_p 小于最小弯曲半径 r_{min} 时,则可先弯曲成较大的圆角半径,然后再采用整形工序进行整形。

(2) 制件精度要求较高时,凸模圆角半径 r_p 应根据回弹值作相应的修正,可根据式(3-12)进行估算:

$$r_p = \frac{1}{\dfrac{1}{r} + \dfrac{3R_{eL}}{Et}} \tag{3-12}$$

式中, r ——弯曲件内侧弯曲半径(mm);

$\quad R_{eL}$ ——材料的下屈服强度(MPa);

$\quad E$ ——材料的弹性模量(MPa);

$\quad t$ ——弯曲件厚度(mm)。

2) 凹模口圆角半径 r_d

为避免弯曲时毛坯表面出现裂纹, r_d 通常可根据板料厚度 t 取值(或按表 3-5 查取):

$$\left.\begin{array}{ll} t \leqslant 2\text{mm}, & r_d = (3 \sim 6)t \\ t = 2 \sim 4\text{mm}, & r_d = (2 \sim 4)t \\ t > 4\text{mm}, & r_d = 2t \end{array}\right\} \tag{3-13}$$

设计时注意凹模口两侧的圆角半径应相等,以避免弯曲时毛坯发生滑移。

表 3-5　凹模圆角半径 r_d 与深度 l　　　　　(单位:mm)

板料厚度 t	≤0.5		0.5～2.0		2.0～4.0		4.0～7.0	
弯曲件直边长度 L	l	r_d	l	r_d	l	r_d	l	r_d
10	6	3	10	3	10	4	—	—
20	8	3	12	4	15	5	20	8
35	12	4	15	5	20	6	25	8
50	15	5	20	6	25	8	30	10
75	20	6	25	8	30	10	35	12
100	—	—	30	10	35	12	40	15
150	—	—	35	12	40	15	50	20
200	—	—	45	15	55	20	65	25

3) 凹模深度 l

凹模深度是指弯曲件的弯曲边在凹模内的非变形区的直线段长度,如图 3.40 所示。

凹模深度 l 值的大小,可查表 3-5。凹模深度过小,会使两边的自由部分过大,造成弯曲件的回弹量大,工件不平直;凹模深度过大,则增大了凹模尺寸,浪费模具材料,并且需要大行程的压力机。

图 3.40　凹模圆角半径及凹模深度

3.5.3　弯曲模设计时应注意的问题(Matters need Attention in Bending Die Design)

(1) 应根据工件形状的复杂程度、材料的性质、尺寸精度要求的高低，合理安排弯曲工序。采用多工序弯曲时，各工序尽可能采用同一定位基准。

(2) 毛坯放置在模具上时，必须有正确、可靠的定位。

(3) 弯曲凸、凹模的定位要准确，结构要牢固。当弯曲过程中有较大的水平侧向力作用于模具上时，应设计侧向力平衡挡块等结构。当分体式凹模受到较大侧向力作用时，不能让定位销承受侧向力，要将凹模嵌入下模座内固定。

(4) 模具结构应能补偿回弹值。

(5) 弯曲凸模圆角半径 r_p，可以先设计制作成最小允许尺寸，以便试模后根据需要修正放大。

(6) 对于对称弯曲件，弯曲凸模圆角半径和凹模圆角半径应保证两侧对称相等，以免弯曲时毛坯产生滑移。

(7) 结构设计时，应考虑尽可能实现校正弯曲。

(8) 设计模具时，应注意放入和取出工件的操作安全性。

3.6　综合案例(Comprehensive Case)

零件名称：托架，如图 3.41 所示；

生产批量：2 万件/年；

材料：10 冷轧钢板。

要求模具设计计算，并绘出模具装配简图。

1. 冲压件工艺性分析

该工件材料为 10 钢，具有良好的冲压成形性能。冲裁件形状简单、对称，由圆弧和直线组成；查表 3-2 可知，$R1.5$mm 大于最小弯曲半径，符合弯曲工艺要求。$4 \times \phi 5^{+0.03}_{0}$ mm 孔与边缘之间距离为 2.5mm，满足 $s \geq t$ 的要求；与 $R1.5$mm 圆角中心距离为 1.5mm，刚好满足 $s \geq t$，符合冲裁和弯曲工艺的孔边距要求。查标准公差数值表(GB/T 1800.1—2009)，$\phi 10^{+0.04}_{0}$、$\phi 5^{+0.03}_{0}$、$15^{+0.12}_{0}$ 的尺寸公差等级分别为 IT9、IT11，在冲裁的较高经济精度范围内，能够在冲裁加工中得到保证。

图 3.41　托架图

2. 冲压工艺方案设计

1) 工艺方案论证

该零件进行冲压加工的基本工序为冲孔、落料和弯曲。其中，冲孔和落料为分离工序，弯曲为成形工序，弯曲成形的方法可以有 3 种，如图 3.42 所示。图 3.42(a)所示为一次弯曲四角成形，难以保证工件形状精度和表面粗糙度，所以不予考虑，只考虑图 3.42(b)和图 3.42(c)两种工艺方法。

该零件上的 ϕ10mm 孔的边与弯曲中心的距离为 6mm，弯曲时不会引起孔变形，因此该孔可以在弯曲前冲出。并且冲出的 ϕ10mm 孔可以作为后续工序定位孔使用。4 个 ϕ5mm 孔的边与弯曲中心的距离为 1.5mm，刚好满足最小边距离要求，如果先冲孔后弯曲，会引起孔的变形，同时这 4 个孔本身的精度也要求较高，所以这 4 个孔应在弯曲后冲出。

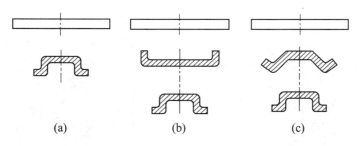

(a)　　　　　　　　(b)　　　　　　　　(c)

图 3.42　弯曲工艺方法

由以上分析可知，可能的工艺方案有以下四种。

方案一：落料与冲 ϕ10mm 孔复合，如图 3.43(a)所示；弯曲外角并预弯内角成 45°，如图 3.43(b)所示；压弯内角，如图 3.43(c)所示；冲 4×ϕ5 孔，如图 3.43(d)所示。

方案二：落料与冲 ϕ10mm 孔复合，如图 3.43(a)所示；弯曲外角，如图 3.44(a)所示；压弯内角，如图 3.44(b)所示；冲 4×ϕ5mm 孔，如图 3.43(d)所示。

方案三：冲 ϕ10mm 孔、落料和压弯外角一套连续模，如图 3.45 所示；压弯内角，如图 3.44(b)所示；冲 4×ϕ5mm 孔，如图 3.43(d)所示。

方案四：在一套模具上，全部工序组合采用带料连续冲压，排样如图 3.46 所示。

工艺方案分析如下。

方案一：需 4 套模具完成工件加工。优点：模具结构简单，寿命长，制造周期短，投产快；工件的回弹容易控制，尺寸和形状精确，表面质量高；后续工序都能利用 $\phi 10mm$ 孔和同一个侧面定位，定位基准一致且与设计基准重合，操作比较简单方便。缺点：工序分散，模具多，工作量大。

方案二：需 4 套模具完成工件加工。优点：模具结构简单，寿命长，制造周期短，投产快；后续工序都能利用 $\phi 10mm$ 孔和同一个侧面定位，定位基准一致且与设计基准重合，操作比较简单方便。缺点：回弹不易控制，尺寸和精度难以保证；工序分散，模具多，工作量大。

方案三：需 3 套模具完成工件加工。本质上与方案二同，但工序较集中，且第 1 套模具结构较为复杂，落料与弯曲外角时不能利用 $\phi 10mm$ 孔定位。

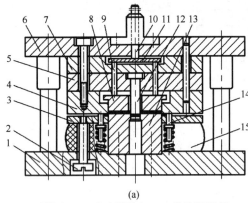

(a)

1—下模座；2—卸料螺钉；3—弹性卸料板；
4—凹模；5—凸模固定板；6—上模座；7—垫板；
8—推件块；9—推杆；10—打杆；11—小推板；
12—冲孔凸模；13—凸凹模；14—弹性导料销；
15—橡胶

(b)

1—下模座；2—导柱；3—大凹模；4—导套；
5—上模座；6—定位块；7—凸凹模；8—弯曲凸模；
9—模柄；10—定位销；11，12—内六角螺钉；
13—顶杆

(c)

1—下模座；2—凸模；3—上模座；4—凹模；
5—推件块；6—打杆；7—定位销

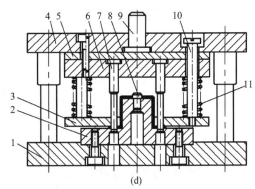

(d)

1—下模座；2—定位块；3—弹性卸料板；
4—上模座；5—垫板；6—凸模固定板；7—凸模；
8—定位销；9—模柄；10—卸料螺钉；11—弹簧

图 3.43　方案一

图 3.44　方案二

图 3.45　方案三

(a) 方案一　　　　　　(b) 方案四

图 3.46　排样图

　　方案四：只需 1 套模具即可完成工件加工。优点：工序集中，操作工作量小。缺点：模具结构复杂，安装、调试、维护困难，制造周期长。

　　综上所述，由于该工件批量不大，为保证各项技术要求达到图样要求，选用方案一合适。

2) 计算毛坯长度

如图 3.47 所示，由式(3-1)～式(3-3)，可得到毛坯展开长度计算式为

$$L = 2(l_1 + l_2) + l_3 + 4l_4$$

$$= 2(l_1 + l_2) + l_3 + 4 \times \frac{\pi\alpha}{180}(r + xt)$$

$$= 2(l_1 + l_2) + l_3 + 2\pi(r + xt)$$

由 r/t=1.5/ 1.5=1.0，查表 3-1 得中性层位移系数 x=0.32，则

$$L = 2 \times (7.5 + 25.5) + 22 + 2\pi \times (1.5 + 0.32 \times 1.5) \approx 100.5(\text{mm})$$

图 3.47 毛坯展开长度计算

3. 排样设计

1) 计算条料宽度和送进距离

由于毛坯较大且为矩形，且生产比量不大，考虑模具结构应比较简单为好，所以采用单排，排样图如图 3.46(a)所示。

查表 2-10，得到侧边距 a=2mm，工件间距 a_1=1.8mm，则进距

$$A = D + a_1 = 30 + 1.8 = 31.8(\text{mm})$$

查表 2-11，取 Δ=0.7mm、b_0=0.3mm，要求手动送料且无侧压装置，则条料宽度按式(2-3)计算为

$$B = (L + 2a + b_0)_{-\Delta}^{0} = (100.5 + 2 \times 2 + 0.3)_{-0.7}^{0} = 104.8_{-0.7}^{0}(\text{mm})$$

根据计算结果，最终确定工件间搭边值为 1.8mm，侧边搭边值为 2.15mm。

2) 计算材料利用率

选用 1.5mm×1000mm×1500mm 的钢板。裁成宽 104.8mm，长 1000mm 的条料，则每张板所出零件数为：

$$n = \frac{1500}{B} \times \frac{1000 - a_1}{A} = \frac{1500}{104.8} \times \frac{1000 - 1.8}{31.8} = 14 \times 31 = 434$$

裁成宽 24mm、长 1500mm 的条料，则每张板所出零件数为：

$$n = \frac{1000}{B} \times \frac{1500 - a_1}{A} = \frac{1000}{104.8} \times \frac{1500 - 1.8}{31.8} = 9 \times 47 = 423$$

由计算可知，板料采用第一种裁切方法比较经济。板料利用率为：

$$\eta = \frac{nS}{1000 \times 1500} \times 100\% = \frac{434 \times 100.5 \times 30}{1000 \times 1500} \times 100\% \approx 87.23\%$$

4. 计算工序力，初选压力机

(1) 落料与冲孔复合工序，如图 3.43(a)所示。

查表 1-3，取 $R_m = 400MPa$。由式(2-17)，则有：

矩形冲裁力

$$F_{c1} = L_1 t R_m = 2 \times (100.5 + 30) \times 1.5 \times 400 = 156600(N)$$

$\phi 10mm$ 孔冲裁力

$$F_{c2} = L_2 t R_m = \pi \times 10 \times 1.5 \times 400 = 18840(N)$$

卸料力和推件力如图 3.48 所示。查表 2-16，取 $K_x = 0.05$，$K_t = 0.055$，则：

由式(2-18)，计算卸料力

$$F_x = K_x F_{c1} = 0.05 \times 156600 = 7830(N)$$

由式(2-19)，计算推件力：

$$F_t = n K_t F_{c2} = 3 \times 0.055 \times 18840 = 3108.6(N)$$

故冲裁工序总力

$$F = F_{c1} + F_{c2} + F_x + F_t = 187414.8(N) \approx 186.4(kN)$$

根据 $F_p \geq 1.2F$ 的要求，并查表 1-5，选用型号规格为 J23-25 的压力机。

图 3.48 卸料力与推件力

1—下模座；2—卸料螺钉；3—弹性卸料板；4—凹模；8—推件块；
9—推杆；12—冲孔凸模；15—橡胶；16—弹性挡料销

(2) 第一次弯曲工序，如图 3.43(b)所示。

首次弯曲时的弯曲工序力包括：先弯曲外角、后预弯内角。弯曲过程中，工序力并不同时发生作用，开始时只有弯曲外角的弯曲力和压料力，凸、凹模到一定位置时才开始有预弯内角的弯曲力和压料力。为保证安全可靠，根据这两种力的合力选择压力机。

由式(3-5)，计算内角预弯力：

$$F_{弯} = 0.7 k b t^2 R_m / (r + t) = 0.7 \times 1.3 \times 30 \times 1.5^2 \times 400 / (1.5 + 1.5) = 8190(N)$$

此处所需的压料力比较小，所以由式(3-7)，计算压料力：

$$F_{压} = 0.6 F_{弯} = 0.6 \times 8190 = 4914(N)$$

故总弯曲工序力为

$$F = 2 F_{弯} + F_{压} = 21294N = 21.294(kN)$$

根据 $F_p \geqslant 1.3F$ 的要求，并查表 1-5，选用型号规格为 J23-16 的压力机。

(3) 第二次弯曲，如图 3.43(c)所示。

为减小回弹，内角采用校正弯曲。首先计算凹模水平面上的投影面积：

$$A = 28 \times 30 = 840 (\text{mm}^2)$$

查表 3-4，取 p=40MPa；则由式(3-6)，计算弯曲内角的校正压力：

$$F_j = Ap = 840 \times 40 = 33600 (\text{N})$$

由于校正压力远大于自由弯曲力，所以有：

$$F = F_j = 33.6 (\text{KN})$$

根据 $F_p \geqslant 1.3F$ 的要求，考虑制件高度，并查表 1-5，选用型号规格为 J23-16 的压力机。

(4) 冲裁 $4 \times \phi 5$mm 孔，如图 3.43(d)所示。

由式(2-17)，计算 $4 \times \phi 5$mm 孔的冲裁力：

$$F_c = nLtR_m = 4 \times \pi \times 5 \times 400 \times 1.5 = 4 \times 9420 = 37680 (\text{N})$$

由式(2-18)，计算卸料力：

$$F_x = K_x F_c = 0.05 \times 37680 = 1884 (\text{N})$$

由式(2-19)，计算推件力

$$F_t = nK_t F_c = 3 \times 0.055 \times 37680 = 6217.2 (\text{N})$$

故冲裁工序总力为

$$F = F_c + F_x + F_t = 45781.2 = 45.7812 (\text{kN})$$

根据 $F_p \geqslant 1.2F$ 的要求，考虑制件高度，并查表 1-5，选用型号规格为 J23-16 的压力机。

5. 编制冲压工艺过程卡

工件的冲压工艺过程卡见表 3-6。

表 3-6 托架冲压工艺过程卡

序号	工序说明	工序简图	设备规格	模具形式
1	落料与冲孔	制件 30 100.5 $\phi 10^{+0.04}_{0}$ 排样图 $104.8^{0}_{-0.7}$ 2.15 31.8 1.8	J23-25	落料冲孔复合模

续表

序号	工序说明	工序简图	设备规格	模具形式
2	一次弯曲 (带预弯)	 91.43 10.5 **(a) 弯曲外角** (79.3) (27.5) 22 45° 90° 10.5 (20.6) (7.24) R1.5 **(b) 预弯内角**	J23-16	弯曲模
3	二次弯曲	 R1.5 25 30 46	J23-16	弯曲模
4	冲 4×ϕ5	 $\phi 5^{+0.03}_{0}$ $15^{+0.12}_{0}$ 36	J23-16	冲孔模

6. 冲模零部件的选用、设计和计算

1) 落料与冲孔复合工序

(1) 计算凸、凹模刃口尺寸。

① 查表 2-13，确定冲裁间隙为 $Z_{min}=0.21$mm，$Z_{max}=0.25$mm。

② 计算落料刃口尺寸。按 IT14 确定工件未注尺寸公差。查标准公差数值表（GB/T 1800.1—2009），各尺寸公差为：$30_{-0.52}^{0}$，$100.5_{-0.87}^{0}$。

采用配制加工，刃口尺寸以凹模为基准，凸模尺寸按相应的凹模实际尺寸进行配制，保证最小双面间隙为 0.21mm。

查表 2-14，确定所有尺寸的磨损系数均为 $x=0.5$。落料刃口尺寸均为 A 类尺寸，取 $\delta_d = \Delta/4$，按式(2-13)得

$$A_1 = (A_{1max} - x\Delta_1)_0^{+\Delta_1/4} = (30 - 0.5 \times 0.52)_0^{+0.52/4} \approx 29.7_0^{+0.13}(\text{mm})$$
$$A_2 = (A_{2max} - x\Delta_2)_0^{+\Delta_2/4} = (100.5 - 0.5 \times 0.87)_0^{+0.87/4} \approx 100.1_0^{+0.22}(\text{mm})$$

③ 计算冲孔刃口尺寸。采用互换法加工，以凸模为基准件。圆形件刃口制造公差等级可取 IT6～IT7，此处取凸模的制造公差为 IT6，凹模的制造公差为 IT7。查标准公差数值表（GB/T 1800.1—2009），得：$\delta_p = 0.009$ mm，$\delta_{d1} = 0.015$ mm。

因 $\delta_p + \delta_d = 0.024 < Z_{max} - Z_{min} = 0.04$，满足 $\delta_p + \delta_d \leq Z_{max} - Z_{min}$，故所选取的凸、凹模制造公差能够保证冲裁间隙位于 0.21～0.25mm 范围内。

查表 2-14，取磨损系数均为 $x=0.75$，按式(2-7)和式(2-8)计算得：

$$d_p = (d + x\Delta)_{-\delta_p}^{0} = (10 + 0.75 \times 0.04)_{-0.009}^{0} = 10.03_{-0.009}^{0}(\text{mm})$$
$$d_d = (d_1 + x\Delta + Z_{min})_0^{+\delta_d} = (10.03 + 0.21)_0^{+0.015} = 10.24_0^{+0.015}(\text{mm})$$

(2) 凹模外形尺寸的确定。

冲裁件外形的周长 L_a=261mm，查表 2-17，取 K=1.37。根据式(2-31)，计算凹模厚度：
$$H_a = K\sqrt[3]{0.1F_{c1}} = 1.37 \times \sqrt[3]{0.1 \times 156600} \approx 34.3(\text{mm})$$

根据式(2-32)，凹模壁厚：
$$c = 1.5H_a = 1.5 \times 34.3 \approx 51.5(\text{mm})$$

采用纵向送料，则有：

① 凹模宽度 B 的确定：
$$B = 工件长 + 送料步距 + 2c = 30 + 31.8 + 2 \times 51.5 \approx 165(\text{mm})$$

② 凹模长度 L 的确定：
$$L = 工件宽 + 2c = 100.5 + 2 \times 51.5 \approx 204(\text{mm})$$

由于凹模内还要布置推件块，并留取推出距离和推件块台阶，故初算凹模厚度为：
$$H_a' = H_a + t + 5 = 34.3 + 1.5 + 5 = 40.8(\text{mm})$$

查冲模矩形凹模板标准(JB/T 7643.1—2008)，考虑到还要包括推件块推出距离，所以初定凹模外形尺寸为 200mm×160mm×42mm。

(3) 橡胶弹性体的计算。

由于橡胶的许用负荷比弹簧大，考虑到要控制模具闭合高度，所以本案例采用聚氨酯橡胶作为弹性体，如图 3.43(a)所示。

① 确定橡胶的自由高度。因为冲裁的工作行程 L_c=t+2=3.5mm，则橡胶自由高度 H_0：
$$H_0 = \frac{L_c + \Delta H''}{K_{y1}} = \frac{3.5 + 6.5}{0.25} = 40(\text{mm}) \tag{3-14}$$

式中，K_{y1}——系数，一般在 0.25～0.30 之间选取。

$\Delta H''$——凸模刃磨量和调整量，一般取 5～10mm。

计算自由高度时，要求 $0.5B \leqslant H_0 \leqslant 1.5B$。如果计算结果 $H_0 > 1.5B$，需将橡胶分成若干段，在其间加钢制垫圈；如果 $H_0 < 0.5B$，需要重新确定高度值，取 $H_0 = 0.5B$（B 为橡胶弹性体的直径或宽度，由设计者根据模具空间进行初定）。

本例如图 3.48 所示，在凸凹模宽度两侧分设一个矩形橡胶块，每一个的宽度 $B = 30mm$。可以明显看到计算得到的 H_0 满足关系式，所以取：$H_0 = 40mm$。

② 确定橡胶的安装高度 H'：

$$H' = K_{y2} H_0 = 0.85 \times 40 = 34 (mm) \tag{3-15}$$

式中，K_{y2}——橡胶安装时的预压缩比，一般在 0.85～0.90 之间选取。

③ 确定橡胶的实际承压面积 S。加上预压缩和卸料行程，取压缩比为 25%，查表 3-7，取橡胶单位弹压力 $q = 1.06MPa$，则每一块橡胶的承压面积为：

$$S \geqslant \frac{F_x}{nq} = \frac{7830}{2 \times 1.06} \approx 3693.4 (mm^2) \tag{3-16}$$

则橡胶的长度 L 为：

$$L \geqslant S / B = 3693.4 / 30 \approx 123 (mm)$$

式中，F_x——卸料力(N)；

$\quad\quad n$——橡胶块个数；

$\quad\quad q$——橡胶在一定压缩比时所对应的单位弹压力(单位为 MPa，具体值见表 3-7)。

表 3-7　橡胶的单位弹压力值

橡胶压缩比/(%)	10	15	20	25	30	35
单位弹压力/MPa	0.26	0.50	0.74	1.06	1.52	2.10

依据上述计算结果，并根据凹模与凸凹模外形尺寸所确定的橡胶能够安装的许可空间，确定每块橡胶弹性体的外形尺寸为：130mm×30mm×30mm。

(4) 凸模固定板、弹性卸料板、小推板、凸凹模、垫板、上下模座等厚度尺寸的确定。

① 根据式(2-37)初算固定板厚度：

$$h_g' = 0.8 H_a = 0.8 \times 34.3 \approx 27.4 (mm)$$

其外形尺寸与凹模相同，查矩形固定板标准(JB/T 7643.2—2008)，取固定板厚度为：$h_g = 28mm$。

② 弹性卸料板外形与大凹模相同，查表 2-19，取厚度：$h_x' = 16mm$。

③ 小推板放在垫板内，参照刚性卸料板设计，其外形与毛坯相近为 100mm×30mm，查表 2-19，取其厚度为 $h_t = 6mm$。

④ 凸凹模高度尺寸 h_{pd}，由式(2-30)得：

$$h_{pd} = h_g' + h_x' + t + H' - (0.5\sim1) = 0 + 16 + 1.5 + 40 - 1 = 57.5 (mm)$$

⑤ 根据凹模外形尺寸，查矩形垫板标准(JB/T 7643.3—2008)，取垫板厚度为：$h_{db} = 8mm$。但此处的垫板还要留出小推板及推出距离，故有：

$$h_{db}' = h_{db} + h_t + 4 = 18mm$$

⑥ 上、下模座厚度尺寸计算

根据式(2-35)，计算得下模座厚度：

$$H_x = 1.2H_a = 1.2 \times 34.3 \approx 41(mm)$$

根据式(2-36)，计算得上模座厚度：

$$H_s = H_x - 5 = 37(mm)$$

(5) 标准模架的选取。

依据已初算出来的各板厚度，初算模具闭合高度为：

$$H_{闭合} = H_s + h_{pd} + H_a + h_g + h_{db}' + H_x = 37 + 57.5 + 34.3 + 24 + 18 + 41 = 211.8(mm)$$

采用后侧导柱模架，根据凹模周界尺寸 200mm×160mm 及初算闭合高度 $H_{闭合}$，查冲模滑动导向后侧导柱模架标准(GB/T 2851—2008)，选取模架规格为：

滑动导向模架　后侧导柱 200×160×190～235　I　GB/T 2851—2008

并由此确定上、下模座及导柱、导套规格为：

后侧导柱上模座 200×160×45 GB/T 2855.1—2008

后侧导柱下模座 200×160×55 GB/T 2855.2—2008

导柱 A 28h5×180 GB/T 2861.1—2008

导套 A 28H6×110×43 GB/T 2861.3—2008

经查表 1-5，初选的压力机 J23-25 的最大装模高度、工作台尺寸、双柱间距等均能够满足模具的安装和使用要求。

 特别提示

(1) 细心的读者会发现，2.6 节的案例与本节案例所用模板数量和结构并不完全相同，这是设计本身的需要。因此，在工艺方案和模具结构形式确定后，首先要勾画模具装配草图，看需要哪些模板，并且有什么特殊要求。然后，再着手计算各板尺寸。

(2) 上述各板所得尺寸均为初算值，正式绘制装配图时，可能还需要调整。这十分正常，设计工作本身就是"边计算、边绘图、边调整"的一个反复的过程，最终数据以达到设计要求为目标。

2) 第一次弯曲工序

(1) 计算凸、凹模成形部分尺寸。

① 预弯内角根据工序表 3-6 中简图标注的尺寸即可。

② 弯曲外角时凸、凹模成形尺寸。为保持总体尺寸能够满足要求，所以尺寸标注在内形上，计算时以凹模为基准。未注公差按 IT14 级，查标准公差数值表，确定尺寸公差为：91.43±0.435。凹模的制造公差取 IT9 级，查公差数值表可得 $\delta_p = 0.087mm$。

由式(3-10)，计算凹模尺寸为

$$L_d = (L - x\varDelta)_{-\delta_p}^{0} = (91.43 - 0.5 \times 0.87)_{0}^{+0.087} \approx 91_{0}^{+0.087}(mm)$$

为了减小回弹，单边间隙值尽量取小一点，故有：

$$C = 1.05t = 1.05 \times 1.5 \approx 1.58(mm)$$

凸模宽度尺寸按凹模进行配制，保证单面间隙为 1.58mm。

特别提示

> 为减小回弹，此处可通过补偿法进行，先计算回弹角，将凸模形状适当改变，如图 3.28(a)所示。

③ 根据式(3-13)，计算弯曲凹模圆角半径得：$r_d = 4t = 6mm$。

(2) 初定各主要零部件外形尺寸

① 初定弯曲内角的凸模的高度尺寸。凸模的高度设计依据表 3-6 中一次弯曲件的总高度，再加上 25mm(自行设计，根据情况可大可小)即可。则有：

$$H_p = 20.6 + 25 \approx 45(mm)$$

② 初定弯曲外角的大凹模的外形尺寸。

初定高度尺寸。如图 3.43(b)所示草图，大凹模的内部装有凸模，同时还要完成外角的弯曲，所以其高度应包括凸模高度，以及外角高度(表 3-6)。则有：

$$H_a = H_p + 2 \times 10.5 + r_d = 45 + 21 + 6 = 72(mm)$$

初定长宽尺寸。大凹模上面要放置毛坯，并设计毛坯定位原件，所以其长宽尺寸取决于毛坯的外形尺寸。根据毛坯外形尺寸 100.5mm×30mm，周边均匀外扩 25mm，则初定凹模的长宽为：150mm×80mm。

③ 初定上、下模座厚度尺寸。

参照冲孔落料时的厚度尺寸，初定为：下模座厚度：$H_x = 41mm$

上模座厚度：$H_s = 37mm$

(3) 标准模架的选取。

依据已初算出来的各板厚度，初算模具闭合高度为：

$$H_{闭合} = H_s + A + H_a + H_x = 37 + 20 + 72 + 41 = 170(mm)$$

 特别提示

> 在实际设计过程中，并不是所有的尺寸都需要去计算，有些数据可以根据情况估算，有些数据则可以参照以前的设计。此处 A 是自由尺寸，A=20mm 就是根据弯曲情况估算的上下模合模状态时的预留量。

采用后侧导柱模架，根据凹模周界尺寸 150mm×80mm 及初算闭合高度 $H_{闭合}$，查冲模滑动导向后侧导柱模架标准(GB/T 2851—2008)，选取模架规格为：

  滑动导向模架 后侧导柱 160×100×160～190 Ⅰ GB/T 2851—2008

并由此确定上、下模座及导柱、导套规格为：

    后侧导柱上模座 160×100×35 GB/T 2855.1—2008

    后侧导柱下模座 160×100×40 GB/T 2855.2—2008

     导柱 A 25h5×150 GB/T 2861.1—2008

     导套 A 25H6×85×33 GB/T 2861.3—2008

经查表 1-5，初选的压力机 J23-16 的最大装模高度、工作台尺寸等均能够满足模具的安装和使用要求。

3) 第二次弯曲工序

(1) 计算凸、凹模成形部分宽度尺寸。

由于尺寸标注在内形上，所以计算以凸模为基准。未注公差按 IT14 级，查公差数值表，确定尺寸公差为：$25^{+0.52}_{0}$。凸模的制造公差取 IT8 级，查公差数值表可得 δ_p =0.033mm。

由式(3-10)，计算凸模尺寸为

$$L_p = (L + x\Delta)^{0}_{-\delta_p} = (25 + 0.75 \times 0.52)^{0}_{-0.033} = 25.4^{0}_{-0.033}(mm)$$

单边间隙值：$C = 1.1t = 1.1 \times 1.5 = 1.65(mm)$。

凹模宽度尺寸按凸模进行配制，保证单面间隙为 1.65mm。

(2) 凹模深度和凹模圆角。

根据弯曲直边长度 L=28.5mm，料厚 t =1.5mm，查表 3-5，得：

凹模深度：l=15mm　　　凹模圆角：r_d=5mm

(3) 初定各主要零部件外形尺寸。

① 凸模高度的确定。凸模高度包括制件的高度加上 15mm(根据需要自行决定)，则有：

$$H_p = 30 + 15 = 45(mm)$$

② 凹模高度的确定。凹模内部需要放置推件块，并需留下推出距离，则有：

$$H_a = 3l + r_d + 3(台阶高度) = 3 \times 15 + 5 + 3 = 53(mm)$$

③ 凹模外形尺寸的确定。凹模外形尺寸取决于预弯内角后半成品件的尺寸，由表 3-6 中可知，半成品件最大外形尺寸为：79.3mm×30mm。周边均匀外扩 25mm，则初定凹模外形尺寸为：130mm×80mm。

④ 初定上、下模座厚度尺寸。

参照冲孔落料时的厚度尺寸，初定为：下模座厚度：H_x = 41mm

上模座厚度：H_s = 37mm

(4) 标准模架的选取。

依据已初算出来的各板厚度，初算模具闭合高度为：

$$H_{闭合} = H_s + H_a + H_p + H_x - l = 37 + 53 + 45 + 41 - 15 = 161(mm)$$

采用后侧导柱模架，根据凹模周界尺寸 130mm×80mm 及初算闭合高度 $H_{闭合}$，查冲模滑动导向后侧导柱模架标准(GB/T 2851—2008)，选取模架规格为：

滑动导向模架　后侧导柱 125×80×140～165　I　GB/T 2851—2008

并由此确定上、下模座及导柱、导套规格为：

后侧导柱上模座 125×80×30 GB/T 2855.1—2008

后侧导柱下模座 125×80×40 GB/T 2855.2—2008

导柱 A 22h5×130 GB/T 2861.1—2008

导套 A 22H6×70×28 GB/T 2861.3—2008

经查表 1-5，初选的压力机 J23-16 的最大装模高度、工作台尺寸等均能够满足模具的安装和使用要求。

4) 冲裁 4×ϕ5mm 孔工序。

(1) 凸、凹模刃口尺寸计算

采用互换加工，刃口尺寸以凸模为基准。因冲裁形状为圆形，故取凸模的制造公差为

IT6，凹模的制造公差为 IT7。查标准公差数值表(GB/T 1800.1—2009)，得：$\delta_p = 0.008\,\text{mm}$，$\delta_{d1} = 0.012\,\text{mm}$。

因 $\delta_p + \delta_d = 0.02 < Z_{\max} - Z_{\min} = 0.04$，满足 $\delta_p + \delta_d \leqslant Z_{\max} - Z_{\min}$，故所选取的凸、凹模制造公差能够保证冲裁间隙位于 0.21～0.25mm 范围内。

查表 2-14，磨损系数 x =0.75。按式(2-7)和式(2-8)计算得：

$$d_p = (d + x\Delta)_{-\delta_p}^{0} = (5 + 0.75 \times 0.03)_{-0.008}^{0} = 5.02_{-0.008}^{0}\,(\text{mm})$$

$$d_d = (d_1 + x\Delta + Z_{\min})_{0}^{+\delta_d} = (5.02 + 0.21)_{0}^{+0.012} = 5.23_{0}^{+0.012}\,(\text{mm})$$

(2) 凹模外形尺寸的确定。

冲裁件外形的周长 $L_a = \pi d = 5\pi \approx 15.7\,\text{mm}$，查表 2-17，取 K=1。根据式(2-31)，计算凹模厚度：

$$H_a = K\sqrt[3]{0.1F_c} = 1.00 \times \sqrt[3]{0.1 \times 9420} \approx 10\,(\text{mm})$$

当 $H_a \leqslant 12\text{mm}$ 时，取 H_a=12mm。根据式(2-32)，凹模壁厚为

$$c = 1.2H_a = 1.2 \times 12 = 14.4\,(\text{mm})$$

则有：

① 凹模宽度 B 的确定：$B = $ 孔中心距 $+$ 孔直径 $+ 2c = 15 + 5 + 2 \times 14.4 \approx 50\,(\text{mm})$

② 凹模长度 L 的确定：$L = $ 孔中心距 $+$ 孔直径 $+ 2c = 36 + 5 + 2 \times 14.4 \approx 71\,(\text{mm})$

参照冲模矩形凹模板标准(JB/T 7643.1—2008)，初定凹模外形尺寸为：80mm×63mm。因要将凹模和制件定位元件做为一体，所以需加上制件高度，故初算凹模体高度为：

$$H_a' = H_a + 30 = 12 + 30 = 42\,(\text{mm})$$

(3) 弹簧的计算和选用。

① 初定弹簧数量 n=4，计算出每个弹簧应有的预压力 F_0 为：

$$F_0 = \frac{F}{n} = \frac{F_x}{n} = \frac{1884}{4} = 671(\text{N}) \tag{3-17}$$

② 依据 $F_n \geqslant F_0$，查普通圆柱螺旋压缩弹簧标准(GB/T 2089—2009)，初选弹簧。从表 3-6 中的工序简图中，可知弹簧工作时的压缩工作行程约为 2.5mm；另外，弹簧压缩后还要保证凸模固定板不能与制件发生干涉，综合这些因素，初选弹簧规格：4.5×22×85，其具体参数为：D=22mm，d=4.5mm，F_n=988N，f_n=27mm，H_0=85mm，n=10.5(此处 n 为弹簧圈数)，$D_{T\min}$=30mm($D_{T\min}$ 为弹簧安装所需的最小直径范围)。

③ 校核所选弹簧的最大许可压缩量是否满足压缩要求，即满足式(3-18)。

$$f_n \geqslant \Delta H, \quad (\Delta H = \Delta H_0 + \Delta H' + \Delta H'') \tag{3-18}$$

式中，F ——弹簧的实际工作负荷(N)；

F_n——弹簧的最大工作负荷(N)；

f_n ——弹簧最大许可压缩量(mm)；

ΔH ——弹簧实际总压缩量(mm)；

ΔH_0——弹簧预压缩量(mm)；

$\Delta H'$——弹簧的工作行程(mm)，一般取 $\Delta H' = t + 1$，t 为板料厚度；

$\Delta H''$——凸模刃磨量和调整量，一般取 5～10mm。

首先计算弹簧的预压缩量：

$$\Delta H_0 = \frac{F_0}{F_n} \cdot f_n = \frac{671}{988} \times 27 \approx 18.34 \text{(mm)} \tag{3-19}$$

则有：$f_n \geqslant \Delta H_0 + \Delta H' + \Delta H'' = 18.34 + 2.5 + 5 = 25.84 \text{(mm)}$，故所选弹簧能够满足要求。

④ 计算弹簧的安装高度。

$$H' = H_0 - \Delta H_0 = 70 - 18.34 \approx 51.7 \text{(mm)} \tag{3-20}$$

式中，H_0——弹簧的自由高度(mm)；

(4) 凸模固定板、弹性卸料板、垫板、上下模座等厚度尺寸，小凸模长度尺寸。

① 根据式(2-36)初算固定板厚度：$h_g' = 0.9H_a = 0.9 \times 12 \approx 11 \text{(mm)}$。

考虑到弹簧 $D_{Tmin} = 30\text{mm}$ 的安装要求，凸模固定板需在凹模外形尺寸的基础上扩大，查矩形固定板标准(JB/T 7643.2—2008)，选取凸模固定板的外形尺寸为：100mm×80mm，并确定固定板厚度为：$h_g = 12\text{mm}$。

② 弹性卸料板外形与凸模固定板相同，查表2-19，取厚度：$h_x' = 12\text{mm}$。

③ 根据凸模固定板外形尺寸，查矩形垫板标准(JB/T 7643.3—2008)，取垫板厚度为：$h_{db} = 6\text{mm}$。

④ 小凸模长度尺寸 L_p，由式(2-29)计算得：

$$L_p = h_g + h_x' + t + H' - (0.5 \sim 1) = 12 + 12 + 1.5 + 51.7 - 0.7 = 76.5 \text{(mm)}$$

由于小凸模细长，为了增加刚度和强度，采用图2.27(b)所示的结构形式。

⑤ 上、下模座厚度尺寸计算。

根据式(2-35)，计算得下模座厚度：$H_x = 1.5H_a = 1.5 \times 12 = 18 \text{(mm)}$

根据式(2-36)，计算得上模座厚度：$H_s = H_x - 5 = 13 \text{(mm)}$

(5) 标准模架的选取。

依据已初算出来的各板厚度，初算模具闭合高度为：

$$H_{闭合} = H_s + h_{db} + h_g + H' + h_x' + t + H_a + H_x$$
$$= 13 + 6 + 12 + 51.7 + 12 + 1.5 + 12 + 18 = 126.2 \text{(mm)}$$

由于冲孔凸模直径较小，模具要求导向平稳，采用对角导柱模架。根据凸模固定板周界尺寸100mm×80mm及初算闭合高度 $H_{闭合}$，查冲模滑动导向对角导柱模架标准(GB/T 2851—2008)，选取模架规格为：

滑动导向模架　对角导柱 100×80×130～150　I　GB/T 2851—2008

并由此确定上、下模座及导柱、导套规格为：

对角导柱上模座 100×80×25 GB/T 2855.1—2008

对角导柱下模座 100×80×30 GB/T 2855.2—2008

导柱 A 20h5×120 GB/T 2861.1—2008

导套 A 20H6×65×23 GB/T 2861.3—2008

经查表1-5，初选的压力机 J23-16 的最大装模高度、工作台尺寸、滑块行程等，均能够满足模具的安装和使用要求。

特别提示

在案例的整个设计中，都是采用经验公式计算。有兴趣的读者，可以利用《材料力学》的知识，对本案例中凹模的抗弯强度、模座强度、细长凸模的强度和刚度等进行校核，以便积累设计经验。

7. 绘制模具装配图

模具装配简图共有四套，如图 3.43 所示。

本章小结(Brief Summary of this Chapter)

本章对弯曲工艺及常见弯曲件的模具设计进行了较详细的阐述，包括弯曲件工艺性、弯曲变形过程分析、弯曲件的回弹、弯曲工序安排和弯曲模典型结构设计。

弯曲件工艺性介绍了弯曲工艺的概念及弯曲件的结构工艺性。

弯曲变形分析中介绍了弯曲变形过程中应力应变的情况，着重讲解了应力应变中性层概念。

弯曲件的回弹介绍了产生回弹的原因及减少回弹的措施。

弯曲模典型结构设计介绍了 L 形件弯曲模、V 形件弯曲模、U 形件弯曲模、Z 形件弯曲模、圆形件弯曲模、闭角弯曲模等典型弯曲模的结构及特点。

本章的教学目标是使学生具备弯曲模设计的基础知识，通过弯曲成形工艺及典型弯曲模结构的讲解，掌握弯曲模设计的基础知识。

习题(Exercises)

1. 简答题

(1) 板料弯曲分哪几个阶段？各阶段有什么特征？

(2) 什么叫做"宽板"弯曲？什么叫做"窄板"弯曲？二者弯曲变形区横断面的变形有什么不同？

(3) 什么是应变中性层？怎样确定应变中性层的位置？

(4) 什么是最小弯曲半径？说明弯曲线与板料轧制方向对最小弯曲半径的影响。

(5) 什么是弯曲件的回弹？影响弯曲回弹的因素有哪些？生产中减小回弹的方法有哪些？

(6) 防止弯曲裂纹的措施有哪些？

(7) 弯曲过程中可能产生滑移的原因有哪些？防止产生滑移的措施有哪些？

(8) 怎样设计弯曲模？设计弯曲模应注意什么问题？

2. 设计题

(1) 设计计算图 3.49 所示制件(材料为 10 钢)的弯曲模，并绘制出模具结构图。

(2) 如图 3.50 所示的弯曲件，材料为 Q235A，中批量生产。试计算毛坯展开长度，通过冲压件分析完成冲压工序安排，并填写工序表。

(3) 如图 3.51 所示的制件，已知材料为 Q235A，试完成该制件模具的设计，并绘出模具结构图。生产批量和设计工作量由教师根据教学需要确定，要求确定工序安排和完成所有必要的计算。

图 3.49　制件图(一)　　　　　　　图 3.50　制件图(二)

(4) 如图 3.52 所示的制件，已知材料为 H62，试完成该制件模具的设计，并绘出模具结构图。生产批量和设计工作量由教师根据教学需要确定，要求确定工序安排和完成所有必要的计算。

图 3.51　制件图(三)　　　　　　　图 3.52　制件图(四)

综合实训(Comprehensive Practical Training)

1．实训目标：提高学生的实践能力，增加对弯曲模具结构的感性认识，将弯曲模理论知识与模具实物相对应，并提高模具拆装的实际操作技能和绘图能力。

2．实训内容：指导学生完成弯曲模具拆装，测量并填写表 2-19 所示的冲模零件配合关系测绘表，绘制拆卸模具的结构图和主要零件工作图。

3．实训要求：见第 2 章实训要求。

第 4 章

拉深工艺与拉深模
(Drawing Process and
Drawing Die)

本章学习目标

了解拉深工艺及拉深件的结构工艺性、变形过程分析、拉深件的质量问题及防止措施，基本掌握拉深工艺设计、拉深模具典型结构组成及工作过程分析、拉深模具设计。

应该具备的能力：具备拉深件的工艺性分析、工艺计算和典型结构工作过程分析、拉深模设计的基本能力。

本章教学要求

能力目标	知识要点	权重	自测分数
了解拉深工艺及拉深件的结构工艺性	拉深概念及拉深件的结构工艺性	12.5%	
理解拉深变形过程分析	拉深变形过程及变形分析、拉深件的质量问题及防止措施	12.5%	
基本掌握拉深工艺设计	毛坯尺寸计算、拉深系数、拉深次数、各次拉深半成品件尺寸的计算	25%	
熟悉拉深模具典型结构	拉深模分类、典型结构、拉深模主要特点	25%	
熟悉拉深模具设计	拉深力计算，压边装置及压边力、压力机的选择，凸、凹模工作尺寸计算	25%	

　　壳形件在生产生活中经常见到，如图 4.01 所示的机壳、电动机叶片、摩托车轮护瓦，还有诸如不锈钢饭盒、易拉罐等产品。这些零件从板料成为深腔件，就是通过拉深工艺实现的，其发生的塑性变形比较大，那么所用模具如何设计？这就是本章所要解决的问题。

　　　　　　(a) 机壳　　　　　　　(b) 电动机叶片　　　　　　(c) 摩托车轮护瓦

图 4.01　壳形件

　　思考电动机叶片模具的制造过程中包括哪些冲压工序。

4.1　拉深工艺与拉深件工艺性(Drawing Process and Processability of Drawing Part)

4.1.1　拉深件与拉深工艺分类(Drawing Part and Classification of Drawing Process)

　　拉深是指利用模具将平板毛坯冲压成各种开口的空心零件，或将已制成的开口空心件压制成其他形状和尺寸空心件的一种冲压加工方法。

　　1. 拉深件分类

　　冲压生产中，拉深的种类很多，各种拉深件按变形力学特点可以分为表 4-1 所示的基本类型。

表 4-1　拉深件的分类

拉深件名称		拉深件简图	变形特点
直壁类拉深件	轴对称零件　圆筒形件　带凸缘圆筒形件　阶梯形件		1. 拉深过程中变形区是坯料的凸缘部分，其余部分是传力区； 2. 坯料变形区在切向压应力和径向拉应力作用下，产生切向压缩与径向伸长的一向受压一向受拉的变形； 3. 极限变形程度主要受坯料传力区承载能力的限制

拉深件名称			拉深件简图	变形特点
直壁类拉深件	非轴对称零件	盒形件 带凸缘盒形件 其他形状零件		1. 变形性质同前，区别在于一向受拉一向受压的变形在坯料周边上分布不均匀，圆角部分变形大，直边部分变形小； 2. 在坯料的周边上，变形程度大与变形程度小的部分之间存在着相互影响与作用
		曲面凸缘的零件		除具有前项相同的变形性质外，还有如下特点： 1. 因零件各部分高度不同，在拉深开始时有严重的不均匀变形； 2. 拉深过程中，坯料变形区内还要发生剪切变形
曲面类拉深件	轴对称零件	球面类零件 锥形件 其他曲面零件		拉深时坯料变形区由两部分组成： 1. 坯料外部是一向受拉一向受压的拉深变形； 2. 坯料的中间部分是受两向拉应力的胀形变形区
	非轴对称零件	平面凸缘零件 曲面凸缘零件		1. 拉深时坯料的变形区也是由外部的拉深变形区和内部的胀形变形区所组成，但这两种变形在坯料中的分布是不均匀的； 2. 曲面凸缘零件拉深时，在坯料外周变形区内还有剪切变形

虽然这些零件的冲压过程都叫做拉深，但是由于其几何形状不同，在拉深过程中，它们的变形区位置、变形性质、毛坯各部位的应力状态和分布规律等都有相当大的差别，所以在确定拉深的工艺参数、工序数目与工艺顺序等方面都不一样。

圆筒形件是最典型的拉深件，掌握了它的拉深工艺性和工艺计算方法后，其他零件的拉深工艺可以借鉴其方法。本章内容主要围绕无凸缘圆筒形拉深件，介绍其结构工艺性、毛坯尺寸计算、拉深次数、半成品尺寸、拉深力以及如何进行模具结构设计等。

2. 拉深工艺的分类

(1) 按壁厚的变化情况分。

① 不变薄拉深：通过减小毛坯或半成品的直径来增加拉深件高度，拉深过程中材料厚度的变化很小，可以近似认为拉深件壁厚等于毛坯厚度。

② 变薄拉深：以开口空心件为毛坯，通过减小壁厚的方式来增加拉深件高度，拉深过程中筒壁厚度显著变薄。

(2) 按使用的毛坯的形状分。

① 第一次拉深(使用平板毛坯)。

② 以后的各次拉深(以开口空心件为毛坯)。

4.1.2 拉深变形过程(Deformation Process of Drawing)

图 4.1 所示为将圆形平板毛坯拉深成筒形件的过程。拉深时，圆形凸模(直径为 d_p)将金属板料拉入凹模，形成开口空心的形状。在此过程中，圆形毛坯的直径逐渐缩小(图中所示扇形 *abdc* 在拉深过程中逐渐缩小)，拉深形成的空心筒形件的高度不断增加，直到拉深成形。

| (a) | (b) | (c) | (d) |

图 4.1 筒形件拉深过程

4.1.3 拉深过程分析(Analysis on Drawing Proces)

下面我们以最常见的圆筒形件的拉深为例进行分析。

1. 在拉深过程中存在金属的塑性流动

如图 4.2 所示，我们只要剪去图中的阴影部分，再将剩余部分沿直径 *d* 的圆周弯折起来，并加以焊接，就可以得到一个直径为 *d*、高度为 $(D-d)/2$ 的圆筒形件，其周边带有数条焊缝，口部呈波浪状。

这说明圆形平板毛坯，在成为筒形件的过程中必须去除多余的材料，但在用圆形平板毛坯拉深成筒形件的过程中，并没有去除多余的材料，因此只能认为多余的材料在拉深过程中发生了流动，流向拉深件的口部。

在拉深过程中，产生了怎样的金属流动呢？我们做如下的网格实验加以说明。

图 4.2 拉深时材料的"转移"

2. 拉深网格实验

在圆形平板毛坯上，先画出间距相等的同心圆和分度相等的辐射线，做如图 4.3(a)所示的网格，之后再进行拉深。

(a) 平板毛坯　　　　　　　(b) 拉深成形　　　　　　　(c) 单元的受力与变形

图 4.3　利用网格技术做圆筒形件拉深实验

如图 4.3(b)所示，拉深后网格发生了如下变化。

(1) 筒底的网格基本上保持不变。这说明筒底的金属没有明显的流动，基本上不变形。

(2) 拉深前等距离的同心圆，拉深后变成与筒底平行的、距离不等的水平圆周线，且越往上部，间距增加得越大，即 $a_1 > a_2 > a_3 > a_4 > a_5$。这说明越靠近外部，金属的径向流动量越大(因为这里多余的金属量越大)。

(3) 拉深前等角度的辐射线，拉深后变成了等距离、相互平行、垂直于筒底的平行线。这说明金属有切向缩小的应变，且越往外部，应变量越大。

(4) 拉深前筒壁上的扇形网格，拉深后变成矩形网格。

3. 应力应变分析

我们取变形区内的一个网格单元来进行分析。如图 4.3(c)所示的网格单元，在拉深过程中主要受到由凸模作用传递过来的径向拉应力 σ_1 和由于直径缩小相互挤压而产生的切向压应力 σ_3 的作用。

(1) 在 σ_1 和 σ_3 的作用下，网格由扇形变成矩形。

(2) 多余的金属流向工件的口部，使其高度增加。

(3) 越到口部，多余的金属越多，相互挤压越严重，切向压应力 σ_3 越大。其壁厚增加，又使径向拉应力 σ_1 增大，在 σ_1 和 σ_3 的作用下，沿径向的拉伸量越大，变形越严重。

4. 拉深过程中毛坯各个部分的特征

1) 毛坯各部位的应力应变情况

为便于分析，可以将其分为 5 个部分，如图 4.4 所示。

(1) 平面凸缘部分(主要变形区)。这是前面讲的由扇形网格变为矩形网格的区域，是拉深的主要变形区。该部分受到凸模经过壁部传过来的径向拉应力 σ_1 和切向压应力 σ_3、在厚度方向受到为防止起皱而设置的压边圈的压应力 σ_2 的作用，产生径向伸长应变 ε_1 和切向压缩应变 ε_3，在厚度方向虽然受到压力，但仍产生伸长应变 ε_2，使壁部增厚(多余的金属都要流动到主要变形区)。

图 4.4　拉深件上网格的变化

(2) 凹模圆角部分(过渡区)。这是由凸缘向筒壁变形的过渡区，材料变形比较复杂，除了有平面凸缘部分的变形特点外，由于材料还在凹模圆角处产生弯曲，根据平板弯曲的应力应变分析可知，它在厚度方向受到压应力 σ_2 的作用。此处材料厚度减薄。

(3) 筒壁部分(传力区)。金属流动到这里，已形成筒形，材料不再产生大的变形。但该处是拉深力的传力区，因此它承受单向拉应力 σ_1，同时也产生小量的纵向伸长应变 ε_1 和厚向压缩(变薄)应变 ε_2。

(4) 凸模圆角部分(过渡区)。这部分是筒壁和圆筒底部的过渡区，材料承受筒壁较大的径向拉应力 σ_1 和切向拉应力 σ_3，厚度方向由于凸模的压力和弯曲作用而受到压应力 σ_2。在这个区域的筒壁与筒底转角处稍上的地方，拉深开始时材料处于凸、凹模间，需要转移的材料较少，受变形的程度小，冷作硬化程度低，加之该处材料变薄，使传力的截面积变小，所以此处往往成为整个拉深件强度最薄弱的地方，是拉深过程中的"危险断面"。

(5) 筒底部分(小变形区)。该处受到两向拉应力 σ_1 和 σ_3 的作用，但由于受到凸模摩擦阻力的作用，这部分材料变薄很小，一般只有 1%～3%，可以忽略不计。

2) 厚度变化

在径向拉应力 σ_1 和切向压应力 σ_3 的作用下，材料发生流动，在往径向流动的同时也往厚度方向流动。越往口部，变形量越大，厚度的增加量也越大。具体情况如图 4.5 所示。

(1) 筒底部分。筒底厚度与毛坯厚度基本相同，其厚度变化可以忽略不计。

(2) 筒壁部分。下薄上厚，在筒壁与筒底圆角相切处稍偏上部分最薄，越往口部越厚。

(3) 平面凸缘处厚度最大。

3) 硬度变化

拉深是一个塑性变形过程，材料变形后必然要发生加工硬化现象。加工硬化会使拉深件的强度和刚度高于毛坯，同时引起塑性降低，使进一步拉深时变形困难。

但拉深过程中的变形是不均匀的，从筒底到平面凸缘，其塑性变形由小逐渐变大，其硬度也逐渐增大，如图 4.6 所示。这与工艺要求正好相反(从拉深工艺角度看，筒底硬度要大，而口部的硬度要小，这样便于金属流动)。

图 4.5　拉深件壁厚的变化　　　　图 4.6　拉深件硬度的变化

4.1.4　拉深件的结构工艺性(Structure Processability of Drawing Part)

1. 拉深件的工艺要求

在拉深过程中，毛坯会发生金属流动，为利于毛坯的金属流动，拉深件应满足如下工艺要求。

1) 拉深件的形状

拉深件的形状应简单、对称，尽量避免外形的急剧变化。对于多次拉深制件，其筒壁和凸缘的内、外表面应允许出现压痕。不对称的空心件应组合成对称形状进行拉深，之后再切开成形。

(a)

(b)

图 4.7　圆筒形件

2) 拉深件的高度

拉深件的高度 h 对拉深成形的次数和成形的质量都有很大的影响。

常见零件一次成形的拉深高度应满足如下条件。

如图 4.7(a)所示，无凸缘筒形件：$h \leqslant (0.5 \sim 0.7)d$。

如图 4.7(b)所示，带凸缘筒形件：当 $d_t/d \leqslant 1.5$ 时，$h \leqslant (0.4 \sim 0.6)d$。

3) 拉深件的圆角半径

拉深件的圆角半径指的是内形半径，包括凸缘与筒壁之间的圆角半径 r_d 和筒底与筒壁间的圆角半径 r_p。

一般情况下，应满足 r_d、$r_p \geqslant 2t$，当 $r_d < 2t$ 或 $r_p < t$ 时，需增加整形工序。为了便于拉深的顺利进行，圆角半径的取值都较大，通常取 $r_d \geqslant (4 \sim 8)t$，$r_p \geqslant (3 \sim 5)t$。

2. 拉深件的尺寸标注

在拉深过程中存在金属的塑性流动现象，致使拉深件各部位的厚度不一致。进行尺寸标注时要注意以下几点。

(1) 直径尺寸应根据使用要求明确标注内形尺寸或外形尺寸，不得同时标注内形尺寸和外形尺寸。

(2) 高度尺寸最好以底部为基准进行标注，不宜以口部为基准进行标注(口部要进行切边工序)。

(3) 圆角半径只能标注在内形(内角半径)。

(4) 材料的厚度尺寸，最好标注在筒底部位(筒底的厚度尺寸基本不变)。

3．拉深件的尺寸精度

拉深件的径向尺寸精度一般不高于 IT11 级，如超过 IT11 级，则需增加校形工序。高度方向要有修边余量，裁切后总高度才可满足较高的精度要求。

4.2　拉深模典型结构(Typical Structure of Drawing Die)

4.2.1　拉深模具分类(Classification of Drawing Die)

拉深模的种类很多，可以从不同的角度进行分类。常用的分类方法如下。

(1) 按工序顺序分：①首次拉深模；②以后各次拉深模。

(2) 按有无压边装置分：①带压边装置的拉深模；②无压边装置的拉深模。

(3) 按使用的设备分：①单动压力机用拉深模；②双动压力机用拉深模；③三动压力机用拉深模。

(4) 按工序的组合分：①单工序拉深模；②复合拉深模；③连续拉深模。

一般工件的拉深要经过数道拉深工序才能完成，一副拉深模一般只能完成一道拉深工序，所以拉深模多为单工序模。较简单的拉深件可采用落料拉深复合模。

拉深模的结构是拉深模设计中最基本的内容之一，下面分类介绍一些常用的典型结构。

4.2.2　首次拉深模(First Drawing Die)

1．无压边装置的首次拉深模

图 4.8 所示为一无压边装置的首次拉深模。图 4.8(a)示出了用校模圈调整凸、凹模间隙；图(b)所示为拉深完成位置。该模具有如下特点。

(1) 结构简单、制造方便。

(2) 没有导向机构，安装时由校模圈 2 调整凸、凹模的间隙，保证拉深间隙均匀。工作时须将校模圈 2 移走。

(3) 定位：靠定位圈 3 定位。

(4) 卸料：拉深结束后，工件依靠凹模底部的台阶脱模，并由下模座底孔向下自然漏料。

(5) 由于工作时凸模要深入凹模，因此只能用于浅拉深。

(6) 适用于材料塑性好、相对厚度较大的工件拉深(拉深模具没有压边装置，塑性好、相对厚度较大的工件在拉深过程中不易起皱)。

(a) 用校模圈调整凸、凹模间隙　　　　　(b) 拉深完成状态

图 4.8　无压边装置首次拉深模

1—凸模；2—校模圈；3—定位圈；4—凹模

2. 带压边装置的首次拉深模

图 4.9 所示为带压边装置的首次拉深模。图 4.9(a)所示为模具开始工作位置，图 4.9(b)所示为拉深完成位置。该模具有如下特点。

(a) 拉深开始位置　　　　　　　　　(b) 拉深完成状态

图 4.9　带压边装置的首次拉深模

1—挡销；2—打料杆；3—推件块；4—垫块；5—凹模；6—凸模；7—压边圈；8—卸料螺钉

(1) 压边装置的作用是防止拉深过程中凸缘起皱。此模具使用的是弹性压边装置，在这类结构中经常采用的是倒装式，即拉深凸模在下模，拉深凹模在上模。这是因为提供压边力的弹性元件受到空间位置的限制，把压边装置和凸模安装在下模，可以有效利用压力

机工作台(中间有落料孔)下面的空间位置。

(2) 定位：用压边圈 7 定位(压边圈上方有一个定位槽)。

(3) 卸料：用压边圈的内孔卸料。

(4) 件号 1 是挡销，用来防止推件系统在推件时掉落。

(5) 由于没有导向系统，安装调整模具时也需使用校模圈。

3. 落料拉深复合模

图4.10所示为一落料拉深复合模，在一个工位上完成落料、拉深两道工序。其中图4.10(a)所示为模具开始工作位置，图 4.10(b)所示为拉深完成位置。该模具有如下特点。

(a) 拉深开始位置　　　　　　　　　　(b) 拉深完成状态

图 4.10　落料拉深复合模

1—导料板；2—刚性卸料板；3—打料杆；4—凸凹模；5—上模座；
6—下模座；7—顶杆；8—压边圈；9—拉深凸模；10—落料凹模

(1) 一般用条料做坯料，所以有落料用的导料板 1 等定位零件，以及卸料装置等。

(2) 为了保证模具工作时先落料、后冲裁，在初始位置时必须使拉深凸模 9 的顶面低于落料凹模 10，二者相差的高度为：毛坯厚度＋落料凹模刃磨量。

(3) 压边圈还兼起卸料作用。拉深结束后，压边圈使拉深件留在凸凹模 4 内，然后由打料杆 3 推出。

(4) 这类模具生产效率高、操作方便、工件质量好，在生产中经常采用。

4.2.3　以后各次拉深模(Later Drawing Die)

以后各次拉深模与首次拉深模相比，主要的不同点在于所使用的毛坯形状不一样。首次拉深模使用的毛坯是平板材料，而以后各次拉深模使用的毛坯是开口空心的拉深半成品，因而其定位装置不一样。其定位方式有如下 3 种。

(1) 采用特定的定位板定位，如图 4.11 所示。

拉深初始位置

图 4.11　无压边圈的以后各工序拉深模

1—上模座；2—垫板；3—凸模固定板；4—凸模；5—定位板；6—凹模；7—凹模固定板；8—下模座

(2) 在凹模上加工出和半成品形状一致的形状用以定位。这种形式的凹模加工困难，所以较少采用。

(3) 利用半成品的内孔用压边圈的外形来定位，如图 4.12 所示。

1. 无压边装置的以后各次拉深模

无压边装置时，拉深过程中平面凸缘易起皱，只适用于变形较小的拉深和整形等，如图 4.11 所示。

2. 带压边装置的以后各次拉深模

在以后各次拉深模中，带压边装置的结构是生产中经常使用的结构形式，如图 4.12 所示。为了防止弹性压边力随着拉深行程的增加而不断增加(因为弹性元件的变形越来越大)，可以在压边圈上安装限位销来控制压边力的增加。压边圈和凸模之间是小间隙配合。

 特别提示

> (1) 第一次拉深又称首次拉深，其定位装置和以后的各次拉深不一样(使用的毛坯形状不一样，是平板毛坯)。
>
> (2) 最后一次拉深是整个拉深工序的结束，其形状和尺寸要达到产品的要求，在进行模具设计时不能随意调整。
>
> (3) 第一次拉深和最后一次拉深之间的中间拉深环节，在模具设计时可作适当的尺寸调整。

(a) 拉深初始位置   (b) 拉深完成状态

图 4.12 带压边圈的以后各工序拉深模

1—凹模；2—压边圈；3—凸模；4—凸模固定板；5—下模座；6—限位销；7—垫块；8—上模座

4.2.4 拉深模的主要特点(Main Feature of Drawing Die)

拉深模的主要特点如下。

(1) 当拉深模结构中没有导向机构时，安装时要使用校模圈来完成拉深凸、凹模的对中，以保证拉深间隙均匀。

(2) 为避免拉深后卸料时出现真空使卸料困难，在拉深凸模中心必须加工一出气孔，直径一般为 5～10mm。

(3) 拉深件也有回弹现象，一般不设计专用的卸料机构，常使压边圈兼起卸料作用。

(4) 在拉深过程中，材料由于加工硬化而使其硬度升高、塑性降低，正常生产时需要很多辅助工序，主要有：

① 拉深工序前材料的软化热处理、清洗、润滑等；

② 拉深工序间的软化处理、涂漆、润滑等；

③ 拉深工序后的清除应力退火、清洗、打毛刺、表面处理等。

4.3 拉深件的起皱与破裂(Wrinkling and Fracture of Drawing Part)

拉深件的起皱与破裂是拉深过程中主要的质量问题。

4.3.1 起皱(Wrinkling)

在拉深时，凸缘材料存在着切向压应力 σ_3，当这个压应力大到一定程度时，板料切向将因失稳而拱起，这种现象称为起皱(图 4.13)。起皱现象与毛坯的相对厚度(t/D)和切向压应力 σ_3 的大小有关，如果毛坯的相对厚度越小，切向压应力越大，则越容易起皱。由于最大切向压应力出现在凸缘的最外缘，因此起皱也首先发生在凸缘部分的最外缘。

图 4.13　拉深件凸缘区的起皱

拉深件起皱以后，轻则使工件口部附近产生波纹，影响拉深件的质量；重则由于起皱凸缘材料不能通过凸、凹模之间的拉深间隙而使工件拉破。防止起皱的措施，主要是减小切向压应力 σ_3 的影响，如：

① 在拉深模结构上加压边圈，对平面凸缘施压厚度方向上的压应力 σ_2，以防止拱起；
② 减小变形程度(降低拉深件的高度)，减小 σ_3 的值；
③ 加大平面板料的相对厚度 t/D，降低 σ_3 的影响。

4.3.2 破裂(Fracture)

图 4.14　筒壁的拉裂

前面已经讲过，拉深件的厚度沿底部向口部方向是不同的，底部厚度基本不变，筒壁部分下薄上厚。而在筒壁与筒底圆角相切处稍靠上的位置，板料的厚度最薄，我们通常称此断面为"危险断面"。当该断面所受到的径向拉应力 σ_1 超过板料的下屈服强度 R_{eL} 时，危险断面就会变薄，超过板料的抗拉强度 R_m 时，拉深件就会在危险断面处破裂，如图 4.14 所示。在凸模圆角部位的金属承载能力也很低，但因为凸模的摩擦作用，一般不会发生破裂。

(1) 破裂的主要原因：径向拉应力 σ_1 过大。

(2) 防止破裂的措施：主要是降低径向拉应力 σ_1 的影响。如：

① 增大凹模圆角半径和进行合理的润滑，以降低所需的拉应力 σ_1，防止破裂；

② 增大凸模的粗糙度，以增大毛坯与凸模表面的摩擦力，阻碍毛坯变薄，防止破裂；

③ 减小压边力，以降低所需的拉深力。

 特别提示

> 拉深件的起皱与破裂是一对矛盾。为了防止起皱而采取的降低切向压应力 σ_3 的影响的各项措施，恰好增大了径向拉应力 σ_1，会造成危险断面严重变薄，是产生破裂的主要影响因素；反之，降低 σ_1 的各种措施恰恰是增大 σ_3 的因素。因此，在进行拉深模设计时要综合考虑，两项兼顾，以保证拉深出合格的制件。
>
> 例如，使用压边装置，给平面凸缘部分施加厚度方向上的压应力 σ_2，可以减轻切向压应力 σ_3 的影响，但却增大了径向拉应力 σ_1，从而造成破裂的倾向增大。

4.4 拉深工艺计算(Drawing Process Calculation)

拉深工艺计算，包括毛坯尺寸设计、拉深件次数的确定、半成品尺寸的确定等内容。

4.4.1 毛坯尺寸的计算(Blank Dimension Calculation)

1. 毛坯尺寸的计算原则

1) 加修边余量

拉深用的板料存在着各向异性，在实际的生产中毛坯的中心和凸、凹模的中心也不可能完全重合，因此拉深件口部不可能很整齐，通常需要有修边工序，以切去口部不整齐的部分。为此，在计算毛坯时，应预先加上修边余量，如图 4.15 所示。

图 4.15 加修边余量

2) 利用面积相等的原则

虽然拉深后工件各部位的厚度不一致，但拉深后工件的平均厚度与毛坯的厚度相差不大，可以近似认为毛坯在拉深的过程中厚度不变。因此可以根据拉深件的表面积等于毛坯表面积的原则来计算毛坯尺寸。

3) 当 $t<1$mm 时，可按工件标注尺寸计算；当 $t \geq 1$mm 时，按工件厚度中线尺寸计算。

当毛坯的厚度 $t<1$mm 时，按外形尺寸和内形尺寸来计算毛坯的尺寸时，相差不大，因此可以按工件的标注尺寸进行计算；当 $t \geq 1$mm 时，计算结果相差较大，必须用工件的中线尺寸进行计算。

2. 修边余量的确定

由于材料的各向异性以及拉深时金属流动条件的差异，拉深后工件口部不平，通常拉深后需切边，因此计算毛坯尺寸时应在工作高度方向上或凸缘上增加修边余量 δ。因变量太多，准确计算修边余量是非常困难的，所以进行模具设计时，可以据经验确定或查表求得，如表 4-2 为无凸缘圆筒形拉深件的修边余量。

表 4-2　无凸缘圆筒形拉深件的修边余量　(单位：mm)

拉深高度 h	拉深相对高度 h/d 或 h/B			
	0.5～0.8	0.8～1.6	1.6～2.5	2.5～4
≤10	1.0	1.2	1.5	2.0
10～20	1.2	1.6	2.0	2.5
20～50	2.0	2.5	3.3	4.0
50～100	3.0	3.8	5.0	6.0
100～150	4.0	5.0	6.5	8.0
150～200	5.0	6.3	8.0	10.0
200～250	6.0	7.5	9.0	11.0
>250	7.0	8.5	10.0	12.0

注：1. B 为正方形的边宽或长方形的短边宽度。

　　2. 对于高拉深件必须规定中间修边余量。

　　3. 对于材料厚度小于 0.5mm 的薄材料作多次拉深时，应按表值增加 30%。

3. 简单形状拉深件的毛坯计算

根据表面积相等的原则，可得

$$A = \frac{\pi D^2}{4} \qquad (4-1)$$

则毛坯直径为

$$D = \sqrt{\frac{4A}{\pi}} = \sqrt{\frac{4}{\pi} \sum_{i=1}^{n} a_i} \qquad (4-2)$$

式中，A ——拉深件(包括修边余量)的总表面积(mm^2)；

　　　a_i ——各简单形状的表面积(mm^2)，部分计算公式可查表 4-3。

表 4-3　部分旋转体表面积的计算公式

序号	表面形状	图形	表面计算公式
1	圆形		$A = \dfrac{\pi}{4}D^2 = 0.785D^2$
2	圆环形		$A = \dfrac{\pi}{4}(D^2 - d^2)$
3	圆筒形		$A = \pi d h$
4	截头锥形		$A = \dfrac{\pi}{2}l(d_1 + d_2)$ $l = \sqrt{h^2 + (\dfrac{d_2^2 - d_1^2}{2})^2}$
5	球带		$A = 2\pi r h$
6	1/4 球环		$A = \dfrac{\pi}{2}r(\pi d + 4r)$

例：如图 4.16 所示无凸缘筒形拉深件毛坯尺寸的计算，它是由 3 个简单形状的几何体组成，查表 4-3 可知各部分的面积为

$$a_1 = \pi d(h_0 + \delta), \quad a_2 = \frac{\pi}{2}r(\pi d_0 + 4r), \quad a_3 = \frac{\pi}{4}d_0^2$$

由式(4-2)，并将 $d_0 = d - 2r$，$h_0 = h - r - \delta$ 代入整理，可得

$$D = \sqrt{\frac{4}{\pi}\sum_{i=1}^{3}a_i} = \sqrt{\frac{4}{\pi}\left[\pi d(h + \delta) + \frac{\pi}{2}r(\pi d0 + 4r) + \frac{\pi}{4}d_0^2\right]} = \sqrt{d^2 - 1.72dr - 0.56r^2 + 4dh}$$

图 4.16　筒形件毛坯尺寸计算

4. 复杂形状旋转体的毛坯计算

1）久里金法则

久里金法则：任何形状的母线绕某轴旋转一周所构成的旋转体的表面积，等于该母线的长度与该母线形心绕该轴旋转所得周长的乘积。即

$$A = l \times 2\pi R_x = 2\pi R_x l \tag{4-3}$$

式中，A——旋转体的表面积；

$\quad\quad R_x$——母线形心的旋转半径；

$\quad\quad l$——母线长度。

其中：直线的形心在直线的中点，圆弧的形心按表4-4所给的计算公式求得。

表4-4　圆弧长度和形心到旋转轴的距离计算公式

中心角 $\alpha < 90°$ 时的弧长	中心角 $\alpha = 90°$ 时的弧长
$l = \pi R \dfrac{\alpha}{180°}$	$l = \dfrac{\pi}{2} R$
中心角 $\alpha < 90°$ 时弧的形心到 yy 轴的距离	中心角 $\alpha = 90°$ 时弧的形心到 yy 轴的距离
$R_x = R \dfrac{180° \sin\alpha}{\pi\alpha}$,　$R_x = R \dfrac{180°(1-\cos\alpha)}{\pi\alpha}$	$R_x = \dfrac{2}{\pi} R$

2）计算步骤

下面以图4.17所示的复杂形状旋转体拉深件为例，说明其计算步骤。

(1) 将工件厚度中线的轮廓线(包括修边余量)分成若干段直线和圆弧(或近似的直线和圆弧)。

(2) 计算出各线段的长度 l_1，l_2，$\cdots$，l_n 和各线段形心的旋转半径 R_{x1}，R_{x2}，$\cdots$，R_{xn}。

(3) 根据久里金法则计算出旋转体的表面积之和：

$$A = 2\pi R_{x1}l_1 + 2\pi R_{x2}l_2 + \cdots + 2\pi R_{xn}l_n$$

$$= 2\pi \sum_{i=1}^{n} R_{xi}l_i \tag{4-4}$$

(4) 根据面积相等原则，计算出毛坯直径 D，根据毛坯表面积等于工件表面积原则：

$$\frac{\pi D^2}{4} = A = 2\pi(R_{x1}l_1 + R_{x2}l_2 + \cdots + R_{xn}l_n)$$

可得

$$D = \sqrt{8(R_{x1}l_1 + R_{x2}l_2 + \cdots + R_{xn}l_n)} = \sqrt{8\sum_{i=1}^{n} R_{xi}l_i} \qquad (4\text{-}5)$$

图 4.17 旋转体拉深件毛坯计算示意

4.4.2 拉深系数(Drawing Coefficient)

1. 拉深系数的概念

拉深系数是指拉深后的工件直径与拉深前的工件(或毛坯)直径之比。

拉深系数是拉深变形程度的标志。拉深系数小，表示拉深前后工件直径的变化大，即拉深的变形程度大；反之则小。

图 4.18 所示为用直径为 D 的毛坯经过多次拉深制成直径为 d_n、高度为 h_n 的工件的工艺过程。

图 4.18 拉深件工序示意

(1) 其各次的拉深系数为：

$$第 1 次拉深 \qquad m_1 = \frac{d_1}{D}$$

$$第 2 次拉深 \qquad m_2 = \frac{d_2}{d_1}$$

$$第 3 次拉深 \qquad m_3 = \frac{d_3}{d_2}$$

$$\vdots$$

$$第 n 次拉深 \qquad m_n = \frac{d_n}{d_{n-1}}$$

式中，m_1，m_2，m_3，$\cdots$，m_n——第 1，2，3，$\cdots$，n 次拉深系数；

$\qquad$ d_1，d_2，d_3，$\cdots$，d_n ——第 1，2，3，$\cdots$，n 次拉深直径。

(2) 总拉深系数 m 等于工件直径 d_n 与毛坯直径 D 之比，即

$$m = \frac{d_n}{D} \tag{4-6}$$

(3) 总拉深系数 m 和各次拉深系数之间的关系：

$$m = \frac{d_n}{D} = \frac{d_1}{D} \times \frac{d_2}{d_1} \times \frac{d_3}{d_2} \times \cdots \times \frac{d_n}{d_{n-1}} = m_1 \times m_2 \times m_3 \times \cdots \times m_n$$

2. 极限拉深系数

使拉深件不拉裂的最小拉深系数称为极限拉深系数。无凸缘筒形件带压边圈的极限拉深系数见表 4-5，无凸缘筒形件不带压边圈的极限拉深系数见表 4-6。

表 4-5　无凸缘圆筒形件带压边圈时的极限拉深系数

拉深系数	毛坯相对厚度(t/D)/(%)					
	0.08～0.15	0.15～0.3	0.3～0.6	0.6～1.0	1.0～1.5	1.5～2.0
m_1	0.60～0.63	0.58～0.60	0.55～0.58	0.53～0.55	0.50～0.53	0.48～0.50
m_2	0.80～0.82	0.79～0.80	0.78～0.79	0.76～0.78	0.75～0.76	0.73～0.75
m_3	0.82～0.84	0.81～0.82	0.80～0.81	0.79～0.80	0.78～0.79	0.76～0.78
m_4	0.85～0.86	0.83～0.85	0.82～0.83	0.81～0.82	0.80～0.81	0.78～0.80
m_5	0.87～0.88	0.86～0.87	0.85～0.86	0.84～0.85	0.82～0.84	0.80～0.82

注：1. 表中拉深数据适用于 08，10 和 15Mn 等普通拉深钢及 H62。对拉深性能较差的材料如 20，25，Q215，Q235 钢及硬铝等应比表中数值大 1.5%～2.0%；而对塑性较好的材料，如软铝应比表中数值小 1.5%～2.0%。

2. 表中数据适用于未经中间退火的拉深，若采用中间退火，较表中数据应小 1.5%～2.0%。

3. 表中较小值适用于大的凹模圆角半径(r_d=(8～15)t)，较大值适用于小的凹模圆角半径(r_d=(4～8)t)。

表 4-6   无凸缘圆筒形件不带压边圈时的极限拉深系数

拉深系数	毛坯相对厚度(t/D)/(%)				
	1.5	2.0	2.5	3.0	>3
m_1	0.65	0.60	0.55	0.53	0.50
m_2	0.80	0.75	0.75	0.75	0.70
m_3	0.84	0.80	0.80	0.80	0.75
m_4	0.87	0.84	0.84	0.84	0.78
m_5	0.90	0.87	0.87	0.87	0.82
m_6	—	0.90	0.90	0.90	0.85

3. 影响极限拉深系数的因素

在不同的条件下极限拉深系数是不同的,影响极限拉深系数的因素主要有以下几方面。

(1) 材料的力学性能。屈强比 R_{eL}/R_m 越小对拉深越有利。因 R_{eL} 小表示变形区抗力小,材料容易变形。而 R_m 大则说明危险断面处强度高而且易破裂,因而 R_{eL}/R_m 小的材料拉深系数可取小些。材料的伸长率 A 值小时,因塑性变形能力差,则拉深系数要取大些。材料的厚向异性系数 γ 和硬化指数 n 大时易于拉深,可以采用较小的拉深系数。这是由于 γ 大时,板平面方向比厚度方向变形容易,即板厚方向变形较小,不易起皱,传力区不易拉裂。n 大表示加工硬化程度大,则抗局部颈缩失稳能力强,变形均匀,因此板料的总体成形极限提高。

(2) 毛坯的相对厚度 t/D。板料的相对厚度越大,凸缘抗失稳起皱的能力就越强,因而所需压边力减小,这就减小了因压边力而引起的摩擦力,从而使总的变形抗力减小,故极限拉深系数可减小。

(3) 拉深模的几何参数。模具间隙小时,材料进入间隙后的挤压力增大,摩擦力增加,拉深力大,所以极限拉深系数提高。凹模圆角半径过小,则材料沿圆角部分流动时的阻力增加,引起拉深力加大,故极限拉深系数应取较大值。凸模圆角半径过小时,毛坯在此处弯曲变形程度增加,危险断面强度过多地被削弱,故极限拉深系数应取大值。模具表面光滑,粗糙度小,则摩擦力小,极限拉深系数小。

(4) 拉深条件。拉深时若不采用压边圈,变形区起皱的倾向增加,每次拉深时变形不能太大,故极限拉深系数增大。拉深时润滑好,则摩擦小,极限拉深系数可小些。但凸模不必润滑,否则会减弱凸模表面摩擦对危险断面处的有益作用(盒形件例外)。

4.4.3   拉深次数(Drawing Frequency)

确定拉深次数有两种方法:一是推算法,通过极限拉深系数推算确定;二是查表法,根据毛坯相对厚度 t/D 和工件相对高度 h/d 通过查表确定。此处只介绍推算法,方法如下:

(1) 当拉深件的拉深系数 m 大于第一次极限拉深系数 m_1 时,工件只需一次拉深。极限拉深系数可查《冲压模设计手册》或根据表 4-5 和表 4-6 查取。

(2) 若 $m \leqslant m_1$,则需要多次拉深(当 $m=m_1$ 时,最好采用两次拉深)。

① 从表 4-5 和表 4-6 中查得各次拉深的极限拉深系数 m_1,m_2,…,m_n;

② 计算每次拉深的直径；

$$d_1' = m_1 D$$

$$d_2' = m_2 d_1 = m_1 m_2 D$$

$$\vdots$$

$$d_n' = m_n d_{n-1} = m_1 m_2 \cdots m_n D$$

当 $d_n' \leqslant d$(工件直径)时，说明第 n 次拉深的直径，已能够达到拉深工件直径的要求，故 n 为拉深次数。

4.4.4 各次拉深半成品尺寸的计算(Dimension Calculation of Semi-finished Part in Each Drawing)

1. 半成品直径的计算

由拉深系数的定义可得

$$d_1 = m_1' D$$

$$d_2 = m_2' d_1 = m_1' m_2' D$$

$$\vdots$$

$$d_n = m_n' d_{n-1} = m_1' m_2' \cdots m_n' D$$

式中，$m_1', m_2', \cdots, m_n'$——调整后的各次拉深系数。各次拉深系数可按如下方法进行调整：

$$m_1' = Y m_1, \quad m_2' = Y m_2, \quad \cdots, \quad m_n' = Y m_n$$

其中，$Y = \sqrt[n]{m/m_e}$，为调整拉深系数的加权系数。

式中，m_1，m_2，$\cdots$，m_n——查表所得的各次极限拉深系数；

m——工件的总拉深系数，$m = d/D$；

m_e——查表得到的各次极限拉深系数之积，$m_e = m_1 m_2 \cdots m_n$；

n——拉深次数。

 特别提示

(1) 调整各次拉深系数时，要满足以下三个条件：

① $m_1' < m_2' < \cdots < m_n'$； ② $m_1' - m_1 \approx m_2' - m_2 \approx \cdots \approx m_n' - m_n$； ③ $d_n = d$。

(2) Y 及 m_1'，m_2'，$\cdots$，m_n'，小数点后要保留 3 位有效数字。

(3) 调整好的各次拉深工序直径最好为整数或一位小数，以利于模具设计。

2. 半成品高度的计算

由无凸缘圆筒形件(参见图 4.16)毛坯计算公式：

$$D = \sqrt{d^2 - 1.72 dr - 0.56 r^2 + 4 dh} \tag{4-7}$$

推导，得

$$h = 0.25(\frac{D^2}{d} - d) + 0.43 \frac{r}{d}(d + 0.32 r)$$

根据等表面积相等原则，则各次拉深半成品高度的计算公式为

$$h_n = 0.25(\frac{D^2}{d_n} - d_n) + 0.43\frac{r_n}{d_n}(d_n + 0.32r_n) \tag{4-8}$$

式中，h_n——第 n 次拉深后工件的高度(mm)；

    D——毛坯直径(mm)；

    d_n——第 n 次拉深后工件的直径(mm)；

    r_n——第 n 次拉深后工件的底部圆角半径(单位为 mm，当 $t<1$mm 时，$r_n=r_{pn}$；当 $t \geq 1$mm 时，$r_n=r_{pn}+0.5t$。r_{pn} 为第 n 次拉深的凸模圆角半径，其确定在 4.5 节中讲解)。

4.5 拉深模具设计(Drawing Die Design)

4.5.1 拉深力的计算(Drawing Force Calculation)

由于拉深过程中影响因素很多，所以精确计算拉深力是极其困难的，实际生产中常采用下列经验公式计算。本节只介绍圆筒形件拉深力的计算公式。

(1) 采用压边装置

$$\left. \begin{array}{l} \text{首次拉深:} \qquad F_1 = k_1\pi d_1 t R_m \\ \text{以后各次拉深:} \qquad F_n = k_2\pi d_n t R_m \end{array} \right\} \tag{4-9}$$

(2) 不用压边装置

$$\left. \begin{array}{l} \text{首次拉深:} \qquad F_1 = 1.25\pi(D-d_1)t R_m \\ \text{以后各次拉深:} \qquad F_n = 1.3\pi(d_{n-1}-d_n)t R_m \end{array} \right\} \tag{4-10}$$

式中，d_1，d_{n-1}，d_n——首次、第 $n-1$ 次和第 n 次拉深后的工件直径(mm)；

    F_1，F_n——首次和第 n 次拉深时的拉深力(N)；

    D——毛坯直径(mm)；

    t——材料厚度(mm)；

    R_m——材料的抗拉强度(MPa)；

    k_1，k_2——修正系数，查表 4-7 选取。

表 4-7 修正系数 k_1，λ_1，k_2，λ_2

拉深系数 m_1	0.55	0.57	0.60	0.62	0.65	0.67	0.70	0.72	0.75	0.77	0.80	—	—	—
修正系数 k_1	1.00	0.93	0.86	0.79	0.72	0.66	0.60	0.55	0.50	0.45	0.40	—	—	—
系数 λ_1	0.80	—	0.77	—	0.74	—	0.70	—	0.67	—	0.64	—	—	—
拉深系数 m_2	—	—	—	—	—	—	0.70	0.72	0.75	0.77	0.80	0.85	0.90	0.95
修正系数 k_2	—	—	—	—	—	—	1.00	0.95	0.90	0.85	0.80	0.70	0.60	0.50
系数 λ_2	—	—	—	—	—	—	0.80	—	0.80	—	0.75	—	0.70	—

4.5.2 压边装置及压边力(Blank Holder and Blank Holder Force)

1. 压边装置的作用

压边装置的作用是在凸缘变形区施加轴向力 σ_2，以防止拉深过程中凸缘起皱。是否需要采用压边装置，是一个非常复杂的问题，实际生产中可按表 4-8 的条件决定。

表 4-8 采用或不采用压边圈的条件

拉深方法	第一次拉深		以后各次拉深	
	$(t/D)\times100\%$	m_1	$(t/D)\times100\%$	m_n
用压边圈	<1.5	<0.6	<1.0	<0.8
可用压边圈	1.5~2.0	0.6	1.0~1.5	0.8
不用压边圈	>2.0	>0.6	>1.5	>0.8

2. 压边力的计算

当确定需要采用压边装置后，压边力的大小必须适当。

若压边力过大，则会增加拉深力，从而使径向拉应力 σ_1 增大，工件易被拉裂；若压边力过小，则不能防止凸缘起皱，起不到压边作用。

压边力的大小常用如下公式计算：

$$\left.\begin{aligned}
Q &= Aq \\
A &= \frac{\pi}{4}\left[D^2 - (d_1 + r_{d1})^2\right] \\
A_n &= \frac{\pi}{4}\left[d_{n-1}^2 - (d_n + r_{dn})^2\right]
\end{aligned}\right\} \tag{4-11}$$

式中，d_{d1}，$d_{d(n-1)}$，d_{dn}——首次、第 $n-1$ 和第 n 次拉深凹模直径(mm)；

$\qquad Q$——压边力(N)；

$\qquad A$，A_n——在压边圈上毛坯的投影面积(mm^2)；

$\qquad D$——毛坯直径(mm)；

$\qquad q$——单位压边力(MPa)，可按表 4-9 查取。

表 4-9 单位压边力 q （单位：MPa）

材料名称		单位压边力 q	材料名称	单位压边力 q
铝		0.8~1.2	镀锡钢板	2.5~3.0
紫铜、硬铝(已退火)		1.2~1.8	高合金钢 不锈钢	3.0~4.5
黄铜		1.5~2.0		
软钢	$t<0.5mm$	2.5~3.0	高温合金	2.8~3.5
	$t>0.5mm$	2.0~2.5		

3. 压边装置的设计

常用的压边装置有两大类：弹性压边装置和刚性压边装置。

1) 弹性压边装置

弹性压边装置常用于普通压力机(即单动压力机)，有橡胶压边装置、弹簧压边装置和气垫压边装置三种形式，如图 4.19 所示。

(a) 橡胶压边装置　　　　(b) 弹簧压边装置　　　　(c) 气垫压边装置

图 4.19　弹性压边装置

1—橡胶；2—弹簧；3—凹模；4—压边圈；5—下模座；6—凸模；
7—凸模固定板；8—压力机工作台；9—气缸

橡胶和弹簧的压边力随着拉深深度的增加而增加，因而这两种形式通常只用于浅拉深。气垫的压边力随行程的变化很小，可以认为是不变的，压边效果好；但气垫的结构复杂，制造维修不易，且需要压缩空气，因而限制了其应用。

为了克服橡胶和弹簧压边力变化的缺点，可采用如图 4.20 所示的限位装置，使用定位销、栓销或螺栓，使压边圈和凹模间始终保持一定的距离 s，限制了压边力的增大。

2) 刚性压边装置

特点：压边力不随行程变化，拉深效果较好，模具结构简单。

适用范围：双动压力机用拉深模(压边圈和上模座装在外滑块上)。

固定式　　　　　　　　固定式　　　　　　　调节式

(a) 第一次拉深　　　　　　　(b) 以后各次拉深

图 4.20　有限位装置的压边

4.5.3 压力机的选择(Press Selection)

(1) 一般的拉深件，可按拉深时的最大工序力直接确定。

浅拉深时：

$$F_p \geq (1.2 \sim 1.4)F \tag{4-12}$$

深拉深时：

$$F_p \geq (1.6 \sim 2.0)F \tag{4-13}$$

式中，F——拉深时的最大工序力(最大拉深力、压边力和其他力的总和，单位为 kN)；

F_p——压力机公称压力(kN)。

(2) 对于深度较大的拉深件，需对压力机的电动机功率进行校核。

对于深度较大的拉深件，特别是落料、拉深复合冲压时，可能会出现压力足够而功率不足的现象，需要对压力机的电动机功率进行校核，以防止过早地出现最大冲压力而使压力机超载损坏。步骤如下。

① 计算拉深功 A。

首次拉深：

$$A_1 = \frac{\lambda_1 F_{1\max} h_1}{1000} \tag{4-14}$$

以后各次拉深：

$$A_n = \frac{\lambda_n F_{n\max} h_n}{1000} \tag{4-15}$$

式中，A_1，A_n——首次和第 n 次所需的拉深功(N·m)；

F_1，F_n——首次和第 n 次拉深的最大拉深力(N)；

h_1，h_n——首次和第 n 次的拉深高度(mm)；

λ_1，λ_n——平均变形力与最大变形力的比值，从表 4-7 中查取。

② 计算所需压力机的电动机功率。

$$N = \frac{A\xi n}{61200\eta_1\eta_2} \tag{4-16}$$

式中，N——所需压力机的电动机功率(kW)；

A——拉深功(N·m)；

ξ——不均衡系数，取 $\xi = 1.2 \sim 1.4$；

n——压力机每分钟的行程次数；

η_1——压力机效率，一般取 $\eta_1 = 0.6 \sim 0.8$；

η_2——电动机效率，一般取 $\eta_2 = 0.9 \sim 0.95$。

③ 校核。若计算的所需功率 $N < P$(电动机功率)，说明能够满足拉深要求；若计算的所需功率 $N \geq P$，则应另选电动机功率较大的压力机。

(3) 压力机滑块的行程。拉深工序一般都需要较大的行程。对于拉深件，为方便安放毛坯和取出制件，滑块行程要大于制件高度 h_0 的 2 倍以上(如图 1.7 所示)，一般要求 $s \geq (2.3 \sim 2.5)h_0$。

4.5.4 凸、凹模工作部分的尺寸设计(Dimension Design in Working Portion of Punch-die)

1. 凸、凹模的圆角半径

1) 凸、凹模圆角对拉深的影响

(1) 凹模圆角的影响。毛坯经凹模圆角进入凹模时，受弯曲和摩擦作用。凹模圆角 r_d 过小，则径向拉应力 σ_1 增大，易产生表面划伤或拉裂；凹模圆角 r_d 过大，则悬空面积增大、压边面积减小，易起皱。

(2) 凸模圆角的影响。凸模圆角 r_p 的大小对拉深的影响也很大。凸模圆角 r_p 过小，则 r_p 处弯曲变形程度增加，使"危险断面"受到的拉力大，工件易产生局部变薄现象。若凸模圆角 r_p 过大，则凸模与毛坯的接触面就小，易产生底部变薄和内皱。

2) 凹模圆角半径 r_d 的计算

(1) 首次拉深模

$$r_{d1} = 0.8\sqrt{(D - d_1)t} \tag{4-17}$$

(2) 以后各次拉深模

$$r_{dn} = (0.6 \sim 0.8)r_{d(n-1)} \tag{4-18}$$

式中，r_{d1}，$r_{d(n-1)}$，r_{dn}——首次、第 $(n-1)$ 次和第 n 次拉深模的凹模圆角半径(mm)；

D ——毛坯直径(mm)；

d_1 ——首次拉深后工件的直径(mm)；

t ——工件厚度(mm)。

(3) 对于有平面凸缘的拉深件，最后一次拉深时拉深模的凹模圆角半径应和拉深件的一致。

3) 凸模圆角半径的计算

(1) 首次拉深模

$$r_{p1} = (0.7 \sim 1.0)r_{d1} \tag{4-19}$$

(2) 中间工序拉深模

$$r_{p(n-1)} = (0.6 \sim 0.8)r_{p(n-2)} \tag{4-20}$$

式中，r_{p1}、$r_{p(n-1)}$、r_{pn}——首次、第 $n-1$ 次和第 n 次拉深模的凸模圆角半径(mm)；

(3) 最后一次拉深模

$$r_{pn} = r$$

式中，r ——工件底部圆角半径(mm)。当 r 过小时，应增加整形工序保证底部圆角尺寸。

特别提示

(1) 对于中间各工序，凸模和凹模的圆角半径可作适当的调整。

(2) 当拉深系数大时，圆角半径可取小些，一般情况下可取 $r_p = r_d$。

2. 凸、凹模间隙

1) 拉深间隙

拉深间隙指拉深凸、凹模间的单边间隙，用 C 表示，如图 4.21 所示。

图 4.21　拉深间隙示意

拉深间隙过大，容易起皱，工件有锥度，精度差；拉深间隙过小，摩擦加剧，工件变薄严重，甚至拉裂。

2) 拉深间隙值的确定

无压边圈拉深模的间隙为

$$C = (1 \sim 1.1)t_{max} \tag{4-21}$$

式中，C ——拉深单边间隙(mm)；

$\quad\quad t_{max}$ ——板料最大厚度(mm)。

对于最后一次拉深或精密工件拉深，C 取偏小值；对于首次和中间工序拉深，C 取偏大值。

带压边圈拉深模的间隙按表 4-10 确定。

表 4-10　带压边圈拉深模的单边间隙值

总拉深次数											
1	2		3			4			5		
拉深工序											
1	1	2	1	2	3	1、2	3	4	1、2、3	4	5
凸、凹模之间的单边间隙											
$1 \sim 1.1t$	$1.1t$	$1 \sim 1.05t$	$1.2t$	$1.1t$	$1 \sim 1.05t$	$1.2t$	$1.1t$	$1 \sim 1.05t$	$1.2t$	$1.1t$	$1 \sim 1.05t$

注：t 为材料厚度，取材料允许偏差的中间值。当拉深精密零件时，最后一次拉深的间隙值 $C=(0.9 \sim 0.95)t$。

3. 凸、凹模工作部分的尺寸计算

凸、凹模工作部分尺寸的确定，主要是考虑拉深模具的磨损和拉深件的回弹。

1) 最后一道工序

拉深件的最终成形尺寸是由最后一道工序保证的，因此工件的尺寸公差只在最后一道工序考虑。最后一道工序凸、凹模的尺寸由拉深件的尺寸标注方法决定。

(1) 如图 4.22(a)所示，当尺寸标注在外形时($D_{-\Delta}^{\ 0}$)，应以凹模为基准件。

凹模：

$$D_d = (D - 0.75\Delta)_0^{+\delta_d} \tag{4-22}$$

凸模：

$$D_p = (D - 0.75\Delta - 2C)_{-\delta_p}^{\ 0} \tag{4-23}$$

(2) 如图 4.22(b)所示，当尺寸标注在内形时($d_0^{+\Delta}$)，应以凸模为基准件。

凸模：

$$d_p = (d + 0.4\Delta)_{-\delta_p}^{\ 0} \tag{4-24}$$

凹模：

$$d_d = (d + 0.4\Delta + 2C)^{+\delta_d}_0 \tag{4-25}$$

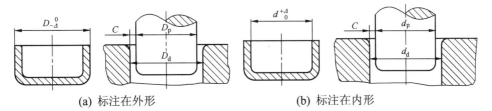

(a) 标注在外形　　　　　　　　(b) 标注在内形

图 4.22　尺寸标注在外形和在内形

2) 中间各次拉深

工序件尺寸无需严格要求，凸、凹模尺寸如下。

(1) 尺寸标注在外形时。

凹模：

$$D_d = D_i{}^{+\delta_d}_0 \tag{4-26}$$

凸模：

$$D_p = (D_i - 2C)^{0}_{-\delta_p} \tag{4-27}$$

(2) 尺寸标注在内形时。

凸模：

$$d_p = d_i{}^{0}_{-\delta_p} \tag{4-28}$$

凹模：

$$d_d = (d_i + 2C)^{+\delta_d}_0 \tag{4-29}$$

式中，D_d，d_d——凹模的基本尺寸(mm)；

$\quad\quad D_p$，d_p——凸模的基本尺寸(mm)；

$\quad\quad\quad D$——拉深件的外径尺寸(mm)；

$\quad\quad\quad d$——拉深件的内径尺寸(mm)；

$\quad\quad\quad \Delta$——工件公差(mm)；

$\quad\delta_p$，δ_d——凸、凹模的制造公差(单位为 mm，具体可查表 4-11)；

$\quad d_i$，D_i——各工序件的基本尺寸(mm)。

表 4-11　凸、凹模的制造公差　　　　　　　　(单位：mm)

材料厚度 t	拉深件直径 d					
	≤20		20～100		>100	
	δ_p	δ_d	δ_p	δ_d	δ_p	δ_d
≤0.5	0.01	0.02	0.02	0.03	—	—
0.5～1.5	0.02	0.04	0.03	0.05	0.05	0.08
>1.5	0.04	0.06	0.05	0.08	0.06	0.10

注：凸、凹模的制造公差可按 IT6～IT10 级选取，工件公差小的可取 IT6～IT8 级，工件公差大的可取 IT10 级。

3）凸、凹模工作表面的粗糙度

凸、凹模工作表面的粗糙度要求较高。

(1) 凹模：工作表面和型腔表面的粗糙度要求为 $Ra=0.8\mu m$ ，凹模圆角处的表面粗糙度要求为 $Ra=0.4\mu m$ 。

(2) 凸模：为增大摩擦力，凸模工作表面的粗糙度要求较低一些，$Ra=0.8\sim1.6\mu m$ 。

4．凸、凹模工作部分形状

凸模和凹模工作部分的形状，对产品质量和拉深系数都有一定的影响，下面分类介绍。

1）不带压边圈的拉深

(1) 浅拉深(即一次拉深成制件，$m>m_1$)。

浅拉深的凹模有圆弧形凹模、锥形凹模和平端面凹模三种形式，其结构形式及有关尺寸如图 4.23 所示。

(a) 圆弧形凹模　　　　　　(b) 锥形凹模　　　　　　(c) 平端面凹模

图 4.23　不带压边圈的凹模形状

其中：① 圆弧形凹模结构用于大件；② 锥形和平端面凹模结构用于小件；③ 相对于平端面凹模结构来讲，锥形凹模结构的抗失稳能力强，摩擦阻力和弯曲变形应力小，因而可以采用较小的拉深系数。

(2) 深拉深(即两次以上拉深成制件，$m\leqslant m_1$)。

深拉深时常采用的凹模结构如图 4.24 所示。每次拉深时，凸模端面只与拉深件内表面相接触，以减轻毛坯反弯曲变形的程度，提高拉深件侧壁的质量，使工件的底部平整。

2）带压边圈的拉深

当拉深件的直径 $d\leqslant100mm$ 时，其首次拉深和以后各次拉深的凸、凹模结构如图 4.25(a) 所示，其中凹模为平端面凹模；当拉深件的直径 $d>100mm$ 时，其首次拉深模的凸模设计成有 45° 的锥形，中间各次拉深用的凹模均为锥形，如图 4.25(b)所示。下一次拉深时压边圈的外形尺寸应与上一次拉深凸模的外形尺寸相同。每次拉深时，凸模端面只与拉深件内底相接触。

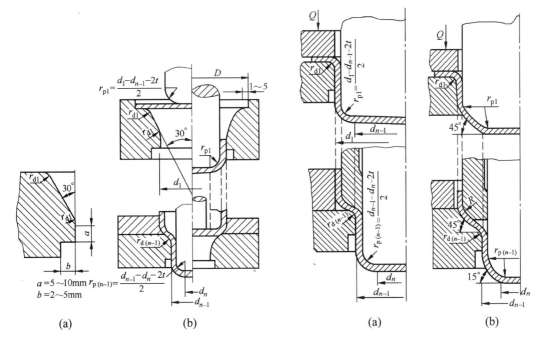

图 4.24　不带压边多次拉深模及两次拉深尺寸配合　　图 4.25　带压边多次拉深模及其尺寸配合

拉深凸模的中心必须钻一出气孔，以免卸料时出现真空而使卸料困难，其孔径见表 4-12。

表 4-12　拉深凸模出气孔直径　　　　　　　　　　　　（单位：mm）

凸模直径	≤50	50～100	100～200	>200
出气孔直径	5	6.5	8	9.5

4.6　综合案例(Comprehensive Case)

工件名称：镜筒，如图 4.26 所示；

生产批量：大批量；

材料：08 钢，$t=2$mm。

要求进行工艺计算，并绘出模具装配图。

1．冲压件工艺性分析

该工件材料为 08 钢，为深拉深级材料，具有良好的拉深成形性能。零件为无凸缘拉深件，底部圆角半径为 $R3$mm，满足底部圆角大于一倍料厚的要求，因此具有良好的结构工艺性。零件尺寸均未标注公差，普通拉深即可满足零件的精度要求。

图 4.26　镜筒图

2. 冲压工艺方案设计

1) 计算毛坯直径

(1) 确定是否加修边余量。根据工件相对高度 h/d=59/40=1.475，查表4-2，取修边余量 δ=3.8mm。

(2) 计算毛坯直径。因 $t>1$mm，所以按料厚中心层尺寸计算。已知 h=59+3.8=62.8mm，d=40mm，r=4mm。代入式(4-7)，则毛坯直径为

$$D = \sqrt{d^2 - 1.72dr - 0.56r^2 + 4dh}$$
$$= \sqrt{40^2 - 1.72 \times 40 \times 4 - 0.56 \times 4^2 + 4 \times 40 \times 62.8} \approx 107 \text{(mm)}$$

(3) 确定是否需要压边圈。根据毛坯相对厚度 $(t/D) \times 100 = (2/107) \times 100 \approx 1.89$，查表4-8可知，为可用可不用压边圈范围，为保证工件质量，决定采用压边圈。

2) 确定拉深次数

根据毛坯相对厚度 $(t/D) \times 100$=1.89，查表4-5确定首次极限拉深系数 m_1=0.50，而工件的总拉深系数为 $m = d/D = 40/107 \approx 0.374 < m_1$，所以需多次拉深成形。

查表4-5，各次极限拉深系数分别为：m_1=0.50，m_2=0.75，m_3=0.78。计算每次拉深筒形件的直径分别为：

$$d_1' = m_1 D = 0.50 \times 110 = 55 \text{(mm)}$$
$$d_2' = m_2 d_1 = 0.75 \times 55 \approx 43.9 \text{(mm)}$$
$$d_3' = m_3 d_2 = 0.78 \times 43.9 \approx 34.2 \text{(mm)} < 40 \text{mm}$$

由以上计算可知需要3次拉深。

3) 拟定工艺方案

由以上计算可知，该工件的生产需要落料、3次拉深、切边等工序，为提高生产效率，考虑采用工序复合。经比较，基本工序组合和排列采用下述方案：落料与首次拉深复合、第2次拉深、第3次拉深、机械加工切边，需要3套模具。

4) 计算各次拉深尺寸

(1) 调整拉深系数。

计算调整拉深系数时的加权系数：

$$Y = \sqrt[3]{\frac{m}{m_1 \times m_2 \times m_3}} = \sqrt[3]{\frac{0.374}{0.50 \times 0.75 \times 0.78}} \approx 1.085$$

则调整后的各次拉深系数为：$m_1' = Ym_1 = 0.543$，$m_2' = Ym_2 = 0.814$，$m_3' = Ym_2 = 0.846$。

(2) 计算各次拉深直径。

$$d_1 = m_1' D = 0.543 \times 107 \approx 58 \text{(mm)}$$
$$d_2 = m_2' d_1 = 0.814 \times 58 \approx 47 \text{(mm)}$$
$$d_3 = m_3' d_2 = 0.846 \times 47 \approx 40 \text{(mm)}$$

(3) 计算各次拉深高度。

由式(4-17)、式(4-18)，计算得：$r_{d1} = 0.8\sqrt{(D - d_1)t} = 0.8 \times \sqrt{(106.6 - 57.9) \times 2} \approx 8\text{(mm)}$

$$r_{d2} = 0.8r_{d1} \approx 6\text{(mm)}, \quad r_{d3} = 0.8r_{d2} \approx 5\text{(mm)}$$

由式(4-19)、式(4-20)得：$r_{p1} = 0.8r_{d1} \approx 6\text{mm}, \quad r_{p2} = 0.6r_{p1} \approx 4\text{mm}, \quad r_{p3} = r = 3\text{mm}$

由式(4-8)，计算得各次拉深高度：

$$h_1 = 0.25 \times \left(\frac{107^2}{58} - 58\right) + 0.43 \times \frac{6+1}{58} \times [58 + 0.32 \times (6+1)] \approx 38\text{(mm)}$$

$$h_2 = 0.25 \times \left(\frac{107^2}{47} - 47\right) + 0.43 \times \frac{4+1}{47} \times [47 + 0.32 \times (4+1)] \approx 51.4\text{(mm)}$$

$$h_3 = 0.25 \times \left(\frac{107^2}{40} - 40\right) + 0.43 \times \frac{3+1}{40} \times [40 + 0.32 \times (3+1)] \approx 63.3\text{(mm)}$$

3. 排样设计

(1) 计算条料宽度和送进距离。毛坯直径为107mm，考虑操作方便，采用直单排排样，无侧向压边装置。

查表 2-10，取侧边搭边值 a=1.5mm，工件间搭边值 a_1=1.2mm。

送进距离：$A = D + a_1 = 107 + 1.2 = 108.2\text{(mm)}$

条料宽度按式(2-3)计算。查表 2-11，取 $\Delta = 0.7\text{mm}$，$b_0 = 0.3\text{mm}$。则有：

$$B = (L + 2a + b_0)_{-\Delta}^{0} = (107 + 2 \times 1.5 + 0.3)_{-0.7}^{0} \approx 110.4_{-0.7}^{0}\text{(mm)}$$

根据计算结果，最终确定工件间搭边值为 1.2mm，侧边搭边值为 1.7mm。

(2) 计算材料利用率。选用 2mm×1000mm×1500mm/08 的钢板。裁成宽 110mm，长 1000mm 的条料，则每张板所出零件数为：

$$n = \frac{1500}{B} \times \frac{1000 - a_1}{A} = \frac{1500}{110.4} \times \frac{1000 - 1.2}{108.2} = 13 \times 9 = 117$$

板料利用率为：$\eta = \dfrac{n\pi(D/2)^2}{1000 \times 1500} \times 100\% = \dfrac{117 \times \pi \times (107/2)^2}{1000 \times 1500} \times 100\% = 70.1\%$

4. 计算工序力，初选压力机

(1) 落料与第一次拉深复合工序。模具为落料拉深复合模，动作顺序为先落料后拉深，故分别计算冲裁力、拉深力和压边力。

① 计算落料工序力。落料工序时，采用刚性卸料下出件结构。

查表 1-3，取 R_{m}=420MPa，按式(2-17)计算落料冲裁力为：

$$F_{\text{c}} = LtR_{\text{m}} = \pi \times 107 \times 2 \times 420/1000 = 282.22\text{(kN)}$$

查表 2-15，取 K_t=0.055，按式(2-19)计算推件力为：

$$F_t = nK_tF_{\text{c}} = 1 \times 0.055 \times 282.22 \approx 15.5\text{(kN)}$$

按式(2-21)计算冲裁工序力为：

$$F_{落料} = F_{\text{c}} + F_t = 297.74\text{(kN)}$$

② 计算拉深工序力。按式(4-9)计算首次拉深力。查表4-7，近似取 $k_1=1.00$，则首次拉深力为：

$$F_1 = k_1 \pi d_1 t R_m = 1.00 \times \pi \times 58 \times 2 \times 420/1000 = 152.98(\text{kN})$$

查表4-9，取 $q=2.5\text{MPa}$。由式(4-11)计算压边力为：

$$Q = Aq = \frac{\pi}{4}\left[D^2 - (d_1 + t + 2r_d)^2 \right]q$$

$$= \frac{\pi}{4}\left[106.6^2 - (58 + 2 + 2 \times 8)^2 \right] \times 2.5/1000 \approx 11(\text{kN})$$

则拉深工序力为： $F_{拉深} = F_1 + Q = 163.98(\text{kN})$

③ 初选压力机。因为 $F_{落料} > F_{拉深}$，所以按 $F_{落料}$ 来初选压力机。

根据 $F_p \geqslant 1.2 F_{落料} = 357.3\text{kN}$，且滑块行程满足 $s \geqslant 2.3(h_1+1) = 89.7\text{mm}$，查表1-5初选压力机为J23-40，其电动机功率为：$P=5.5\text{kW}$，$n=80$。

④ 电动机功率校核。查表4-7，取 $\lambda_1 = 0.8$。按式(4-14)计算拉深功：

$$A_1 = \frac{\lambda_1 F_1 h_1}{1000} = \frac{0.8 \times 152980 \times 38}{1000} = 4650.592(\text{N} \cdot \text{m})$$

按式(4-16)计算所需压力机的电动机功率：

$$N = \frac{A\xi n}{61200\eta_1\eta_2} = \frac{4650.592 \times 1.2 \times 80}{61200 \times 0.8 \times 0.9} \approx 9.99(\text{kW})$$

因为 $P<N$，所以 J23-40 压力机不能满足拉深要求。

查表1-5，重新选定压力机型号为J23-80，其电动机功率 $P=7.5\text{kW}$，$n=60$。

计算所需压力机的电动机功率：

$$N = \frac{A\xi n}{61200\eta_1\eta_2} = \frac{4650.592 \times 1.2 \times 60}{61200 \times 0.8 \times 0.9} \approx 7.49(\text{kW})$$

因为 $P>N$，故所选 J23-80 压力机能够满足拉深要求。

(2) 第2次拉深工序。按式(4-10)计算拉深力。查表4-7，近似取 $k_2=0.8$，则有：

$$F_2 = k_2 \pi d_2 t R_m = 0.8 \times \pi \times 47 \times 2 \times 420/1000 = 99.2(\text{kN})$$

根据 $F_p \geqslant 2.0 F_2 = 198.4\text{kN}$，且保证满足 $s \geqslant 2.3(h_2+1)=120\text{mm}$，查表1-5初选压力机型号为J23-80。根据首次拉深时电动机功率的校核情况，所选压力机能够满足要求。

(3) 第3次拉深工序。按式(4-10)计算拉深力。查表4-7，近似取 $k_3=0.7$，则有：

$$F_3 = k_3 \pi d_3 t R_m = 0.7 \times \pi \times 40 \times 2 \times 420/1000 \approx 73.85(\text{kN})$$

根据 $F_p \geqslant 2.0 F_2 = 147.7\text{kN}$，且保证满足 $s \geqslant 2.3(h_3+1)=146.74\text{mm}$，查表1-5初选压力机型号为J23-125。根据首次拉深时电动机功率的校核情况，所选压力机能够满足要求。

5．编制冲压工艺过程卡

工件的冲压工艺过程卡见表4-13。

表 4-13 镜筒冲压工艺过程卡

序号	工序说明	工序简图	设备规格	模具形式
1	落料与首次拉深	排样图 毛坯图 首次拉深图	J23-80	落料拉深复合模
2	第2次拉深		J23-80	以后各次拉深模
3	第3次拉深		J23-125	以后各次拉深模

6. 冲模零部件的选用、设计和计算

1) 落料与首次拉深复合模

(1) 落料凸、凹模刃口尺寸计算。

① 查表 2-12，确定冲裁间隙为 $Z_{min}=0.22mm$，$Z_{max}=0.26mm$。

② 计算落料刃口尺寸。采用互换加工，以凹模为基准件。毛坯尺寸公差按 IT14 级，

查标准公差数值表(GB/T 1800.1—2009)，得 $d = 107_{-0.87}^{0}$ mm。因为是圆形件，故取凸模的制造公差为 IT6，凹模的制造公差为 IT7。查标准公差数值表得：$\delta_p = 0.022$mm，$\delta_d = 0.035$mm。

因 $\delta_p + \delta_d = 0.057 > Z_{max} - Z_{min} = 0.04$，不满足 $\delta_p + \delta_d \leq Z_{max} - Z_{min}$ 要求，所以取：

$$\delta_p = 0.4(Z_{max} - Z_{min}) = 0.016\text{mm}, \quad \delta_d = 0.6(Z_{max} - Z_{min}) = 0.024\text{mm}$$

查表 2-14，取磨损系数均为 $x = 0.5$，按式(2-9)和式(2-10)计算得

$$D_d = (D - x\Delta)_0^{+\delta_d} = (107 - 0.5 \times 0.87)_0^{+0.024} \approx 106.6_0^{+0.024}\,(\text{mm})$$

$$D_p = (D - x\Delta - Z_{min})_{-\delta_p}^{0} = (107 - 0.5 \times 0.87 - 0.22)_{-0.016}^{0} \approx 106.3_{-0.016}^{0}\,(\text{mm})$$

(2) 首次拉深凸、凹模工作尺寸计算。

因工作尺寸标注在外形上，故以凹模为基准件进行计算。查表 4-10，取单边间隙为：$C = 1.2t = 2.4$mm。首次拉深直径 $D_1 = 60$mm，凸模制造公差取 IT8，凹模制造公差取 IT9，查标准公差值表：$\delta_p = 0.046$mm，$\delta_d = 0.074$mm。根据式(4-26)、式(4-27)，则有：

$$D_d = D_0^{+\delta_d} = 60_0^{+0.074}\,(\text{mm})$$

$$D_p = (D - 2C)_{-\delta_p}^{0} = (60 - 2 \times 2.4)_{-0.046}^{0} = 55.2_{-0.046}^{0}\,(\text{mm})$$

凸、凹模圆角半径见各次拉深高度计算：$r_{d1} = 8$mm，$r_{p1} = 6$mm。

(3) 凹模外形尺寸的确定。

冲裁件外形的周长 $L_a = \pi D = 335.98$mm，查表 2-17，取 $K = 1.5$。根据式(2-31)，计算凹模初算厚度：

$$H_a = K\sqrt[3]{0.1F_c} = 1.50 \times \sqrt[3]{0.1 \times 282220} \approx 45\,(\text{mm})$$

根据式(2-32)，计算凹模壁厚：$c = 1.2H_a = 1.2 \times 45 = 54\,(\text{mm})$

采用矩形凹模，则长宽为：$L = B = $ 毛坯直径 $+ 2c = 107 + 2 \times 54 = 215\,(\text{mm})$

故取凹模外形尺寸为 220mm×220mm。由于本套模具为落料拉深复合模，凹模内部还要安装拉深凸模和压边圈，故厚度随后确定。

(4) 垫板、凸模固定板、卸料板、导料板、模座、压边圈等厚度尺寸的确定。

① 垫板厚度尺寸确定。根据凹模外形尺寸，查矩形垫板标准(JB/T 7643.3—2008)，取垫板厚度为：$h_{db} = 20$mm。

② 根据式(2-37)，初算固定板厚度：$h_g = 0.8H_a = 0.8 \times 45 = 36\,(\text{mm})$。取外形尺寸与凹模相同，查矩形固定板标准(JB/T 7643.2—2008)，选取凸凹模固定板厚度为：$h_g = 36$mm。

③ 采用刚性卸料，卸料板外形与凹模相同，查表 2-19，取厚度：$h_x = 16$mm。

④ 导料板的厚度要大于挡料销顶端高度与条料厚度之和，并有 2~8mm 的空隙。导料板的外形尺寸约为 220mm×45mm，查冲模导料板标准(JB/T 7648.5—2008)，取 $h_{dl} = 8$mm。

⑤ 压边圈厚度取与卸料板厚度相同，查 $h_{y1} = 16$mm。

⑥ 初算上、下模座厚度尺寸。

根据式(2-35)，计算得下模座厚度：$H_x = 1.2H_a = 1.2 \times 45 = 54\,(\text{mm})$

根据式(2-36)，计算得上模座厚度：$H_s = H_x - 5 = 49\,(\text{mm})$

(5) 标准模架的选取。

凹模厚度应大于压边圈厚度和首次拉深高度，估算厚度为：

$$H_a' = h_{y1} + h_1 + r_{d1} + t + 15(设计裕量) = 16 + 38 + 8 + 2 + 15 = 79(mm)$$

依据已初算出来的各板厚度，估算模具闭合高度值为：

$$H_{闭合} = H_s + h_{db} + h_g + A + h_x + h_{dl} + H_a' + H_x$$
$$= 49 + 20 + 36 + 15 + 16 + 8 + 79 + 54 = 277(mm)$$

式中，A——自由尺寸(mm)。包括 3 部分：闭合状态时固定板和卸料板之间的距离，凸模的修磨量，凸模进入凹模的距离 0.5～1mm，一般取 A=15～20mm。

采用后侧导柱模架，根据凹模周界尺寸 220mm×220mm，查冲模滑动导向后侧导柱模架标准(GB/T 2851—2008)，选取模架规格为：

滑动导向模架　后侧导柱 250×250×240～285　I　GB/T 2851—2008

并由此确定上、下模座及导柱、导套规格为：

后侧导柱上模座 250×250×50 GB/T 2855.1—2008

后侧导柱下模座 250×250×65 GB/T 2855.2—2008

导柱 A 35h5×230 GB/T 2861.1—2008

导套 A 35H6×125×48 GB/T 2861.3—2008

经查表对比，初选的压力机 J23-80 的最大装模高度、工作台尺寸，均能够满足模具的安装要求。模具安装在压力机上时需加垫块。

2) 第 2 次拉深模

(1) 凸、凹模工作尺寸计算。因工作尺寸标注在外形上，故以凹模为基准件进行计算。查表 4-10，取单边间隙为：$C = 1.1t = 2.2mm$。第 2 次拉深直径为 $D_2 = 49mm$，凸模制造公差取 IT8，凹模制造公差取 IT9，查标准公差值表：$\delta_p = 0.039mm$，$\delta_d = 0.062mm$。根据式(4-26)、式(4-27)，则有：

$$D_d = D_0^{+\delta_d} = 49_0^{+0.062}(mm)$$

$$D_p = (D - 2C)_{-\delta_p}^0 = (49 - 2 \times 2.2)_{-0.039}^0 = 46.8_{-0.039}^0(mm)$$

凸、凹模圆角半径见各次拉深高度计算：$r_{d2} = 6mm$，$r_{p2} = 4mm$。

(2) 凹模外形尺寸的确定。

参照首次拉深模凹模壁厚：$c = 45mm$。

采用圆形凹模，初定直径为：$D_a' = $ 第2次拉深外直径 + 2c = 49 + 2 × 45 = 139(mm)

查冲模圆形凹模板标准(JB/T 7643.4—2008)，确定凹模直径为 ϕ125mm。

(3) 固定板、推件块、模座等厚度以及压边圈高度尺寸的确定。

① 参照首次拉深固定板厚度取值，由于拉深直径减小，凹模外形尺寸减小，查矩形固定板标准(JB/T 7643.2-2008)，取固定板厚度为：$h_g = 32mm$。

② 推件块参照刚性卸料板设计，则取：$h_t = 12mm$。

③ 模座的初算值，仍参照落料拉深模的初算值，$H_s = 49\text{mm}$。

④ 压边圈高度尺寸的初算。压边圈还起到定位的作用，所以其外径等于首次拉深件的内径，高度为：$h_{y2} = h_{y1} + h_1 + r(\text{自行设计的过渡半径}) = 16 + 39 + 5 = 60(\text{mm})$。

(4) 凹模厚度、凸模高度尺寸计算。

① 凹模厚度包括拉深高度、推件块厚度等尺寸，即：

$$H_a = h_2 + h_t + r_{d2} + 10 = 52.4 + 12 + 6 + 10 = 80.4(\text{mm})$$

② 凸模高度尺寸包括压边圈高度、拉深高度、固定板厚度等尺寸，即：

$$L_p = h_2 + h_{y2} + h_g + r_{d2} + 5 = 52.4 + 60 + 32 + 6 + 5 = 155.4(\text{mm})$$

(5) 标准模架的选取。依据已初算出来的各零件的厚度和高度，估算模具闭合高度值为：

$$H_{\text{闭合}} = H_s + H_a + L_p + H_x - h_2 - r_{d2}$$
$$= 49 + 80.4 + 155.4 + 54 - 52.4 - 6 = 280.4(\text{mm})$$

采用中间导柱模架，根据凹模周界尺寸 $\phi 125\text{mm}$，查冲模滑动导向中间导柱模架标准 (GB/T 2851—2008 和 GB/T 23565.3—2009)，没有合适的模架可供选择。此时可自行设计：

① 上、下模座基本尺寸参照中间导柱钢板模架(GB/T 23565.3—2009)，材料采用 45 调质钢，厚度自行设计：中间导柱上模座 125×125×(45)，中间导柱下模座 125×125×(50)。

② 导柱、导套采用不同直径：导柱 A 40(35)h5×260(GB/T 2861.1—2008)

导套 A 40(35)H6×115×43(GB/T 2861.3—2008)。

3) 第 3 次拉深模(最终成形)

(1) 凸、凹模工作尺寸计算。

这是最后一次拉深，因为工作尺寸标注在外形上，故以凹模为基准件进行计算。

按 IT13 级查标准公差值表，则第 3 次拉深直径为 $D_3 = 42_{-0.390}^{0}\text{mm}$。

查表 4-10，取单边间隙为：$C = 1.05t = 2.1\text{mm}$。凸模制造公差取 IT8，凹模制造公差取 IT9，查标准公差值表：$\delta_p = 0.039\text{mm}$，$\delta_d = 0.062\text{mm}$。根据式(4-22)、式(4-23)，则有：

$$D_d = (D - 0.75\Delta)_0^{+\delta_d} = (42 - 0.75 \times 0.39)_0^{+0.062} = 41.7_0^{+0.062}(\text{mm})$$

$$D_p = (D_d - 2C)_{-\delta_p}^{0} = (41.7 - 2 \times 2.1)_{-0.039}^{0} = 37.5_{-0.039}^{0}(\text{mm})$$

凸、凹模圆角半径见各次拉深高度计算：$r_{d3} = 5\text{mm}$，$r_{p3} = 3\text{mm}$。

(2) 其他零件的计算、模架的选择与设计，与第 2 次拉深模类似，此处不再赘述。

7. 绘制模具装配图

图 4.27 所示为落料拉深复合模装配图，图 4.28 所示为第 2 次拉深复合模装配图。第 3 次拉深模具结构与图 4.28 类似，此处不再绘出。

图 4.27 落料拉深复合模装配图

图 4.28 第 2 次拉深复合模具装配图

1—下模座；2，11—内六角螺钉；3—导柱；
4—落料凹模；6—挡料销；7—导套；8—外六角螺钉；
9—上模座；10—凸凹模固定板；12—打杆；
13—模柄；14—推件块；15—垫板；16—凸凹模；
17，21—圆柱销；18—刚性卸料板；
19—拉深凸模；20—弹性压边圈；22—顶杆

1—下模座；2—导柱；3，10—内六角螺钉；
4，15—销；6—可调限位柱；7—导套；8—凹模；
9—上模座；11—模柄；12—打杆；13—推板；
14—凸模；16—弹性压边圈；17—顶杆

本章小结(Brief Summary of this Chapter)

　　本章对拉深工艺及筒形无凸缘拉深件的模具设计进行了较为详细的阐述，包括拉深件工艺性、拉深件的质量、拉深工艺设计和拉深模结构设计。

　　拉深件工艺性介绍了拉深件与拉深模分类，拉深件结构工艺性。

　　拉深件的质量介绍了起皱与破裂产生的原因及防范措施。

　　拉深工艺设计包括毛坯尺寸的计算、拉深系数与次数、拉深半成品尺寸的计算。

拉深模结构设计包括典型结构介绍、拉深力及压边力、压力机选择和成形零件工作部分尺寸的计算。

本章的教学目标是使学生具备拉深模设计的基础知识，通过筒形无凸缘拉深件模具设计的讲解，掌握拉深模设计的一般流程。

习题(Exercises)

1. 简答题

(1) 拉深变形过程是怎样的？其应力和应变状态如何？

(2) 圆筒形拉深件在拉深过程中何处是主变形区？何处是传力区？

(3) 拉深后圆筒形制件的壁厚怎样变化？圆筒形件拉深时的危险断面在哪里？试分析原因。

(4) 什么是拉深系数？什么是极限拉深系数？影响拉深系数的因素有哪些？

(5) 造成拉深件起皱的原因是什么？防止起皱的措施有哪些？

(6) 造成拉深件破裂的原因是什么？防止破裂的措施有哪些？

(7) 拉深时为什么要校核压力机的电动机功率？

(8) 设计拉深模时，选择压力机需要注意哪几方面的问题？为什么？

(9) 单动压力机用的拉深模常用的典型结构有哪些？各结构有什么特点？

(10) 双动压力机的拉深模结构有什么特点？

(11) 拉深模的压边装置有哪几种类型？弹性压边圈有哪几种形式？

2. 设计题

(1) 图4.29(a)所示制件，材料为08F，料厚1mm；图4.29(b)所示制件，材料为10钢，料厚3mm。试计算其毛坯尺寸。

(2) 图4.30(a)所示制件，材料为08F，料厚1mm；图4.30(b)所示制件，材料为10钢，料厚3mm。试设计计算两制件的弯曲模并绘出模具结构图(根据教学需要确定生产批量和设计工作量)。

图4.29　制件图(一)

图 4.30　制件图(二)

综合实训(Comprehensive Practical Training)

1．实训目标：提高学生的实践能力，增加对拉深模具结构的感性认识，将拉深模理论知识与模具实物相对应，并提高模具拆装的实际操作技能和绘图能力。

2．实训内容：指导学生完成拉深模具拆装，测量并填写表 2-19 所示冲压模零件配合关系测绘表，绘制拆卸模具的结构图和主要零件工作图。

3．实训要求：见第 2 章实训要求。

第 5 章
其他冲压成形工艺与模具设计
(Other Stamping Processes and Corresponding Die Design)

本章学习目标

了解胀形、翻边、缩口的概念及其成形工艺。

本章教学要求

能力目标	知识要点	权重	自测分数
了解胀形的概念及成形工艺	胀形的概念、起伏成形工艺、圆柱形空心毛坯胀形工艺及胀形模	35%	
了解翻边的概念及成形工艺	翻边的概念及内孔翻边、外圆翻边、变薄翻边成形工艺及翻边模结构	35%	
了解缩口的概念及成形工艺	缩口的概念、缩口成形特点与变形程度、缩口工艺计算、缩口模具结构	30%	

导入案例

　　仔细观察图 5.01 所示产品，注意到不锈钢锅有鼓肚现象，水瓶口部有收缩现象，而第三种产品则有底部边缘翻起现象。虽然与前面介绍的拉深现象有近似之处，但显然不能采用前面讲过的冲压工序成形来完成最终的加工。那么应该采用什么样的成形方法呢？这就是下面所讲的内容。

图 5.01　冲压产品

思考实现这些零件的成形方法有哪些。

5.1　胀形(Bulging)

5.1.1　胀形工艺(Bulging Process)

　　在冲压生产中，利用模具强迫平板坯料的局部凸起变形和强迫空心件或管状件沿径向向外扩张的成形工序统称为胀形。从工件的形状来分，胀形分为平板毛坯的胀形和空心毛坯的胀形。图 5.1 所示为几种胀形件实例。

(a) 平板坯料胀形例1　　(b) 平板坯料胀形例2　　(c) 空心坯料胀形例1　　(d) 空心坯料胀形例2

图 5.1　胀形件实例

　　常用的胀形方法有刚模胀形和以液体、气体、橡胶等作为施力介质的软模胀形。软模胀形由于模具结构简单、工件变形均匀、能成形复杂形状的工件，所以应用广泛，如液压胀形、橡胶胀形等。另外，高速、高能特种成形的应用越来越受到人们的重视，如爆炸胀形、电磁胀形等。

5.1.2 平板毛坯的起伏成形(Embossing of Plate Blank)

平板毛坯的胀形又称起伏成形，是在板料上局部发生胀形而形成凸起或凹进的冲压工艺方法。常见的起伏成形有压加强筋，压凸包，压字、凹坑、花纹图案及标记。采用这些方法不仅提高了冲压件的强度、刚度，而且还美化了零件的外观。

1. 压筋成形

压筋成形就是在平板坯料上压出加强筋。由于压筋后零件惯性矩的改变和材料加工后的硬化，能够有效地提高零件的刚度和强度。

压筋成形的极限变形程度，主要受到材料的性能、筋的几何形状、模具结构及润滑等因素的影响。对于形状比较简单的压筋件，则可按式(5-1)近似地确定其极限变形程度：

$$\varepsilon = \frac{l - l_0}{l} < k[A] \tag{5-1}$$

式中，l，l_0——材料变形前后的长度(图 5.2)；

$\quad\quad A$ ——材料伸长率；

$\quad\quad k$ ——系数(一般取 0.7～0.75)，视筋的形状而定，球形筋取大值，梯形筋取小值。

如果式(5-1)的条件满足，则可一次成形；否则，可先压制弧形过渡形状，达到在较大范围内聚料和均匀变形的目的，得到最终变形所需的表面积材料；第二次成形再压出零件所需形状，如图 5.3 所示。

图 5.2　平板坯料胀形前后长度　　　　图 5.3　深度较大时的胀形方法

压制加强筋是靠毛坯的局部变薄来实现的，所以加强筋成形可按拉伸变形来处理，所需的冲压力可用式(5-2)近似计算：

$$F = KLtR_m \tag{5-2}$$

式中，L ——加强筋的周长(mm)；

$\quad\quad t$ ——材料的厚度(mm)；

$\quad\quad R_m$ ——材料的抗拉强度(MPa)；

$\quad\quad K$ ——系数，一般取 K 为 0.7～1.0(加强筋形状窄而深时取大值，宽而浅时取小值)。

2. 压凸包

在平板坯料上压制凸包时，有效坯料直径与凸包直径的比值 $D/d>4$，此时坯料凸缘区是相对的强区，不会向里收缩，属于胀形性质的起伏成形，否则便成为拉深。

压制凸包时，凸包的高度因受材料塑性的限制不能太大。凸包成形高度还与凸模形状及润滑条件有关，球形凸模较平底凸模成形高度大，润滑条件较好时成形高度也较大。

图 5.4　空心坯料的胀形

5.1.3　空心毛坯的胀形(Bulging of Hollow Blank)

空心坯料的胀形俗称凸肚，它是使材料沿径向拉伸，胀出所需的凸起曲面，如壶嘴、皮带轮、波纹管、各种接头等。

1. 胀形的变形系数

如图 5.4 所示，胀形的变形系数 K 表示为

$$K = \frac{d_{max}}{D} \tag{5-3}$$

式中，d_{max}——胀形后零件的最大直径(mm)；

D——空心坯料的原始直径(mm)。

空心坯料胀形的变形主要是依靠材料的切向拉伸，故胀形的变形程度受材料的极限伸长率限制。胀形系数 K 和坯料切向许用伸长率 A 的关系为

$$K = 1 + A \tag{5-4}$$

由于坯料的变形程度受到材料的伸长率限制，所以只要知道材料的许用伸长率便可以按式(5-4)求出相应的极限胀形系数$[K]$。表 5-1 是部分材料的极限胀形系数和切向许用伸长率。

表 5-1　极限胀形系数和切向许用伸长率(试验值)

材料	厚度 t/mm	极限胀形系数$[K]$	切向许用伸长率 A/(%)
铝合金 3A21M	0.5	1.25	25
纯铝 1070A，1060，1050A，1035，1200，8A06	1.0	1.28	28
	1.5	1.32	32
	2.0	1.32	32
黄铜 H62，H68	0.5～1.0	1.35	35
	1.5～2.0	1.40	40
低碳钢 08F，10，20	0.5	1.20	20
	1.0	1.24	24
不锈钢	0.5	1.26	26～32
	1.0	1.28	28～34

2. 胀形的毛坯尺寸计算

空心坯料一般采用空心管坯料或拉深件。为了便于材料的流动，减少变形区材料的变薄量，胀形时坯料端部一般不予固定，使其能自由收缩，因此坯料长度要考虑增加一个收缩量并留出切边余量。如图 5.5 所示为胀形的毛坯尺寸。

图 5.5　胀形毛坯尺寸

(1) 毛坯直径。

根据式(5-3)，可以求出毛坯的原始直径：

$$D = \frac{d_{max}}{K} \tag{5-5}$$

(2) 毛坯长度。计算胀形毛坯时除考虑到修边余量外，还应考虑到毛坯切向伸长时引起的高度缩小。毛坯高度 H_0 可用式(5-6)计算：

$$H_0 = L_0[1 + (0.3 \sim 0.4)A] + \Delta H \tag{5-6}$$

式中，L_0——胀形区母线展开长度(mm)；

　　ΔH ——切边余量，一般取 5～15mm；

　　A ——材料切向许用伸长率。

3. 胀形力的计算

胀形时，所需的胀形力 F 可按式(5-7)计算：

$$F = pA \tag{5-7}$$

式中，p ——胀形时所需的单位面积压力(MPa)；

　　A ——胀形面积(mm²)。

胀形时，胀形时所需的单位面积压力 p 可按式(5-8)近似计算：

$$p = 1.15R_m \frac{2t}{d_{max}} \tag{5-8}$$

式中，R_m ——材料抗拉强度(MPa)；

　　t ——材料厚度(mm)；

　　d_{max} ——胀形后零件的最大直径(mm)。

5.1.4 胀形模具结构(Bulging Die Structure)

毛坯的胀形根据模具结构的不同分为两类。

1. 刚模胀形

如图 5.6 所示，凸模做成分瓣式结构形式，零件由下凹模 7 定位，当上凹模 1 下行时，分瓣凸模 2 沿锥面导向轴 3 向下移动，在锥面导向轴 3 的作用下向外胀开，使毛坯胀形成所需形状尺寸的工件。胀形结束后，在顶杆 6 和顶板 5 的作用下将分体凸模连同工件一起顶起，分体凸模在弹性卡圈 4 箍紧力的作用下，将始终紧贴着锥面导向轴 3 上升，同时直径不断减小，至上止点，能保证胀形完的工件顺利地从分瓣凸模上抽出。且凸模分瓣数目越多，胀出工件的形状和精度越好。这种胀形方法的缺点是模具结构复杂、成本高，且难以得到精度较高的复杂形状件。

(a) 初始状态　　　　　　　　　(b) 胀形完成状态

图 5.6　刚模胀形

1—上凹模；2—凸模；3—锥面导向轴；4—弹性卡圈；5—顶板；6—顶杆；7—下凹模

2. 软模胀形

软模胀形以气体、液体、橡胶及石蜡等作为传力介质，代替金属凸模进行胀形。软模胀形时板料的变形比较均匀，容易保证工件的几何形状和尺寸精度要求，而且对于不对称的形状复杂的空心件也很容易实现胀形加工。因此软模胀形的应用比较广泛，并具有广阔的发展前途。

图 5.7 所示为自行车中接头橡胶胀形模，空心坯料在分块凹模 2 内定位，胀形时，上、下冲头 1 和 4 一起挤压橡胶及坯料，使坯料与凹模型腔紧密贴合而完成胀形。胀形完成以后，先取下模套 3，再揭开分块凹模便可取出工件。图 5.8 所示为液压胀形，液体 4 作为胀形凸模，上模下行时侧楔 3 先使分块凹模 2 合拢，然后柱塞 1 的压力传给液体，凹模内的坯料在高压液体的作用下直径胀大，最终紧贴凹模内壁成形。液压胀形可加工大型零件，零件表面质量较好。

图 5.7　橡胶胀形

1，4—冲头；2—分块凹模；3—模套

图 5.8　液压胀形

1—柱塞；2—分块凹模；3—侧楔；4—液体

5.2　翻边(Flanging)

5.2.1　翻边工艺(Flanging Process)

利用模具将工序件的孔边缘或外边缘翻成竖直的直边，称为翻边。翻边成形主要用于零件的边部强化，改进外貌，增加刚性，去除切边，以及在零件上制成与其他零件装配、连接的部位(如铆钉孔、螺纹底孔等)或焊接面等。按其工艺特点翻边可分为内孔翻边、变薄翻边和外缘翻边等。

5.2.2　内孔翻边(Flanging of Internal Hole)

1. 内孔翻边的变形特点和变形程度

将画有距离相等的坐标网格(图 5.9(a))的坯料，放入翻边模内进行翻边(图 5.9(c))。翻边后从图 5.8(b)所示的冲件坐标网格的变化可以看出：坐标网格由扇形变为矩形，说明金属沿切向伸长，越靠近孔口伸长越大。同心圆之间的距离变化不明显，即金属在径向变形很小。竖边的壁厚有所减薄，尤其在孔口处减薄较为显著。由此不难分析，翻孔时坯料的变形区是 d 和 D_1 之间的环形部分。变形区受两向拉应力——切向拉应力 σ_3 和径向拉应力 σ_1 的作用(图 5.9(c))；其中切向拉应力是最大主应力。在坯料孔口处，切向拉应力达到最大值。因此，内孔翻边的成形障碍在于孔口边缘被拉裂。破裂的条件取决于变形程度的大小。变形程度以翻边前孔径 d 与翻边后孔径 D 的比值来表示，即

$$K = \frac{d}{D} \tag{5-9}$$

式中，K 称为翻边系数，K 值越小，则变形程度越大。翻边时孔边不破裂所能达到的最小 K 值，称为极限翻边系数。极限翻边系数的大小，取决于材料的塑性、待翻边孔的边缘质量、材料的相对厚度和凸模的形状等因素。表 5-2 列出部分材料的一次翻边系数。当翻边壁上允许有不大的裂痕时，可以用 K_{min} 数值，一般情况下均采用 K 值。

图 5.9 圆孔翻边时的应力与变形情况

表 5-2 部分材料的一次翻边系数

经退火的毛坯材料	翻边系数	
	K	K_{min}
镀锌钢板(白铁皮)	0.70	0.65
软刚 t =0.25～2.0mm	0.72	0.68
T=3.0～6.0mm	0.78	0.75
黄铜 H62 t =0.5～6.0mm	0.68	0.62
铝 t =0.5～5.0mm	0.70	0.64
硬质合金	0.89	0.80
钛合金 TA1(冷态)	0.64～0.68	0.55
TA1(加热 300～400℃)	0.40～0.50	0.45
TA5(冷态)	0.85～0.90	0.75
TA5(加热 500～600℃)	0.70～0.65	0.55
不锈钢、高温合金	0.69～0.65	0.614～0.57

2. 翻边的工艺计算

(1) 平板坯料翻边的工艺计算。如图 5.10 所示平板坯料翻边的尺寸计算，在进行翻边之前，需要在坯料上加工出待翻边的孔，其孔径 d 按弯曲展开的原则求出，即

$$d = D - 2(H - 0.43r - 0.72t) \tag{5-10}$$

竖边高度则为

$$H = \frac{D-d}{2} + 0.43r + 0.72t \tag{5-11}$$

或

$$H = \frac{D}{2}(1-K) + 0.43r + 0.72t \tag{5-12}$$

如以极限翻边系数 K_{min} 代入，便求出一次翻边可达到的极限高度为

$$H_{max} = \frac{D}{2}(1-K_{min}) + 0.43r + 0.72t \tag{5-13}$$

当零件要求的高度 $H > H_{max}$ 时，就不能一次翻边达到制件高度，这时可以采用加热翻边、多次翻边或先拉深后冲底孔再翻边的方法。

采用多次翻边时，应在每两次工序间进行退火。第一次翻边以后的极限翻边系数 K'_{min} 可取为

$$K'_{min} = (1.15 \sim 1.20)K_{min} \tag{5-14}$$

(2) 先拉深后冲底孔再翻边的工艺计算。采用多次翻边所得制件，竖边壁部有较严重的变薄，若对壁厚有要求时，则可采用预先拉深，在底部冲孔然后再翻边的方法。这种情况下，应先决定预拉深后翻边所能达到的最大高度，然后根据翻边高度及零件高度来确定拉深高度及预冲孔直径。

先拉深后翻边的翻边高度由图 5.11 可知(按板厚中线计算)：

$$h = \frac{D-d}{2} + 0.57r = \frac{D}{2}(1-K) + 0.57r \tag{5-15}$$

若以极限翻边系数 K_{min} 代入式(5-15)，可求得翻边的极限高度 h_{max} 为

$$h_{max} = \frac{D}{2}(1-K_{min}) + 0.57r \tag{5-16}$$

此时，预制孔直径 d 为

$$d = K_{min}D \text{ 或 } d = D + 1.14r - 2h_{max} \tag{5-17}$$

拉深高度 h' 为

$$h' = H - h_{max} + r \tag{5-18}$$

图 5.10 平板坯料翻边的尺寸计算

图 5.11 预先拉伸的翻边

(3) 翻边力的计算。

翻边力一般不大，用圆柱形平底凸模翻边时，可按式(5-19)计算：

$$F = 1.1\pi(D - d)tR_{\text{eL}} \tag{5-19}$$

式中，D ——翻边后直径(按中线算，单位为 mm)；

$\qquad d$ ——坯料预制孔直径(mm)；

$\qquad t$ ——材料厚度(mm)；

$\qquad R_{\text{eL}}$ ——材料的下屈服强度(MPa)。

5.2.3 变薄翻边(Thining Flanging)

翻边时材料竖边变薄，是拉应力作用下材料的自然变薄，是翻边的自然情况。当工件很高时，也可采用减小凸、凹模间隙，强迫材料以变薄的方法，提高工件的竖边高度，达到提高生产率和节省材料的目的，这种翻边成形方法称为变薄翻边。

图 5.12 是用阶梯形凸模变薄翻边的例子。由于凸模采用阶梯形，经过不同阶梯使工序件竖壁部分逐步变薄，而高度增加。凸模各阶梯之间的距离大于零件高度，以便前一个阶梯的变形结束后再进行后一阶梯的变形。用阶梯形凸模进行变薄翻边时，应有强力的压料装置和良好的润滑。

从变薄翻边的过程可看出，变形程度不仅取决于翻边系数，还取决于壁部的变薄系数。变薄系数用 K_{b} 表示：

$$K_{\text{b}} = \frac{t_{\text{后}}}{t_{\text{前}}} \tag{5-20}$$

式中，$t_{\text{后}}$ ——变薄翻边后竖边材料厚度(mm)；

$\qquad t_{\text{前}}$ ——变薄翻边前竖边材料厚度(mm)。

在一次翻边中的变薄系数可达 $K_{\text{b}}=0.4 \sim 0.5$，甚至更小。竖边的高度应按体积不变定律进行计算。变薄翻边经常用于平板坯料或工序工件上冲制 M5 以下的小螺孔，翻边参数如图 5.13 所示。

图 5.12 用阶梯形凸模变薄翻边   图 5.13 小螺孔的翻边

5.2.4 翻边模具结构(Die Structure for Flanging)

图 5.14 所示为内孔翻边模，其结构与拉深模基本相似。图 5.15 所示为内、外缘同时翻边的模具。

图 5.14　内孔翻边模　　　　　　　图 5.15　内、外缘同时翻边模

翻孔翻边模的凹模圆角半径对翻孔翻边成形的影响不大，可直接按工件圆角半径确定。凸模圆角半径一般取得较大，平底凸模可取 $r_p \geqslant 4t$，以利于翻孔或翻边成形。为了改善金属塑性流动条件，翻孔时还可采用抛物线形凸模或球形凸模。从利于翻孔变形看，以抛物线形凸模最好，球形凸模次之，平底凸模再次之；而从凸模的加工难易看则相反。

由于翻孔后材料要变薄，翻边凸、凹模单边间隙 C 可小于材料原始厚度 t，一般可取 $C=(0.75 \sim 0.85)t$。其中系数 0.75 用于拉深后的翻孔，系数 0.85 用于平板坯料的翻孔。

5.3　缩口(Necking)

5.3.1 缩口工艺(Necking Process)

缩口是将管坯或预先拉深好的圆筒形件通过缩口模将其直径缩小的一种成形方法。缩口工艺可用于子弹壳、炮弹壳、钢制气瓶、自行车车架立管、自行车坐垫鞍管等零件的成形。对细长的管状类零件，若用缩口代替拉深加工某些零件，可以减少成形工序。

5.3.2 缩口成形的特点与变形程度(Necking Forming Feature and Deformation Degree)

缩口的应力应变特点如图 5.16 所示。缩口时，在压力 F 作用下，缩口凹模压迫坯料口部，坯料口部则发生变形而成为变形区。在缩口变形过程中，坯料变形区受两向压应力的作用，而切向压应力是最大主应力，使坯料直径减小，壁厚和高度增加，因而切向可能产生失稳起皱。同时，在非变形区的筒壁，在缩口压力的作用下，轴向可能产生失稳变形。

故缩口的极限变形程度主要受失稳条件限制，防止失稳是缩口工艺要解决的主要问题。缩口的变形程度用缩口系数 m 表示：

$$m = \frac{d}{D} \tag{5-21}$$

式中，d ——缩口后直径(mm)；

　　　D ——缩口前直径(mm)。

图 5.16　缩口的应力应变特点

缩口系数 m 越小，变形程度越大。一般来说，材料的塑性越好，厚度越大，模具对筒壁的支承刚性越好，则允许的缩口系数就可以越小。如图 5.17 所示模具对筒壁的三种不同支承方式中，图 5.17(a)是无支承方式，缩口过程中坯料的稳定性差，因而允许的缩口系数较大；图 5.17(b)是外支承方式，缩口时坯料的稳定性较前者好，允许的缩口系数可小些；图 5.17(c)是内外支承方式，缩口时坯料的稳定性最好，允许的缩口系数为三者中最小的。

(a) 无支承　　　　　　(b) 外支承　　　　　　(c) 内外支承

图 5.17　不同支承方式的缩口

实际生产中，极限缩口系数一般是在一定缩口条件下通过实验方法得出的。表 5-3 所示为不同材料、不同支承方式所允许的极限缩口系数[m]。表 5-4 所示为不同材料、不同厚度的平均缩口系数 m_0。

表 5-3　极限缩口系数[m]

材料	支承方式		
	无支承	外支承	内外支承
软钢	0.70～0.75	0.55～0.60	0.30～0.35
黄铜 H62、H68	0.65～0.70	0.50～0.55	0.27～0.32
铝	0.68～0.72	0.53～0.57	0.27～0.32
硬铝(退火)	0.73～0.80	0.60～0.63	0.35～0.40
硬铝(淬火)	0.75～0.80	0.68～0.72	0.40～0.43

表 5-4　平均缩口系数 m_0

材料	材料厚度 t/mm		
	<0.5	0.5～1	>1
黄铜	0.85	0.8～0.7	0.7～0.65
钢	0.8	0.75	0.7～0.65

5.3.3　缩口工艺计算(Necking Process Calculation)

1. 缩口次数

当工件的缩口系数 m 大于允许的极限缩口系数[m]时，则可以一次缩口成形；否则，需进行多次缩口。缩口次数 n 可按式(5-22)估算：

$$n = \frac{\lg m}{\lg m_0} = \frac{\lg d - \lg D}{\lg m_0} \tag{5-22}$$

式中，　m_0——平均缩口系数，参看表 5-4。

2. 颈口直径

多次缩口时，最好每道缩口工序之后都进行中间退火，各次缩口系数可参考下面公式确定。

首次缩口系数：

$$m_1 = 0.9 m_0 \tag{5-23}$$

以后各次缩口系数：

$$m_n = (1.05 \sim 1.10) m_0 \tag{5-24}$$

各次缩口后的颈口直径则为

$$d_1 = m_1 D$$
$$d_2 = m_n d_1 = m_1 m_n D$$
$$d_3 = m_n d_2 = m_1 m_n^2 D \tag{5-25}$$
$$\vdots$$
$$d_n = m_n d_{n-1} = m_1 m_n^{n-1} D$$

式中，d_n 应等于工件的直径。缩口后，由于回弹，工件要比模具尺寸增大 0.5%～0.8%。

3. 坯料高度

缩口前坯料的高度，一般根据变形前后体积不变的原则计算。不同形状工件如图 5.18 所示，缩口前坯料高度 H 的计算公式如下。

图 5.18(a)所示锥形缩口工件：

$$H = 1.05[h_1 + \frac{D^2 - d^2}{8D\sin\alpha}(1 + \sqrt{\frac{D}{d}})] \tag{5-26}$$

图 5.18(b)所示带圆筒部分缩口件：

$$H = 1.05[h_1 + h_2\sqrt{\frac{D}{d}} + \frac{D^2 - d^2}{8D\sin\alpha}(1 + \sqrt{\frac{D}{d}})] \tag{5-27}$$

图 5.18(c)所示圆弧形缩口工件：

$$H = h_1 + \frac{1}{4}(1 + \sqrt{\frac{D}{d}})\sqrt{D^2 - d^2} \tag{5-28}$$

式中凹模的半锥角 α 对缩口成形过程有重要影响。若半锥角取值合理，则允许的缩口系数可以比平均缩口系数小 10%～15%。一般应使 $\alpha < 45°$，最好使 $\alpha < 30°$。

图 5.18　缩口工件

4. 缩口力

图 5.18(a)所示工件，在无心柱支承(图 5.17(a))的缩口模上进行缩口时，其缩口力 F 可按式(5-29)计算：

$$F = K\left[1.1\pi DtR_m(1 - \frac{d}{D})(1 + \mu\cot\alpha)\frac{1}{\cos\alpha}\right] \tag{5-29}$$

图 5.18(c)所示工件，在有内外心柱支承(图 5.17(c))的缩口模上进行缩口时，其缩口力 F 可按式(5-30)计算：

$$F = K\left\{\left[1.1\pi DtR_m(1 - \frac{d}{D})(1 + \mu\cot\alpha)\frac{1}{\cos\alpha}\right] + 1.82R_m't_1^2[d + r_a(1 - \cos\alpha)]\frac{1}{r_a}\right\} \tag{5-30}$$

式中，　μ ——坯料与凹模接触面间的摩擦系数；

R_m ——材料的抗拉强度(MPa)；

α ——凹模圆锥孔的半锥角(°);

R'_m ——材料缩口硬化的变形应力(MPa);

t_1 ——缩口后制件颈部壁厚(mm);

r_a ——凹模圆角半径(mm);

K ——速度系数，在曲柄压力机上工作时 K=1.15。

5.3.4 缩口模具结构(Necking Die Structure)

缩口模结构根据支承情况分为无支承、外支承和内外支承三种形式(图 5.17)。设计缩口模时，可根据缩口变形情况和缩口件的尺寸精度要求选取相应的支承结构。

由于缩口模的主要工作零件是凹模。凹模工作部分的尺寸根据工件缩口部分的尺寸来确定，但应考虑工件缩口后的尺寸比缩口模实际尺寸大 0.5%～0.8%的弹性恢复量，以减少试模时的修正量。另外，凹模的半锥角 α 对缩口成形过程有重要影响， α 取值要合理。为了便于坯料成形和避免划伤工件，凹模的表面粗糙度 Ra 值一般要求不大于 $0.4\mu m$ 。当缩口件的刚性较差时，应在缩口模上设置支承坯料的结构，具体支承方式视坯料的结构和尺寸而定。反之，可不采用支承方式，以简化模具结构。图 5.19 所示为钢制气瓶缩口模，材料为 1mm 的 08 钢。

5.4 综合案例(Comprehensive Case)

零件名称：气瓶(图 5.19(b))；

生产批量：中批量；

材料：08 钢；

料厚： t =1mm。

要求进行工艺设计并绘出模具简图。

1. 工艺分析

气瓶为带底的筒形缩口工件，可采用拉深工艺制成圆筒形件，再进行缩口成形。缩口时下部不变，仅计算缩口工序。

2. 工艺计算

(1) 计算缩口系数 m 。

由图 5.19(b)知， d = 35mm ， D = 50mm ，则由式(5-21)，缩口系数计算如下：

$$m = \frac{d}{D} = \frac{35}{50} = 0.7$$

因为该工件是有底的缩口件，所以只能采用外支承方式的缩口模具，查表 5-3 得极限缩口系数为 0.6，则该工件可一次缩口成形。

(2) 计算缩口前毛坯高度 H 。由图 5.19 可知， h_1 =79mm 。由式(5-26)，计算毛坯高度如下：

$$H = 1.05[h_1 + \frac{D^2 - d^2}{8D\sin\alpha}(1 + \sqrt{\frac{D}{d}})] = 99.2 \text{(mm)}$$

取 H=99.5mm，缩口前毛坯如图 5.19(a)所示。

(3) 计算缩口力。已知凹模与工件的摩擦因数 μ=0.1，R_m=430MPa。缩口力 F 按式(5-29)计算得

$$F = K\left[1.1\pi DtR_m(1-\frac{d}{D})(1+\mu\cot\alpha)\frac{1}{\cos\alpha}\right] = 32057(\text{N}) \approx 32(\text{kN})$$

3. 缩口模结构设计

缩口模采用外支承式一次成形，缩口凹模工作面要求表面粗糙度 Ra 为 0.4μm，使用标准下弹顶器，采用后测导柱模架，导柱、导套加长为 210mm。考虑到模具闭合高度为 275mm，则选用 400kN 开式可倾压力机。

缩口模结构如图 5.19(c)所示。

图 5.19　气瓶缩口模

1—顶杆；2—下模座；3、14—螺栓；4、11—销钉；5—下固定板；6—垫板；7—外支撑套；
8—凹模；9—推件块；10—上模座；12—打杆；13—模柄；15—导柱；16—导套

本章小结(Brief Summary of this Chapter)

本章主要对胀形、翻边、缩口等常用的冲压成形方法进行了较为详细的阐述。

胀形介绍了胀形的概念及其两大分类——平板毛坯的胀形和空心毛坯的胀形，并分别介绍了各种胀形的变形特点和工艺计算，在此基础上点明了胀形的模具结构。

翻边主要讲解了翻边的概念及其分类，包括内孔翻边、外缘翻边和变薄翻边，并分别讲解了各种翻边类型的变性特点和工艺计算，在此基础上讲解了翻边的模具结构。

缩口主要讲述了缩口工艺的定义，其成形特点、变形系数、有关工艺的计算及缩口工艺的模具结构。

本章的教学目标是使学生了解胀形、翻边、缩口的概念及其成形工艺过程。

习题(Exercises)

1. 简答题

(1) 什么叫做胀形？胀形方法一般有哪几种？各有什么特点？

(2) 什么是起伏成形？它有什么特点？

(3) 什么是内孔翻边？什么是外缘翻边？其变形特点是什么？

(4) 什么叫做极限翻边系数？影响极限翻边系数的主要因素有哪些？翻边常见的废品有哪些？如何防止？

(5) 什么是缩口？常用的缩口方式有哪几种？怎样确定缩口次数？

(6) 缩口与拉深在变形特点上有何相同和不同的地方？

2. 设计题

(1) 零件如图 5.20 所示，判断该零件内形是否能冲底孔、翻边成形，计算底孔冲孔尺寸及翻边凸、凹模工作部分的尺寸(材料为 10 钢)。

图 5.20　制件图(一)

(2) 要压制如图 5.21 所示的凸包，判断能否一次胀形成形，并计算用刚型模具成形的冲压力。已知工件材料 08 钢，料厚为 1mm，断后伸长率 $\delta = 32\%$，抗拉强度 $\sigma_b = 380\text{MPa}$。

(3) 如图 5.22 所示零件，材料为 08F，料厚 1.5mm，中批量生产。该零件既能采用拉深工艺生产，也可以采用缩口工艺生产，试通过工艺性分析和设计计算，确定采用何种工艺为好。

图 5.21　制件图(二)

图 5.22　制件图(三)

第 6 章

冲模设计流程及 eta/DYNAFORM 有限元分析软件

(Stamping Die Design Procedure and eta/DYNAFORM Finite Element Analysis Software)

本章学习目标

前面我们讲解了典型冲压工序的模具设计，本章总结冲模设计包括的主要内容及设计流程。同时，简介 eta/DYNAFORM 有限元分析软件。传统的设计方法，很难预测板料成形过程中可能出现的破裂、起皱、减薄、划痕、回弹等缺陷；而利用有限元分析软件恰恰能够解决这些问题，并能够对整个模具开发过程进行模拟。

本章应该具备的能力：典型工序的工艺及模具设计知识、有限元分析的概念。

本章教学要求

能力目标	知识要点	权重	自测分数
掌握确定冲压工艺方案的内容	必要的工艺计算、工序排列与组合、排样、工序力计算及压力机初选等	30%	
掌握模具结构设计的内容	模具类型及总体结构、零部件的选用、装配图及零件图的绘制要求等	50%	
了解 eta/DYNAFORM 的基本功能	成形极限图、厚度变化、应力云图	20%	

导入案例

　　冲压成形一个复杂的零件往往需要多个冲压工序，这些工序如何排列组合，模具结构如何选择等，是保证制件质量的关键问题。

(a)	(b)	(c)

图 6.01　冲压成形案件

　　思考图 6.01(a)和图 6.01(b)所示零件包括哪些冲压工序，怎样排列组合？了解 eta/DYNAFORM 后，有兴趣的学生可以自学软件，运用该软件完成图 6.01(c)所示凸缘盒形制件的拉深成形分析。

6.1　冲模设计内容及流程(Design Procedure of Stamping Die)

　　冲模设计的主要内容是冲压的工艺设计和计算，模具的结构设计。冲模的设计流程不是一成不变的，根据制件的情况会有不同的变化。

6.1.1　冲模设计内容(Design of Stamping Die)

　　1. 冲压件工艺性分析

　　根据生产批量，冲压件的形状、特点、材料、精度和技术要求，按各种冲压件的工艺要求所述的各项内容进行工艺分析，确定其冲压加工的可能性。

　　2. 冲压工艺方案设计

　　(1) 确定毛坯形状和尺寸。根据冲压件图样和工艺要求，确定毛坯的形状和尺寸，如弯曲件的毛坯展开尺寸；拉深件的毛坯或半成品的形状和尺寸等。

　　(2) 必要的有关工艺计算。根据冲压件塑性变形的极限条件进行必要的工艺计算。如弯曲件的最小弯曲半径；拉深件的拉深次数，各次拉深的形状和尺寸；一次翻边的高度和翻边方法；缩口或胀形变形程度的计算等。

(3) 确定合理的工艺方案。先确定冲压件的基本工序，将基本工序进行排列和组合，设计出多种工艺方案进行分析、比较，从中选择一种最合理的工艺方案。

(4) 绘制工序图。根据选定的工艺方案和各工序的形状和尺寸，绘制工序图。

(5) 排样和计算材料利用率。确定合理的排样形式、裁板方法和计算材料利用率。

3. 冲模结构设计

1) 确定模具的类型

冲模的类型很多，一般根据下列原则确定：

(1) 根据生产批量，确定是用单工序模、复合模还是级进模。一般生产批量大的用复合模，凸凹模强度低时用级进模。

(2) 根据冲裁件精度要求，确定是用普通冲裁模还是精冲模。冲裁件的精度高于 IT10 时，一般应采用精冲模。

(3) 根据设备能力，确定模具类型。用双动压力机时，其模具结构简单。

(4) 根据模具制造的技术条件和经济性，确定模具类型。

2) 确定模具的总体结构形式

模具类型确定后，进一步确定模具总体结构形式。

(1) 尽量采用标准结构。对于普通冲裁模，如单工序模、复合模和工步不多的级进模，尽量采用标准的典型组合。标准典型组合的结构形式，其标准代号为：JB/T 8065.1—1995～JB/T 8068.4—1995，冲模典型组合技术条件的标准代号为：JB/T 8069—1995。

(2) 操作结构的确定。根据生产批量确定操作方式，其结构除手工送料外，还有半自动送料和自动送料，相应有不同的结构。

(3) 压料与卸料(件)结构的确定。根据板料厚度，毛坯形状和冲压件要求，确定压料和卸料(件)的结构形式，即用弹性或刚性结构。

(4) 导向和定位结构。根据冲压件的精度要求和冲压工序，选取合理的导向结构，凸、凹模的固定结构和定位结构等。

3) 草绘模具总体结构图

根据确定的结构形式，手绘总体结构草图。草图只需表达出需要哪些零件、零件的大体形状及它们之间的装配关系即可，便于在后续零部件的选用、设计和计算时参考。

 特别提示

> 冲压工艺方案设计和冲模结构设计，在设计过程中往往是穿插进行的，并没有严格界线。

4. 计算工序力，初选压力机

计算工序力，根据工序力选择压力机。若选择曲柄压力机，应使工序力曲线在压力机允许的压力曲线范围内。对工作行程大的工序，还要校核曲柄压力机的电动机功率。

5. 编制冲压工艺过程卡

根据工艺设计，将各工序内容、所需板料、设备、模具、工时定额等填入工艺卡片中。工序卡片的格式，每个企业都不尽相同。

6. 冲模零部件的选用、设计和计算

冲模的工作件、定位件、卸料件、导向件、固定件及其他零件，若能按冲模标准选用时，应选用标准件，若无标准可选时，再进行设计和计算。对于弹簧和橡胶弹性体应进行选用和计算。

根据凹模周界尺寸(或其他模板的最大外形尺寸)，选择标准模架。

必要时应对凸、凹模和模架中的下模座进行强度校核(利用材料力学的知识)。

7. 绘制冲模装配图

1) 冲模装配图的绘制要求

冲模装配图应有足够说明模具结构的视图，一般主视图和俯视图要按投影关系绘出。主视图画冲压结束时的工作位置，俯视图画下模部分。视图按机械制图国家标准绘出，考虑到冲模工作图的特点，允许采用一些常用的习惯画法。

(1) 未剖到的销钉、螺钉等在能画出的情况下，可以旋转到剖切面上画出。

(2) 同一规格、尺寸的螺钉和销钉在剖视图上可各画一个，各引出一个零件序号。当剖视图位置比较小时，螺钉和销钉可各画一半。

(3) 装在下模座下面的弹顶装置，也可不用全部画出，只在下模座上画出连接的螺孔、弹顶装置的顶杆等。

(4) 冲模的装配图应标注必要尺寸，如闭合高度、轮廓尺寸；安装尺寸或压力中心位置；装配必须保证的尺寸和精度及必要的形位公差等。填写标题栏、明细表和技术要求等。按规定位置画出制件图和排样图，制件图和排样图一般在图纸的右上部绘出。

2) 绘制冲模装配图的一般步骤

(1) 首先把制件的主、俯视图画在图中的适当位置。

(2) 画主视图。按照先内后外，先工作件后其他件的原则逐步绘出。主视图应绘冲压结束时的工作位置，以便直观地看出闭合高度。

(3) 画俯视图。按照投影关系画出下模部分俯视图。

(4) 绘图时应使工艺设计和计算与确定的模具结构和类型联合进行，做到模具设计与工艺设计相互照应，如发现模具无法保证工艺的实现，应更改工艺设计。

8. 绘制模具零件图

按设计的装配图，拆绘零件图。对于已有国家标准或行业标准的零件并有图样时，可借用。拆绘的零件图应是非标准的专用零件。零件图上应标注全尺寸、制造公差、形位公差、表面粗糙度、材料和热处理；提出必需的技术要求等。

特别提示

> 对于有些标准零件，需要进行补充加工，这些零件也要拆绘出零件图。如上模座、下模座，其外形尺寸标准中已有，但还需加工出螺钉过孔、销孔等，所以也需要绘出图纸。这些图纸在标注尺寸时，只需标注补充加工部分所需的形状尺寸及定位尺寸即可。

9. 编制工艺文件

为了有序地进行生产，保证产品质量，需根据各种生产方式编写不同程度的工艺文件。

(1) 大批量生产时，需编制工件的工艺过程卡片；每一道工序的工序卡片；材料的排样卡片。

(2) 成批生产时，需编制工件的工艺过程卡片。

(3) 小批量生产时，只需编制工艺路线明细表。

10. 编写设计说明书

对于一些重要冲压件的工艺制订和模具设计，在设计的最后阶段应编写设计说明书，以供以后审阅备查。

设计说明书应包括以下内容。

(1) 目录；

(2) 设计任务书及冲件图；

(3) 冲压件的工艺性分析；

(4) 冲压工艺方案的拟订及技术性、经济性综合分析比较；

(5) 排样设计及计算板料利用率；

(6) 计算冲压工序力，初选压力机；

(7) 确定压力中心位置；

(8) 选择模具类型和结构形式；

(9) 模具工作部分尺寸的计算，如冲裁刃口尺寸计算、拉深凸模直径计算等；

(10) 模具零部件的选用，主要零件的强度核算、弹性元件的选用和校核等；

(11) 其他需要说明的内容；

(12) 参考资料。

6.1.2　普通冲裁模设计流程(Procedure of General Blanking Die Design)

普通冲裁模的设计流程如图 6.1 所示。

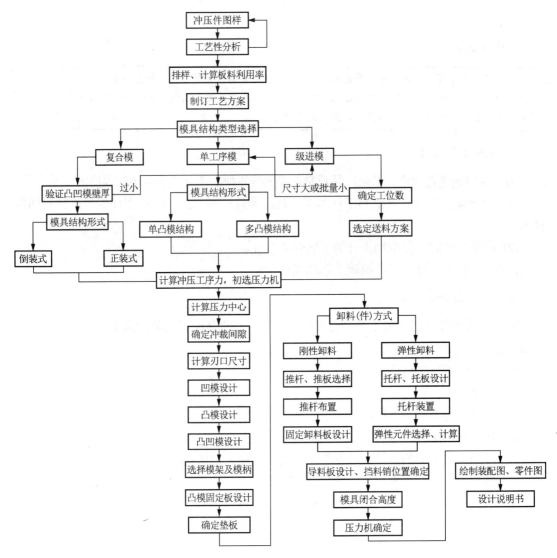

图 6.1　普通冲裁模设计流程

6.2　冲压成形分析软件 eta/DYNAFORM 简介(Brief Introduction of eta/DYNAFORM Software for Forming Analysis in Stamping)

众所周知，对于圆筒形制件拉伸模具来说，早已具有完整的设计、计算方法及其数据资料。但对于圆锥形制件或盒形制件拉伸模具，就没有像圆筒形制件拉伸模具那样的解析理论，设计、计算变得尤为复杂，而且是半理论、半经验的设计方式。为此，板料成形 CAE 技术应运而生，它为解决上述难题提供了有效手段，已经成为国际塑性加工领域的一个研究应用热点。从 20 世纪 70 年代后期开始，经过二十多年的发展，板料成形数值模拟技术逐渐走向成熟，已形成了商品化的板料成形分析 CAE 软件，得到了许多工业部门的重视和应用，产生了很好的经济效益。

eta/DYNAFORM 软件是美国 ETA 公司和 LSTC 公司联合开发的用于板料成形数值模拟的专用软件，是 LS-DYNA 求解器与 ETA/FEMB 前后处理器的完美结合，是当今流行的板料成形与模具设计的 CAE 工具之一。在其前处理器(Preprocessor)上可以完成产品仿真模型的生成和输入文件的准备工作。求解器(LS-DYNA)采用的是世界上最著名的通用显示动力为主、隐式为辅的有限元分析程序，能够仿真模拟板料成形中各种复杂问题。后处理器(Postprocessor)通过 CAD 技术生成形象的图形输出，可以直观地动态显示各种分析结果。该软件有以下功能：

(1) Dynaform 软件基于有限元方法建立，包含 BSE、DFE、Formability 三大模块，几乎涵盖冲压成形模设计的所有要素，包括：确定最佳冲压方向、坯料的设计、工艺补充面的设计、拉延筋的设计、凸凹模圆角设计、冲压速度的设置、压边力的设计、摩擦系数、切边线的求解、压力机吨位等。

(2) Dynaform 软件可以预测成形过程中板料的裂纹、起皱、减薄、划痕、回弹、成形刚度、表面质量，评估板料的成形性能，从而为板成形工艺及模具设计提供帮助。

(3) Dynaform 软件设置过程与实际生产过程一致，操作上手容易。可以对冲压生产的全过程进行模拟：坯料在重力作用下的变形、压边圈闭合过程、拉深过程、切边回弹、回弹补偿、翻边、胀形、液压成形、弯管成形。

(4) Dynaform 软件适用的设备有：单动压力机、双动压力机、无压边压力机、螺旋压力机、锻锤、组合模具和特种锻压设备等。

目前，eta/DYNAFORM 已在世界各大汽车、航空、钢铁公司，以及众多的大学和科研单位得到了广泛的应用。该软件自进入中国以来，已在许多知名企业得到成功应用。

6.2.1　eta/DYNAFROM 软件特点(Software Features of eta/DYNAFROM)

eta/DYNAFROM 是一套具有完善的图形用户界面(GUI)、面向钣金冲压成形数值模拟、有限元分析的专业软件包。该软件有以下特点：

(1) 快速和精确的求解。对于一般规模的计算，板料分析软件 eta/DYNAFROM 只需要几分钟，由此可大大缩短产品开发周期，借助于多种后置处理和可视化选项，软件提供了快速和精确的求解计算。

(2) 良好的兼容性。eta/DYNAFORM 提供了良好的与 CAD 软件的 IGES、VDA、DXF、UG 和 CATIA 等的接口，以及与 NASTRAN、IDEAS、MOLDFLOW 等 CAE 软件的专用接口，以及方便的几何模型修补功能。

(3) 网格自动划分与自动修补。eta/DYNAFORM 的模具网格自动划分与自动修补功能强大，用最少的单元最大限度地逼近模具型面，比通常用于模具网格划分的时间减少了99%。初始板料网格自动生成器，可以根据模具最小圆角尺寸自动确定最佳的板料网格尺寸，并尽量采用四边形单元，以确保计算的准确性。

(4) 坯料预算。采用一步法求解器，可以方便地将产品展开，从而得到合理的落料尺寸。

(5) 自动快速设置，能够帮助用户快速地完成分析模型的设置，大大提高了前处理的效率。与冲压工艺相对应的方便易用的流水线式的模拟参数定义，包括模具自动定位、自动接触描述、压边力预测、模具加载描述、边界条件定义等。

(6) 图形化的成形分析结果。eta/DYNAFORM 的求解器可以根据不同的材质、冲压方向、摩擦系数及成形条件等分析零件冲压时是否开裂、起皱，厚度的变化，材料的拉伸(压缩)类型和拉伸量等。

6.2.2 eta/DYNAFROM 软件界面(Software Interface of eta/DYNAFROM)

1. 显示窗口

eta/DYNAFORM 将显示屏幕划分为 6 个不同的区域，这些区域用来为用户接受输入或者显示用户提示信息。6 个区域的详细介绍如下(图 6.2)。

图 6.2　eta/DYNAFORM 主界面

(1) 图形显示区(DISPLAY AREA)：显示模型和图表。

(2) 菜单栏(MENU BAR)：显示命令和命令选项。

(3) 工具栏(ICON BAR)：可以方便用户使用常用 eta/DYNAFORM 功能。

(4) 对话框显示区(DIALOG WINDOW)：用户一旦选择了菜单栏中的命令，相应的对话框就会显示出来，对话框里有各种相应功能。

(5) 显示控制选项(DISPLAY OTTIONS)：在 eta/DYNAFORM 运行时，这组命令就会被显示出来，而且在任何时候都可以使用。

(6) 消息提示区(MESSAGE PROMPTS AREA)：eta/DYNAFORM 显示注解和信息给用户。

2. 菜单功能

单击菜单可以实现 eta/DYNAFORM 的大部分功能，表 6-1 对每个功能进行了详细的描述。

3．图标栏

单击工具栏中的图标就能激活 eta/DYNAFORM 中相应的常用功能，而不用在菜单中查找，常用工具栏如图 6.3 所示。

表 6-1　菜单功能

选　　项	功　　能
文件管理	从 eta/DYNAFORM 导入/导出数据，新建/打开/保存/打印数据库文件
零件层控制	组织零件层，包括零件层的开/关、编辑、删除、分离、信息、透明显示以及当前零件层设置等
前处理	线、点、单元和曲面的创建和编辑功能，单元模型的检查和修复功能，以及有限元边界条件的设置等
模面工程(DFE)	提供建立工艺补充面和压料面，同时包含模型的修补、冲压方向的调整等辅助功能(需要单独的许可文件)
坯料工程(BSE)	基于有限元逆算法(一步法)的坯料大小预估以及修边线计算、零件在初始设计阶段的成形性分析等。此外，提供坯料的排样式功能和排样结果报告自动输出功能
成形模拟设置	成形模拟设置包括快速设置和自动设置。 快速设置菜单提供流水线式的简单方法来设置预定范围内的标准冲压仿真功能；自动设置面向实际工艺过程，使用户能够在简洁的界面下进行各种复杂的设置
回弹补偿(SCP)	回弹补偿分析，使回弹后的零件符合最终产品的设计要求
工具定义	创建、定义和修改工具，以及定义板坯、材料和属性
选项菜单	包含各种选项来控制网格划分，同时，进行系统的语言设置、文件窗口类型及材料库类型选择
辅助工具	作为 eta/DYNAFORM 的工具箱，提供了所有方便用户操作的辅助功能
视图选项	模型的显示选项及视图操作
分析	定义控制参数，输出模型到 DYNA 卡片数据文件或提交分析工作；建立 MSTEP 模型，从 eta/DYNAFORM 界面提交分析工作
后处理	eta/POST-PROCESSOR 为用户提供了丰富的后处理显示功能，可以帮助用户快速方便地从计算结果中分析出问题所在
帮助	显示 eta/DYNAFORM 支持的版本号、联系方式以及在线帮助，同时用户可以设置是否在每次启动 eta/DYNAFORM 时自动进行更新操作

图 6.3　常用工具栏

(1) 新建(NEW)：创建一个新的数据库文件。

(2) 打开(OPEN)：打开一个已有的数据库文件。

(3) 导入(IMPORT)：导入文件，如 IGES、VDA、UG、CATIA 等到当前的数据库。

(4) 保存(SAVE)：更新当前数据库

(5) 打印(PRINT)：生成一个显示区域的 postscript 文件，然后把该文件发送到打印机上(默认)或文件中。打印之前，必须初始化 postscript 驱动程序，使之适应 eta/DYNAFORM 软件。

(6) 打开/关闭零件层(RURN PARTS ON/OFF)：打开或关闭选择的零件层。单击该按钮，显示 PART TURN ON/OFF 对话框。

(7) 删除所有的自由节点(DELETE ALL UNREFERENCED NODES)：删除所有的自由节点，这些自由节点没有与之相关的网格单元。

(8) 绕 X 轴旋转(VIRTUAL X ROTATION)：允许用户动态地旋转模型，随着光标上下移动，模型绕全局 X 轴旋转。

(9) 绕 Y 轴旋转(VIRTUAL Y ROTATION)：允许用户动态地旋转模型，随着光标上下移动，模型绕全局 Y 轴旋转。

(10) 绕 Z 轴旋转(VIRTUAL Z ROTATION)：允许用户动态地旋转模型，随着光标上下移动，模型绕全局 Z 轴旋转。

(11) 绕屏幕 X 轴旋转(VIRTUAL X ROTATION)：允许用户动态地旋转模型，随着光标上下移动，模型绕屏幕 X 轴旋转。

(12) 绕屏幕 Y 轴旋转(VIRTUAL Y ROTATION)：允许用户动态地旋转模型，随着光标上下移动，模型绕屏幕 Y 轴旋转。

(13) 绕屏幕 Z 轴旋转(VIRTUAL Z ROTATION)：允许用户动态地旋转模型，随着光标上下移动，模型绕屏幕 Z 轴旋转。

(14) 自由旋转(FREE ROTATION)：此功能是 SX 与 SY 的结合。上下移动光标就是操作 SX，左右移动光标就是操作 SY，沿着对角线移动光标是这两种命令的结合。单击停止旋转。同时按住 Ctrl 键和鼠标左键也可以激活此功能。

(15) 平移(PAN)：此命令能够让用户通过移动光标来移动模型。如果光标移出了屏幕，光标会重现在屏幕中间。单击命令停止。同时按住 Ctrl 键与鼠标中键也可以激活此功能。

(16) 指针缩放(CURSOR ZOOM)：用户首先选一个缩放基点，以此点为中心的模型随着光标上下移动而放大或缩小。按住 Ctrl 键与鼠标右键也可以激活此功能。

(17) 窗口缩放(WINDOW ZOOM)：用户首先在屏幕上通过鼠标单击缩放窗口的一个角点，然后按住鼠标左键沿对角线拖动光标到想要的窗口尺寸。释放左键，窗口选中的部位就会全屏显示出来。

(18) 自由缩放(FREE HAND ZOOM)：在显示区域内单击并一直按住鼠标左键，在此区域内画一个自由区域来定义缩放窗口的区域。释放左键，所包围的区域就会全屏显示。

(19) 窗口局部显示(ACTIVE WINDOW)：为了更为详细地观察或编辑，此命令允许用户分离出一部分几何实体/模型。用户通过拖动窗口在需要分离的部位定义分离区域，eta/DYNAFORM 显示激活在这个窗口内的单元、直线和曲面。其他物体不显示并处于非激活状态。

(20) 全屏显示(FILL)：改变模型比例，包含所有属于打开的零件层的实体；全屏显示自动缩放使之适合屏幕可视范围。

(21) 俯视(TOP VIEW)：从 TOP(上方)在 XY 平面显示出模型。

(22) 左视图(LEFT VIEW)：从 LEFT(左面)在 XZ 平面显示模型。

(23) 右视图(RIGHT VIEW)：从 RIGHT(右面)在 YZ 平面显示出模型。

(24) 等轴视图(ISOMETRIC VIEW)：以等轴平面显示出模型。

(25) 曲面网格划分(SURFACE MESH)：在选定曲面上创建自动生成的网格。

(26) 坯料生成器(BLANK GENERATOR)：通过边界线和曲线对平整毛坯进行网格划分，同时也可以生成管类液压成形或者弯曲成形时的初始管状毛坯。

(27) 清除屏幕(CLEAR)：清除屏幕上高亮的实体，比如由 SHOW LINE BOUNDARY CHECH，ID ELEMENTS，DEFINE TITLE 等这些命令生成的对象。

(28) 重绘(REDRAW)：允许用户刷新屏幕区域。目前 eta/DYNAFORM 通常在每个命令之后刷新屏幕。有时一些特殊的命令要求图形在更新的同时还有一些附加的操作(例如，当用户在操作动态缩放时，同时显示出单元的法向量，激活重画命令，将调整表示单元法向量的箭头大小)。

(29) 取消(UNDO)：取消最近的操作。如果无内容可取消，图标为非激活状态。

(30) 重做(REDO)：重做最近操作。如果无内容可重新操作，图标为非激活状态。

6.2.3　分析实例(Analysis Example)

1. 无凸缘筒形拉深件分析

利用 eta/DYNAFORM 对如图 6.4 所示的无凸缘筒形件进行分析，结果如图 6.5 所示。从图 6.5 中可看出，在筒的下部完全是安全的，中间部位有回弹的趋向，上部大部分有轻微起皱倾向，口处少部分起皱区域可以加大压边力消除。

图 6.4　无凸缘筒形件首次拉深

图 6.5　用分析方法得到的结果

2. 有凸缘筒形拉深件分析

利用 eta/DYNAFORM 对如图 6.6 所示的带凸缘筒形件进行分析。无压边圈分析结果如图 6.7 所示，筒部和底部均为安全区，而凸缘和靠近凸缘的过渡圆弧部分有起皱；有压边圈分析结果如图 6.8 所示，由于压边圈的作用，使得有起皱的部分减少，基本上分布在凸缘上。

图 6.6　带凸缘筒形拉深件

图 6.7　无压边圈分析结果

图 6.8　有压边圈分析结果

3. 无凸缘盒形制件的成形分析

无凸缘盒形制件的尺寸形状如图 6.9 所示。无压边圈分析结果如图 6.10 所示，底部为安全区，四周直壁局部有起皱；有压边圈分析结果如图 6.11 所示，由于压边圈的作用，使四周直壁局部起皱消失，仅在顶部端口有一定的起皱。制件和毛坯的关系如图 6.12 所示，毛坯尺寸形状如图 6.13 所示。

图 6.9　无凸缘盒形制件

图 6.10　无压边圈分析结果

图 6.11　有压边圈分析结果

图 6.12　制件和毛坯

图 6.13　毛坯尺寸

4. 有凸缘盒形制件的成形分析

有凸缘盒形制件的尺寸形状如图 6.14 所示。凸缘盒形制件分析模型尺寸为直壁间圆角半径 $r_1=5$mm、底部圆角半径 $r_2=3$mm、凸缘圆角半径 $r_3=3$mm，采用无压边分析结果及其成形极限图如图 6.15 所示。从图 6.15 中可以看出，在底面和两直壁交界处有起皱趋势，凸缘处有严重的起皱。为了消除凸缘起皱采用压边分析，结果如图 6.16 所示。从图 6.16 中可以看出，在两直壁交界过渡圆角中部有破裂，部分节点应力在变薄极限曲线以外，但是凸缘起皱消除，压边力过大。压边力调小后分析结果如图 6.17 所示。从图 6.17 中可以看出，破裂消失，全部节点应力在变薄极限曲线以内，但在凸缘圆角处还有一定的回弹趋势。制件和毛坯的关系如图 6.18 所示，毛坯尺寸如图 6.19 所示。

图 6.14 带凸缘盒形制件

图 6.15 无压边分析成形极限

图 6.16 压边力过大分析成形极限

图 6.17　压力边合适时分析成形极限

图 6.18　制件和毛坯

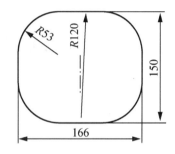

图 6.19　毛坯尺寸

本章小结(Brief Summary of this Chapter)

　　本章主要讲述冲压模设计内容、设计流程、有限元分析软件 eta/DYNAFORM 等。
　　本章的教学目标是使学生对冲压件工艺性分析、冲压工艺方案的拟订、模具结构设计、编制设计说明书等整个模具设计流程，有一个系统性的认识。并通过介绍 eta/DYNAFORM 软件，使学生了解有限元分析在冲压成形模具设计中的应用，引导学生在设计中要不断采用新技术，提高设计效率和设计质量。

习题(Exercises)

1. 简答题

(1) 冲压的工艺设计和计算的主要内容有哪些？

(2) 怎样绘制模具的装配图？

(3) 冲模设计说明书一般应包括哪些内容？

(4) 简述有限元分析软件 eta/DYNAFORM 的功能和特点。

2. 设计题

(1) 图 6.20 所示的零件为汽车玻璃升降器外壳，材料为 08 钢，料厚 1.5mm，中批量生产。试分析其冲压工艺性能，并拟订其冲压工艺方案，画出模具结构图。

图 6.20　制件图

(2) 有兴趣的读者，可自学并使用 eta/DYNAFORM 软件，分析图 6.20 所示的零件的成形过程。

第 2 篇

塑料成型工艺与模具设计

第 7 章
塑料成型工艺基础
(Basic of Plastics Molding Process)

 本章学习目标

　　了解塑料的基础知识、塑料成型设备及设备技术参数，理解塑件的结构工艺性设计知识。

　　应该具备的能力：具备塑料件结构工艺性分析的基本能力。

 本章教学要求

能力目标	知识要点	权重	自测分数
了解塑料的基本知识	塑料的基本组成、塑料成型的工艺特性	30%	
了解塑料成型设备	塑料成型设备分类及注射机工作原理、技术参数	20%	
理解塑件的结构工艺性设计	塑件的结构工艺性设计包含的内容	50%	

导入案例

　　1869年美国人J.W.海厄特发现了赛璐珞，1872年在美国纽瓦克建厂生产，从此开创了塑料工业，相应地也发展了模压成型技术。1920年以后，随着高分子化学理论的发展，塑料工业也获得了快速发展。并且随着聚乙烯、聚氯乙烯和聚苯乙烯等通用塑料的发展，原料也从煤转向了以石油为主，这不仅保证了高分子化工原料的充分供应，也促进了石油化工的发展，使原料得以多层次利用，创造了更高的经济价值。

　　今天，塑料制品在机电、仪表、化工、汽车和航天航空等领域得到了广泛的应用，并占据了重要地位。日常生活中使用的洗漱用具、塑料餐具(图7.01)/座具、塑料玩具、塑封电子产品等也是数不胜数，而且颜色多姿多彩。这些制品绝大部分都是通过塑料模具来加工完成的。那么塑料的组成是什么，它们的工艺性又如何呢？塑料模具使用的设备是什么样的？

图7.01　塑料制品

　　查阅资料或通过市场调查，了解生产中所用的塑料原料是什么样子的？不同颜色的塑料是如何得到的？

7.1　塑料的基本组成、分类与特性
(Basic Composition of Plastics)

7.1.1　塑料及其组成(Plastics and Composition)

1. 塑料

　　塑料是一种以树脂为主要成分，加入适量的添加剂制成的高分子有机化合物。在一定的温度和压力条件下，塑料可以用模具成形出具有一定形状和尺寸的制件，并且当外力解除后，在常温下仍能使形状保持不变。

2. 塑料的组成

塑料由合成树脂、添加剂组成，在一定条件下可塑成型，并在常温下保持形状不变的材料。

(1) 树脂。树脂是塑料的主要成分，起胶粘剂作用，它将塑料的其他部分胶结成一体。树脂的种类、性能及在塑料中所占比例，对塑料的类型、物理性能、化学性能、力学性能及电性能等起着决定性作用。因此，绝大多数塑料是以所用树脂命名。树脂分天然树脂和合成树脂两大类。合成树脂来源广、种类多、性质容易控制，因而应用广泛。合成树脂是由低分子化合物经聚合反应所获得的高分子化合物，如聚乙烯、聚氯乙烯、酚醛树脂等。塑料中的树脂含量为40%～100%。

(2) 添加剂。包括填充剂、增塑剂、稳定剂、润滑剂、着色剂和固化剂等。

填充剂又称填料，其作用是调整塑料的物理性能，提高材料强度，扩大使用范围，同时减少合成树脂的用量，降低塑料的成本。常用的填充剂有木粉、纸张、布、硅石、硅藻土、云母、石棉、石墨、金属粉、玻璃纤维和碳纤维等。

增塑剂用来提高塑料的可塑性、柔软性和耐寒性。常用的增塑剂是一些不易挥发的高沸点的液体有机化合物或低熔点的固体有机化合物。大多数塑料一般不加增塑剂，唯有软质聚氯乙烯含有大量的增塑剂(邻苯二甲酸二丁酯)。

稳定剂可防止塑料在光照、热和其他条件的影响下过早老化，以延长使用寿命。

着色剂又称色母，为满足塑件的外观色泽和光学性能要求，常加入着色剂。

固化剂又称硬化剂，它的作用是促使合成树脂进行交联反应而形成体型网状结构，或加快交联反应速度。固化剂一般多用在热固性塑料中。

7.1.2 塑料的分类(Classification of Plastics)

按树脂的分子结构及其特性分类，可分为热塑性塑料和热固性塑料。

(1) 热塑性塑料：在特定的温度范围内能反复加热和冷却硬化的塑料。这类塑料在成形过程中只有物理变化，而无化学变化，塑料的树脂分子结构呈线型或支链型，通常互相缠绕在一起，受热后能软化或熔融，从而可以进行成型加工，冷却后固化。如再加热，又可变软，可如此反复进行多次。常见的热塑性塑料有聚乙烯、聚丙烯、聚苯乙烯、聚氯乙烯、有机玻璃、聚酰胺、聚甲醛、ABS、聚碳酸酯、聚苯醚、聚砜和聚四氟乙烯等。

(2) 热固性塑料：在初次受热时变软，可以制成一定形状，但加热到一定时间或加入固化剂后就硬化定型，再加热则不软化也不熔解的塑料。这类塑料在成型过程中发生了化学变化，树脂分子结构在开始受热时为线形或支链形，因此，可以软化或熔融，但受热后这些分子逐渐结合成网状结构(称为交联反应)，成为既不熔化又不溶解的物质，称为体型聚合物。此时，即使加热到接近分解的温度也无法软化，而且也不会溶解在溶剂中。常用的热固性塑料有酚醛塑料、氨基塑料、环氧树脂、尿醛塑料、三聚氰胺甲醛和不饱和聚酯等。

7.1.3 塑料的特性(Characteristic of Plastics)

塑料的品种越来越多，应用也日益广泛，归纳起来，其主要特性有如下几个方面。

(1) 密度小。塑料的密度一般只有 0.8～2.2g/cm³，约是铝的 1/2，钢的 1/5。塑料的这一特性对要求减轻自身重量的机械装备，具有特别重大的意义。如在航天器上采用碳纤维或硼纤维增强塑料代替铝合金或钛合金，质量可减轻 15%～30%。

(2) 比强度高。强度与重量之比称为比强度。由于工程塑料比金属轻得多，因此，有些工程塑料的比强度比一般的金属高得多。如玻璃纤维增强的环氧树脂，它的单位重量的抗拉强度比一般钢材高 2 倍左右。

(3) 化学稳定性好。工程塑料一般对酸、碱、盐等化学药品，都有良好的抗腐蚀能力，这是一般金属所无法相比的，例如被称为"塑料王"的聚四氟乙烯，能抵抗"王水"的腐蚀。因而塑料在化工设备制造中具有极其广泛的用途。

(4) 绝缘性能好。工程塑料具有优良的绝缘性能和耐电弧性能，在电动机、电器和电子工业方面有着广泛的用途。如电线外皮、开关外壳、空气开关的防弧片等。

(5) 减摩、耐磨性能优良。由于一些塑料的摩擦系数较小，硬度高，具有优良的减摩和耐磨特性，可以用来制造各种自润滑轴承、齿轮和密封圈等。

(6) 成型加工方便。一般塑料都可以一次成型出复杂的塑件，如各种家用电器的外壳等。塑料的机械加工也比金属容易。

由于以上的特性和优点，塑料在各行业的应用很广泛。但是，塑料的特性也有不足的地方，如刚性差、尺寸精度低、易老化、耐热性差等。

7.2 塑料成型的方法及工艺特性(Methods and Processability of Plastic Molding)

7.2.1 塑料的成型方法(Methods of Plastic Molding)

塑料的成型方法很多，常用的有注射成型、压缩成型、压注成型、挤出成型、吹塑成型等。

(1) 注射成型。通过注射机的螺杆或柱塞作用，将熔融状态的塑料经浇注系统射入闭合的模具型腔内，经保压、冷却、硬化定型后，从模具中取出成型的塑件。所用设备为注射机。

(2) 压缩成型。将预热过的塑料原料放在经过加热的模具型腔内，凸模向下运动，在压力和热的共同作用下，熔融状态的塑料充满型腔，然后固化成型。所用设备为液压机。

(3) 压注成型。通过压柱或柱塞，将加料室内受热的熔融的塑料经浇注系统压入加热的模具型腔，然后固化成型。所用设备为液压机。

(4) 挤出成型。利用挤出机的螺杆旋转加压，连续地将熔融状态的塑料从料筒中挤出，通过特定截面形状的机头口模成型，并借助于牵引装置将挤出的塑件均匀拉出，同时冷却定型，获得截面形状一致的连续型材。所用设备为挤出机。

(5) 吹塑成型。吹塑成型是先通过挤出或注塑的成型方法生产出高弹状态的塑料型坯，再把塑料型坯放入处于打开状态的瓣合式吹塑模具内，闭合模具，然后向型坯内吹入压缩空气，使高弹塑料型胀开，并紧贴在模腔表壁，经冷却定型后，获得与模具型腔形状一致的中空制品。主要用于制造瓶类、桶类、箱类等中空塑料容器。所用设备为各种专用中空吹塑设备或吸塑设备。

除了上述介绍的几种常用的塑料成型方法外，还有气动成型、泡沫塑料成型、浇注成型、滚塑成型、压延成型及聚四氟乙烯冷压成型等。

7.2.2 塑料成型的工艺特性(Processability of Plastic Molding)

塑料成型的工艺特性是指塑料在成型过程中表现出来的特有性质，在进行模具设计时必须加以充分的考虑。塑料成型的主要工艺特性如下。

1. 流动性

塑料在一定的温度、压力作用下能够充满模具型腔的能力，称为塑料的流动性。塑料的流动性差，就不容易充满型腔，易产生缺料或熔接痕等缺陷，因此需要较大的成形压力才能成型。相反，塑料的流动性好，则可以用较小的成形压力充满型腔。但流动性太好，会使塑料在成型时产生严重的溢料，产生飞边。

热塑性塑料的流动性大小，一般可从分子量大小、熔融指数、阿基米德螺线长度、表观黏度及流动比等一系列指数进行分析。熔融指数高、螺旋线长度大、表观黏度小、流动比大的则流动性好。

热固性塑料的流动性通常以拉西格流动性(以 mm 计)来表示。数值大则流动性好。每一品种塑料通常分三个不同等级的流动性，以供不同塑件及成形工艺选用。

影响塑料流动性的主要因素有以下几种。

(1) 塑料的分子结构与成分。具有线型分子结构而没有或很少有交联结构的塑料流动性好。塑料中加入填料，会降低其流动性；而加入增塑剂或润滑剂，则可增加其流动性。

(2) 温度。塑料温度高，则流动性好。

(3) 注射压力。注射压力增大，则熔料受剪切作用大，流动性也增大，尤其是聚乙烯和聚甲醛较为敏感。成型时可通过调节注射压力大小来控制塑料的流动性。

(4) 模具结构。模具型腔表面粗糙度，型腔的形式，模具浇注系统、冷却系统、排气系统的形式及尺寸等因素都会直接影响熔料的流动性。

2. 收缩性

塑件从温度较高的模具中取出冷却到室温后，其尺寸或体积会发生收缩变化，这种性质称为收缩性。收缩性的大小以单位长度塑件收缩量的百分数来表示，称为收缩率。由于成形模具与塑料的线膨胀系数不同，收缩率分计算收缩率和实际收缩率两种，其计算公式分别如下：

$$S_j = \frac{a-b}{b} \times 100\% \qquad (7-1)$$

$$S_s = \frac{c-b}{b} \times 100\% \qquad (7-2)$$

式中，S_j——计算收缩率；

   S_s——实际收缩率；

   a——模具型腔在室温时的尺寸；

   b——塑件在室温时的尺寸；

   c——模具型腔或塑件在成型温度时的尺寸。

塑件成型收缩主要与塑料品种、塑件结构、模具结构、成型时的模具温度、压力、注射速度及冷却时间等因素有关。由于影响塑料收缩率变化的因素很多，而且相当复杂，所以收缩率在一定范围内是变化的。一般在模具设计时，根据塑料的平均收缩率，计算出模具型腔尺寸；而对于高精度塑件，在进行模具设计时应留有修模余量，在试模后逐步修正模具，以达到塑件尺寸精度要求及改善成型条件。

3. 结晶性

结晶性是指塑料从熔融状态到冷凝过程中，分子由无次序的自由运动状态而逐渐排列成为正规模型倾向的一种现象。热塑性塑料按其冷凝时是否出现结晶现象可分为结晶型塑料和非结晶型塑料两大类。塑件的结晶度大，则其密度大，硬度和强度高，力学性能好，耐磨性、耐化学腐蚀性及电性能提高；反之，则塑件柔软性、透明性好，伸长率提高，冲击强度增大。一般来说，不透明的或半透明的是结晶型塑料，透明的是非结晶型塑料。但也有例外，如离子聚合物属于结晶型塑料，但却高度透明；ABS 为非结晶型塑料，但却不透明。

4. 硬化特性

硬化是指热固性塑料成型时完成交联反应的过程。硬化速度的快慢对成型工艺有很重要的影响。在塑化、充型过程中，希望硬化速度慢，以保持长时间的流动性；充满型腔后，希望硬化速度快，以提高生产率。

5. 吸湿性

吸湿性是指塑料对水分的敏感程度。吸湿性塑料具有吸湿或粘附水分倾向，在成型过程中由于高温、高压的作用容易使水分变成气体或发生水降解，成型后塑件上会出现气泡、斑纹等缺陷。因此，在成型前必须对塑料进行干燥处理。

6. 热敏性及水敏性

热敏性塑料是指某些塑料对热较为敏感，其成型过程中在不太高的温度下也会发生热分解、热降解，从而影响塑件的性能、色泽和表面质量。因此，在模具设计、选择注射机及成型时都应注意，如选用螺杆式注射机、浇注系统截面宜大、模具表面镀铬、严格控制注射参数等措施，必要时还可在塑料中添加热稳定剂。

有的塑料即使含有少量水分，但在高温、高压下也会发生分解，这种现象称为塑料的水敏性，对此必须预先加热干燥。

7.3 塑件的结构工艺性(Processability of Plastic Parts Structure)

要想获得优质的塑件，除合理选用塑件的原材料外，还必须考虑塑件的结构工艺性，这样，不仅可使成型工艺得以顺利进行，而且还满足了塑件和模具的经济性要求。了解塑件的结构工艺性是模具设计成功的基础。

7.3.1 塑件尺寸、精度及表面粗糙度(Dimension，Precision and Surface Roughness of Plastic Parts)

1. 尺寸

塑件的尺寸主要取决于塑件的流动性。流动性好，塑件尺寸可大些；流动性差，塑件尺寸不可过大，以免充型不满或形成熔接痕，影响塑件外观和强度。

2. 精度

影响塑件尺寸精度的因素很多，因此塑件的尺寸精度一般不高，在保证使用要求的前提下尽可能选用较低的精度等级。

目前，我国已颁布了《塑料模塑件尺寸公差》国家标准(GB/T 14486—2008)，见表7-1。按此标准规定，塑件尺寸公差的代号为 MT，公差等级分为 7 级，每一级又可分为 A、B 两部分。其中 A 为不受模具活动部分影响尺寸的公差；B 为受模具活动部分影响尺寸的公差(如由于水平分型面溢料厚薄不同，影响塑件高度方向的尺寸公差)。该标准只规定标准公差值，而基本尺寸的上下偏差可根据塑件的配合性质来分配。塑件尺寸精度等级的选用与塑料的品种有关，见表7-2。

3. 表面粗糙度

塑件的表面粗糙度是决定塑件表面质量的主要因素。塑件的表面粗糙度主要与模具型腔表面的粗糙度有关。一般来说，模具表面的粗糙度数值要比塑件低 1~2 级。塑件的表面粗糙度 Ra 一般为 0.8~0.2μm。模具在使用过程中，由于型腔磨损而使表面粗糙度不断加大，所以应随时给予抛光复原。透明塑件要求型腔和型芯的表面粗糙度相同，而对不透明塑件则根据使用情况来决定它们的表面粗糙度。

7.3.2 壁厚(Wall Thickness)

合理确定塑件的壁厚是很重要的。塑件的壁厚决定了塑件的使用性能，即强度、刚度、结构、电气性能、尺寸稳定性以及装配等各项要求。壁厚过大，则浪费材料，还易因收缩而产生气泡、缩孔等缺陷；壁厚过小，则成型时流动阻力大，难以充型。

壁厚应尽可能均匀，否则会因冷却或固化速度不同而产生内应力，使塑件产生变形、缩孔及凹陷等缺陷。如果在结构上要求塑件具有不同的壁厚时，壁厚变化比不应大于1:2，且应采用适当的修饰半径使厚薄部分缓慢过渡。表 7-3 列出了部分热塑性塑件的最小壁厚和常用壁厚推荐值，表 7-4 列出了热固性塑件的壁厚值，供设计时参考。表 7-5 为改善壁厚的典型实例。

表 7-1　塑料模塑件尺寸公差(GB/T 14486—2008)

标注公差的尺寸公差值（基本公差）

公差等级	公差种类	0~3	3~6	6~10	10~14	14~18	18~24	24~30	30~40	40~50	50~65	65~80	80~100	100~120	120~140	140~160	160~180	180~200	200~225	225~250	250~280	280~315	315~355	355~400	400~450	450~500
MT1	A	0.07	0.08	0.09	0.10	0.11	0.12	0.14	0.16	0.18	0.20	0.23	0.26	0.29	0.32	0.36	0.40	0.44	0.48	0.52	0.56	0.60	0.64	0.70	0.78	0.86
MT1	B	0.14	0.16	0.18	0.20	0.21	0.22	0.24	0.26	0.28	0.30	0.33	0.36	0.39	0.42	0.46	0.50	0.54	0.58	0.62	0.66	0.70	0.74	0.80	0.88	0.96
MT2	A	0.10	0.12	0.14	0.16	0.18	0.20	0.22	0.24	0.26	0.30	0.34	0.38	0.42	0.46	0.50	0.54	0.60	0.66	0.72	0.76	0.84	0.92	1.00	1.10	1.20
MT2	B	0.20	0.22	0.24	0.26	0.28	0.30	0.32	0.34	0.36	0.40	0.44	0.48	0.52	0.56	0.60	0.64	0.70	0.76	0.82	0.86	0.94	1.02	1.10	1.20	1.30
MT3	A	0.12	0.14	0.16	0.18	0.20	0.24	0.28	0.32	0.36	0.40	0.46	0.52	0.58	0.64	0.70	0.78	0.86	0.92	1.00	1.10	1.20	1.30	1.44	1.60	1.74
MT3	B	0.32	0.34	0.36	0.38	0.40	0.44	0.48	0.52	0.56	0.60	0.66	0.72	0.78	0.84	0.90	0.98	1.06	1.12	1.20	1.30	1.40	1.50	1.64	1.80	1.94
MT4	A	0.16	0.18	0.20	0.24	0.28	0.32	0.36	0.42	0.48	0.56	0.64	0.72	0.82	0.92	1.02	1.12	1.24	1.36	1.48	1.62	1.80	2.00	2.20	2.40	2.60
MT4	B	0.36	0.38	0.40	0.44	0.48	0.52	0.56	0.62	0.68	0.76	0.84	0.92	1.02	1.12	1.22	1.32	1.44	1.56	1.68	1.82	2.00	2.20	2.40	2.60	2.80
MT5	A	0.20	0.24	0.28	0.32	0.38	0.44	0.50	0.56	0.64	0.74	0.86	1.00	1.14	1.28	1.44	1.60	1.76	1.92	2.10	2.30	2.50	2.80	3.10	3.50	3.90
MT5	B	0.40	0.44	0.48	0.52	0.58	0.64	0.70	0.76	0.84	0.94	1.06	1.20	1.34	1.48	1.64	1.80	1.96	2.12	2.30	2.50	2.70	3.00	3.30	3.70	4.10
MT6	A	0.26	0.32	0.38	0.46	0.54	0.62	0.70	0.80	0.94	1.10	1.28	1.48	1.72	2.00	2.20	2.40	2.60	2.90	3.20	3.50	3.80	4.30	4.70	5.30	6.00
MT6	B	0.46	0.52	0.58	0.68	0.74	0.82	0.90	1.00	1.14	1.30	1.48	1.68	1.92	2.20	2.40	2.60	2.80	3.10	3.40	3.70	4.00	4.50	4.90	5.50	6.20
MT7	A	0.38	0.48	0.58	0.68	0.78	0.88	1.00	1.14	1.32	1.54	1.80	2.10	2.40	2.70	3.00	3.30	3.70	4.10	4.50	4.90	5.40	6.00	6.70	8.40	8.20
MT7	B	0.58	0.68	0.78	0.88	0.98	1.08	1.20	1.34	1.52	1.74	2.00	2.30	2.60	3.10	3.20	3.50	3.90	4.30	4.70	5.10	5.60	6.20	6.90	8.60	8.40

未注公差的尺寸允许偏差

公差等级	公差种类	0~3	3~6	6~10	10~14	14~18	18~24	24~30	30~40	40~50	50~65	65~80	80~100	100~120	120~140	140~160	160~180	180~200	200~225	225~250	250~280	280~315	315~355	355~400	400~450	450~500
MT5	A	±0.10	±0.12	±0.14	±0.16	±0.19	±0.22	±0.25	±0.28	±0.32	±0.37	±0.43	±0.50	±0.57	±0.64	±0.72	±0.80	±0.88	±0.96	±1.05	±1.15	±1.25	±1.40	±1.55	±1.75	±1.95
MT5	B	±0.20	±0.22	±0.24	±0.26	±0.29	±0.32	±0.35	±0.38	±0.42	±0.47	±0.53	±0.60	±0.67	±0.74	±0.82	±0.90	±0.98	±1.06	±1.15	±1.25	±1.35	±1.50	±1.65	±1.85	±2.05
MT6	A	±0.13	±0.16	±0.19	±0.23	±0.27	±0.31	±0.35	±0.40	±0.47	±0.55	±0.64	±0.74	±0.86	±1.00	±1.10	±1.20	±1.30	±1.45	±1.60	±1.75	±1.90	±2.15	±2.35	±2.65	±3.00
MT6	B	±0.23	±0.26	±0.29	±0.33	±0.37	±0.41	±0.45	±0.50	±0.57	±0.65	±0.74	±0.84	±0.96	±1.10	±1.20	±1.30	±1.40	±1.55	±1.70	±1.85	±2.00	±2.25	±2.45	±2.75	±3.10
MT7	A	±0.19	±0.24	±0.29	±0.34	±0.39	±0.44	±0.50	±0.57	±0.66	±0.77	±0.90	±1.05	±1.20	±1.35	±1.50	±1.65	±1.85	±2.05	±2.25	±2.45	±2.70	±3.00	±3.35	±3.70	±4.10
MT7	B	±0.29	±0.34	±0.39	±0.44	±0.49	±0.54	±0.60	±0.67	±0.76	±0.87	±1.00	±1.15	±1.30	±1.45	±1.60	±1.75	±1.95	±2.15	±2.35	±2.55	±2.80	±3.10	±3.45	±3.80	±4.20

表7-2 精度等级的选用

类别	塑料品种	公差等级		
		标注公差尺寸		未注公差尺寸
		高精度	一般精度	
1	ABS 聚苯乙烯(PS) 聚丙烯(PP，无机填料填充) 聚砜(PSU) 聚醚砜(PESU) 聚苯醚(PPO) 聚苯硫醚(PPS) 聚碳酸酯(PC) 有机玻璃(PMMA) 环氧树脂(EP) 尼龙(PA，玻璃纤维填充) 丙烯腈-苯乙烯共聚物(AS) 聚对苯二甲酸丁二醇酯(PBTP，玻璃纤维填充) 聚对苯二甲酸乙二醇酯(PETP，玻璃纤维填充) 聚邻苯二甲酸二丙烯酯(PDAP) 酚醛塑料(PF，无机填料填充) 氨基塑料和氨基酚醛塑料(VF/MF，无机填料填充) 30%玻璃纤维增强塑料	MT2	MT3	MT5
2	尼龙6，66，610，9，1010(PA) 氯化聚醚(CPT) 聚氯乙烯(硬)(HPVC) 醋酸纤维素材料(CA) 尼龙(PA，无填料填充) 聚甲醛(POM，≤150mm) 聚丙烯(PP，无填料填充) 氨基塑料和氨基酚醛塑料(VF/MF，有机填料填充) 酚醛塑料(PF，有机填料填充)	MT3	MT4	MT6
3	聚甲醛(POM，>150mm) 聚乙烯(高密度)(HDPE)	MT4	MT5	MT7
4	聚氯乙烯(软)(LPVC) 聚乙烯(低密度)(LDPE)	MT5	MT6	MT7

表 7-3　热塑性塑件的最小壁厚和常用壁厚推荐值

塑料种类	最小壁厚/mm	小型塑件推荐壁厚/mm	中型塑件推荐壁厚/mm	大型塑件壁厚/mm
尼龙(PA)	0.45	0.76	1.50	2.4～3.2
聚乙烯(PE)	0.60	1.25	1.60	2.4～3.2
聚苯乙烯(PS)	0.75	1.25	1.60	3.2～5.4
改性聚苯乙烯	0.75	1.25	1.60	3.2～5.4
有机玻璃(PMMA)	0.80	1.50	2.20	4.0～6.5
聚甲醛(POM)	0.80	1.40	1.60	3.2～5.4
聚丙烯(PP)	0.85	1.45	1.75	2.4～3.2
聚碳酸酯(PC)	0.95	1.80	2.30	3.0～4.5
硬聚氯乙烯(HPVC)	1.15	1.60	1.80	3.2～5.8

注：试验证明，壁厚与流程成正比关系。所谓流程是指塑料熔体从内浇口流向型腔各部分的距离。

表 7-4　热固性塑件壁厚推荐值

塑料名称	塑件外形高度/mm		
	＜50	50～100	＞100
粉状填料的酚醛塑料	0.7～2.0	2.0～3.0	5.0～6.5
纤维状填料的酚醛塑料	1.5～2.0	2.5～3.5	6.0～8.0
氨基塑料	1.0	1.3～2.0	3.0～4.0
聚酯玻璃纤维填料的塑料	1.0～2.0	2.4～3.2	＞4.8
聚酯无机物填料的塑料	1.0～2.0	3.2～4.8	＞4.8

表 7-5　改善塑件壁厚的典型实例

序号	不合理	合理	说明
1			壁厚不可过厚，否则易产生气泡、缩孔或凹陷等缺陷，使塑件变形；热固性塑料则交联不完全，强度降低
2			
3			在不影响塑件使用功能的情况下，可设置加强筋减小壁厚，保证原有强度
4			全塑齿轮轴应在中心设置钢芯嵌件，增加强度，减小塑件壁厚

7.3.3 形状设计(Shape Design)

塑件内外表面的形状设计在满足使用性能的前提下，应尽量使其有利于成型，尽量不采用侧向抽芯机构。因此，进行塑件设计时应尽可能避免侧向凹凸或侧孔，某些塑件只要适当地改变其形状，即能避免使用侧向抽芯机构，使模具设计简化。表 7-6 所示为改变塑件形状以利于塑件成型的典型实例。

表 7-6 改变塑件形状以利于塑件成型的典型实例

序号	不合理	合理	说明
1			改变形状后，不需采用侧抽芯,使模具结构简单
2			应避免塑件表面横向凸台，便于脱模
3			塑件有外侧凹时，必须采用瓣合凹模，故模具结构复杂，塑件外表面有接痕
4			内凹侧孔改为外凹侧孔，有利于抽芯

塑件内侧凹陷或凸起较浅并允许有圆角时，可以采用整体式凸模并采取强制脱模的方法。这种方法要求塑件在脱模温度下应具有足够的弹性，以保证塑件在强制脱模时不会变形。

7.3.4 孔的设计(Hole Design)

塑件上常见的孔有通孔、盲孔、异形孔(形状复杂的孔)和螺纹孔等。这些孔均应设置在不易削弱塑件强度的地方，且在孔与孔之间、孔与边壁之间应留有足够的距离。两孔之间及孔与边壁之间的关系见表 7-7，当两孔直径不一样时，按小的孔径取值。塑件上的孔周围可设计凸边或凸台加强孔的强度，如图 7.1 所示。

表 7-7　孔间距与孔边距 b　（单位：mm）

孔径 d	<1.5	1.5~3	3~6	6~10	10~18	18~30	
热固性塑料	1~1.5	1.5~2.0	2~3	3~4	4~5	5~7	
热塑性塑料	0.8	1.0	1.5	2	3	4	

(a)　　　　　　(b)　　　　　　(c)

图 7.1　孔的加强

(1) 通孔。通孔设计时孔深不能太大，通孔深度不应超过孔径的 3.75 倍。通孔用型芯成型，型芯一般有 3 种形式，如图 7.2 所示。在图 7.2(a)中，型芯一端固定，这种方法虽然简单，但会出现不易修整的横向飞边，且当孔较深或孔径较小时型芯易弯曲。在图 7.2(b)中，用两个型芯来成型，并使一个型芯的径向尺寸比另一个大 0.5~1.0mm；这样即使稍有不同心也不致引起安装和使用上的困难，其特点是型芯长度缩短了一半，稳定性增加。这种成型方式适用于较深的孔且孔径要求不很高的场合。在图 7.2(c)中，型芯一端固定，一端导向支撑，这种方法使型芯既有较好的强度和刚度，又能保证同心度，较为常用；但导向部分因导向误差发生磨损后，会产生圆周纵向溢料。

(a)　　　　　　(b)　　　　　　(c)

图 7.2　通孔的成形方法

(2) 盲孔。盲孔只能用一端固定的型芯来成型，因此其深度应浅于通孔。注射成型或压注成型时，孔深不应超过孔径的 4 倍；压缩成型时，孔深应浅些，平行于压制方向的孔深一般不超过孔径的 2.5 倍，垂直于压制方向的孔深一般不超过孔径的 2 倍。直径小于 1.5mm 的孔或深度太大(大于以上值)的孔最好用成型后机械加工的方法获得。

(3) 异形孔。当塑件孔为异形孔(斜孔或复杂形状孔)时，常常采用拼合的方法来成型，这样可以避免侧向抽芯。图 7.3 所示为型芯拼合成型异形孔的典型例子。

(4) 自攻螺钉孔。自攻螺钉孔设计时，对于切割螺纹的螺钉孔，其孔径等于螺钉的中径；旋压螺纹螺钉孔的孔径等于螺钉中径的 80%。为保证足够的联接强度，螺钉旋入的最小深度必须等于或大于螺钉外径的 2 倍。自攻螺钉的孔一般设计成圆管状，如图 7.1(c)所示，为承受旋压产生的应力和变形，圆管外径约为内径的 3 倍，高度为圆管外径的 2 倍，孔深应超过螺钉的旋入长度。

图 7.3　用拼合型芯成型异形孔

7.3.5　嵌件设计(Embedded Part Design)

在塑件中嵌入其他零件形成不可拆卸的连接，所嵌入的零件称为嵌件(也称镶件)。塑件中嵌入嵌件的目的是为了提高塑件的强度、硬度、耐磨性、导电性、导磁性等。嵌件材料可以是金属，也可以是玻璃、木材和已成形的塑件等非金属材料，其中金属嵌件的使用最为广泛。金属嵌件的设计原则如下。

(1) 为防止嵌件受力时在塑件内转动或脱出，嵌件表面必须设计有适当的凹凸形状。可采用开槽、表面滚花、板件折弯、管件局部砸扁等方法固定，如图 7.4 所示。

图 7.4　嵌件的止转与防脱

(2) 模具中嵌件应定位可靠。模具中的嵌件在成形时要受到高压熔体流的冲击，可能发生位移和变形，同时熔料还可能挤入嵌件上预制的孔或螺纹线中，影响嵌件的使用，因此嵌件必须在模具中可靠定位。一般情况下，注射成型时，嵌件与模板安装孔的配合为H8/f8；压缩成型时，嵌件与模板安装孔的配合为 H9/f9。图 7.5 所示分别为外/内螺纹嵌件在注射模内的固定方法。

(3) 嵌件周围的壁厚应足够大。由于金属嵌件与塑件的收缩率相差较大，致使嵌件周围的塑料存在很大的内应力，如果设计不当，则会造成塑件的开裂；而保持嵌件周围适当的塑料层厚度可以减少塑件的开裂倾向(或顶部鼓泡)。对于酚醛塑料及与之相类似的热固性塑料的金属嵌件周围塑料层厚度可参见表7-8。另外，热塑性塑料注射成型时，应将大型嵌件预热到接近物料温度。对于应力难以消除的塑料，可在嵌件周围覆盖一层高聚物弹性体或在成型后进行退火。

图 7.5　嵌件在模具内的固定

1—塑件；2—嵌件；3—固定型芯；4—动模板

表 7-8　金属嵌件周围塑料层厚度

图例	金属嵌件直径 D/mm	周围塑料层最小厚度 C/mm	顶部塑料层最小厚度 H/mm
	≤4	1.5	0.8
	4～8	2.0	1.5
	8～12	3.0	2.0
	12～16	4.0	2.5
	16～25	5.0	3.0

7.3.6　螺纹设计(Thread Design)

塑料螺纹的机械强度比金属螺纹机械强度小 5～10 倍，因此，对塑料螺纹成型直径有一定要求，如注射成型螺纹直径不得小于2mm，压制成型螺纹直径不得小于3mm，精度不得高于 IT8。塑件上的螺纹在冷却后要收缩，螺距会发生变化，影响螺纹的旋出；因此，在保证使用的前提下，螺纹拧合长度要短些，一般不大于螺纹直径的 1.5～2 倍。表 7-9 为塑件螺纹设计时的要求。

表 7-9　塑件螺纹设计要求

类别	不合理	合理	说明
内螺纹			为防止塑件螺孔最外圈的螺纹崩裂或变形，螺孔始端应有高为 0.2～0.8mm 的台阶孔，螺纹末端与底面应有 0.2mm 的距离；塑件外螺纹的始端应留有 0.2mm 以上

续表

类别	不合理	合理	说明
外螺纹			的距离，末端也应留有 0.5mm 以上的距离。螺纹的始端和末端均不应突然开始和结束，而应设计出过渡区 l(可参考《塑料模设计手册》)

7.3.7 其他结构要素(Other Structure Element)

1. 脱模斜度

由于塑件在冷却过程中产生收缩，因此在脱模前会紧紧地包住凸模(型芯)或模腔中的其他凸起部分。为了便于脱模，防止塑件表面在脱模时划伤、擦毛等，在设计时应考虑与脱模方向平行的塑件内外表面具有一定的脱模斜度。

塑件上脱模斜度的大小，与塑件的性质、收缩率大小、摩擦系数大小、塑件壁厚和几何形状有关。硬质塑料比软质塑料脱模斜度大；形状复杂或成形孔较多的塑件应取较大的脱模斜度；塑件高度越高，孔越深，则应取较小的脱模斜度；壁厚增加，脱模斜度也应大些。一般情况下，脱模斜度不包括在塑件公差范围内，否则在图样上应予以注明。在塑件图上标注时，内孔以小端为基准，斜度沿扩大的方向取得；外形以大端为基准，斜度沿缩小的方向取得，如图 7.6 所示。一般塑件的脱模斜度见表 7-10。

图 7.6　塑件的脱模斜度

表 7-10　塑件的脱模斜度

塑料名称	脱模斜度	
	塑件内壁 α	塑件外壁 β
聚乙烯(PE)、聚丙烯(PP)、软聚氯乙烯(SPVC)、尼龙(PA)、氯化聚醚(CPT)	20′~45′	20′~45′
硬聚氯乙烯(HPVC)、聚碳酸酯(PC)、聚砜(PSU)	35′~40′	30′~50′
聚苯乙烯(PS)、有机玻璃(PMMA)、ABS、聚甲醛(POM)	35′~1°30′	30′~40′
热固性塑料	25′~40′	20′~50′

注：本表所列脱模斜度适于开模后塑件留在凸模上的情形。

2. 圆角

为了避免应力集中，提高塑件的强度，改善熔体的流动情况和便于脱模，在塑件各内外表面的连接处，均应采用过渡圆弧。此外，圆弧还使塑件变得美观，并且模具型腔在淬火或使用时也不致因应力集中而开裂。而对于塑件的某些部位，如成型必须处于分型面、型芯与型腔配合处等位置，则不便制成圆角，而应采用尖角。在无特殊要求时，塑件各连接处的圆角半径不小于 0.5～1mm，一般内圆角半径 $R=0.5t$，外圆角半径 $R_1=1.5t$，尺寸如图 7.7 所示。

3. 加强肋

加强肋的作用是在不增加壁厚的情况下增加塑件的强度和刚度，防止塑件翘曲变形。其结构尺寸如图 7.8 所示。若塑件壁厚为 t，则加强肋的高度 $L=(1～3)t$，肋根宽 $A=(0.25～1)t$，$R=(0.125～0.25)t$，肋端部圆角 $r=t/8$，$\alpha=2°～5°$；当 $t\leqslant2mm$ 时，可取 $A=t$。加强肋的厚度不能大于塑件的壁厚，否则壁面会因肋根的内切圆处的缩孔而产生凹陷；加强肋应设计得矮一些，与支承面的间隙应大于 0.5mm。表 7-11 所示为加强肋设计的典型实例。

图 7.7　圆角半径的尺寸

图 7.8　加强肋的尺寸

表 7-11　加强肋设计的典型实例

序号	不合理	合理	说明
1			过高或局部过厚的塑件应设置加强肋，以减薄塑件壁厚，保持原有强度
2			平板状塑件，加强肋应与料流方向平行，以免造成充模阻力过大和降低塑件韧性

续表

序号	不合理	合理	说明
3			加强筋的设置应避免或减少塑料的局部集中，否则会产生缩孔、气泡等缺陷。同时，加强肋应设计得矮一些，与支承面的间隙应大于 0.5mm

4. 支承面

以塑件的整个底面作为支承面是不合理的，因为塑件稍有翘曲或变形就会使底面不平。通常情况下采用塑件凸起的边框或底脚(三点或四点)作支承面，如图 7.9 所示。图 7.9(a)所示以整个底面作为支承面，是不合理结构；图 7.9(b)和图 7.9(c)所示分别以塑件的边框和凸起底脚作为支承面，设计较为合理。

(a)   (b)   (c)

图 7.9 塑件的支承面

7.4　塑料成型设备(Plastic Molding Equipment)

7.4.1　塑料成型设备分类(Classification of Plastic Molding Equipment)

塑料成型设备的类型很多，根据成型工艺的不同而不同，有挤出机、注射机、浇铸机、中空成型机、发泡成型机、塑料液压机及与之配套的辅助设备等。生产中应用最广的是注射机和挤出机，其次是液压机和压延机。就成型设备而言，注射机的产量最大，是塑料设备生产中增长最快、产量最多的机种，并从其发展趋势看，世界各国近年来都在向大型、高速、高效、精密、特殊用途、连续化和自动化及小型和超小型的方向发展。下面重点介绍注射机。

注射机的分类方法较多，按其外形特征可分为卧式注射机、立式注射机、角式注射机和多模注射机等多种。其中卧式螺杆注射机由于塑化充分、注射量大，适用的塑料品种范围广，应用最为广泛。

(1) 卧式注射机。卧式注射机是使用最广泛的注射机，它的注射系统与合模锁模系统的轴线都呈水平布置，其注射系统有柱塞式和螺杆式两种结构，注射量 60cm^3 及以上的均为螺杆式。卧式注射机的优点是机器重心低，比较稳定，操作、维修方便，成型后的塑件推出后可利用其自重自动落下，便于实现自动化生产，对大、中、小型模具都适用；其主要缺点是模具安装比较困难。卧式注射机结构如图 7.10 所示。

图 7.10　卧式注射机结构示意

1—锁模液压缸；2—锁模机构；3—移动模板；4—顶杆；5—固定模板；6—控制台；
7—螺杆及加热器；8—料斗；9—定量供料装置；10—注射液压缸

(2) 立式注射机。如图 7.11 所示，立式注射机的注射系统与合模锁模系统的轴线一致并垂直于地面，注射系统多为柱塞式结构，注射量一般小于 60cm^3。立式注射机的优点是占地面积较小，模具装卸方便，动模一侧安放嵌件便利；其缺点是机器重心高、不稳定，加料比较困难，推出的塑件需要用人工或其他方法取出，不易实现自动化生产。

(3) 角式注射机。如图 7.12 所示，角式注射机的注射系统与合模系统的轴线相互垂直。常见的角式注射机是沿水平方向合模，沿垂直方向注射(图 7.12(b))，其注射系统一般为柱塞式结构，采用齿轮齿条传动或液压传动，注射量较小，一般小于 45cm^3。角式注射机的优点介于卧、立式注射机之间，结构比较简单，可利用开模时的丝杠转动对有螺纹的塑件实现自动脱卸；其缺点是机械传动无法准确可靠地注射和保持压力及锁模力，模具受冲击和振动较大。

图 7.11　立式注射机外形结构

1—锁模机构；2—模具；
3—料筒、加热器及注射液压缸；4—机体

图 7.12　角式注射机外形结构

1—锁模机构；2—料筒、加热器及注射液压缸；
3—机体；4—模具

另外，还有许多专用注射机，如多模注射机、热固性塑料注射机、发泡注射机、排气注射机、多色注射机、精密注射机、气体辅助注射机及高速注射机等。

7.4.2 注射机型号规格的表示方法(Model and Specification of Injection Machine)

注射机型号标准表示法主要有注射量、合模力、注射量与合模力同时表示三种方法。

(1) 注射量表示法。用注射机的注射容量来表示注射机规格的方法,即注射机以标准螺杆(常用普通型螺杆)注射时的 80% 理论注射量表示。这种表示方法比较直观,规定了注射机成型塑件的体积范围。由于注射容量与加工塑料的性能、状态有着密切的关系,所以注射量表示法不能直接判断规格的大小。

我国标准采用的是注射量表示法。如 XS-ZY-125,其中 XS 表示塑料成型机械;Z 表示注射成型;Y 表示螺杆式(无 Y 表示柱塞式);125 表示注射机的公称注射量为 125cm^3。

(2) 合模力表示法。用注射机最大合模力(kN)来表示注射机规格的方法。这种表示法直观、简单,注射机合模力不会受到其他取值的影响,可直接反映出注射机成型面积的大小。合模力表示法不能直接反映注射机注射量的大小,也就不能反映注射机全部加工能力及规格的大小。

(3) 合模力与注射量表示法。目前国际上通用的表示方法,是用注射量为分子、合模力为分母表示设备的规格。如 XZ-63/50 型注射机,X 表示塑料机械,Z 表示注射机,63 表示注射容量为 63cm^3,50 表示合模力为 50×10kN。

7.4.3 注射机的主要技术参数(Primary Technical Parameters of Injection Machine)

常用的注射机的规格和性能见表 7-12。注射机的主要参数包括注射量、注射压力、锁模力、与模具的配合连接尺寸等。

(1) 注射量。也称为公称注射量,是指在对空注射的条件下,注射螺杆或柱塞做一次最大注射行程时,注射装置所能达到的最大注射量。柱塞式注射机的注射量和螺杆式注射机的注射量表示方法不同。柱塞式注射机的注射量是用一次注射聚苯乙烯的最大克数为标准表示的,而螺杆式注射机的最大注射量是以体积表示的,与塑料的品种无关。

(2) 注射压力。注射时为了克服塑料流经喷嘴、流道和型腔时的流动阻力,注射机螺杆(或柱塞)必须对塑料熔体施加足够的压力,此压力称为注射压力。注射压力的大小与流动阻力、塑件的形状、塑料的性能、塑化方式、塑化温度、模具温度及塑件的精度要求等因素有关。

(3) 锁模力。当高压的塑料熔体充满模具型腔时,会产生使模具分型面涨开的力,这个力的大小等于塑件和浇注系统在分型面上的投影面积之和乘以型腔的压力,它应小于注射机的额定锁模力 F_p,才能保证在注射时不发生溢料现象。

(4) 与模具的配合、连接尺寸。选定设备时,必须考虑设备与模具之间有关配合及连接尺寸。有关配合、连接尺寸主要包括模板尺寸、模具的最大和最小厚度及模具最大开合模行程等。

表7-12 部分国产注射机的规格和性能

项目＼型号	XS-ZS-22	XS-Z-30	XS-Z-60	XS-ZY-125	G54-S200/400	SZY-300	XS-ZY-500	XS-ZY-1000	SZY-2000	XS-ZY-4000
额定注射量/cm³	30、20	30	60	125	200/400	320	500	1000	2000	4000
螺杆(柱塞)直径/mm	25、20	28	38	42	55	60	65	85	110	130
注射压力/MPa	75、115	119	122	120	109	78.5	145	121	90	106
注射行程/mm	130	130	170	115	160	150	200	260	280	370
注射方式	双柱塞(双色)	柱塞式	柱塞式	螺杆式	螺杆式	螺杆式	螺杆式	螺杆式	螺杆式	螺杆式
锁模力/kN	250	250	500	900	2540	1500	3500	4500	6000	10000
最大成形面积/cm²	90	90	130	320	645	340	1000	1800	2600	3800
最大开合模行程/mm	160	160	180	300	260	355	500	700	750	1100
模具最大厚度/mm	180	180	200	300	406	285	450	700	800	1000
模具最小厚度/mm	60	60	70	200	165		300	300	500	700
喷嘴圆弧半径/mm	12	12	12	12	18	12	18	18	18	
喷嘴孔直径/mm	2	2	4	4	4		3、5、6、8	8.5	10	
顶出形式	四侧设有顶杆、机械顶出	四侧设有顶杆、机械顶出	中心设有顶杆、机械顶出	两侧设有顶杆、机械顶出	动模板设有顶板，开模时模具顶杆通过固定板上的顶杆相碰，与顶板机械顶出塑件	中心及上、下两侧设有顶杆，机械顶出	中心液压顶出、顶出距100mm，两侧机械顶杆机械顶出	中心液压顶出、两侧顶杆机械顶出	中心液压顶出、顶出距125mm，两侧顶杆机械顶出	中心液压顶出、两侧动作液压式
动、定模固定板尺寸/mm²	250×280	250×280	330×440	428×458	532×634	620×520	700×850	900×1000	1180×1180	1050×950
拉杆尺寸/mm	235	235	190×300	260×290	290×368	400×300	540×440	650×550	760×700	
合模方式	液压-机械	液压-机械	液压-机械	液压-机械	液压-机械	液压-机械	液压-机械	两次动作液压式	液压-机械	两次动作液压式
液压泵 流量/(L/min)	50	50	70、12	100、12	170、12	103.9、12.1	200、25	200、18、1.8	175.8×2、14.2	50、50
液压泵 压力/MPa	6.5	6.5	6.5	6.5	6.5	8.0	6.5	14	14	20
电动机功率/kW	5.5	5.5	11	11	18.5	17	22	40、5.5、5.5	40、40	17、17
螺杆驱动功率/kW				4	5.5	8.8	8.5	13	23.5	30
加热功率/kW	1.75		2.7	5	10	6.5	14	16.5	21	37
机器外形尺寸/mm	2340×800×1460	2340×850×1460	3160×850×1550	3340×750×1550	4700×1400×1800	5300×940×1815	6500×1300×2000	7670×1740×2380	10908×1900×3430	11500×3000×4500

本章小结(Brief Summary of this Chapter)

　　本章是学习塑料模具设计的基础，主要介绍了塑料的组成和主要分类方法、塑料成型的工艺特性、塑件的结构工艺性和常用塑料成型设备四个方面的内容。

　　塑料是以树脂为主要成分，加入适量添加剂组成的高分子有机化合物，使用非常广泛，其中的树脂决定着塑料的性质和特点，添加剂可以改善或加强塑料的某些特性。

　　塑料成型的工艺特性是指塑料在成型过程中所表现出来的特有性质。不论是热塑性塑料还是热固性塑料，在其成型过程中都要充分考虑收缩性、流动性等工艺特性的影响。

　　塑件的结构工艺性主要包括尺寸和精度、表面粗糙度、壁厚、塑件形状、脱模斜度、孔、加强肋、嵌件等内容，在进行塑件设计时应予以全面考虑。

　　注射成型是塑料成型的一种重要方法，能一次成型出形状复杂、尺寸精确、带有金属或非金属嵌件的塑件等，对常用注射机的类型特点和工作原理应能理解掌握并能够合理选择应用。

习题(Exercises)

1. 简答题

(1) 什么是热塑性塑料与热固性塑料？各有什么特点？试各举两个实例。

(2) 塑料是由什么组成的？主要性能有哪些？

(3) 塑料成型的工艺特性有哪些？

(4) 常用的塑料成型设备有哪些？注射机的主要技术参数包括哪些？

(5) 塑料制品几何形状的设计包括哪些内容？

(6) 查阅资料，试述塑料模具技术的现状及发展趋势。

2. 分析题

综合运用所学知识分析如图7.13所示塑件在结构工艺性上存在哪些问题，试画出正确结构。

(a)

(b)

图 7.13　塑件

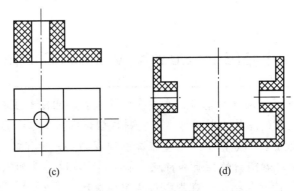

图 7.13　塑件(续)

综合实训(Comprehensive Practical Training)

1. 实训目标

提高学生对注射机和塑料模具的感性认知，帮助学生认识模具在注射机上进行安装的过程，提高学生动手操作能力。

2. 实训内容

指导学生掌握注射机基本结构和基本操作，使学生掌握注射模具在注射机的安装与拆卸过程，有条件的可以使用塑料进行注射演示，增强对塑料模具工作过程的感性认知。

3. 实训要求

模具在注射机的安装与拆卸要严格按照以下要求进行。

1) 塑料模的安装过程

(1) 根据模具的外形尺寸及合模距离选择合适的注射机。

(2) 检查注射机动模板与定模板上有无安装螺栓过孔，若有则用螺栓连接，无孔则用压板连接；并调整压板、螺栓。

(3) 调节动、定模板间的距离，使其大于模具总厚度 1～3mm。

(4) 打开注射机的动、定模安装板。

(5) 将模具与注射机的接触面擦拭干净，将完全闭合的模具放入安装板之间，把模具的定位环套入定模安装板上的定位环孔内。

(6) 点动合模，使模具压在动、定模安装板之间。

(7) 用压板和螺栓将动、定模座分别固定在动、定模安装板上。如果注射机为曲柄合模机构，可调整大杠调节螺母，使动、定模安装板之间的距离符合模具厚度的安装要求。

(8) 点动开合模几次，观察模具开、合模时是否有卡滞现象。

(9) 调节顶出距离和次数，调节相应行程开关位置，使其能顶出塑件为止。

2) 注射模卸模步骤

(1) 使模具冷却至室温，并使模具处于闭合状态。

(2) 卸开动、定模座板上的压板螺钉。

(3) 托住模具(如果有吊车，最好用吊车将模具托住)，打开注射机动、定模安装板。

(4) 轻轻摇动模具，使定位环从定模安装板中脱出。

(5) 将模具从动、定模安装板中间移开。

第 8 章
注射成型工艺及注射模
(Injection Molding Process and Injection Mould)

 本章学习目标

本章应掌握的内容：了解注射成型工艺原理，掌握注射模的典型结构、组成，掌握分型面、浇注系统、成型零件、侧向分型抽芯机构、推出机构、合模导向机构及模具温度调节系统设计的一般方法，理解模具与注射机有关参数的校核。

应该具备的能力：具备中等复杂程度塑料件的工艺分析、工艺计算和典型结构选择及零部件结构设计的能力。

本章教学要求

能力目标	知识要点	权重	自测分数
了解注射成型工艺原理及工艺条件	注射成型工艺原理及工艺条件	10%	
掌握注射模的结构、组成、各部分设计	注射模的典型结构、组成，分型面、浇注系统、成型零件、侧向分型抽芯机构、推出机构、合模导向机构及模具温度调节系统等的设计方法	80%	
模具与注射机有关参数的校核	注射机最大注射量的校核、锁模力的校核、模具与注射机安装部分相关尺寸的校核	10%	

导入案例

塑料成型模具产量中约半数以上是注射模具，如图 8.01 所示的手机外壳和啤酒转运箱均是通过注射模具生产的。我国注射模产品水平自 2008 年以来取得了长足进步，在大型注射模具方面，可以生产 63in 电视机外壳模具、6.5kg 洗衣机内筒模具及汽车保险杠、整体仪表盘等模具，最大的单套模具质量已超过 50t；在精密注射模具方面，可以生产照相机模具、多型腔小模数齿轮模具及高光学要求的车灯模具等。

图 8.01　注射工艺产品

通过市场调查，了解并列举日常生活中注射工艺生产的塑料制品，并仔细观察模具在产品上留下的痕迹。

8.1　注射成型工艺原理及工艺条件(Injection Molding Principle and Process Condition)

近年来，除了常见的注射成型工艺以外，出现了许多注射新工艺、新技术，并在生产中得到推广应用，如双色注射成型、双层注射成型、多材质塑料注射成型、高效多色注射成型、气体辅助注射成型、热固性塑料注射模、应用热流道技术的特种注射模、橡胶注射成型等，读者如有兴趣，可查阅相关资料学习。本章介绍一般注射成型工艺及模具设计。

8.1.1　注射成型原理及特点(Injection Molding Principle and Feature)

1. 注射成型原理

注射成型又称注塑成型，是热塑性塑料的主要成型方法之一，其原理如图 8.1 所示。主要包括以下几个步骤。

(1) 将粒状或粉状的塑料原料加入到注射机的料斗中。

(2) 在注射机内，塑料受热变成熔融状态。

(3) 在注射压力作用下，熔融状态的塑料充满型腔。

(4) 冷却固化后得到所需的塑件。

图 8.1 注射成型原理

1—动模；2—塑件；3—定模；4—料斗；5—传动装置；6—液压缸；7—螺杆；8—加热器

2. 注射成型的特点

(1) 能一次成型形状复杂、尺寸精确、带有嵌件的塑件。

(2) 成型周期短，生产率高，易实现自动化生产。

(3) 除氟塑料以外，几乎所有的热塑性塑料都可以注射成型，一些流动性好的热固性塑料也可以注射成型。

(4) 注射机价格较高，注射模结构复杂，成本较高，不适合单件小批量生产。

8.1.2 注射成型过程(Injection Molding Process)

注射成型过程包括 3 个阶段：成型前的准备工作、注射过程和塑件的后处理。

1. 成型前的准备工作

(1) 原料检查、预热、干燥。根据塑料特性和供料情况，成型之前应对物料进行外观(指色泽、颗粒大小及均匀性等)和工艺性能(流动性、热稳定性、收缩性及含水量等)方面的检查。对吸水性强的塑料(如聚碳酸酯、聚酰胺等)，在成型之前必须进行干燥处理，控制其水分含量在 0.4%以下。

(2) 料筒清洗。在生产中需要改变产品、更换原料、调换颜色或发现塑料变质时，必须对注射机料筒进行清洗。

(3) 嵌件预热。由于金属的热膨胀系数和塑料的收缩率差别较大，为缩小塑料与嵌件的温度差，使嵌件周围的塑料缓慢冷却，减少塑件成型后的内部应力，需要对嵌件进行预热处理。

(4) 模具预热。使模具达到正常工作的温度，保证塑件质量。

(5) 脱模剂的选用。脱模剂可以使脱模困难的塑件顺利从模具中脱出。

2. 注射过程

(1) 加料。将预热过的粉状或粒状塑料加入到注射机料斗中。

(2) 塑化。即塑料熔融，是指加入的塑料在料筒中进行加热，由粉状或粒状变成熔融状态，并具有良好的可塑性的全过程。

(3) 充模。塑化好的熔融状态的塑料，在注射机柱塞杆或螺杆的推进作用下，由料筒经喷嘴、浇注系统充满注射模的型腔的过程。

(4) 保压。由于塑件在由熔融状态冷却凝固到固态的过程中有收缩现象，所以需要柱塞或螺杆对料筒中熔融状态的塑料保持一定的压力，使熔融状态的塑料经浇注系统不断补充到模具中，从而得到形状完整、质地致密的塑件。但保压时间应适当，保压时间过长，易使塑件产生内应力，引起塑件翘曲或开裂；保压时间过短，会使型腔中熔融状态的塑料压力比浇口处的压力高，如果浇口尚未冻结，那么型腔中熔融状态的塑料就会通过浇口流向浇注系统，这一过程称为倒流。倒流会使塑件产生收缩、变形及质地疏松等缺陷。在实际生产中，要避免倒流现象的发生。

(5) 冷却。冷却指从浇口处的熔料完全冻结起，到塑件从模具型腔内被推出为止的全过程。塑料的冷却速度应适中，如果冷却过急，则会导致冷却不均、收缩率不一致，使塑件产生内应力，产生翘曲变形。

(6) 脱模。塑件冷却到固化定型后即可开模。

3. 塑件的后处理

(1) 退火处理：将塑件放在定温的加热介质(如热水、热的矿物油、甘油、乙二醇和液体石蜡等)或热空气循环烘箱中静置一段时间，然后缓慢冷却的工艺。其目的是减小塑件的内应力，这在生产厚壁或带有金属嵌件的塑件时更为重要。退火的温度一般控制在高于塑料的使用温度 10～20℃或低于塑料的热变形温度 10～20℃的范围内。温度过高，塑件会产生翘曲变形；温度过低，达不到后处理的目的。

(2) 调湿处理：将刚脱模的塑件放到热水中，隔绝空气，防止塑件氧化，加快吸湿平衡。适当的调湿处理可以改善塑件的柔韧性，提高抗拉、抗冲击等力学性能，稳定颜色、尺寸。通常，聚酰胺类塑料需进行调湿处理。

8.1.3 注射成型的工艺条件(Process Condition of Injection Molding)

塑件质量的好坏不仅取决于原材料、生产方式、设备及模具结构，而且还取决于注射成型的工艺条件。注射成型的工艺条件最重要的是注射成型时的温度、压力和时间。

1. 温度

(1) 料筒温度。料筒温度是决定塑料塑化质量的重要依据。温度要适当。料筒温度过低，则塑化不充分；料筒温度过高，则会发生塑料分解现象。

料筒温度分布一般遵循前高后低的原则，即料筒后端温度最低，喷嘴处的前端温度最高。但当塑料偏湿时也可适当提高后端温度。

(2) 喷嘴温度。喷嘴温度通常略低于料筒的最高温度，也以不同的塑料而定，其目的是防止喷嘴处产生"流涎"现象。但是，喷嘴温度不能过低，否则熔料在喷嘴处会产生早凝现象，将喷嘴堵住。

(3) 模具温度。模具温度对塑料熔体的充型能力及塑件的内在性能和外观质量影响很大，必须保持一定温度。温度高，则熔料流动性好，塑件密度和结晶度就会提高，但塑件的收缩率和脱模后的翘曲变形增加，冷却时间长又使生产率下降；温度过低，则会使塑件产生较大的内应力，引起开裂，使得表面质量下降。

对于复杂塑件，设计注射模时应有温度控制系统。

2. 压力

在注射成型过程中需要控制的压力有塑化压力和注射压力两种，它们直接影响塑料的塑化和塑件质量。

(1) 塑化压力。又称背压，是指采用螺杆式注射机时，螺杆头部熔料在螺杆转动后退时所受到的压力。增加塑化压力能提高熔融体温度，使温度分布均匀化，使色料混合一体化，且能逐出熔料中的气体。但增加塑化压力会延长成型温度，降低塑化速率，甚至导致塑料降解。一般操作中，在保证塑件质量的前提下，塑化压力越低越好，一般不大于 20MPa。

(2) 注射压力。是指为了克服熔融状态的塑料流经喷嘴、浇注系统和型腔时的流动阻力，由注射机柱塞或螺杆的头部对熔料所施加的压力。其大小取决于注射机的类型、模具结构、塑料品种、塑件壁厚等。一般地，型腔复杂、流道长、薄壁深腔等情况下，需要的注射压力较大。

3. 时间

此处的时间即成型周期，指完成一次注射成型过程所需的时间。成型周期直接影响生产率和注射机的利用率，应在保证塑件质量的前提下，尽量缩短成型周期中的各个阶段时间。一个成型周期包括以下几个部分。

① 注射时间，包括充型时间和保压时间；② 模具内冷却时间，应以塑件脱模时不产生变形为原则，一般为 30～120s；③ 其他时间，包括开模、脱模、喷涂脱模剂、安放嵌件和合模时间等。

8.2 注射模结构(Injection Mould Structure)

注射模的分类方法很多，按注射模的典型结构特征可分为单分型面注射模、双分型面注射模、斜导柱侧向分型与抽芯注射模、带有活动镶件的注射模、定模带有推出机构的注射模和自动卸螺纹注射模具。另外，按型腔数量可分为单型腔注射模和多型腔注射模。

8.2.1 注射模结构组成(Composition of Injection Mould)

注射模由动模和定模两部分组成。其中定模部分安装在注射机的固定模板上，动模部分安装在注射机的移动模板上。在注射成型过程中，动模部分随注射机上的合模系统运动，由导柱导向与定模部分闭合而构成浇注系统和型腔，塑料熔体从注射机喷嘴经浇注系统进入型腔，冷却后开模时，动模部分和定模部分分离，取出塑件。

注射模总体结构组成如图 8.2 所示。根据模具上各个部分所起的作用不同，注射模具可分为以下 8 个组成部分。

(1) 成型部分。成型部分由凸模(型芯)、凹模(型腔)及嵌件和镶块等组成。凸模(型芯)形成塑件的内表面形状，凹模(型腔)形成塑件的外表面形状。如图 8.2 所示模具中，成型部分由动模板 1、定模板 2 和凸模 7 组成。

(a) 合模状态　　　　　　　　　　　　(b) 塑件推出状态

图 8.2　注射模具的结构

1—动模板；2—定模板；3—冷却水道；4—定模座板；5—定位圈；6—浇口套；7—凸模；
8—导柱；9—导套；10—动模座板；11—支承板；12—支承柱；13—推板；14—推杆固定板；
15—拉料杆；16—推板导柱；17—推板导套；18—推杆；19—复位杆；20—垫块；21—注射机顶杆

(2) 浇注系统。熔融塑料从注射机喷嘴进入模具型腔所流经的通道称为浇注系统，浇注系统由主流道、分流道、浇口及冷料穴四部分组成，如图 8.2 中定模板 2 和浇口套 6 中的浇注系统通道。

(3) 导向机构。为确保动、定模之间的正确合模，需要在动、定模部分采用导柱、导套(如图 8.2 的 8、9)或在动、定模部分设置互相吻合的内外锥面。为确保推出机构的运动平稳，其导向通常由推板导柱和推板导套(如图 8.2 的 16、17)组成。

(4) 侧向分型与抽芯机构。当塑件的侧壁有孔、凹槽或凸台时，就需要有侧向的凸模或成型块成型。在塑件被推出之前，必须先抽出侧向型芯或侧向成型块，然后才能顺利脱模。带动侧向型芯或侧向成型块移动的机构称为侧向分型与抽芯机构，如图 8.4 中的锁紧块 6、弹簧 3、拉杆 4、滑块 5、斜导柱 7、11、侧型芯 8 和挡块 2、14。

(5) 推出机构。推出机构是指模具分型后将塑件从模具中推出的装置。一般情况下，推出机构由推杆、复位杆、推杆固定板、推板、主流道拉料杆及推板导柱和推板导套等组成，如图 8.2 中推出机构的推板 13、推杆固定板 14、拉料杆 15、推板导柱 16、推板导套 17、推杆 18 和复位杆 19。

(6) 温度调节系统。为满足注射工艺对模具温度的要求，必须对模具温度进行控制，所以模具常常设有冷却或加热温度调节系统。冷却系统一般是在模具上开设冷却水道(如图 8.2 中定模板 2 中所指部位 3)，而加热系统是在模具内部或四周安装加热元件。

(7) 排气系统。在注射成型过程中，为了将型腔内的气体排除模外，常需要开设排气系统。排气系统通常是在分型面上有目的地开设几条排气沟槽，另外许多模具的推杆或活动型芯与模板之间的配合间隙也可起排气作用。小型塑件的排气量不大，因此可直接利用分型面排气。

(8) 支承零部件。用来安装固定或支承成型零部件及前述各部分机构的零部件均称为支承零部件。支承零部件组装在一起，可以构成注射模具的基本骨架。如图 8.2 中的定模座板 4、动模座板 10、支承板 11、垫块 20 等。

8.2.2　注射模典型结构(Typical Structure of Injection Mould)

1. 单分型面注射模

单分型面注射模又称二板式注射模,它是注射模中最简单、最基本的一种结构形式,对成型塑件的适应性很强,因而应用十分广泛。这种模具只有动、定模之间的一个分型面,其典型结构如图 8.2 所示。

2. 双分型面注射模

双分型面注射模有两个分型面,如图 8.3 所示。A—A 为第一分型面,分型后用于取出浇注系统凝料;B—B 为第二分型面,分型后用于取出塑件。与单分型面注射模相比,双分型面注射模定模部分增加了一块可以局部移动的中间板 12,所以也称为三板式注射模。

双分型面注射模在定模部分必须设置定距分型装置(如图 8.3 中限位销 6、弹簧 7、定距拉板 8),结构比较复杂,成本较高,适用于点浇口注射模或侧向分型抽芯机构设在定模一侧的注射模。

(a) 合模状态　　　　　　　　　　　(b) 第一次分型

(c) 第二次分型　　　　　　　　(d) 塑件被推出状态

图 8.3　弹簧分型拉板定距双分型面注射模

1—支架;2—支承板;3—型芯固定板;4—推件板;5,13—导柱;6—限位销;7—弹簧;8—定距拉板;9—型芯;10—浇口套;11—定模座板;12—中间板(定模板);14—推杆;15—推杆固定板;16—推板

3. 侧向分型与抽芯注射模

当塑件有侧凹或侧凸时，其侧型芯必须先侧向移出塑件后，才可将塑件推出模具，否则，塑件无法脱模。带动型芯侧向移动的机构称为侧向分型抽芯机构，如图 8.4 所示为斜导柱侧向分型抽芯注射模。图 8.4(b)为开模并完成侧抽芯，但塑件还未推出的状态。

| (a) 合模状态 | (b) 开模状态 |

图 8.4　斜导柱侧向分型与抽芯注射模

1—推件板；2，14—挡块；3—弹簧；4—拉杆；5—侧滑块；6，13—锁紧块；7，11—斜导柱；
8—侧型芯；9—凸模；10—定模板；12—侧向成型块；15—导柱

8.3　分型面(Parting Surface)

注射模中用以取出塑件和浇注系统凝料的可分离的接触表面称为分型面。分型面是决定模具结构形式的一个重要因素。分型面的形状、位置直接影响着模具的结构、浇注系统的设计、塑件的脱模、模具的制造和塑件的成型质量等。注射模有单个分型面和多个分型面之分，当注射模有两个或两个以上的分型面时，常将脱模时取出塑件的分型面称为主分型面，其他分型面称为辅助分型面。

8.3.1　分型面的形状(Parting Surface Shape)

分型面的形状有多种，视塑件的具体形状而定。如图 8.5 所示，图 8.5(a)为平直分型面；图 8.5(b)为倾斜分型面；图 8.5(c)为阶梯分型面；图 8.5(d)为曲面分型面；图 8.5(e)为瓣合分型面。其中平直分型面结构简单，加工方便，设计时应尽量采用。

8.3.2　分型面的表示方法(Representation of Parting Surface)

在模具的装配图上，分型面的表示一般采用如下方法。

(1) 当模具分型时，若分型面两边的模板面都移动分开，用"←|→"表示；若其中一

方不动，另一方移动，用"|→"表示，箭头指向移动的方向。

(2) 当有多个分型面时，应按开模先后次序依次标出 A、B、C 或标出Ⅰ、Ⅱ、Ⅲ等字样，如图 8.5(e)所示。

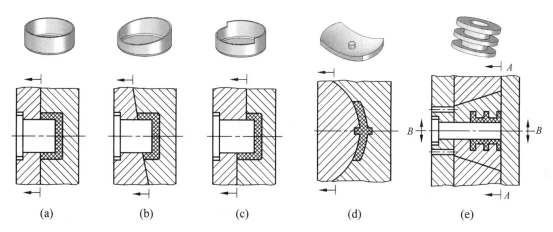

图 8.5　分型面的形式

8.3.3　分型面的选择原则(Selection Principle of Parting Surface)

分型面的选择应遵循如下原则。

(1) 分型面应选在塑件外形的最大轮廓处，如图 8.6 所示，在 A—A 处设置分型面，塑件可顺利脱模；在 B—B 处设置，塑件无法脱模。这是最基本的选择原则。

(2) 分型面应使塑件留在动模部分。由于注射机动模设有推出装置，分型面选择时应将型芯设置在动模部分，依靠塑件冷却收缩后包紧型芯，使塑件在开模后留在动模一侧，通过在动模部分设置推出机构，使塑件顺利脱模。如图 8.7 所示，图 8.7(a)所示分型面不合理，图 8.7(b)所示分型面合理。

图 8.6　分型面选在轮廓最大处

(a)　　　　　　　　(b)

图 8.7　分型面应使塑件留在动模

(3) 分型面应有利于保证塑件外观质量和精度要求。塑件光滑的外表面不应设计成分型面，以避免飞边痕迹影响外观，如图 8.8 所示，图 8.8(a)所示分型面不合理，图 8.8(b)所示分型面合理。

(4) 分型面应有利于保证塑件精度。对于受分型面影响的高精度尺寸，为避免注射时分型面涨开趋势的影响，应放在分型面的同一侧。如图 8.9 所示，图 8.9 所示分型面(a)不合理，图 8.9 所示分型面(b)合理。

图 8.8　分型面对塑件外观质量的影响

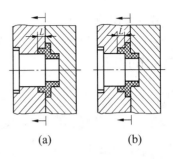

图 8.9　分型面对尺寸精度的影响

塑件中要求同轴度的尺寸应放在分型面的同一侧，以保证同轴度要求，如图 8.10 所示，图中(a)不合理，图中(b)合理。

(5) 分型面应有利于型腔排气。如图 8.11(a)中，排气不畅，分型面选择不合理；图(b)中塑料熔体的料流末端在分型面上，排气顺畅，分型面选择合理。

图 8.10　分型面对同轴度的影响

图 8.11　分型面对排气的影响

(6) 分型面应有利于模具的制造。如图 8.12(a)所示的分型面，推管前端制造困难，需采取止转措施，合模时，推管与定模型腔配合接触，推管制造难度较大；图 8.12(b)所示的阶梯分型面，推件板推出，模具制造难度相对较低。

图 8.12　分型面对模具制造的影响

(7) 分型面应有利于侧向抽芯。塑件有侧凹或侧凸时，侧向型芯放在动模一侧时模具结构简单、制造方便。由于模具侧向分型多由机械式分型机构完成(液压抽芯机构除外)，抽拔距离较小，选择分型面时应以浅的侧向凹孔或短的侧向凸台作为抽芯方向，而将较深的凹孔或较高的凸台放置在开合模方向。如图 8.13 所示，图 8.13(a)和图 8.13(c)所示分型面合理，图 8.13(b)和图 8.13(d)所示分型面不合理。

上面阐述了选择分型面的一般原则及部分示例，但在实际设计时不可能全部满足上述原则，应抓住主要矛盾，从而较合理地确定分型面。

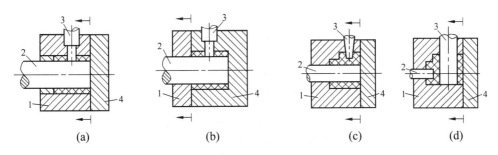

图 8.13　分型面对侧向分型与抽芯的影响

1—动模板；2—型芯；3—侧向型芯；4—定模板

8.4　浇注系统设计(Gating System Design)

浇注系统是指熔融塑料从注射机喷嘴进入模具型腔所流经的通道，分普通浇注系统和热流道浇注系统两种形式。本节只讨论普通浇注系统的设计。普通浇注系统一般由主流道、分流道、浇口和冷料穴四部分组成，如图 8.14 所示。

图 8.14　浇注系统组成

1—主流道；2—第一分流道；3—第二分流道；4—第三分流道；5—浇口；6—型腔；7—冷料穴

8.4.1　主流道设计(Sprue Design)

主流道通常位于模具的中心，它将注射机喷嘴注出的塑料熔体导入模具分流道或型腔，其形状为圆锥形，便于熔体顺利向前流进，开模时主流道凝料又能顺利拉出来。由于主流道要与高温塑料和注射机喷嘴反复接触和碰撞，通常不直接开在定模板上，而是由单独设计的浇口套形成，如图 8.15 中序号 2，结构设计如下：

进料口直径 $d=d_1+(0.5\sim1)$mm；球面凹坑半径 $SR=SR_1+(1\sim2)$mm；锥角 $\alpha=6°\sim12°$；主流道的表面粗糙度 $Ra\leqslant0.8\mu m$。

浇口套常用碳素工具钢 T8、T10 制造并经热处理淬火至 54～58HRC，作为标准件可直接采购。

浇口套与定模板的配合采用 H7/m6，浇口套与定位圈的配合采用 H9/f9，如图 8.16 所示。

图 8.15　主流道形状及其与注射机喷嘴的关系

1—定模座板；2—浇口套；3—注射机喷嘴

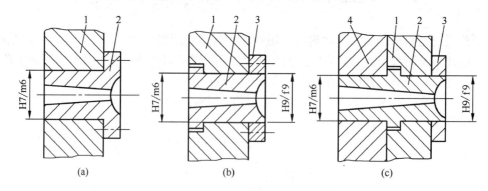

(a)　　　　　　　　(b)　　　　　　　　(c)

图 8.16　浇口套的固定形式

1—定模座板；2—浇口套；3—定位圈；4—定模板

8.4.2　分流道设计(Runner Design)

分流道是指浇注系统中主流道末端与浇口之间的一段塑料熔体的流动通道。分流道的作用是改变塑料熔体流向，使其以平稳的流态均衡地分配到各个型腔。设计时应尽量减少塑料熔体流动过程中的热量损失与压力损失。

1. 分流道的形状与尺寸

分流道可开设在动、定模分型面的两侧或任意一侧，其截面形状应尽量使其比表面积(流道表面积与其体积之比)小。常用的分流道截面形状有圆形、梯形、U 形等几种，如图 8.17 所示。

分流道的截面尺寸视塑料品种、塑件尺寸、成型工艺条件以及流道的长度等因素确定。圆形截面分流道直径常为 2～10mm。流动性较好的塑料，截面直径可取较小值；对流动性较差的塑料，截面直径可取较大值；对于大多数塑料，截面直径常取 5～6mm。U 形截面分道流的宽度 b 可在 5～10mm 内选取，半径 $R_1=0.5b$，深度 $h=1.25R$，斜角 $\alpha=5°～10°$。

图 8.17　分流道的截面形状

2．分流道的长度

根据型腔在分型面上的排布情况，分道流可分为一次分流道、二次分流道甚至三次分流道。分流道的长度要尽可能短，弯折要少，以便减少压力损失和热量损失，节约塑料的原材料和能耗。如图 8.18 所示为分流道长度的设计参数尺寸，其中 $L_1=6\sim10\text{mm}$，$L_2=3\sim6\text{mm}$，$L_3=6\sim10\text{mm}$，L 的尺寸根据型腔的多少和型腔的大小而定。

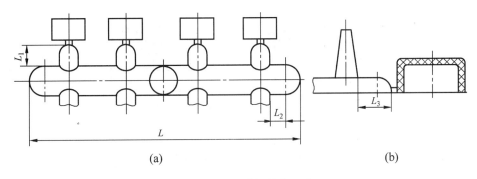

(a)　　　　　　　　　　　　　　　　　　　(b)

图 8.18　分流道的长度尺寸

3．分流道的表面粗糙度

分流道的表面粗糙度不能太低，为保证与分流道接触的外层塑料熔体迅速冷却，形成绝热层，只有内部熔体平稳流动，一般 Ra 取 $1.6\mu\text{m}$。

4．分流道在分型面上的布置形式

分流道在分型面上的布置形式有平衡式和非平衡式两种。平衡式布置是指分流道到各型腔浇口的长度、断面形状、尺寸都采用相同的布置形式，如图 8.19(a)所示。这种布置可实现均衡送料和同时充满型腔，使成型的塑件质量一致，但分流道长度较长。

非平衡式布置是指分流道到各型腔浇口长度不相等的布置形式，如图 8.19(b)所示。这种布置使塑料熔体进入各型腔有先有后，不利于均衡进料。但对多型腔模具，为缩短分流道长度，常采用这种形式。为实现塑料熔体同时充满各型腔，各浇口的断面尺寸要做得不同，并通过多次修模达到。

图 8.19　分流道的布置形式

 特别提示

> (1) 分流道通常开设在分型面上，可单独开在动模板或定模板上，如图 8.20(a)所示；也可同时开在动、定模板上，如图 8.20(b)所示。
>
> (2) 分流道与浇口连接处应加工成斜面，并用圆弧过渡，如图 8.20 所示。
>
>
>
> 图 8.20　分流道与浇口的连接方式
>
> 1—动模板；2—浇口套；3—定模板；4—型芯

8.4.3　冷料穴设计(Cold-slug Well Design)

冷料穴的作用是容纳浇注系统中料流前锋的"冷料"，防止"冷料"注入型腔而影响成型塑件的质量；还可在冷料穴处设置拉料杆，开模时，将主流道凝料从定模浇口套中拉出，最后由推出机构将塑件和浇注系统凝料一起推出模外。卧式或立式注射机所用注射模的冷料穴如图 8.14 所示，冷料穴位于主流道正对的动模板上，或处于分流道末端。冷料穴的形式有以下两种。

(1) 底部带有推杆的冷料穴，开模时起拉凝料作用，推出时将凝料自动推出。图 8.21(a) 为 Z 形拉料杆的冷料穴，图 8.21(b)为倒锥形冷料穴，图 8.21(c)为圆环形冷料穴。

(2) 底部带有拉料杆的冷料穴，只在开模时起拉凝料作用，图 8.21(d)为球头形，图 8.21(e) 为菌头形，图 8.21(f)为圆锥头形。圆锥头形冷料穴无储存冷料的作用，仅靠塑料收缩的包紧力拉出主流道凝料，可靠性欠佳。

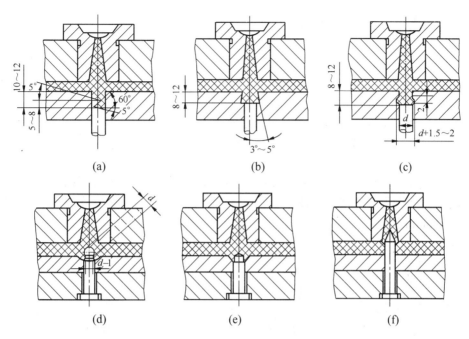

图 8.21　主流道冷料穴和拉料杆的形式

特别提示

> 如图 8.21(a)～图 8.21(c)中冷料穴底部带有推杆时,推杆应安装固定在推杆固定板上;而图 8.21(d)～图 8.21(f)中动模部分冷料穴底部带有拉料杆时, 拉料杆应安装固定在动模板上。

8.4.4　浇口设计(Gate Design)

浇口也称进料口,是指浇注系统中连接分流道与型腔的熔体通道,其位置、尺寸、形状,直接关系到塑件的内在质量和外观质量,是浇注系统的关键部位。按浇口截面尺寸大小不同,可分为限制性浇口和非限制性浇口两大类。

1. 限制性浇口

限制性浇口是指分流道与型腔间采用一段距离很短、截面很小的流道。其作用如下。

(1) 通过截面的突然变化,使塑料熔体流速增加,摩擦加剧,温度升高,黏度降低,提高流动性,有利于填充型腔。

(2) 对多型腔模具,可调节浇口截面尺寸,以保证非平衡布置的型腔同时充满。

(3) 型腔充满后,熔体在浇口处首先凝固,防止熔体倒流,保证型腔内熔料自由收缩固化成型,减小塑件内残余应力。

(4) 便于浇注系统与塑件的分离,塑件上残留痕迹小。

但浇口尺寸过小会使压力损失增大,冷凝加快,补缩困难。

2. 非限制性浇口

非限制性浇口是指塑料熔体从主流道直接进入型腔,是整个浇口系统中截面尺寸最大的部位。

3. 常用浇口形式及使用范围

1) 直接浇口

直接浇口如图8.22所示，属于非限制性浇口，一般$\alpha=4°\sim12°$。这类浇口的流程短，流动阻力小，进料速度快，有利于排除深型腔中的气体，容易成型；但浇口去处困难，遗留痕迹明显，浇口附近热量集中，冷却速度慢，内应力大，易产生变形、缩孔等缺陷。

直接浇口适用于成型大型、深腔、壁厚的壳体类塑件(如盆、桶等)，对各种塑料都适用，特别是黏度高、流动性差的塑料，但不宜成型平薄类塑件。

2) 中心浇口

当筒类或壳类塑件的底部中心或接近于中心部位有通孔时，内浇口就可开设在该孔口处，同时在中心设置分流锥，这种类型的浇口称为中心浇口，如图8.23所示。环形厚度一般不小于0.5mm。

图8.22　直接浇口的形式

图8.23　中心浇口的形式

3) 侧浇口

侧浇口又称边缘浇口，开在主分型面上，从塑件侧面进料，断面形状为矩形，尺寸小，属于限制性浇口。优点：加工容易，可按需要合理选择浇口位置和调整尺寸大小；使模具结构简单，只需采用二板模即可；去浇口容易，痕迹较小，对塑件外观影响小，适用于各种形状的塑件。但这种浇口成型的塑件往往有熔接痕存在，且注射压力损失大，对深型腔塑件的排气不利。如图8.24所示，对于中小型塑件，侧浇口尺寸经验取值：宽度$b=1.5\sim5$mm，厚度$t=0.5\sim2$mm(也可取塑件壁厚的$1/3\sim2/3$)，长$l=0.7\sim2$mm。塑件厚、大，数值取上限；反之，取下限。

4) 轮辐式浇口

轮辐式浇口是侧浇口的变异形式，如图8.25所示，多用于底部有大孔的圆筒形或壳型塑件。缺点是增加了熔接痕，影响塑件的强度。

5) 点浇口

点浇口又称针式浇口，是一种尺寸很小的浇口。点浇口的形式如图8.26所示，其中8.26(a)所示形式常用，图8.26(b)所示形式为防止点浇口拉断时损坏塑件，增加一个小倒锥凸台；但这两种形式都会在塑件表面留有浇口凸起，影响表面质量，为此可采用图8.26(c)所示的形式。

点浇口尺寸经验取值：$d=0.5\sim1.5$mm(常见为$0.8\sim1.2$mm)，$l=0.5\sim2$mm，$l_0=0.5$mm，$l_1=1.0\sim1.5$mm，$\alpha=6°\sim15°$，$\beta=60°\sim90°$。

点浇口的优点：①对浇口位置限制较小，可自由选定；②在多点进料或多型腔模具中，容易实现均衡进料；③有利于薄壁、长流程和表面带精细花纹图案的塑件成型，降低浇口附近的残余应力；④容易从塑件上自行拉断，几乎看不出浇口痕迹，容易实现脱模时的自动化。

图 8.24　侧浇口的形式　　　　　　图 8.25　轮辐式浇口的形式

(a)　　　　　　　　(b)　　　　　　　　　　　(c)

图 8.26　点浇口的各种形式

点浇口的缺点：①必须采用三板模结构，增加了模具结构复杂性；②加工较困难；③要求采用较高的注射压力。

点浇口广泛用于低黏度塑料(如 ABS、聚乙烯等)和各种壳体类塑件，不适用于高黏度塑料和壁厚塑件。

6) 潜伏浇口

潜伏式浇口又称隧道式浇口，由点浇口演变而来，用于两板模，简化了模具结构。潜伏式浇口开设在塑件内侧或外侧隐蔽部位，使浇口痕迹不影响塑件外形美观，形式如图 8.27 所示。其中，图 8.27(a)为浇口开设在定模部分；图 8.27(b)为浇口开设在动模部分；图 8.27(c) 为浇道开设在推杆上而进料口在推杆上端。

潜伏浇口一般是圆形截面，其尺寸设计可参考点浇口。潜伏浇口的锥角 β 取 10°～20°，倾斜角 α 为 45°～60°，推杆上进料口宽度为 0.8～2mm，视塑件大小而定。

潜伏浇口适用于表面质量要求高、不允许留浇口痕迹的塑件，但对于较强韧的塑料则不宜采用。

（a）　　　　　　　　（b）　　　　　　　　（c）

图 8.27　潜伏浇口的形式

8.4.5　浇注系统及浇口位置的选择(Selection of Gating system and Gate Position)

浇注系统设计(特别是浇口位置)对塑件的性能、尺寸、内外部质量及模具的结构、塑料的利用率等都有较大影响。在进行设计时，需要根据塑件的结构、质量要求与成型工艺条件等综合进行考虑，一般应遵循以下原则。

(1) 了解塑料的成型性能。设计浇注系统要适应所用塑料的成型特性要求，以保证塑件质量。

(2) 尽量采用较短的流程充满型腔。选择浇注系统及浇口位置时，应保证流程短，拐弯少，压力损失和热量损失小，使熔体容易充满型腔。图 8.28(a)所示为不合理浇注系统，图 8.28(b)所示为合理浇注系统。

对大型塑件，要进行流动比的校核。流动比是指塑料熔体在模具中进行最长距离的流动时，其截面厚度相同的各段料流通道及各段型腔的长度与其对应截面厚度之比值的总和，即

$$\Phi=\sum_{i=1}^{n}\frac{L_i}{t_i} \tag{8-1}$$

式中，　Φ——流动距离比；

$\quad\quad L_i$——模具中各段料流通道及各段型腔的长度(mm)；

$\quad\quad t_i$——模具中各段料流通道及各段型腔的截面厚度(mm)。

图 8.29 所示为侧浇口进料的塑件，其流动距离比 $\Phi=\dfrac{L_1}{t_1}+\dfrac{L_2}{t_2}+\dfrac{L_3}{t_3}+\dfrac{2L_4}{t_4}+\dfrac{L_5}{t_5}$。

（a）　　　　　　（b）

图 8.28　浇注系统对填充的影响　　　　　图 8.29　流动距离比计算实例

若计算出的熔体实际流动比超过允许的数值时会出现充型不足现象，这时应调整浇口位置或增加浇口数量。表 8-1 所示为常用塑料的极限流动比，供模具设计时参考。

表 8-1 部分塑料的注射压力与流动距离比

塑料品种	注射压力/MPa	流动距离比	塑料品种	注射压力/MPa	流动距离比
聚乙烯(PE)	49	140~100	聚苯乙烯(PS)	88.2	300~260
	68.6	240~200	聚醛(POM)	98	210~110
	147	280~250			
聚碳酸酯(PC)	88.2	130~90	尼龙 66	88.2	130~90
	117.6	150~120		127.4	160~130
	127.4	160~120			
软聚氯乙烯 (SPVC)	68.6	240~160	硬聚氯乙烯 (HPVC)	68.6	110~70
	88.2	280~200		88.2	140~100
				117.6	160~120
				127.4	170~130

(3) 尽量避免或减少产生熔接痕，提高熔接痕处的强度。在选择浇口位置时，尽量减少分流次数，避免产生熔接痕，如图 8.30 所示。为避免熔接痕的产生，在熔接痕处增设溢流槽，如图 8.31 所示。若无法避免熔接痕时，应注意熔接痕方向，提高熔接痕处强度。如图 8.32(a)中熔接痕与小孔位于一条直线，塑件强度较差，布置不合理；改用图 8.32(b)形式布置，则可提高塑件强度，布置合理。

(a) 不合理   (b) 合理

图 8.30 浇口位置对熔接痕的影响   图 8.31 浇注系统对外观的影响

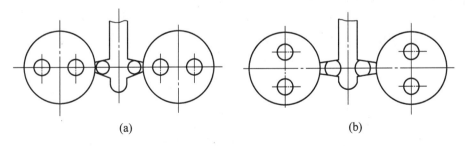

(a)   (b)

图 8.32 浇口位置对熔接痕方位及强度的影响

(4) 设计浇注系统时应考虑到浇口去除、修理方便，痕迹小，不能影响塑件外表美观。对多型腔模具，保证各型腔均衡进料。

(5) 型腔布置和浇口开设位置力求对称，防止模具承受偏载而产生溢料现象。如图 8.33 所示，图 8.33(a)所示为不合理，图 8.33(b)所示设计合理。

(6) 选择内浇口位置时应防止型芯的变形和嵌件的位移。选择内浇口位置时应尽量避免塑料熔体直接冲击细小型芯和嵌件，以防止熔体冲击力使细小型芯变形或嵌件位移，图 8.28(a)所示浇口位置不合理，图 8.28(b)所示浇口位置合理。

(7) 选择内浇口位置时应有利于型腔中气体的排出。图 8.28(a)所示设计不合理，塑料熔体可能会先封住分型面，造成气体聚集在型腔深处，不能排出；图 8.28(b)所示设计合理。

(8) 选择内浇口位置时应避免塑件变形。如图 8.34(a)所示平板形塑件，只用一个中心浇口，塑件会因内应力较大而翘曲变形；而图 8.34(b)采用多个点浇口，就可以克服翘曲变形缺陷。

| (a) | (b) | (a) | (b) |

图 8.33　型腔、浇口位置力求对称　　　　图 8.34　浇口对塑件变形的影响

8.5　成型零件设计(Molding Part Design)

8.5.1　成型零件的结构设计 (Structural Design of Cavity Block)

凹模也称型腔，是成型塑件外表面的主要零件，按结构不同可分为整体式和组合式两种形式。

1. 整体式凹模结构

整体式凹模结构是凹模成型零件和凹模固定板均在一整块金属模板上加工而成的结构形式，如图 8.35 所示。其特点是牢固、不易变形，不会使塑件产生拼接痕迹；但是浪费优质模具材料，加工困难，热处理不方便，常用于形状简单的中、小型模具上。

图 8.35　整体式凹模结构形式

2. 组合式凹模结构

组合式凹模结构是凹模成型零件和凹模固定板不在一整块金属模板上加工的结构形式。按组合方式不同，可分为整体嵌入式、局部镶嵌式和四壁拼合式等形式。

(1) 整体嵌入式。整体嵌入式是指型腔在一整块材料上加工，再整体嵌入凹模固定板的结构形式，如图 8.36 所示。型腔板与凹模固定板采用 H7/m6 过渡配合。图 8.36(a)为台阶固定法，适用于圆形凹模的嵌入固定；图 8.36(b)和图 8.36(c)为螺钉固定法，适用于非圆形凹模的嵌入固定。整体嵌入式凹模的特点是塑件表面无镶拼线痕迹，节约优质模具材料，加工方便，热处理变形小，维修方便，常用于精度要求高、使用标准模架的模具。

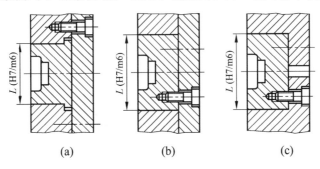

图 8.36　整体嵌入式凹模结构形式

(2) 局部镶嵌式。针对型腔局部强度不够，容易损坏，或型腔局部形状复杂，不便加工等问题，可采用如图 8.37 所示的局部镶嵌式凹模结构。以上镶嵌均采用 H7/m6 的过渡配合。

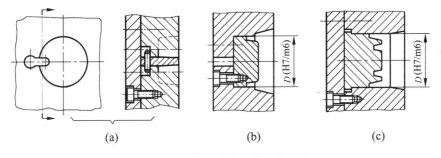

图 8.37　局部镶嵌式凹模结构形式

(3) 四壁拼合式。对大型和形状复杂的凹模，可以把它的四壁和底板分别加工，经研磨后压入模套中，称为四壁拼合式。其结构形式如图 8.38 所示。

综上所述，凹模结构较多采用的是整体嵌入式和局部镶嵌式。

图 8.38　四壁拼合式凹模结构形式

1，3—侧向镶拼块；2—底部镶拼块，4—模套

3. 凹模型腔侧壁厚度的计算

凹模型腔侧壁应具有足够的厚度以承受熔融塑料的高压作用，若壁厚不够可能产生变形，即刚性不足；也可能产生破裂，即强度不够。事实证明，对于大尺寸的型腔，刚度不够是主要的，应按刚度进行试算；小尺寸的型腔以发生大的塑性变形前，其内应力往往已超过了许用应力，因此应按强度进行计算。

1) 圆形凹模侧壁厚度的计算

(1) 组合式圆形凹模侧壁厚度的计算。如图 8.39 所示，当型腔侧壁承受高压熔融塑料的作用时，其半径变形量 δ 为：

$$\delta=\frac{rp}{E}(\frac{R^2+r^2}{R^2-r^2}+\mu) \tag{8-2}$$

如果已知 p、r、E 和刚度条件(半径变形量)δ 时，则式(8-2)可改写为：

$$R=r\sqrt{\frac{1-\mu+\frac{E\delta}{rp}}{\frac{E\delta}{rp}-\mu-1}} \tag{8-3}$$

则侧壁厚度为：$H=R-r$

如果是小塑件的型腔，应作强度计算。按第三强度理论，其计算公式为：

$$H=r(\sqrt{\frac{[\sigma]}{[\sigma]-2p}}-1) \tag{8-4}$$

(2) 整体式圆形凹模侧壁厚度的计算。如图 8.40 所示，整体式圆形型腔在熔融塑料压力的作用下，由于侧壁的限制，越靠近底部，受到的约束越大，近似认为在底板内半径变形为零，但当侧壁高到一定的界限 L 以上，则内半径变形值与自由变形的组合式圆形型腔变形值 δ 相同。自由变形与约束变形的分界点高度为：

$$L=\sqrt[4]{2r(R-r)^3} \tag{8-5}$$

图 8.39　组合式圆形凹模受力图　　　　图 8.40　整体式圆形凹模受力图

当型腔高度超过 L 时，按组合式圆形型腔进行刚度和强度计算；当型腔高度低于 L 时，按式(8-3)作刚度计算。最后根据具体结构确定外径 R 和侧壁厚 H，再按式(8-6)进行强度校核：

$$\sigma=\frac{3pL^2}{H^2}(\frac{R^2+r^2}{R^2-r^2}+\mu)\leqslant[\sigma] \tag{8-6}$$

式中，H——型腔侧壁厚度(mm)；

　　　p——型腔内压力(MPa)；

　　　r——型腔内半径(mm)；

　　　R——型腔外半径(mm)；

　　　μ——泊松比，碳钢取$\mu=0.25$；

　　　E——弹性模量(MPa)，碳钢取$E=2.1\times10^5$ MPa；

　$[\sigma]$——模具材料的许用应力(MPa)。

2) 矩形凹模侧壁厚度的计算

(1) 组合式矩形凹模侧壁厚度的计算。如图 8.41 所示，从刚度的观点出发，在熔融塑料的高压作用下，侧壁将发生弯曲，使侧壁与底板产生纵向间隙。设允许最大变形量为$[\delta]$，且将侧壁每一边看成固端梁，其壁厚按式(8-7)计算：

$$H = \sqrt[3]{\frac{pal_1^4}{32EA[\delta]}} \tag{8-7}$$

从强度的观点出发，侧壁每边都受到拉应力和弯曲应力的联合作用，取最长的一边计算。最大挠曲变形发生在梁的中点，最大弯曲应力也在该点，其壁厚按式(8-8)计算：

$$H = \frac{apl_2 + \sqrt{a^2p^2l_2^2 + 8A[\sigma]apl_1^2}}{4A[\sigma]} \tag{8-8}$$

图 8.41　组合式矩形凹模受力图

图 8.42　整体式矩形凹模受力图

(2) 整体式矩形凹模侧壁厚度的计算。如图 8.42 所示，任何侧壁均可简化为三边固定一边自由的矩形板，其最大变形发生在自由边的中点。设侧壁允许最大变形量为$[\delta]$，则侧壁的厚度为：

$$H = \sqrt[3]{\frac{Cpa^4}{E[\delta]}} \tag{8-9}$$

$$C \approx \frac{1}{\frac{2}{3} + 32\dfrac{a^4}{l_1^4}} \tag{8-10}$$

式中，C——常数(随l_1、a而定)．

　　　H——型腔侧壁厚度(mm)；

　　　p——型腔内压力(MPa)；

　l_1、l_2——侧壁内边长边、短边长度(mm)；

a ——承受塑料压力部分的侧壁高度(mm)；

A ——侧壁的全高(mm)；

$[\delta]$ ——侧壁允许最大变形量(mm)；

E ——弹性模量(MPa)，碳钢取 $E=2.1\times10^5$ MPa；

$[\sigma]$ ——模具材料的许用应力(MPa)。

4．凹模型腔底板厚度的计算

无论是组合式凹模，还是整体式凹模，整个凹模底板与定模板完全接触，定模板又与注射机前固定板完全接触。由于前固定板厚度很大，凹模底板可以看作受压件。从材料力学得知，受力件的压应力与受力面积成正比关系，即底板强度与底板受力面积有关，与底板厚度无关。只要保证凹模底板单位面积上的压力小于模具材料的许用压应力即可满足强度要求，而底板厚度主要从结构上考虑。

特别提示

(1) 实际应用中，为便于脱模，一般常将凹模设计在注射模的定模上，凸模设计在动模上。本节就是针对此种情况，对凹模型腔进行受力分析和壁厚计算。

(2) 本节介绍的是常见的两种规则型腔侧壁厚度的计算方法，对于不规则的型腔，可简化为规则的型腔进行计算。

(3) 在搞不清楚按强度条件还是按刚度条件计算时，应两种情况都进行计算，最后按计算所得的较大数值作为侧壁厚度的设计依据。

(4) 由于注射模的结构形式多种多样，因此进行刚度、强度计算时，应用的公式不一定相同。在进行设计计算时，还需要根据具体结构进行分析和计算。

8.5.2　凸模的结构设计 (Structural Design of Punch)

凸模也称型芯，是成型塑件内表面的主要零件，按结构可分为整体式和组合式两种形式。

1．整体式凸模结构

整体式凸模是指凸模固定板和凸模由一整块材料加工而成的结构，如图 8.43 所示，其特点同整体式凹模结构。

图 8.43　整体式凸模结构形式

2．组合式凸模结构

组合式凸模是指凸模固定板和凸模由不同材料加工而成的结构。按组合方式不同，可分为整体嵌入式(图 8.44)和局部镶嵌式(图 8.45)等形式。

图 8.44　整体嵌入式凸模形式

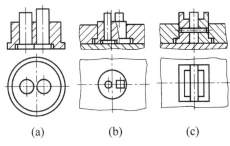

图 8.45　局部镶嵌式凸模形式

　　采用局部镶嵌时要满足强度要求，方便脱模，防止热处理变形，要避免尖角镶拼。如图 8.46(a)所示，溢料飞边方向与塑件脱模方向垂直，影响塑件脱出；而图 8.46(b)所示，溢料飞边方向与塑件脱模方向一致，便于脱模，因此被广泛采用。

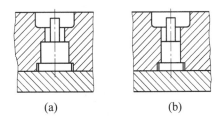

图 8.46　便于脱模的局部镶嵌结构

3. 组合式凸模的支撑板厚度计算

　　组合式凸模安装在动模上时，受力情况如图 8.47 所示。由图 8.47 可知，凸模可将受到的熔体压力直接传递给支撑板。支撑板受到熔体压力作用后会发生弯曲变形，从而影响到塑件尺寸精度，所以支撑板厚度计算也需从刚度和强度两方面考虑。

　　将支撑板简化成一受均匀载荷的简支梁。由于受力面积不同，均布载荷 p_1 不等于熔体压力 p。p_1 由式(8-11)得出：

$$p_1 = p\frac{f}{bl} \tag{8-11}$$

按刚度条件计算：

$$h = \frac{p_1 bl}{32EB[\delta]} \cdot \sqrt[3]{8L^3 - 4Ll^2 + l^3} \tag{8-12}$$

按强度条件计算：

$$h = \frac{3p_1 bl}{4B[\sigma]} \cdot \sqrt{2L - l} \tag{8-13}$$

式中，p_1——支撑板承受的压力(MPa)；

　　　　f——塑件在分型面上的投影面积(mm^2)；

　　　　p——型腔内压力(MPa)；

　　　　b、l——凸模底面的宽度、长度(mm)；

　　　　B——支撑板的宽度(mm)；

　　　　L——两个支撑板内侧间距(mm)；

　　　　$[\delta]$——支撑板允许最大变形量(mm)；

E——弹性模量(MPa)，碳钢取 $E=2.1\times10^5$ MPa；

$[\sigma]$——模具材料的许用应力(MPa)。

4. 整体式凸模的支撑板厚度计算

整体式凸模在动模上的安装方式有两种。一种是将整体式凸模安装在支撑板上，另一种方式是将整体式凸模直接安装在垫块上。图 8.48 所示为整体式凸模安装在支撑板上的结构。这种结构与组合式凸模类似，也是通过凸模将熔体压力作用在支撑板上。支撑板同样简化成一受均匀载荷的简支梁，不同的是均布载荷作用面积不同。除 p_1 计算公式不同外，因均布载荷作用在两个垫块之间的整个跨度范围上，因而支撑板厚度计算公式也不同。

$$p_1 = p\,\frac{f}{LB} \tag{8-14}$$

按刚度条件计算：

$$h = \sqrt[3]{\frac{5p_1L^4}{32E[\delta]}} \tag{8-15}$$

按强度条件计算：

$$h = \sqrt{\frac{3p_1L^2}{4[\sigma]}} \tag{8-16}$$

图 8.47 组合式凸模结构与受力图

图 8.48 整体式凸模结构与受力图

整体式凸模直接安装在垫块上时，可参照组合式凸模支撑板厚度的计算式(8-12)、式(8-13)进行计算。

8.5.3　小型芯的结构设计 (Structural Design of Small Core)

用于成型塑件上的小孔或凹槽的细小凸模通常称为小型芯。小型芯的固定方法如图 8.49 所示，其中，图 8.49(a)所示用于固定板较薄、用台肩固定、用支撑板压紧的场合；图 8.49(b)所示用于固定板较厚、用台肩固定、用支撑板压紧的场合；图 8.49(c)所示用于固定板厚，用支撑板压紧的场合；图 8.43(c)所示用于固定板厚而无支撑板的场合。

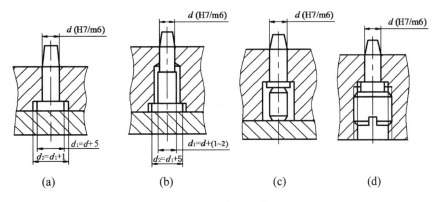

图 8.49　小型芯的固定方法

对于异形小型芯，为了定位方便，常将小型芯设计成如图 8.50 所示的结构形式。

图 8.50　异形小型芯的固定

对于多个距离较近的小型芯采用台肩固定时，台肩会发生重叠干涉现象，可将台肩干涉的一面磨去，将小型芯固定板的台阶孔加工成大圆台阶孔或长腰形台阶孔，如图 8.51 所示。

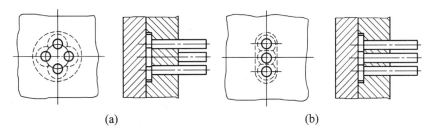

图 8.51　多个距离较近的小型芯的固定

8.5.4　成型零部件工作尺寸的计算(Working Size Calculation of Molding Part)

成型零部件工作尺寸是指凹模和型芯中直接用来构成塑件的尺寸。

1. 影响成型零部件工作尺寸的因素

(1) 塑件的收缩率波动。塑件成型后的收缩变化与塑料的品种，塑件的形状、尺寸、壁厚，成型工艺条件及模具结构等因素有关，所以确定准确的收缩率是很困难的。一般按平均收缩率来进行计算：

$$\overline{S} = \frac{S_{max} + S_{min}}{2} \times 100\% \tag{8-17}$$

式中，$\overline{S}$——塑件的平均收缩率；

S_{max}——塑件的最大收缩率；

S_{min}——塑件的最小收缩率。

S_{max}，S_{min} 的值参见相关塑料模设计手册或塑料产品说明书。

实际收缩率与计算收缩率会有差异，需不断总结后修订。

(2) 模具成型零件的制造误差。模具成型零件的制造精度直接影响塑件尺寸精度。一般成型零件工作尺寸的制造公差根据塑件公差δ而定，具体关系见表 8-2。模具成型零件的表面粗糙度取 Ra=0.8～0.2μm 。

表 8-2　模具制造公差 δ 与塑件尺寸公差 $\varDelta$ 的比例关系

塑件基本尺寸 L/mm	$\delta/\varDelta$	塑件基本尺寸 L/mm	$\delta/\varDelta$
0～60	1/3～1/4	250～350	1/6～1/7
60～150	1/4～1/5	350～500	1/7～1/8
150～250	1/5～1/6	500 以上	1/9～1/10

(3) 模具成型零件的磨损。成型零件的磨损主要来自塑料熔体的冲刷、腐蚀、脱模时塑件与模具的摩擦及模具维修保养时的打磨抛光等原因，其中脱模摩擦是主要因素。磨损量应根据塑件的产量、塑料的品种、模具的材料等因素来确定，生产批量小、塑料黏性小、材料耐磨性好则取较大值；反之，取较小值。对中小型塑件，最大磨损量可取塑件公差的1/6；对于大型塑件应取小于塑件公差值的 1/6。

(4) 模具安装配合误差。模具导柱导套间的配合间隙，型腔、型芯与固定板间的配合间隙，分型面及模板平面度等都会引起塑件尺寸的变化。因此模具的配合间隙误差应不影响模具成型零件的尺寸精度和位置精度。

2. 型腔和型芯径向尺寸的计算

1) 型腔尺寸的计算

型腔尺寸也是成型塑件外形的模具尺寸，塑件外形径向、高度尺寸公差的标准标注形式分别为 $(L_s)_{-\varDelta}^{0}$ 和 $(H_s)_{-\varDelta}^{0}$，如图 8.52(b)所示。型腔在使用过程中因磨损会使其尺寸逐渐增大，为使模具留有修模余地，在设计模具时，型腔尺寸尽量取下限尺寸，制造公差取上偏差，如图 8.52(c)所示。

(a) 型芯尺寸   (b) 塑料尺寸   (c) 型腔尺寸

图 8.52 模具零件工作尺寸与塑件尺寸的关系

(1) 型腔径向尺寸计算。

型腔径向尺寸的计算公式为

$$(L_m)_0^{+\delta_z} = \left[(1+\overline{S})L_s - \frac{3}{4}\Delta \right]_0^{+\delta_z} \tag{8-18}$$

式中，L_m——模具型腔的径向公称尺寸(mm)；

    $\overline{S}$——塑料的平均收缩率(%)；

    L_s——塑件外形的径向公称尺寸(mm)；

    δ_z——模具制造公差(mm)，取塑件相应尺寸公差的 1/3～1/10，按表 8-2 选取；

    Δ——塑件外形径向尺寸的公差(mm)。

(2) 型腔深度方向尺寸计算。

型腔深度方向尺寸的计算公式为

$$(H_m)_0^{+\delta_z} = \left[(1+\overline{S})H_s - \frac{2}{3}\Delta \right]_0^{+\delta_z} \tag{8-19}$$

式中，H_m——凹模深度公称尺寸(mm)；

    H_s——塑件凸起部分的高度公称尺寸(mm)。

 特别提示

> 由于型腔深度方向尺寸磨损较小，其磨损系数取 2/3；而径向尺寸磨损较大，其磨损系数取 3/4。

2) 型芯尺寸的计算

型芯是成型塑件内形的模具零件，塑件内形径向、深度尺寸公差的标准标注形式分别为 $(l_s)_0^{+\Delta}$ 和 $(h_s)_0^{+\Delta}$，如图 8.52(b)所示。凸模在使用过程中因磨损会使其尺寸逐渐减小，为使模具留有修模余地，在设计模具时，凸模尺寸尽量取上限尺寸，制造公差取下偏差，如图 8.52(a)所示。

(1) 型芯径向尺寸计算。

型芯径向尺寸的计算公式为

$$(l_m)_{-\delta_z}^0 = \left[(1+\overline{S})l_s + \frac{3}{4}\Delta \right]_{-\delta_z}^0 \tag{8-20}$$

式中，l_{m}——凸模径向公称尺寸(mm)；

$\quad\quad l_{s}$——塑件内表面径向公称尺寸(mm)；

$\quad\quad \Delta$——塑件内表面径向尺寸的公差(mm)。

(2) 型芯高度尺寸计算。

型芯高度尺寸的计算公式为

$$(h_{m})_{-\delta_{z}}^{0} = \left[(1+\overline{S})h_{s} + \frac{2}{3}\Delta\right]_{-\delta_{z}}^{0} \qquad (8-21)$$

式中，$\quad h_{m}$——凸模高度公称尺寸(mm)；

$\quad\quad h_{s}$——塑件孔或凹槽深度公称尺寸(mm)；

$\quad\quad \Delta$——塑件孔或凹槽深度尺寸的公差(mm)。

3) 中心距尺寸计算

塑件上凸台之间、凹槽之间或凸台与凹槽之间中心线的距离称为中心距。由于中心距的公差都是双向等值公差，同时磨损结果不会使中心距尺寸发生变化，因此在计算时不必考虑磨损量，如图 8.52(c)所示。中心距尺寸计算公式为

$$C_{m} \pm \frac{\delta_{z}}{2} = (1+\overline{S})\ C_{s} \pm \frac{\delta_{z}}{2} \qquad (8-22)$$

式中，$\quad C_{m}$——模具中心距基本尺寸(mm)；

$\quad\quad C_{s}$——塑件中心距基本尺寸(mm)。

 特别提示

> 为方便脱模，型腔、型芯沿脱模方向设计有脱模斜度，所以在成型零件工作图中标柱型腔、型芯径向尺寸时，应注明型腔、型芯径向尺寸是指的大端尺寸还是小端尺寸。

8.5.5 排气系统设计(Venting System Design)

塑料熔体在充填型腔时，必须将浇注系统和型腔内的空气及塑料分解产生的气体顺利排出模外，否则在塑件上会形成气泡，产生熔接不牢、表面轮廓不清及充型不满等成型缺陷，因此在模具设计时必须考虑型腔的排气问题。注射模通常采用以下四种方式排气。

(1) 利用推杆、镶拼型芯、活动镶件等的配合间隙排气，配合间隙为 0.03～0.05mm，视塑料的流动性能而定，流动性好的塑料，配合间隙取较小值；流动性差的塑料，配合间隙取较大值。

(2) 在分型面上熔体流动末端开设排气槽，形式与尺寸如图 8.53 所示。

(a)

(b)

图 8.53　分型面上的排气槽

分型面上排气槽深度 h 见表 8-3。

表 8-3 分型面上排气槽的深度   (单位：mm)

塑料品种	深度 h	塑料品种	深度 h
聚乙烯(PE)	0.02	尼龙(PA)	0.01
聚丙烯(PP)	0.01～0.02	聚碳酸酯(PC)	0.01～0.03
聚苯乙烯(PS)	0.02	聚甲醛(POM)	0.01～0.03
ABS	0.03	丙烯酸酯	0.03

(3) 利用排气塞排气。如果型腔最后充填的部位不在分型面上，而其附近又没有活动型芯或推杆，可在型腔深处镶入排气塞排气，如图 8.54 所示。

(4) 利用溢流槽处设置推杆孔排气，如图 8.55 所示。

图 8.54 利用排气塞排气

图 8.55 溢流槽排气

8.6 侧向分型与抽芯机构(Side-parting and Core-pulling Mechanism)

如图 8.56 所示的塑件，侧面带有与开模方向不一致的凹槽、凸台或孔，在脱模之前必须先抽出成型零件，否则无法脱模。完成这种侧向成型零件的抽芯和插芯的机构称为侧向分型与抽芯机构。

图 8.56 有侧凹、凸、孔的塑件

8.6.1 侧向分型与抽芯机构分类(Classfication of Side-parting and Core-pulling Mechanism)

根据侧向抽芯力来源不同，侧向分型与抽芯机构可分为手动、液压(或气动)和机动等类型。

(1) 手动侧向分型与抽芯机构。手动侧向分型与抽芯机构是指在开模前用手工或手工工具抽出侧向型芯的机构。如图 8.57 所示的两种螺杆手动侧向抽芯机构，在开模前先手动抽出侧型芯。这类机构操作不方便，劳动强度大，生产效率低，受人力限制难以获得较大抽芯力，但模具结构简单、成本低，常用于产品试制、小批量生产或无法采用其他侧向分型与抽芯机构的场合。

图 8.57　手动侧向抽芯机构

1—定模座板；2—凹模；3—凸模；4—侧向型芯螺杆；5—凹模固定板；6—侧向型芯；
7—盖板；8—手柄；9—凸模固定板；10—支撑板

(2) 液压(或气动)侧向分型与抽芯机构。液压(或气动)侧向分型与抽芯机构是指借助液压或气动，实现侧向型芯的抽芯及插芯，如图 8.58 所示。这类机构动作平稳、灵活，抽拔力大，抽芯距离长，但在模具上需配制专门的液压缸(或气缸)，费用较高，适用于大型注射模具或抽芯距离较长、抽拔力较大的模具。

(a) 合模状态　　　　(b) 开模状态　　　　(c) 侧抽芯

图 8.58　动模部分液压抽芯

1—侧型芯；2—楔紧块；3—拉杆；4—动模板；5—连接器；6—支架；7—液压缸

(3) 机动侧向分型与抽芯机构。机动侧向分型与抽芯机构是指借助注射机的开模力或推出力来实现模具的侧向分型、抽芯和插芯。该机构经济性高，适用性强，效率高，动作可靠，故应用最广泛，如图 8.4 所示。

(4) 弹簧驱动侧向分型与抽芯机构。当塑件上侧凹、侧凸很浅，侧向成型零件抽芯所需的抽芯力和抽拔距离都较小时，可采用弹簧驱动侧向分型与抽芯机构，如图 8.59 所示。弹性元件可用弹簧，也可用硬橡皮(图 8.60)等。

图 8.59　弹簧驱动侧抽芯机构

1—螺杆；2—弹簧；3—限位挡块；
4—楔紧块；5—侧型芯滑块

图 8.60　硬橡皮驱动侧抽芯机构

1—楔紧块；2—侧型芯；3—硬橡皮

 特别提示

　　对于液压(或气动)侧向分型与抽芯机构，当设计在定模方向时，抽芯动作一般是在开模前完成；当设计在动模方向时，抽芯动作一般是在开模后进行(图 8.58)；对于机动侧向分型与抽芯机构，抽芯动作一般是在开模过程中完成的，如图 8.4 所示。

8.6.2　斜导柱侧向分型与抽芯机构(Side-parting and Core-pulling Mechanism with Inclined Guide Pillar)

　　斜导柱侧向分型与抽芯机构结构紧凑、动作可靠、制造方便，因此在生产中应用最广泛。

　　1. 斜导柱侧向分型与抽芯机构的组成及工作原理

　　1) 组成

　　(1) 侧向成型零件，指成型塑件侧向凹凸(或侧孔)形状的零件，包括侧向型芯和侧向成型块等，如图 8.4 中的侧型芯 8、侧向成型块 12。

　　(2) 运动零件，指开合模时带动侧向成型块或侧向型芯在模具导滑槽内运动的零件，如图 8.4 中的侧滑块 5、侧向成型块 12。

　　(3) 传动零件，指开合模时带动运动零件作侧向抽芯、插芯的零件，如图 8.4 中的斜导柱 7、11。

　　(4) 锁紧零件，为防止注射时运动零件受到侧向胀型力而产生后退所设置的零件，如图 8.4 中的锁紧块 6、13。

　　(5) 限位零件，指为使运动零件在侧向抽芯结束时停留在要求位置，合模时保证传动零件斜导柱顺利、准确插入斜孔，使型芯正确复位而设置的零件，如图 8.4 中的 2、3、4 组成的弹簧拉杆挡块机构和挡块 14。

　　2) 工作原理

　　如图 8.4(a)所示为合模状态，侧滑块 5、12 分别由锁紧块 6、13 锁紧；开模时，动模部分向左侧运动，塑件包在凸模 9 上随着动模一起运动，在斜导柱 7 的作用下，侧滑块 5 带动侧型芯 8 在推件板上的导滑槽内向上作侧向抽芯。在斜导柱 11 的作用下，侧向成型块 12 在推件板上的导滑槽内向下作侧向抽芯。侧向分型结束，斜导柱脱离侧滑块，侧滑块 5 在弹簧 3 的作用下紧贴在限位挡块 2 上，侧向成型块 12 由于自身的重力紧靠在挡块 14 上，以便再次合模时斜导柱能准确地插入侧滑块的斜孔中，迫使其复位，如图 8.4(b) 所示。

2. 抽芯力计算

抽芯力包括抽芯阻力和塑件冷却收缩后对型芯的包紧力，其计算公式为

$$F = Ap(\mu\cos\alpha - \sin\alpha) \tag{8-23}$$

式中，F ——抽芯力(脱模力，单位为 N)；

$\quad A$ ——塑件型芯的侧面表面积(mm²)；

$\quad p$ ——塑件对型芯单位面积上的包紧力。一般情况下，模外冷却的塑件，p 取 24～39MPa；模内冷却的塑件，p 取 8～12MPa；

$\quad \mu$ ——塑件对钢的摩擦系数，一般为 0.1～0.3；

$\quad \alpha$ ——脱模斜度(°)。

3. 抽芯距离计算

抽芯后侧向型芯应完全脱离塑件成型表面，并使塑件顺利脱出型腔，如图 8.61 所示。抽芯距离计算公式为

$$s = s' + k \tag{8-24}$$

式中，s ——侧向抽芯距离(mm)；

$\quad s'$ ——塑件上侧凹、侧孔的最大深度或侧向凸台的最高高度(mm)；

$\quad k$ ——安全值，按抽芯距离长短及抽芯机构选定，一般取 5～10mm。

(a) 合模状态   (b) 开模状态

图 8.61 侧向抽芯机构的抽芯距离

4. 斜导柱的设计

1) 斜导柱的结构形式

斜导柱的结构形式如图 8.62 所示，其中，L_1 为固定于模板内的部分，与模板内安装孔采用 H7/m6 配合；L_2 为完成抽芯的工作部分；L_3 为斜导柱端部的导入部分；θ 为导入部分的斜角，通常取 $\theta = \alpha + 2° \sim 3°$，$\alpha$ 为斜导柱的倾斜角。

$$(a) \qquad\qquad\qquad\qquad (b)$$

图 8.62　斜导柱的典型结构形式

2) 斜导柱倾斜角 α 的确定

斜导柱的倾斜角 α 与侧型芯开模所需的抽芯力、斜导柱所受弯曲力、抽芯距离和开模行程等有关。α 大则抽芯力大，斜导柱受到的弯曲力也大；但完成抽芯所需的开模行程小，斜导柱的工作长度短。α 通常取 $12°\sim20°$，不大于 $25°$。抽芯距离长时 α 可取大些，抽芯距离短时，α 可适当取小些；抽芯力大时 α 可取小些，抽芯力小时 α 可取大些。因此，斜导柱倾斜角 α 值的确定应综合考虑。

3) 斜导柱长度的计算

斜导柱长度如图 8.63 所示，其总长度 L 为

$$L = L_1 + L_2 + L_3 + L_4 + L_5 \tag{8-25}$$

根据三角函数关系得

$$L = \frac{d_2}{2}\tan\alpha + \frac{h}{\cos\alpha} + \frac{d}{2}\tan\alpha + \frac{s}{\sin\alpha} + (5\sim10)\text{mm} \tag{8-26}$$

式中，L ——斜导柱总长度(mm)；

$\quad\alpha$ ——斜导柱倾斜角(°)；

$\quad d_2$ ——斜导柱固定部分大端直径(mm)；

$\quad h$ ——斜导柱固定板厚度(mm)；

$\quad d$ ——斜导柱工作部分的直径(mm)；

$\quad s$ ——侧向抽芯距离(mm)。

4) 斜导柱直径的计算

斜导柱直径的计算公式为

$$d \geqslant \sqrt[3]{\frac{10FH_{\mathrm{w}}}{[\sigma_{\mathrm{w}}]\cos^2\alpha}} \tag{8-27}$$

式中，d ——斜导柱直径(mm)；

$\quad F$ ——抽出侧型芯的抽芯力(N)；

$\quad H_{\mathrm{w}}$ ——滑块端面至受力点的垂直距离(mm)，如图 8.64 所示；

$\quad [\sigma_{\mathrm{w}}]$ ——斜导柱所用材料的许用弯曲应力，一般碳钢取 300MPa；

$\quad\alpha$ ——斜导柱的倾斜角(°)。

实际模具设计中，由于计算比较复杂，所以常用查表的方法来确定斜导柱的直径，具体参见《塑料模设计手册》。

图 8.63　斜导柱的长度

图 8.64　斜导柱的弯曲力臂

5. 滑块的设计

1) 侧滑块的结构形式

(1) 组合式结构。侧滑块与侧向型芯(或侧向成型块)是两体，然后装配在一起，称为组合式侧滑块结构，如图 8.65 所示，这是最常用的结构形式。图 8.65(a)是 T 形导滑面设计在滑块底部的形式，常用于较薄的滑块；图 8.65(b)是 T 形导滑面设计在滑块中间的形式，适用于较厚的滑块。

(a)

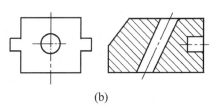

(b)

图 8.65　侧滑块的基本形式

(2) 整体式结构。在侧滑块上直接制出侧向型芯的结构称为整体式侧滑块结构。这种结构仅适用于形状十分简单的侧向移动零件(图 8.66)，尤其适用于瓣合式侧向分型机构(图 8.67)。

图 8.66　整体式侧滑块形式

图 8.67　瓣合式侧向分型机构

1—推杆；2—凸模型芯；3—凸模固定板；
4—瓣合式斜滑块；5—凹模型芯；6—弹簧顶销

2) 滑块与侧向型芯的连接

如图 8.68 所示为几种常见的滑块与侧型芯的连接形式，其配合精度为 H7/m6。

(a)　　　　　(b)　　　　　(c)　　　　　(d)　　　　　(e)

图 8.68　侧型芯与侧滑块的连接形式

3) 侧滑块的导滑方式

侧滑块的导滑方式如图 8.69 所示，侧滑块和导滑槽之间的配合采用 H8/f7 或 H8/g7。

4) 侧滑块主要尺寸设计

如图 8.70 所示，滑块各主要尺寸设计如下。

(1) 滑块宽度 C 和高度 B 的确定。

$$C = a + (15\sim20)\text{mm} \tag{8-28}$$

$$B \doteq b + (15\sim20)\text{mm} \tag{8-29}$$

(a)　　　　　(b)　　　　　(c)　　　　　(d)

图 8.69　侧滑块的导滑形式

图 8.70　侧滑块主要尺寸

(2) 滑块尺寸 B_1，B_2 的确定。尺寸 B_1 是侧向抽芯中心到滑块底面的距离。单个侧型芯时，使型芯中心在滑块尺寸 B，C 的中心；多个侧型芯时，侧向型芯的中心应是各型芯抽芯力中心，此中心应在滑块尺寸 B，C 的中心。

尺寸 B_2 是 T 形滑块导滑部分的厚度。为使滑块运动平稳，一般取 8～20mm，固定板厚时，取大一些；固定板薄时，取小一些。

(3) 滑块尺寸 C_1 的确定。

$$C_1 = C + (8 \sim 20)\text{mm} \tag{8-30}$$

中、小型侧抽芯机构取下限值，大型侧抽芯机构取上限值。

(4) 滑块长度的确定。

$$L = L_1 + L_2 + L_3 + L_4 \tag{8-31}$$

式中，L_2——取 5～10mm；

L_4——取 10～15mm。

为使滑块工作时运动平稳，L 还应满足下式要求：

$$L \geqslant 0.8C \tag{8-32}$$

$$L \geqslant B \tag{8-33}$$

(5) 滑块内孔直径 d 和倾斜角 α、锁紧角 θ 的确定。

滑块内孔直径：

$$d = d_1 + (0.5 \sim 1)\text{mm} \tag{8-34}$$

锁紧角：

$$\theta = \alpha + 2° \sim 3° \tag{8-35}$$

式中，d_1——斜导柱工作段直径(mm)。

α——斜导柱的倾斜角。

为防止斜导柱进入、导出滑块时因尖角对外圆的划伤，滑块内孔两端孔口均倒角 $R3$。

5) 滑块在导滑槽内的导滑长度

如图 8.71 所示，为保证侧滑块在导滑槽内运动平稳、灵活，不被卡死，滑块在导滑槽内的导滑长度应满足式(8-36)的要求：

$$L' \geqslant \frac{2}{3}L + s \tag{8-36}$$

式中，L'——导滑槽最小配合长度(mm)；

L——滑块实际长度(mm)；

s——侧向抽芯距离(mm)。按式(8-9)计算。

(a) 插芯位置

(b) 抽芯位置

图 8.71　滑块在导滑槽工作段情况

6. 锁紧块的设计

锁紧块的各种结构形式如图 8.72 所示，图 8.72(a)是采用销钉定位、螺钉固定的形式，结构简单，加工方便，缺点是承受的侧向力较小，尽量不采用；图 8.72(b)是楔紧块配合镶入模板中的形式，其刚度有所提高，承受的侧向力也略大；图 8.72(c)和图 8.72(d)是双锁紧形式，前者用辅助锁紧块将主锁紧块锁紧，后者采用锁紧锥与锁紧块双重锁紧；图 8.72(e)是整体式锁紧形式，牢固可靠、刚性大，适合于侧向力很大的场合，但浪费材料，耗费加工工时，并且加工精度要求很高。

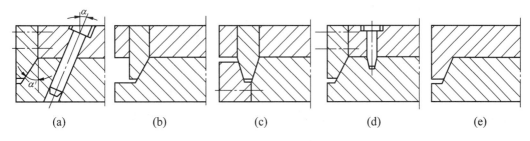

图 8.72　锁紧块的结构形式

锁紧块的锁紧角 α' 与滑块的锁紧角相等，见式(8-35)。

7. 滑块定位装置的设计

图 8.73 所示为滑块定位装置常见的几种结构形式，图 8.73(a)和图 8.73(b)为弹簧拉杆挡块式，它适合于任何方位的侧向抽芯，尤其适合于向上方向的侧向抽芯。图 8.73(a)所示形式制造简单，调整方便；图 8.73(c)适用于向下抽芯的结构形式，抽芯结束后，利用滑块的自重靠在挡块上定位；图 8.73(d)为弹簧顶销式，适于水平方向抽芯的场合，也可把顶销换成直径为 5~10mm 的钢珠，称为弹簧钢珠式，适用的场合与弹簧顶销式相同。

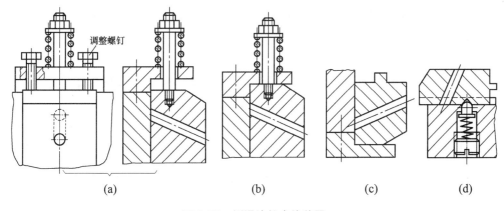

图 8.73　侧滑块的定位装置

8.6.3　斜滑块侧向分型与抽芯机构(Side-parting and Core-pulling Mechanism with Slanting Slider)

斜滑块侧向分型与抽芯机构的结构形式分为外侧分型(图 8.74 所示)和内侧分型(图 8.75、图 8.76 所示)两种。

这类结构的特点是利用模具推出机构的推出力驱动斜滑块斜向运动，在塑件被推出脱模的同时由斜滑块完成侧向分型与抽芯的动作。

(a) 合模状态   (b) 开模状态

图 8.74　斜滑块的外侧分型与抽芯机构

1—动模板；2—斜滑块；3—推杆；4—定模型芯；5—动模型芯；6—限位螺钉；7—型芯固定板

图 8.75　斜导杆内侧抽芯结构   图 8.76　斜滑块内侧抽芯结构

1—滚轮；2—压板；3—推杆固定板；4—复位杆；　　1—斜滑块；2—型芯；3—限位销；
5—斜导杆；6—凸模；7—动模板；8—定模板　　　　4—镶块；5—推杆

8.7　推出机构设计(Ejecting Mechanism Design)

把注射成型后的塑件及浇注系统凝料从模具中脱出的机构称为推出机构。推出机构的推出动作如图 8.2 所示，图 8.2(a)为合模成型后状态，图 8.2(b)为开模后塑件被推出状态。

8.7.1　推出机构的设计原则(Design Principle of Ejecting Mechanism)

推出机构的设计原则如下。

(1) 尽量设计在动模一侧。开模后应使塑件及浇注系统尽量滞留在便于设置推出机构的动模一侧，借助注射机顶出装置，方便将塑件推出模外。

(2) 保证塑件在推出过程中不发生变形和损坏。为使塑件在推出过程中不变形、损坏，设计模具时应仔细分析、计算塑件对模具的包紧力和粘附力，合理地选择推出方式、推出位置和推出零件的数量等。

(3) 保证良好的塑件外观。对于外观质量要求较高的塑件，避免选择塑件表面和配合面作为推出位置，而尽量设在塑件内部或对塑件外观影响不大的部位。

(4) 结构可靠。推出机构在推出与复位的过程中，动作应可靠、灵活，结构应尽量简单，容易制造。合模时能正确复位，保证不与其他模具零件发生干涉。

8.7.2 常用推出机构(Normal Ejecting Mechanism)

在所有注射模推出机构中，常用的、简单的推出机构有推杆推出机构、推管推出机构、推件板推出机构，此外还有活动镶件推出机构等。

1. 推杆推出机构

推杆推出机构因制造、修配方便，推出时运动阻力小，推出动作灵活、可靠，推杆损坏后便于更换等原因，是推出机构中最简单、最常用的推出形式。

1) 常用推杆的结构形状

常用的推杆形式如图 8.77 所示。其中，图 8.77(a)和图 8.77(c)为圆形推杆；图 8.77(b)和图 8.77(d)为异形推杆。

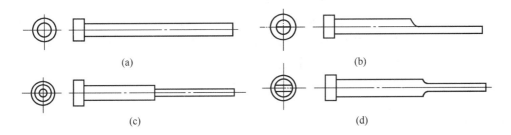

图 8.77 常用推杆结构形式

2) 推杆工作端面形状

推杆工作端面的形状如图 8.78 所示。最常用的是圆形，其次是矩形。推杆工作端面形状的选择是根据塑件推出部位的形状而确定的。

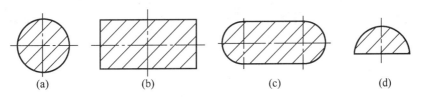

图 8.78 推杆工作端面的形状

3) 推杆的固定形式

推杆在模具中的固定包括配合和紧固，具体尺寸如图 8.79 所示。其中配合段长度视推杆直径的大小而定。当 $d<5$mm 时，配合段长度可取 12～15mm；当 $d>5$mm 时，配合段长度可取 $(2\sim3)d$。

图 8.79　推杆的固定形式

1—推板；2—推杆固定板；3—推杆；4—凸模；5—塑件

推杆材料常用 T8A 等碳素工具钢，热处理要求为 50～54HRC，推杆工作端配合部分的粗糙度 Ra 一般取 $0.8\mu m$。

4) 推杆位置的选择原则

(1) 应选择在脱模阻力最大的地方，如图 8.80(a)所示。

(2) 应保证塑件在推出时受力均匀、平稳且不变形。

(3) 应注意塑件本身的强度和刚度，尤其是薄壁塑件，应尽可能选择在厚壁和凸缘等处，否则很容易使塑件变形甚至损坏。图 8.80(b)所示布置合理，图 8.80(c)所示布置不合理。

(4) 应考虑推杆本身的刚性。当细长的推杆受到较大脱模力时，推杆就会失稳变形，如图 8.80(d)所示，这时须增大推杆直径或增加推杆数量。

(5) 不能影响塑件外观。推杆工作端面在合模时是型腔底面的一部分，推杆端面低于或高于型腔底面，在塑件上就会产生凸台或凹痕，影响塑件的使用或美观。通常情况下，推杆装入模具后其端面应与型腔底面平齐或高出型腔 0.05mm。

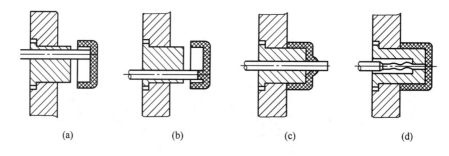

图 8.80　推杆位置的选择

2. 推管推出机构

推管是一种空心推杆，它适用于环形、筒形塑件或塑件上带有孔的凸台部分的推出。

推管推出机构的结构形式如图 8.81 所示，其中，图 8.81(a)结构可靠、简单、常用，但型芯较长，适用于推出距离不大的场合；图 8.81 (b)用销将型芯固定在动模板上，推管强度不高，不适于推出力大的场合；图 8.81 (c)是型芯固定在动模支承板上、推管在动模板内滑动的形式，型芯和推管都较短、刚性好、制造与装配方便，适用于动模板厚度较大的场合。

图 8.81　推管推出机构

1—推管；2—型芯；3—固定销；4—推杆

推管固定部分的配合如图 8.82 所示，推管外径与推管固定板之间采用单边 0.5mm 的大间隙配合；推管外径与动模板上孔的配合，当直径较小时选用 H8/f8，当直径较大时选用 H8/f7，配合长度一般取推管外径 D 的 1.5～2 倍；推管内径与型芯之间的配合，当直径较小时选用 H8/f7，当直径较大时选用 H7/f7，配合长度应比推出行程 L 大 3～5mm；为了保证推管在推出时不擦伤型芯及塑件的成型表面，推管的外径一般比塑件外径双边小 0.5mm 左右，推管的内径一般比塑件的内径单边大 0.2～0.5mm。

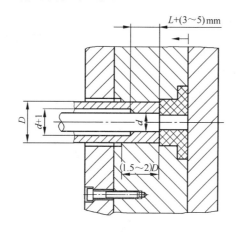

图 8.82　推管的尺寸要求

3. 推件板推出机构

罩、壳、盒类深腔、薄壁和不允许有推杆痕迹的塑件，采用如图 8.83 所示的推件板推出机构最合适。开模后，推杆推动推件板，推件板推动塑件，将塑件从型芯上推出。推件板推出机构推出面积大，推出力均匀，推出平稳，塑件上没有推出痕迹，不用设置复位杆；但型芯周边外形复杂时，则推件板的型孔加工困难。

在推件板推出机构中，为了减少推件板与型芯间的摩擦，可采用如图 8.84 所示的结构，推件板与型芯间留出 0.2～0.5mm 的间隙，并用锥面配合。

对于大中型底部无孔的塑件，推件板推出时内部容易形成真空，造成脱模困难或塑件撕裂，为此，应增设进气装置。如图 8.85 所示的结构，在推出时进气阀随塑件向前运动，实现进气，使塑件内外大气压力相等，塑件就能顺利从凸模上推出。

推件板常用的材料为 45 钢，热处理硬度要求为 28～32HRC。

图 8.83 推件板推出机构

1—推板；2—推杆固定板；3—推杆；4—推件板

图 8.84 推件板推出机构的改进

图 8.85 推件板推出机构的进气装置

4. 联合推出机构

对于大型或大、中型复杂壳体件，为了保证脱模时塑件不发生变形、开裂，适宜采用推杆、推管、推件板联合推出机构，如图 8.86 所示。

(a) 推杆与推管联合推出　　　(b) 推管与推件板联合推出

图 8.86 联合推出机构

1—推杆；2—凸模；3—推管；4—推件板；5—小型芯

8.8 合模导向机构(Guide Mechanism in Mould Clamping)

8.8.1 合模导向机构的作用与分类(Function and Classification of Guide Mechanism in Mould Clamping)

在注射模工作时，为保证动模、定模成型零件的正确定位，确保塑件形状和尺寸精度，必须设置合模导向机构，如图 8.87 所示的导向零件导柱和导套，其作用有以下三点。

图 8.87 导柱导向机构

1—支承板；2—动模板；3—导柱；4—推件板；5—型芯；6—定模型腔板；7—导套；8—推杆

(1) 定位作用。在模具装配和开合模过程中，避免动、定模错位，保证塑件形状和尺寸精度。

(2) 导向作用。合模时导向零件先接触，引导动、定模或上、下模准确闭合，避免型芯先进入型腔造成成型零件的损坏。

(3) 承受一定的侧向压力。

合模导向机构分为导柱导向机构和锥面定位机构两种形式。

8.8.2 导柱导套合模导向机构(Guide Pillars and Bushes)

1. 导柱的设计

(1) 导柱的结构形式如图 8.88 所示。

(2) 导柱的技术要求。在不妨碍脱模情况下，导柱通常设在型芯高出分型面较多的一侧。导柱导向部分的长度应比凸模端面的高度高出 6～8mm，以免出现导柱未导正方向而型芯先进入型腔的情况，如图 8.87 所示。导柱前端做成锥台形或半球形，以使导柱能顺利进入导向孔。

导柱应具有良好的耐磨性，内部坚韧而不易折断，因此多采用 20 钢(表面渗碳加淬火处理)或 T8、T10 钢(淬火处理)，硬度 50～55HRC。导柱固定部分的表面粗糙度 Ra 值一般为 0.8μm，导向部分的表面粗糙度 Ra 值一般为 0.8～0.4μm。

导柱固定端与模板之间采用 H7/m6 或 H7/k6 配合，导柱导向部分采用 H7/f7 或 H8/f7 配合。

(a)

(b)

图 8.88　导柱的结构形式

(3) 导柱的布置形式有 4 种(图 8.89)，根据模具尺寸大小进行选用。图 8.89(a)为 2 根直径不同的导柱中心对称布置；图 8.89(b)为 3 根直径相同的导柱不对称布置；图 8.89(c)为 4 根直径相同的导柱不对称布置；图 8.89(d)为 4 根直径不同的导柱对称布置。

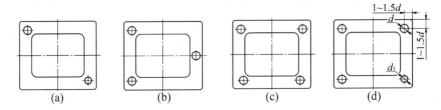

(a)　　　　　　(b)　　　　　　(c)　　　　　　(d)

图 8.89　导柱的布置形式

2. 导套的设计

(1) 导套的结构形式如图 8.90 所示。

(a)　　　　　　　　　　　　　(b)

图 8.90　导套的结构形式

(2) 导套的技术要求。为使导柱顺利进入导套和导套顺利压入模板，导套的前端应倒内、外圆角，如图 8.90 所示；同时固定导套的导向孔应做成通孔，便于导套压入模板时孔内气体顺利排出，如图 8.91 所示。

导套壁厚一般为 3～10mm，根据内孔大小和总长尺寸确定。导套内孔工作部分长度 L_1=(1～1.5)d，如图 8.84(b)所示。

导套材料硬度与导柱材料相同。导套固定部分的表面粗糙度为 Ra=0.8μm，导向部分的表面粗糙度为 Ra=0.8～0.4μm。

直导套用 H7/r6 配合压入模板，为增加导套牢固性，防止导套被拉出来，可采用如下几种方法用止动螺钉紧固：图 8.91(a)所示为开缺口式紧固；图 8.91(b)为开环形槽式紧固；图 8.91(c)为侧面开孔式紧固。

(a) (b) (c)

图 8.91 直导套的固定形式

3. 导柱与导套的配用

导柱与导套的配用形式要根据模具的结构及生产要求而定，常见的配用形式如图 8.92 所示。

(a) (b) (c) (d)

图 8.92 导柱与导套的配用形式

8.8.3 锥面定位机构(Positioning with Conical Surface)

普通注射模具有导柱导向机构就可满足动、定模之间的正确导向和定位。但由于导套和导柱之间存在配合间隙，因此对于成型薄壁、精密塑件的注射模具，仅有导柱导向机构是不够的，还必须在动、定模之间增加锥面定位机构，以满足精密定位的要求。常见的锥面定位机构如图 8.93 所示。

锥面定位

图 8.93 锥面定位机构

8.9 温度调节系统设计(Design of Temperature Regulating System)

注射模温度调节能力的好坏，直接影响到塑件的质量、生产效率的高低。塑件在型腔内的冷却应力求做到均匀、快速，以减小塑件内应力，使塑件的生产做到优质、高效。对于热固性塑料和一些流动性较差的热塑性塑胶(如 PC、POM 等)都要求模具有较高的温度，需要有加热装置。对于黏度低、流动性好的塑料(例如聚乙烯、聚丙烯、聚苯乙烯、聚酰胺等)，要求模具温度不太高，所以常用温水或冷水对模具进行冷却处理。表 8-4 所示为部分塑料的成型温度和与之相适应的模具温度。

对于小型薄壁塑件，且成型工艺要求模具温度不太高时，可以不设置冷却装置而靠自然冷却。

表 8-4　部分塑料的成型温度与模具温度　　　　　　　　(单位：℃)

塑料名称	成型温度	模具温度	塑料名称	成型温度	模具温度
LDPE	190～240	20～60	PS	170～280	20～70
HDPE	210～270	20～60	AS	220～280	40～80
PP	200～270	20～60	ABS	200～270	40～80
PA6	230～290	40～60	PMMA	170～270	20～90
PA66	280～300	40～80	硬 PVC	190～215	20～60
PA610	230～290	36～60	软 PVC	170～190	20～40
POM	180～220	60～120	PC	250～290	90～110

8.9.1 加热装置设计(Heating System Design)

当注射成型工艺要求模具温度在 90℃以上时，模具中必须设置加热装置。模具的加热方式很多，如热水、热油、水蒸气、煤气或天然气加热和电加热等，目前普遍采用的是电加热温度调节系统。电加热分为电阻加热和工频感应加热，前者应用广泛，后者应用较少。如果加热介质采用流体，那么其设计方法类似于冷却水道的设计。

1. 对模具电加热的要求

(1) 电热元件的功率应适当，不宜过小也不宜过大。

(2) 合理布置电热元件，使模具温度趋于均匀。

(3) 注意模具温度的调节，保持模具温度的均匀与稳定。

2. 模具加热装置的计算

模具加热装置的计算通常采用如下经验公式：

$$P = m \cdot q \tag{8-37}$$

式中，P——加热模具所需的总功率(W)；

　　　m——模具的质量(kg)；

　　　q——单位质量模具加热所需功率(W/kg)，见表 8-5。

表 8-5　单位质量模具加热所需的电功率

模具类型	$q/(W/kg)$	
	电热棒加热	电热圈加热
大型(>100kg)	35	60
中型(40~100kg)	30	50
小型(<40kg)	25	40

8.9.2　冷却装置设计(Cooling System Design)

1. 冷却系统设计的基本原则

(1) 冷却水道应尽量多,截面尺寸应尽量大。模具内的温度分布如图 8.94 所示,图 8.94(a) 合理, 图 8.94(b)不合理。

图 8.94　模具内的温度分布

(2) 冷却水道离模具型腔表面的距离要适当。当塑件壁厚均匀时，冷却水道到型腔表面最好距离相当；但当塑件壁厚不均匀时，厚处冷却水道到型腔表面的距离则应近一些，间距也可适当小些。一般水道孔边至型腔表面距离为 12~15mm，如图 8.95 所示。

图 8.95　水道距型腔的距离

（3）浇口处加强冷却。如图8.96所示为冷却系统结构。

(a) 侧浇口冷却水道　　　　(b) 点浇口冷却水道　　　　(c) 潜伏式浇口冷却水道

图8.96　冷却水道出、入口的布置

（4）冷却水道的出、入口温差应尽量小。如果冷却水道较长，则入水与出水的温差就较大，这样就会使模具的温度分布不均匀。可以通过改变冷却水道的排列方式来克服这个缺陷。图8.97(b)所示的形式比图8.97(a)所示的形式要好，降低了出、入水的温差，提高了冷却效果。

(a)　　　　　　　　　　　(b)

图8.97　冷却水道的排布形式

（5）冷却水道的布置应避开塑件易产生熔接痕的部位。

2．常见冷却系统的结构

1）浅型腔扁平塑件的冷却系统结构

浅型腔扁平塑件使用侧浇口时，采用动、定模两侧与型腔等距离钻孔的形式设置冷却水道，如图8.98(a)所示；使用直接浇口时，采用如图8.98(b)所示的形式。

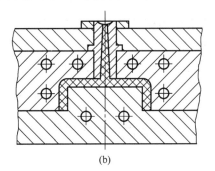

(a)　　　　　　　　　　　(b)

图8.98　浅型腔扁平塑件的冷却水道

2) 中等深度塑件的冷却系统结构

中等深度塑件采用侧浇口进料时，可在凹模底部采用与型腔表面等距离钻孔的形式设置冷却水道。在凸模中，由于容易储存热量，所以要加强冷却，按塑件形状铣出矩形截面的冷却环形水槽，如图 8.99(a)所示；如凹模也要加强冷却，则可采用如图 8.99(b)所示的结构铣出冷却环的形式；凸模上的冷却水道也可采用如图 8.99(c)所示的形式。

(a)   (b)   (c)

图 8.99   中等塑件的冷却水道

3) 深型腔塑件的冷却系统结构

图 8.100 所示为大型深型腔塑件模具的冷却结构。

图 8.100   大型深型腔塑件的冷却水道

4) 细长塑件的冷却系统结构

细长塑件冷却水道的结构形式如图 8.101 所示。更细小、无法设置冷却水道的型芯，可采用结构形式如图 8.102 所示的套管冷却方式，在其中插入一根配合接触很好的铍铜杆，另一端加工成薄片状，用来扩大散热面积，提高冷却效果。

图 8.101   喷射式冷却水道   图 8.102   细长型芯的间接法冷却

特别提示

在设计冷却水道时必须对结构问题加以认真考虑，同时重视冷却水道的密封问题。模具的冷却水道穿过两块或两块以上的模板或镶件时，在它们的接合面处一定要用密封圈或橡胶皮加以密封，以防止模板之间、镶拼零件之间渗水，影响模具正常工作。

8.10 塑料注射模模架(Injection Mould Bases for Plastics)

8.10.1 注射模模架结构(Structure of Injection Mould Bases)

模架也称模体，是注射模的骨架和基体，模具的每一部分都寄生其中，也是型腔未加工的组合体。模架的主要零件如图 8.103 所示，除凹模和型芯取决于塑件外，模架的其余部分都极其相似。使得模架的标准化成为可能。

图 8.103　注射模模架结构

模架是由结构、形式和尺寸都标准化、系列化并具有一定互换性的零件成套组合而成的。在标准中规定了主要零件的形状与材料。以标准为基础组装各种各样功能零件的模具标准件，近年来已经实现了标准化。我国塑料注射模模架标准号为：GB/T 12555—2006，塑料注射模零件标准号为：GB/T 4169.1—2006～GB/T 4169.23—2006。

8.10.2 模架组合形式(Combined Type of Injection Mould Bases)

在注射模模架国家标准中，模架以其在模具中的应用方式，分为直浇口和点浇口两种形式；模架按结构特征共分为 36 种主要结构。

1. 直浇口模架

直浇口模架基本型分为 4 种，如图 8.104 所示：
A 型：定模二模板，动模二模板；B 型：定模二模板，动模二模板，加装推件板；
C 型：定模二模板，动模一模板；D 型：定模二模板，动模一模板，加装推件板。

另外，还有直浇口直身基本型 4 种：ZA 型、ZB 型、ZC 型、ZD 型；直身无定模座板型 4 种：ZAZ 型、ZBZ 型、ZCZ 型、ZDZ 型。

图 8.104　基本型直浇口模架

2. 点浇口模架

点浇口模架就是在直浇口模架上加装推料板和拉杆导柱，其基本型也分为 4 种，如图 8.105 所示：DA 型、DB 型、DC 型、DD 型。

另外，还有直身点浇口基本型 4 种：ZDA 型、ZDB 型、ZDC 型、ZDD 型；点浇口无推料板型 4 种：DAT 型、DBT 型、DCT 型、DDT 型；直身点浇口无推料板型 4 种：ZDAT 型、ZDBT 型、ZDCT 型、ZDDT 型。

简化点浇口模架形式也有 8 种，它们分别是：①简化点浇口基本型 2 种：JA 型、JC 型；②直身简化点浇口基本型 2 种：ZJA 型、ZJC 型；③简化点浇口无推料板型 2 种：JAT 型、JCT 型；④直身简化点浇口无推料板型：ZJAT 型、ZJCT 型。

图 8.105　基本型点浇口模架

8.10.3　标准模架的选用(Selection of Standard Injection Mould Bases)

模具的大小主要取决于塑件的大小和结构，对于模具而言，在保证足够强度的前提下，结构越紧凑越好。根据塑件的外形尺寸(平面投影面积与高度)及塑件本身结构(侧向分型滑块等结构)可确定镶件的外形尺寸，确定镶件的大小后，可大致确定模架的大小。

1. 模板尺寸的确定

采用经验法，依据塑件在分型面上的投影面积，查表 8-6，确定如图 8.106 所示的普通塑件模具模架和镶件的大小。

| (a) 无支撑板 | (b) 有支撑板 |

图 8.106　普通塑件模具模架与镶件结构图

1—动模座板；2—垫块；3—动模板；4—定模座板；5—定模板；6—镶件；7—支撑板

表 8-6　普通塑件模具模架与镶件尺寸选择　　　　　　　　　　　（单位：mm）

塑件投影面积 S/mm^2	A	B	C	H	D	E
100～900	40	20	30	30	20	20
900～2500	40～45	20～24	30～40	30～40	20～24	20～24
2500～6400	45～50	24～30	40～50	40～50	24～28	24～30
6400～14400	50～55	30～36	50～65	50～65	28～32	30～36
14400～25600	55～65	36～42	65～60	65～60	32～36	36～42
25600～40000	65～75	42～48	80～95	80～95	36～40	42～48
40000～62500	75～85	48～56	95～115	95～115	40～44	48～54
62500～90000	85～95	56～64	115～135	115～135	44～48	54～60
90000～122500	95～105	64～72	135～155	135～155	48～52	60～66

注：以上数据仅针对一般性结构塑件模架参考，特殊的塑件应注意以下几点：

1. 当塑件高度过高时(塑件高度 $X \geq D$)，应适当加大 D，加大值为：$\Delta D=(X-D)/2$；

2. 有时为了冷却水道的需要对镶件的尺寸做以调整，以达到冷却效果；

3. 结构复杂需做特殊分型或推出机构，或有侧向分型机构需设置滑块时，应根据实际情况适当调整镶件和模架的大小及各模板的厚度，以保证模架的强度。

对于小型塑件，当采用一模多型腔设计时，模板尺寸可以参照下述情况确定。如图 8.107 所示，边距 A、B 一般取 20～35mm；当两型腔之间通过流道时，间距 C 一般取 20～40mm；当两型腔之间不通过流道时，间距 D 一般取 15～20mm。

图 8.107 一模多型腔示意图

 特别提示

镶件尺寸和支撑板厚度也可参照本章 8.5 节所讲内容进行计算得到。

2. 垫块高度尺寸的确定

如图 8.106 所示，垫块的高度应保证足够的推出行程，然后留出一定的余量 5～10mm，以防止推杆固定板撞到动模板或动模支承板。

3. 模架规格型号的选用

首先，根据塑件的大小和结构，确定模架的组合形式。然后依据初定动、定模板的周界尺寸(宽×长)：$W×L$，以及各模板、垫块等的厚度尺寸，查阅《塑料模模架标准》(GB/T 12555—2006)，选择合适的模架型号规格。

8.11 模具与注射机有关参数的校核(Checking Parameters of Mould and Injection Machine)

8.11.1 注射机主要工艺参数的校核(Checking Major Parameters of Injection Machine)

1. 最大注射量的校核

设计模具时，应保证成型塑件所需的总注射量小于所选注射机的最大注射量，即

$$nm + m_1 \leqslant Km_p \tag{8-38}$$

式中，n——型腔的数量；

m——单个塑件的质量或体积(g 或 cm^3)；

m_1——浇注系统所需塑料的质量或体积(g 或 cm^3)；

K——注射机最大注射量的利用系数，一般取 0.8；

m_p——注射机的最大注射量(g 或 cm^3)。

2. 锁模力的校核

当高压塑料熔体充满模具型腔时，会产生使模具分型面涨开的力，这个力的大小等于塑件和浇注系统在分型面上的投影面积之和乘以型腔的压力。它应小于注射机的额定锁模力 F_p，才能保证在注射时不发生溢料现象，即

$$F_z = p(nA + A_1) < F_p \tag{8-39}$$

式中，F_z——熔融塑料在分型面上的涨开力(N)；

p——塑料熔体对型腔的成型压力(MPa)，其大小一般是注射压力的80%；

n——型腔的数量；

A——单个塑件在模具分型面上的投影面积(mm^2)；

A_1——浇注系统在模具分型面上的投影面积(mm^2)；

F_p——注射机的额定锁模力(N)。

8.11.2 模具与注射机安装部分相关尺寸的校核(Checking Mounting Parameters of Mould and Injection Machine)

1. 喷嘴尺寸

在设计模具时，主流道始端的内球面半径必须比注射机喷嘴头部球面半径略大一些，主流道的小端直径要比喷嘴直径略大一些。

2. 定位圈尺寸

为保证模具主流道中心线与注射机喷嘴中心线相重合，模具定位圈的外径尺寸必须与注射机的定位孔尺寸相匹配。通常模具定位圈外径与注射机定位孔采用间隙配合，定位圈的高度尺寸应略小于注射机固定模板上定位孔的深度。

3. 模具厚度

应使模具的闭合厚度位于注射机可安装模具的最大厚度与最小厚度之间，即

$$H_{min} + 5 \leqslant H_m \leqslant H_{max} - 5 \tag{8-40}$$

式中，H_{min}——注射机允许的最小模具厚度(mm)；

H_m——模具的闭合厚度(mm)；

H_{max}——注射机允许的最大模具厚度(mm)。

4. 模具长度和宽度

注射模往注射机上安装固定时，应能顺利通过注射机拉杆之间的空间并固定在注射机的动、定模板上。一般要求模具长边尺寸应小于拉杆之间的长间距 L，短边尺寸应小于拉杆之间的短间距 H，如图 8.108(a)所示。特殊情况下，也可以使模具一边尺寸小于拉杆间距，另一边尺寸大于拉杆间距，如图 8.108(b)所示，但要保证四周有合适、足够的螺纹孔来固定模具。

5. 安装螺孔尺寸

模具在注射机上的安装方法有两种：一种是用螺钉直接固定，如图 8.109(a)所示；另一

种是用螺钉、压板固定，如图 8.109(b)和图 8.109(c)所示。当用螺钉直接固定时，模具固定板与注射机模板上的螺孔应完全吻合；而用压板固定时，只要在模具固定板需安放压板的外侧附近有螺孔就能紧固，因此具有较大的灵活性。而对于重量较大的大型模具，采用螺钉直接固定则比较安全。

图 8.108　模具外形尺寸与拉杆位置

图 8.109　模具紧固方式

1—注射机固定板；2—模具座板；3—螺钉；4—压板

6. 开模行程的校核

注射机的开模行程是有限制的，塑件从模具中取出时所需的开模距离必须小于注射机的最大开模距离，否则塑件就无法从模具中取出。由于注射机的锁模机构不同，开模行程可按下面三种情况校核。

(1) 注射机的最大开模行程与模具厚度无关时的校核。当注射机采用液压和机械联合作用的锁模机构时，最大开模程度由连杆机构的最大行程所决定，并不受模具厚度的影响。

对于如图 8.110 所示的单分型面注射模，其开模行程可按式(8-41)校核：

$$s \geqslant H_1 + H_2 + (5 \sim 10)\text{mm} \qquad (8\text{-}41)$$

式中，s——注射机的最大开模行程(mm)；

H_1——推出距离(脱模距离)(mm)；

H_2——包括浇注系统在内的塑件高度(mm)。

对于如图 8.111 所示的双分型面注射模，为了保证开模后既能取出塑件又能取出浇注系统凝料，需要在开模距离中增加定模板与中间板之间的分开距离 a，a 的大小应保证可以方便地取出浇注系统凝料。此时开模行程可按式(8-42)校核：

$$s \geqslant H_1 + H_2 + a + (5 \sim 10)\text{mm} \qquad (8\text{-}42)$$

(2) 注射机的最大开模行程与模具厚度有关时的校核。对于全液压式锁模机构的注射机和带有丝杠开模锁模机构的直角式注射机，其最大开模行程受模具厚度的影响。此时最大开模行程等于注射机动模板与定模板之间的最大距离 s 减去模具厚度 H_m。

对于单分型面注射模具，校核公式为

$$s \geqslant H_m + H_1 + H_2 + (5 \sim 10) \text{mm} \tag{8-43}$$

对于双分型面注射模具，校核公式为

$$s \geqslant H_m + H_1 + H_2 + a + (5 \sim 10) \text{mm} \tag{8-44}$$

图 8.110　单分型面注射模的开模行程

1—动模；2—定模座板

图 8.111　双分型面注射模的开模行程

1—动模；2—中间板；3—定模座板

(3) 具有侧向抽芯机构时的校核。当模具需要利用开模动作完成侧向抽芯时，开模行程的校核应考虑侧向抽芯时所需的开模行程。如图 8.112 所示，设完成侧向抽芯所需的开模行程为 H_c，当 $H_c \leqslant H_1 + H_2$ 时，H_c 对开模行程没有影响，仍用上述各公式进行校核；当 $H_c > H_1 + H_2$ 时，可用 H_c 代替前述校核公式中的 $H_1 + H_2$ 进行校核。

图 8.112　有侧向抽芯时的开模行程

7. 推出装置的校核

各种型号注射机的推出装置和最大推出距离不尽相同，设计时应使模具的推出机构与注射机相适应。通常是根据开合模系统推出装置的推出形式(中心推出还是两侧推出)、注射机的顶杆直径、顶杆间距和推出距离等，来校核模具的推出机构是否合理、推杆推出距离是否能达到使塑件脱模的要求。

8.12 注射模设计流程及 MoldFlow 有限元分析软件
(Design Procedure of Injection Mould and MoldFlow Finite Element Analysis Software)

8.12.1 注射模设计流程(Design Procedure of Injection Mould)

注射模的设计流程不是一成不变的，其基本步骤如下。

1. 塑件分析

(1) 明确塑件设计要求。仔细理解、消化塑件产品图样或样件，了解塑件的使用情况、外观及装配要求，确定塑件径向尺寸的大小端。

(2) 塑件材料分析。首先，仔细分析塑件所选用塑料的使用性能和工艺性能，通过对塑料使用性能、工艺性能的分析，了解并判断塑件设计者给定的材料是否满足塑件的力学性能和工艺性能的要求，如不满足，可提出修改意见。随后，根据确定的材料要求，明确塑料的品种、型号、生产厂家及工艺性能技术要求(如收缩率、流动性、颗粒等)。

(3) 塑件结构工艺分析。根据给定的塑件产品图和技术要求，从塑件的形状、壁厚、强度、脱模斜度、加强筋、过渡圆角、成型孔方向、螺纹、嵌件、花纹、标记、符号、文字及尺寸精度、表面粗糙度等方面分析是否满足塑件的成型工艺要求和模具设计、制造的方便和简单。必要时还要与塑件工艺员或塑件结构设计人员进行技术交流。

(4) 明确塑件的生产批量。塑件的生产批量与模具的结构关系非常密切。小批量生产时，模具结构尽可能简单；大批量生产时，应在保证塑件质量的前提下，尽量采用一模多腔和高速自动化生产。而自动化生产的需求，对模具的推出机构、塑件及浇注系统凝料的脱模机构等提出了更为严格的要求。

(5) 计算塑件的体积和质量。为了选用注射机型号，提高设备利用率，确定模具型腔数量，必须计算塑件的体积和质量。

2. 确定模具设计方案

(1) 搜集塑件生产车间的注射机资料。

(2) 确定合理的型腔数目。根据生产批量、塑件的结构复杂程度及尺寸精度要求，确定合理的型腔数目。

(3) 塑件分型面的选择。根据塑件的结构和精度要求，选择合适的分型面。

(4) 确定模具基本结构。根据塑件结构形状、生产批量、精度要求，通过多方案分析论证，确定模具基本结构形式，初定拟采用的标准模架形式。

(5) 浇注系统方案设计。根据塑件的形状、尺寸精度、表面质量要求等条件，确定型腔的排列、流道的布置和浇口位置、浇口形式。

3. 模具结构设计

(1) 模具成型部分工作尺寸的计算。包括凹模、型芯等的成型尺寸的计算。

(2) 凹模结构设计。根据设计需要，确定凹模的结构形式，是采用镶嵌式还是整体式，或者是整体镶嵌的形式；确定凹模设置在定模上还是设计在动模上，进而计算出凹模的侧壁厚度和底部厚度。

(3) 动模板或定模板周界尺寸的确定。根据凹模的结构尺寸，可以初定模板的外形尺寸及厚度。

(4) 支撑板厚度尺寸设计。根据塑件在分型面上的投影面积，或者依据 8.5 节所讲公式，初定支撑板的厚度。

(5) 垫块高度尺寸确定。估算塑件推出距离，依据推出距离估算出垫块的高度。

(6) 标准模架的选择。依据模板的周界尺寸、厚度及垫块的高度，查阅《塑料注射模模架标准》(GB/T 12555—2006)，同时还要结合模具的基本结构，如是否需要留下足够的设计侧向分型与抽芯机构的空间、是否需要设计顺序开模机构等，选择模架的规格。

(7) 勾画模具结构草图，为后续设计计算提供参考。

(8) 侧向分型与抽芯机构的设计。依据初定的侧抽芯方案，计算设计如斜导柱倾斜角、直径、长度，侧滑块的结构、定位及楔紧机构等。

(9) 推出机构的设计。根据塑件的结构形状，设计推出机构。如推杆的位置、分布情况及尺寸大小。如果有侧向分型与抽芯机构，还要校核模具合模时，推杆是否与抽芯机构存在干涉等。

(10) 浇注系统设计。根据浇注系统设计方案，完善主流道、分流道及浇口等各部分具体尺寸。

(11) 排溢系统的设计。分析塑料结构、熔融塑料充填时的流向，在不利于排气、可能出现气泡、疏松、熔接线等缺陷部位，设计排溢系统。一般可以在试模后，根据试模情况再进行设计加工即可。

(12) 加热、冷却系统的计算。

4. 注射机选择与参数校核

(1) 初选注射机型号。塑件及浇注系统的体积和质量计算出来后，根据实际注射量为注射机额定注射量的 20%～80%，结合模具使用单位的注射机设备情况，初选注射机型号。

(2) 注射机参数校核。主要有最大注射量校核、锁模力校核、模具与注射机安装部分相关尺寸的校核、开模行程的校核。

① 最大注射量校核。要求注射机一次的实际注射量小于等于注射机最大注射量的 80%。实际注射量即为塑件和浇注系统的总体积(或总质量)。

② 锁模力校核。要求注射机的锁模力大于模具注射成型时的胀型力。

③ 模具与注射机安装部分相关尺寸的校核。模具的闭合高等、模具的外形尺寸均能保证在注射机上顺利安装。

④ 开模行程校核。注射机的开模行程要保证分型面完全打开后，塑件和浇注系统顺利从模具中取出。

如果上述任何一项校核达不到要求，就要重新选择注射机，或者修改模具的局部设计，直到全部校核达到要求。

5. 模具装配图的绘制

(1) 模具装配图要按1：1比例绘制。视图最少选用两个，一个是将定模部分去掉，所能看到的整个动模部分作为主视图；一个是在模具合模状态下，能反映模具主要零件装配关系的剖视图作为侧视图。两视图的放置应符合模具的使用状态要求。当模具结构比较复杂，用两个视图不能完全反映模具的零件和装配关系时，可以增加剖视图。

(2) 通常将塑件零件图绘制在模具总装图的右上方，并注明名称、材料、颜色、收缩率、制图比例等。如果塑件零件图比较复杂，可不必绘制在装配图上，而单独用一张零件图纸绘出。

(3) 模具装配图应包括全部组成零件，不能遗漏，且应符合机械制图国家标准。

(4) 按顺序将全部零件的序号标出，要求排列整齐，疏密均匀。

(5) 填写标题栏和明细表。明细表中的标准件应注明规格、数量及国家标准号。

(6) 书写模具技术要求，标注模具外形尺寸(长、宽、模具闭合高度)。模具技术要求的内容通常如下：

① 模具制造与验收技术条件(如《塑料注射模技术条件》GB/T 12554—2006)。

② 模具编号、生产厂家、制造日期及标刻位置说明。模具编号包括：塑件的产品代号、零件代号和模具代号。

③ 选用的注射机型号(如在标题栏中已注明，此处可省略)。

④ 有关需强调的使用要求(没有可不写)和模具的保管、保养要求等。

6. 模具零件图的绘制

装配图拆画零件图的顺序为：先内后外；先成型零件，后结构零件；先复杂后简单。

(1) 图形要求。根据塑件复杂程度，选择适当的比例、视图数量，视图摆放要合理，投影要正确。尺寸标注要求集中、有序、完整，设计基准明确。

(2) 根据零件的装配和使用要求，正确标注表面粗糙度、尺寸公差和形位公差要求。

(3) 正确填写技术要求和标题栏。零件名称、序号、模具代号、材料、数量、图形比例等信息在标题栏中标注。

(4) 编写技术要求，包括如零件配作关系、热处理要求、表面处理要求、未注尺寸公差、图形中未注明的倒角(圆角)尺寸等项目。具体要求可参照《塑料注射模零件技术条件》(GB/T 4170—2006)。

7. 其他工作

(1) 校对。以自我校对为主，对模具成型尺寸计算、各零件间的装配关系、装配尺寸、模具结构、模具零件的加工工艺性、与注射机的安装尺寸等情况进行仔细认真的校对。

(2) 审图。审核模具结构、装配关系的正确性，审核主要零件图图形、尺寸的正确性，审核所选用注射机及模具与注射机的装配关系的正确性。

(3) 出图。通过计算机出图，或描图、晒图。

(4) 编写设计说明书。

(5) 配合工艺人员进行制造工艺的编制。

(6) 参与模具零件的加工、装配、试模、检测。

(7) 对模具设计进行总结，修改不尽合理之处，并整理模具资料进行装订、归档管理。

8.12.2 MoldFlow 有限元分析软件简介(MoldFlow Finite Element Analysis Software)

1. MoldFlow 软件介绍

注射成型有限元仿真分析 CAE 软件，近年来在模具设计中得到了广泛应用，MoldFlow 软件就是其中的佼佼者。MoldFlow 软件原是美国 MOLDFLOW 公司的产品，该公司自 1976 年发行了世界上第一套塑料注射成型流动分析软件以来，一直主导塑料成型 CAE 市场，2004 年收购了另一世界著名塑料成型分析软件 C-MOLD，2008 年被美国 Autodesk 公司收购。

Autodesk Moldflow 仿真软件具有注射成型仿真工具，能够验证和优化塑料零件、注射模具和注射成型流程。该软件能够为设计人员、模具制作人员、工程师提供指导，通过仿真设置和结果阐明来展示壁厚、浇口位置、材料、几何形状变化如何影响可制造性。从薄壁零件到厚壁、坚固的零件，Autodesk Moldflow 软件可以帮助用户在最终设计决策前试验假定方案。MoldFlow 提供了两大模拟分析软件：AMA(塑件分析)和 AMI(高级成型分析专家)。

2. AMA 功能构成

AMA 主要关注外观质量(熔接线、气穴等)、材料选择、结构优化(壁厚等)、浇口位置和流道(冷流道和热流道)优化等问题。其产品功能如图 8.113 所示。

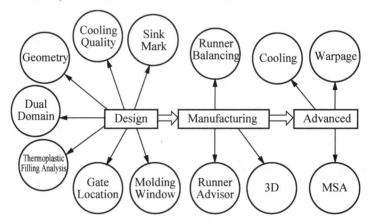

图 8.113　AMA 产品功能构成

3. AMI 功能构成

AMI 用于注射成型的深入分析和优化，可以对注射成型过程进行仿真分析，包括最佳浇口位置、填充、保压、冷却、翘曲、流道平衡、最佳成型工艺、纤维取向、结构应力和收缩分析等。通过在计算机上进行虚拟的试模、修模，在设计阶段就可以找出产品可能出现的缺陷，减少了实际试模、修模的次数。其产品功能如图 8.114 所示。

图 8.114　AMI 产品功能构成

另外，AMI 还可分析双色注塑(Over-Molding)、气体辅助注射(Gas-assistant Molding)、共注成型(Co-Injection)、注压成型(Injection-Compression)、发泡注射成型(Mucell)、光学的双折射分析(Birefringence)，近期兴起的热流道动态进料系统也可在 AMI 中进行模拟，此外还可分析热固性材料的反应成型及电子芯片的封装成型，AMI 广泛用于汽车、医疗、3C、航空航天以及封装等所有与塑料相关的行业。

　特别提示

(1) 近年来还有许多注射新工艺、新技术在生产中得到推广应用，如双色注射成型、双层注射成型、多材质塑料成型、高效多色注射成型、镶件互换结构和抽芯脱模机构的创新设计、气体辅助注射成型、热固性塑料注射模、应用热流道技术的特种注射模等。读者如有兴趣，可查阅相关资料学习。

(2) 要想成为一名成功的模具设计工程师，在了解基础知识后，必须学习现代设计技术，特别是模具 CAD/CAE/CAM 技术，利用一切可以利用的工具，达到设计目标，降低设计和制造成本。

(3) 一名成熟的设计者，设计前必须首先了解模具制造单位的生产条件和生产习惯，并掌握模具使用单位的成型设备资料和注射工艺水平，才能设计出符合使用要求的的注射模具。

8.13　综合案例(Comprehensive Case)

零件名称：导向筒(图 8.115)；
生产批量：大批量；
材料：PC(聚碳酸酯)；
颜色：黑色。
设计该塑料件的工艺方案并绘制模具结构图。

1. 塑件工艺性分析

(1) 明确塑件设计要求。图 8.115 所示为双筒望远镜导向筒塑料件二维工程图。该零件为双筒望远镜上的一个调节外观件，表面质量要求较高，不允许有毛刺、飞边、凹陷、花纹、气泡等缺陷存在。$\phi 40.6^{~0}_{-0.1}$ 尺寸要求与其他零件配合紧密；尺寸 $\phi 41.6^{~0}_{-0.1}$ 要求与其他零件装配后吻合，不允许出现凸凹不平的感觉；尺寸 $2.08^{+0.02}_{~0}$ 要求严格，深度为 0.5mm。塑件壁厚最大 1.3mm，最小 0.7mm，属薄壁塑件。

(2) 塑件材料分析。查阅材料性能手册，PC 的性能如下：

① 密度 $\rho =1.18\sim 1.20\text{g/cm}^3$；成型收缩率 $S = 0.5\%\sim 0.8\%$；成型温度：250～290℃；模具温度 90～110℃；干燥条件：110～120℃；可在-60～120℃下长期使用。

② 物理性能：冲击强度高，尺寸稳定性好，无色透明，着色性好，电绝缘性、耐腐蚀性、耐磨性好，但自润滑性差，有应力开裂倾向，高温易水解，与其他树脂相溶性差。适于制作仪表小零件、绝缘透明件和耐冲击零件。

③ 成型性能：无定形料，热稳定性好，成型温度范围宽，流动性差；吸湿小，但对水敏感，须经干燥处理；成型收缩率小，易发生熔融开裂和应力集中，故应严格控制成型条件，塑件须经退火处理；冷却速度快，模具浇注系统以粗、短为原则，宜设冷料井，浇口宜取大，模具宜加热；塑件壁不宜太厚，应均匀，避免有尖角和缺口。

技术要求

1. 未注脱模斜度30′。
2. 未注圆角R0.5。
3. 未注线性尺寸公差按GB/T 1804-m执行。
4. 未注形位公差按GB/T 1184-H执行。

图 8.115　导向筒零件图

(3) 塑件结构工艺分析。从给定的塑件产品图和技术要求可看出，塑件的形状为圆筒形，壁厚 1.3～0.7mm，脱模斜度为 30'；型腔内转折处采用了过渡圆角 0.5～0.7mm；尺寸 $2.08^{+0.02}_{0}$ 要求较高，可通过提高模具制造精度和严格控制原材料和注射成型工艺参数来实现；表面粗糙度和其他尺寸精度要求适中，均符合成型工艺要求(也可借助 CAE 软件分析)。

(4) 计算塑件的体积和质量。查阅资料手册 PC 的密度为 1.18～1.20g/cm³，计算出其平均密度为 1.19g/cm³。可以采用传统的几何方法计算塑件的体积和质量。本例使用 Solid Edge 软件(或其他三维建模软件)画出三维图形，输入材料密度，通过软件计算查询出塑件的体积和质量：$V_塑 \approx 3.65\text{cm}^3$，$M_塑 = \rho V_塑 = 1.19 \times 3.65 \approx 4.34(\text{g})$。

2. 确定模具设计方案

(1) 确定型腔数目。由于塑件侧面有 3 个凹槽，塑件尺寸 $2.08^{+0.02}_{0}$ 精度要求又高，又为大批量生产，所以必须在圆周侧面设计出均布的 3 个侧向分型与抽芯机构，为降低模具的复杂程度及保证塑件尺寸的一致性，故确定采用一模一腔的设计。

(2) 分型面的选择。根据塑件结构特点，分型面的位置如图 8.116 所示。

(3) 确定模具基本结构。由于塑件外表面不允许有镶拼痕迹，侧向分型与抽芯机构必须设置在定模方向上。可选的方案有两种：

方案一：采用单分型面模具结构。型腔设计在定模上，可用的浇口形式：轮辐式浇口、侧浇口、潜伏式浇口。但由于 $\phi 40.6^{0}_{-0.1}$、$\phi 41.6^{0}_{-0.1}$ 尺寸与其他零件的装配要求较高，显然侧浇口不适用；潜伏式浇口去除浇口后痕迹可以留在塑件内部，不影响塑件的外观，但结构复杂；轮辐式浇口可用，但浇口痕迹在内孔边缘比较明显。3 个侧向型芯采用手工抽芯或液压抽芯，在注射成型后，先完成侧抽芯再开模。

方案二：采用双分型面模具结构。型腔设计在活动的中间板上，基本结构如图 8.116 所示，适合的浇口形式有点浇口、直接浇口、扇形浇口等。此处使用点浇口最为合适，且浇口处可以设计出隐藏式沉坑，隐藏浇口痕迹。这种模具结构可采用斜销侧向分型与抽芯结构，滑块侧型芯设计在中间板上，斜销安装在定模上。

综上所述，由于为大批量生产，为保证生产效率，所以采用机动侧向分型与抽芯机构；由于外观要求较高，浇口痕迹不能太明显，所以采用隐藏式点浇口；由于侧边有 3 个均布的侧抽芯，该模具采用一模一腔设计。故确定的模具基本结构为方案二，并采用推件板推出塑件机构，可以避免推杆痕迹。

经分析，采用点浇口 DB 型标准模架结构。

(4) 浇注系统方案设计。因塑件为外观件，不允许在外圆周侧面留有浇口痕迹，所以塑件采用点浇口进料。为保证进料充分，采用 3 处点浇口浇注。为避免点浇口痕迹对外观的影响，在塑件 3 处点浇口位置设计了 3 个"遮羞"的直径为 $\phi 2$mm 深度为 0.4mm 的凹坑，来减缓点浇口痕迹对人视觉的影响，如图 8.116 所示。

3. 模具结构设计

1) 成型部分工作尺寸计算

该塑件材料为 PC，查阅资料或产品说明书得知其收缩率为 0.5%～0.8%，计算出其平均收缩率为 0.55%。

图 8.116　分型面与浇注系统设计

(1) 凹模部分工作尺寸计算。

① 塑件中 $\phi 41.6_{-0.1}^{0}$ 的型腔径向尺寸计算。由式(8-18)得：

$$(L_{\mathrm{m}})_{0}^{+\delta_{z}}=\left[(1+\overline{S})L_{\mathrm{s}}-\frac{3}{4}\Delta\right]_{0}^{+\delta_{z}}=\left[(1+0.0055)\times 41.6-\frac{3}{4}\times 0.1\right]_{0}^{+\frac{1}{4}\times 0.1}=41.76_{0}^{+0.025}(\text{大端})$$

② 塑件中 17.8 的型腔深度尺寸计算。由 GB 1804—2000 中 m 级查得 17.8 公差值为 ± 0.2，转换为标准标注形式为：$17.8 \pm 0.2=18_{-0.4}^{0}$，由式(8-19)得：

$$(H_{\mathrm{m}})_{0}^{+\delta_{z}}=\left[(1+\overline{S})H_{\mathrm{s}}-\frac{2}{3}\Delta\right]_{0}^{+\delta_{z}}=\left[(1+0.0055)\times 18-\frac{2}{3}\times 0.4\right]_{0}^{+\frac{1}{3}\times 0.4}=17.83_{0}^{+0.13}$$

(2) 型芯部分工作尺寸计算。塑件中 $\phi 39_{0}^{+0.1}$ 尺寸为的模具径向尺寸，由式(8-20)得：

$$(l_{\mathrm{m}})_{-\delta_{z}}^{0}=\left[(1+\overline{S})l_{\mathrm{s}}+\frac{3}{4}\Delta\right]_{-\delta_{z}}^{0}=\left[(1+0.0055)\times 39+\frac{3}{4}\times 0.1\right]_{-\frac{1}{4}\times 0.1}^{0}=39.3_{-0.025}^{0}(\text{大端})$$

(3) 侧向型芯部分尺寸计算。

① 塑件 $2.08^{+0.02}$ 的模具尺寸计算。由式(8-20)得：

$$(l_{\mathrm{m}})_{-\delta_{z}}^{0}=\left[(1+\overline{S})l_{\mathrm{s}}+\frac{3}{4}\Delta\right]_{-\delta_{z}}^{0}=\left[(1+0.0055)\times 2.08+\frac{3}{4}\times 0.02\right]_{-\frac{1}{4}\times 0.02}^{0}=2.11_{-0.005}^{0}(\text{小端})$$

② 中心距 15 ± 0.1 模具尺寸计算。由式(8-22)得：

$$C_{\mathrm{m}} \pm \frac{\delta_{z}}{2}=(1+\overline{S})\ C_{\mathrm{s}} \pm \frac{\delta_{z}}{2}=(1+0.0055)\times 15 \pm \frac{0.1/4}{2}=15.08 \pm 0.0125$$

其他尺寸计算从略，读者可参照以上方法计算。

2) 凹模结构设计

因塑件为外观件，尺寸精度和外观要求较高，凹模采用整体镶拼式结构，凹模镶块选用 P20 材料。凹模型腔为圆形，为方便加工，凹模镶块也设计成圆形，用螺钉与中间模板固定在一起，如图 8.115 所示。

计算塑件在分型面上的投影面积：$S=\pi\left[\left(\frac{41.6}{2}\right)^{2}-\left(\frac{28}{2}\right)^{2}\right] \approx 743(\mathrm{mm}^{2})$

查表 8-6，得到凹模侧壁厚度 D=20mm；则初定镶块直径 $D'=2D+41.6=81.6(\text{mm})$；圆整后，镶块直径取 $D_{镶块}$=82mm。

根据 8.5 节介绍，凹模底部厚度由结构需要决定，由于 PC 塑料的浇注系统以粗、短为原则，为缩短分流道和点浇口的尺寸，选取凹模底部厚度 $H_{镶块}$=40mm。

3) 凸模结构设计

凸模包括两部分：固定镶块和凸模型芯，固定镶块尺寸取与凹模镶块相同；凸模型芯采用整体镶拼式结构。固定镶块与凸模型芯均采用 P20 材料，用螺钉固定。

4) 定模板结构设计

由于凹模是整体镶嵌在定模板上，根据塑件投影面积 S，查表 8-6，得到定模板侧壁厚度 A=40mm；则初定定模板长、宽尺寸为：

$$L'=W'=2A+D_{镶块}=162(\text{mm})$$

定板模厚度与凹模镶块相同，即：$H_{定模板}=H_{镶块}$=40mm。

5) 动模板结构设计

动模板外形尺寸与定模板相同。动模板仅用于固定凸模，故取：$H_{动模板}$=30mm。

6) 支撑板结构设计

根据塑件投影面积 S，查表 8-6，得到支撑板厚度：$H_{支撑板}$=30mm。

7) 初定垫块的高度

初定推杆固定板厚度为：$H_{推固}$=15mm；推板厚度为：$H_{推板}$=20mm。

塑件推出距离：$H_1=h_{m(\max)}+(5\sim10)=16.8+8.2=25(\text{mm})$

则垫块的高度初定为：

$$H_{垫块}=H_{推固}+H_{推板}+H_1+(5\sim10)=15+20+25+10=70(\text{mm})$$

式中，$h_{m(\max)}$——凸模型芯沿脱模方向的最大尺寸(mm)；

$\qquad H_1$——塑料推出距离(mm)，如图 8.110、图 8.111 所示。

8) 选取标准模架规格

依据初算的动模板、定模板周界尺寸 162×162mm，定模板厚度 40mm，动模板厚度 30mm，垫块高度 70mm，拉杆导柱长约为 175mm，查阅标准 GB/T 12555—2006，同时要考虑到侧向分型与抽芯机构的设计空间，综合分析后，初选模架型号规格为：

模架 DB 2025-30×40×70-175 GB/T 12555—2006

 特别提示

(1) 初选标准模架后，各板外形尺寸就确定了，此时可以着手勾画草图，便于后续的设计计算。

(2) 在后续的设计和校核过程中，如果尺寸不足存在问题，就要回到此处重新选择模架规格。

9) 侧向分型与抽芯机构的设计

(1) 确定抽芯距离。由式(8-24)计算得：$s=s'+k=0.5+5.5=6(\text{mm})$。

(2) 确定斜导柱倾斜角 α。因抽芯力和抽芯距离都不大，选取 α=20°。

(3) 确定斜导柱直径。斜导柱的直径取决于抽芯力及其倾斜角大小。

① 取塑件对型芯单位面积上的包紧力 p=30MPa，脱模斜度 α=30'，塑件对钢的摩擦系数 μ=0.3。根据式(8-23)，计算抽芯力为：

$$F = Ap(\mu\cos\alpha - \sin\alpha) = 52.3 \times 0.5 \times 30 \times (0.3 \times \cos 30' - \sin 30') = 228.495(\text{N})$$

② 斜导柱的弯曲力臂包括推料板厚度和定模板部分厚度，此处初步设计取 H_w=46mm，按式(8-27)计算得：

$$d \geqslant \sqrt[3]{\frac{10FH_w}{[\sigma_w]\cos^2\alpha}} = \sqrt[3]{\frac{10 \times 228.495 \times 51}{300 \times \cos^2 20°}} \approx 7.6(\text{mm})$$

利用公式计算出来的斜导柱直径一般比较小，但在实际生产中取的直径较计算值大。这是因为实际生产中，模具的加工和装配精度可能达不到理想情况，造成侧抽芯机构的摩擦力较大；同时，斜导柱直径太小也不利于加工和装配，所以取值都比计算值大。本案例结合本单位实际装配和加工情况，取斜导柱直径 d=12mm。

也可查阅《塑料模设计手册》中的推荐数值。

(4) 斜导柱长度。如图 8.63 所示，斜导柱的长度由 5 部分组成，实际上除了斜导柱工作段长度 L_4 外，其他尺寸是由定模座板、推料板、凹模固定板等厚度所决定的，所以只需计算出 L_4 就可以了。

由于抽芯距离为 $s = 6$mm，倾斜角 α=20°，则有：$L_4 = \dfrac{s}{\sin\alpha} = \dfrac{6}{\sin 20°} \approx 18(\text{mm})$。

(5) 侧滑块与侧向型芯采用组合式结构，用圆柱销联接定位。

侧滑块在凹模固定板内采用 T 形导滑方式，为提高侧滑块的导向精度，装配时可对导滑槽进行与侧滑块实际导滑尺寸配研的装配方法。侧滑块采用钢球弹簧限位装置。

(6) 锁紧装置采用锁紧块，锁紧面角度 23°。

10) 排溢系统的设计

采用的点浇口浇注系统，使料流顺畅，结合凸模型芯与推管的配合间隙、侧向型芯与凹模镶块的配合间隙、分型面均可起到排除型腔内气体的作用，不必专门设计排溢系统。根据试模情况，有必要再添加即可。

11) 浇注系统的设计

(1) 主流道设计。根据随后选用的注射机喷嘴前端孔径 d_0，最终确定主流道小端直径 $d = d_0 + 0.5$。为便于将主流道凝料从主流道中拉出，主流道圆锥形斜度取 6°。

(2) 分流道设计。分流道形状采用梯形，上边取 4mm，下边取 5mm，高取 3mm。

(3) 浇口设计。内浇口直径取 0.5mm，根据试模情况再进行修正。

4. 注射机选择与参数校核

1) 初选注射机型号

根据模具结构尺寸，粗略计算出浇注系统的体积 $V_{浇}$=11.8cm^3，质量 $M_{浇}$=14g，则有：

塑件一次注射所需的总体积：$V = V_{塑} + V_{浇} = 3.65 + 11.8 = 15.45(\text{cm}^3)$

塑件一次注射所需的总质量：$M = M_{塑} + M_{浇} = 4.34 + 14 = 18.34(\text{g})$

根据实际注射量为额定注射量的 20%～80%考虑，结合模具使用单位的注射机设备情况，查表 7-12，初选注射机型号为 XS-ZY-125。

2) 注射机参数校核

(1) 最大注射量校核。通常，注射机一次的实际注射量应小于等于注射机最大注射量的 80%。

注射该塑件时，注射机一次的实际注射量=$V_塑+V_浇$=3.65+11.8=15.45(cm³)。

选择的注射机为塑件生产车间的最小注射机 XS-ZY-125，其一次的最大注射量为125cm³，满足 15.45cm³＜125×0.8=100 cm³。所以选用的注射机满足一次注射量的要求。

(2) 锁模力校核。

p 为塑料熔体对型腔的成型压力，一般是注射机注射压力的80%，查表 7-12，取：

$$p = 120 \times 80\% = 96(MPa)$$

塑件和浇注系统在分型面上的最大投影面积，近似取：$A = \dfrac{\pi \times 41.6^2}{4} \approx 1358.5(mm^2)$

则熔融塑料在分型面上的胀型力为：$F_z = Ap = 1358.5 \times 96 = 130416(N) \approx 130.4(kN)$

查表 7-12，XS-ZY-125 注射机的额定锁模力 F_p=900kN，满足 $F_p > F_z$，选用的注射机满足锁模要求，注射时，分型面不会溢料。

(3) 模具与注射机安装部分相关尺寸的校核。

① 模具闭合高度校核。根据前面的设计，模具实际厚度为：

$$H_m = 30 + 20 + 40 + 20 + 30 + 30 + 70 + 25 = 265(mm)$$

查表 7-12，注射机最小装模高度 H_{min}=200mm，注射机最大装模高度 H_{max}=300mm，则满足：$H_{min}+5 \leq H_m \leq H_{max}-5$，所以本模具满足注射机装模厚度要求。

② 模具外形尺寸 250mm×250mm，XS-ZY-125 注射机拉杆间距为 260mm×290mm，故模具能装入注射机模板并固定。

(4) 开模行程校核。本模具实为 3 个分型面，开模时分型面Ⅰ首先打开，通过推料板使主流道与浇口套分离，同时完成侧向抽芯；接着分型面Ⅱ打开，内浇口与塑件分离，取出浇注系统；最后分型面Ⅲ打开，取出塑件。参照图 8.111 所示，本模具所需的开模距离约为：

$$H_{km} = H_c + H_1 + H_2 + a + (5 \sim 10) = \frac{6}{\tan 20°} + 25 + 17.8 + 80 + 10 \approx 150(mm)$$

查表 7-12，注射机最大开合模行程为 $s = 300mm$，即 $s > H_{km}$，故满足推出要求。

综上所述，所选注射机能够满足塑件的成型要求和模具的使用要求。

5. 绘制模具装配图

根据前述的设计和计算，绘制正式的模具装配图，如图 8.117 所示。

开模时，在弹簧 20 的作用下图 8.117，分型面Ⅰ被强制分开，实现主流道与浇口套的分离，同时完成侧向抽芯。当推料板 29 与斜导柱 32 接触后，推料板停止动作，第一次分型结束。此时由于弹簧 11 的作用，使得限位顶销 12 紧压在导柱 8 的半圆槽内，使得模具只能从分型面Ⅱ处打开，完成内浇口与塑件的分离。当拉杆导柱 7 上限位螺钉 5 与定模板 18 相碰时，凹模 26 停止运动，第二次分型结束。这时，由于碰撞使得限位顶销 12 退出导柱 8 的半圆槽，模具分型面Ⅲ打开，完成塑件的推出。

图 8.117　导向筒注射模装配图

本章小结(Brief Summary of this Chapter)

　　本章对注射塑料模的设计进行了较详细的阐述，包括：注射成型工艺原理、过程及工艺条件；注射模的结构组成及典型结构、分形面形状、表示方法及选择原则；浇注系统中主流道、分流道、冷料穴及浇口的设计；成型零件的结构设计、尺寸计算及排气系统的设计；侧向抽芯机构的分类方法及斜导柱侧向抽芯机构和斜滑块侧向抽芯机构；推出机构的常用机构及设计原则；合模导向机构的作用、分类及导柱导套合模导向机构的设计；温度调节系统的作用及其加热和冷却装置的设计；注射模具与注射机有关参数的校核等。

　　本章的教学目标是使学生具备注射成型工艺的基础知识，通过注射模具设计的讲解，掌握塑料模具设计的一般流程。

习题(Exercises)

1. 简答题

(1) 简述注射成型的工艺过程。

(2) 注射模具按照各零部件所起作用不同，可分为哪些结构组成部分？

(3) 注塑机喷嘴与注塑模主流道的尺寸关系如何？

(4) 选择注塑机时，应校核哪些安装部分相关尺寸？

(5) 注塑机的分类方法如何？

(6) 单分型面注塑模和双分型面注塑模的区别是什么？

(7) 分型面选择的一般原则有哪些？

(8) 塑料模具凹模的结构形式有哪些？

(9) 设计推出机构时要满足哪些要求？

(10) 常用推出机构有哪几种形式？各适用于什么场合？

(11) 合模导向装置的作用是什么？

(12) 注射模的普通浇注系统由哪几部分组成？各部分的作用是什么？

(13) 浇口位置的选择原则是什么？

(14) 常用的分流道截面有哪几种形式？分流道布置的形式分哪两种？各有什么优缺点？

(15) Z 形拉料杆和球头形拉料杆的安装和使用有什么不同？

(16) 为什么要排气？常见的排气方式有哪些？

(17) 斜导柱侧向分型与抽芯机构由哪些零部件组成？各部分的作用是什么？

(18) 在什么情况下，模具要设计侧向分型与抽芯机构？侧向分型与抽芯机构分哪几种形式？各适用于什么场合？

(19) 侧滑块脱离斜导柱时的定位装置有哪几种形式？说明各种形式的使用场合。

(20) 塑料模具为何要设置温度调节系统？

(21) 设计注射模时，应对注射机的哪些工艺参数进行校核？

2. 设计题

计算如图 8.118 所示塑件的模具成型部分尺寸(材料为 ABS)，并绘制出模具结构图。

图 8.118 塑料件

综合实训(Comprehensive Practical Training)

1．实训目标：提高学生实践能力，增加对注射模具结构的感性认识，将注射成型理论知识与模具实物相对应，并提高模具拆装的实际操作技能和模具绘图能力。

2．实训内容：指导学生完成注射模具拆装，测量并填写表 8-6 所示塑料模具零件配合关系测绘表，绘制拆卸模具的结构图和主要零件工作图。

3．实训要求：模具的拆装与测绘参照第 2 章的实训要求。

表 8-6　塑料模具零件配合关系测绘表

序号	相关配合关系	配合松紧程度	配合要求	配合尺寸测量值	配合尺寸
1	导柱		H7/f7 或 H8/f8		
	导向孔				
2	导柱		H7/m6		
	导柱固定板				
3	导柱		H8/f6		
	导套				
4	推杆		H8/f6		
	推杆配合孔				
5	浇口套		H7/m6		
	定模座板				
6	推件板		H7/f7		
	型芯或凸模				
7	推件板		H7/f7		
	导柱				

第 **9** 章
其他塑料成型工艺及模具
(Other Plastic Molding Process and Corresponding Mould)

 本章学习目标

了解压缩和压注成型工艺原理，了解压缩模和压注模的结构组成、典型结构。
了解挤出成型、中空吹塑成型、真空成型、泡沫塑料成型的基本原理和方法。

本章教学要求

能力目标	知识要点	权重	自测分数
了解压缩成型基础知识	压缩成型的原理及特点、压缩成型过程	20%	
了解压注成型基础知识	压注模的结构组成、压缩模典型结构	20%	
了解挤出成型基础知识	挤出成型原理、工艺过程及模具结构	20%	
了解中空吹塑基础知识	常用中空吹塑方法	15%	
了解真空成型基础知识	常见真空成型方法	15%	
了解泡沫塑料成型基础知识	泡沫塑料的特点及成型	10%	

导入案例

注射模主要用于热塑性塑料制品的成型，但塑料的品种很多，塑料制品的种类也很多，因此还存在许多塑料成型方法。如主要用于热固性塑料成型的压缩模、压注模；用于成型塑料包装袋和农用地膜的吹塑成型；用于汽车零件和白色家电的真空成型等。如图9.01所示的电视机后壳和汽车前面板是通过吸塑成型工艺生产的；塑料管材是通过挤出成型工艺生产的。

| (a) 电视机后壳 | (b) 汽车前面板 | (c) 塑料管材 |

图 9.01　塑料产品

学习完本章后，区别出压缩模具、压注模具与注射模具的不同之处。

9.1　压缩成型工艺与压缩模(Compression Molding Process and Compression Mould)

9.1.1　压缩成型原理及特点(Compression Molding Principle and Feature)

压缩成型又称压塑成型、压制成型等，是将粉状或松散粒状的固态塑料直接加入到模具中，通过加热、加压的方法使它们逐渐软化熔融，然后根据模腔形状成型、经固化成为塑件，主要用于成型热固性塑料。与注射模相比，压缩模没有浇注系统，使用的设备和模具比较简单，主要应用于日用电器、电信仪表等热固性塑件的成型。

1. 压缩成型原理

压缩成型原理如图9.1所示。成型时，先将粉状、粒状、碎屑状或纤维状的热固性塑料原料直接加入到敞开的模具加料室内，如图9.1(a)所示；然后合模加热，使塑料融化，在合模压力的作用下，熔融塑料充满型腔各处，如图9.1(b)所示；这时，型腔中的塑料产生化学交联反应，使熔融塑料逐步转变为不熔的硬化定型的塑件，最后脱模将塑件从模具中取出，如图9.1(c)所示。

图 9.1　压缩成型原理

2. 压缩成型特点

压缩成型主要用于热固性塑料的成型。与注射成型相比,压缩成型的优点是:可以使用普通压力机进行生产;因压缩模没有浇注系统,所以模具结构比较简单;塑件内取向组织少,取向程度低,性能比较均匀;成型收缩率小;可以生产一些带有碎屑状、片状或长纤维状填充剂、流动性很差且难以用注射方法成型的塑件和面积很大、厚度较小的大型扁塑件。

压缩成型的缺点是:成型周期长、劳动强度大、生产环境差、生产操作多用手工而不易实现自动化;塑件经常带有溢料飞边,高度方向的尺寸精度不易控制;模具易磨损,使用寿命较短。

压缩成型也可以成型热塑性塑料。在压缩成型热塑性塑料时,模具必须交替地进行加热和冷却,才能使塑料塑化和固化,故成型周期长,生产效率低,因此,它仅适用于成型光学性能要求高的有机玻璃镜片、不宜高温注射成型的硝酸纤维汽车驾驶盘以及一些流动性很差的热塑性塑料(如聚酰亚胺等)。

9.1.2　压缩成型工艺过程(Compression Molding Process)

1. 成型前的准备

热固性塑料比较容易吸湿,储存时易受潮,所以,在对塑料进行加工前应对其进行预热和干燥处理。同时,又由于热固性塑料的比容比较大,因此,为了使成型过程顺利进行,有时还要先对塑料进行预压处理。

(1) 预热与干燥。在成型前,应对热固性塑料进行加热。目的有两个:一是对塑料进行预热,以便对压缩模提供具有一定温度的热料,使塑料在模内受热均匀,缩短压缩成型周期;二是对塑料进行干燥,防止塑料中带有过多的水分和低分子挥发物,确保塑件的成型质量。

(2) 预压。预压是指压缩成型前,在室温或稍高于室温的条件下,将松散的粉状、粒状、碎屑状、片状或长纤维状的成型物料压实成重量一定、形状一致的塑料型坯,使其能比较容易地被放入压缩模加料室。预压坯料的形状一般为圆片形或圆盘形,也可以压成与塑件相似的形状。预压压力通常可以在 40～200MPa 的范围内选择,经过预压后的坯料密度最好能达到塑件密度的 80%左右,以保证坯料有一定的强度。

2. 压缩成型过程

模具装上压力机后要进行预热，若塑件带有嵌件，加料前应将预热嵌件放入模具型腔内。热固性塑料的成型过程一般可分为加料、闭模、排气、固化和脱模等几个阶段。

(1) 加料。加料就是在模具型腔中加入已预热的定量的物料，这是压缩成型生产的重要环节。加料是否准确，将直接影响到塑件的密度和尺寸精度。常用的加料方法有体积质量法、容量法和记数法三种。体积质量法需用衡器称量物料的体积质量大小，然后加入到模具内，采用该方法可准确地控制加料量，但操作不方便。容量法是使用具有一定容积或带有容积标度的容器向模具内加料，这种方法操作简便，但加料量的控制不够准确。记数法适用于预压坯料。对于形状较大或较复杂的模腔，还应根据物料在模具中的流动情况和模腔中各部位用料量的多少，合理地堆放物料，以免造成塑件密度不均或缺料现象。

(2) 闭模。加料完成后进行闭模，即通过压力使模具内成型零部件闭合成与塑件形状一致的模腔。在凸模尚未接触物料之前，应尽量使闭模速度加快，以缩短压缩成型周期和防止塑料过早固化和过多降解。而在凸模接触物料之后，闭模速度应放慢，以避免模具中嵌件和成型杆件的位移和损坏，同时也有利于空气的顺利排放，避免物料被空气排出模外而造成缺料。

(3) 排气。压缩热固性塑料时，成型物料在模腔中会放出相当数量的水蒸气、低分子挥发物及在交联反应和体积收缩时产生的气体，因此，模具闭合后有时还需要卸压以排出模腔中的气体，否则，会延长物料传热过程，延长熔料固化时间，且塑件表面还会出现烧糊、烧焦和气泡等现象，表面光泽也不好。排气的次数和时间应按需要而定，通常为1~3次，每次时间为3~20s。

(4) 固化。压缩成型热固性塑料时，塑料依靠交联反应固化定型的过程称为固化或硬化。热固性塑料的交联反应程度(即硬化程度)不一定达到100%，其硬化程度的高低与塑料品种、模具温度及成型压力等因素有关。模内固化时间取决于塑料的种类、塑件的厚度、物料的形状及预热和成型的温度等，一般为30s至数分钟不等，具体时间的长短需由实验方法确定，过长或过短对塑件的性能都会产生不利的影响。

(5) 脱模。固化过程完成以后，压力机将卸载回程，并将模具开启，推出机构将塑件推出模外，带有侧向型芯或嵌件时，必须先完成抽芯才能脱模。

热固性塑件与热塑性塑件的脱模条件不同。对于热塑性塑件，必须使其在模具中冷却到自身具有一定的强度和刚度之后才能脱模；但对于热固性塑件，脱模条件应以其在热模中的硬化程度达到适中时为准，在大批量生产中，为了缩短成型周期，提高生产效率，也可在制件尚未达到硬化程度适中的情况下进行脱模，但此时塑件必须有足够的强度和刚度以保证在脱模过程中不发生变形和损坏。对于硬化程度不足而提前脱模的塑件，必须将它们集中起来进行后烘处理。

3. 压后处理

塑件脱模以后，应对模具进行清理，有时还要对塑件进行后处理。

(1) 模具的清理。脱模后，要用铜签或铜刷去除留在模内的碎屑、飞边等，然后再用压缩空气将模具型腔吹净。如果这些杂物留在下次成型的塑件中，将会严重影响塑件的质量。

(2) 塑件的后处理。塑件的后处理主要是指退火处理，其主要作用是消除内应力，提高塑件尺寸的稳定性，减少塑件的变形与开裂。进一步交联固化，可以提高塑件的电性能和机械性能。退火规范应根据塑件材料、形状、嵌件等情况确定。对于厚壁和壁厚相差悬殊及易变形的塑件，退火处理时以采用低温度和较长时间为宜；对于形状复杂、薄壁、面积大的塑件，为防止变形，退火处理时最好在夹具上进行。

常用热固性塑件的退火处理规范可参考表 9-1。

表 9-1　常用热固性塑件退火处理规范

塑料种类	退火温度/℃	保温时间/h
酚醛塑料制件	80～130	4～24
酚醛纤维塑料制件	130～160	4～24
氨基塑料制件	70～80	10～12

9.1.3　压缩模结构组成(Compression Mould Structure)

1. 压缩模的工作原理

压缩模的典型结构如图 9.2 所示。模具的上模和下模分别安装在压力机的上、下工作台上，上下模通过导柱导套导向定位。成型前，将配好的塑料原料倒入凹模 4 上端的加料室，然后上工作台下降，使上凸模 3 进入下模加料室 4 与装入的塑料接触并对其加热。当塑料成为熔融状态后，上工作台继续下降，熔料在受热受压的作用下充满型腔并发生固化交联反应。塑件固化成型后，上工作台上升，模具分型，同时压力机下面的辅助液压缸开始工作，脱模机构将塑件脱出。

图 9.2　压缩模结构

1—上模座板；2—螺钉；3—上凸模；4—加料室(凹模)；5、11—加热板；6—导挂；7—加热孔；
8—型芯；9—下凸模；10—导套；12—推杆；13—支承钉；14—垫块；15—下模座板；16—推板；
17—连接杆；18—推杆固定板；19—侧型芯；20—型腔固定板；21—承压块

2. 压缩模的结构组成

按各零部件的功能和作用，压缩模可分为以下 7 大部分。

(1) 成型零件。成型零件是直接成型塑件的零件，加料时与加料室一道起装料的作用。图 9.2 中模具型腔由上凸模 3、凹模 4、型芯 8、下凸模 9 等构成。

(2) 加料室。图 9.2 中凹模 4 的上半部，为凹模截面尺寸扩大的部分。由于塑料与塑件相比具有较大的比容，塑件成型前单靠型腔往往无法容纳全部原料，因此一般需要在型腔之上设有一段加料腔室。

(3) 导向机构。图 9.2 中，由布置在模具上周边的 4 根导柱 6 和导套 10 组成导向机构，它的作用是保证上模和下模两大部分或模具内部其他零部件之间准确合对。为保证推出机构上下运动平稳，该模具在下模座板 15 上设有两根推板导柱，在推板上还设有推板导套。

(4) 侧向分型与抽芯机构。当压缩塑件带有侧孔或侧向凹凸时，模具必须设有各种侧向分型与抽芯机构，塑件方能脱出。图 9.2 中的塑件有一侧孔，在推出塑件前用手动丝杆(侧型芯 19)抽出侧型芯。

(5) 推出机构。压缩模中一般都需要设置推出机构，其作用是把塑件推出模腔，图 9.2 中的推出机构由推板 16、推杆固定板 18、推杆 12 等零件组成。

(6) 加热系统。在压缩热固性塑料时，模具温度必须高于塑料的交联温度，因此模具必须加热。常见的加热方式有：电加热、蒸汽加热、煤气或天然气加热等，但以电加热最为普遍。图 9.2 中加热板 5、11 中设计有加热孔 7，加热孔 7 中插入加热元件(如电热棒)，分别对上凸模、下凸模和凹模进行加热。

(7) 支承零部件。压缩模中的各种固定板、支承板(加热板等)及上、下模座等均称为支承零部件，如图 9.2 中的零件 1、5、11、14、15、20、21 等。它们的作用是固定和支承模具中各种零部件，并且将压力机的力传递给成型零部件和成型物料。

9.1.4　压缩模典型结构(Typical Structure of Compression Mould)

1. 按模具在压力机上的固定形式分类

按模具在压力机上的固定形式，可分为移动式压缩模、半固定式压缩模和固定式压缩模。

(1) 移动式压缩模。移动式压缩模如图 9.3 所示，模具不固定在压力机上。压缩成型前，打开模具把塑料加入型腔，然后将上下模合拢，送入压力机工作台上对塑料进行加热加压成型固化。成型后将模具移出压力机，使用专门卸模工具开模脱出塑件。图 9.3 中是采用 U 形支架撞击上下模板，使模具分开脱出塑件。图 9.3(a)为模具，图 9.3(b)为模具放在 U 形架上，图 9.3(c)为模具分开取出塑件的情况。这种模具结构简单，制造周期短，但加料、开模、取件等工序均需手工操作，因此劳动强度大，生产率低、易磨损，适用于压缩成型批量不大的中小型塑件以及形状复杂、嵌件较多、加料困难及带有螺纹的塑件。

(2) 半固定式压缩模。半固定式压缩模如图 9.4 所示，一般将上模固定在压力机上，下模可沿导轨移进或移出压力机外进行加料和在卸模架上脱出塑件。下模移进时用定位块定位，合模时靠导向机构定位。这种模具结构便于安放嵌件和加料，且上模不移出机外，从而减轻了劳动强度；也可按需要采用下模固定的形式，工作时移出上模，用手工取件或卸模架取件。

图9.3 移动式压缩模

1—凸模；2—凸模固定板；3—凹模；4—U 形支架

(3) 固定式压缩模。固定式压缩模如图 9.2 所示。上下模分别固定在压力机的上下工作台上。开合模与塑件脱出均在压力机上靠操作压力机来完成，因此生产率较高、操作简单、劳动强度小、开模振动小、模具寿命长，但缺点是模具结构复杂、成本高，且安放嵌件不方便，适用于成型批量较大或形状较大的塑件。

图9.4 半移动式压缩模

1—凹模(加料室)；2—导柱；3—凸模(上模)；4—型芯；5—手柄

2. 按模具加料室的形式分类

根据模具加料室的形式不同，可分为溢式压缩模、不溢式压缩模和半溢式压缩模。

(1) 溢式压缩模。溢式压缩模如图 9.5 所示。这种模具无单独的加料室，型腔本身作为加料室，型腔高度 h 等于塑件高度。由于凸模和凹模之间无配合，完全靠导柱定位，故塑件的径向尺寸精度不高，而高度尺寸精度尚可。压缩成型时，由于多余的塑料易从分型面处溢出，故塑件具有径向飞边，设计时挤压环的宽度 B 应较窄，以减薄塑件的径向飞边。图中环形挤压面 B(即挤压环)在合模开始时，挤压面仅产生有限的阻力，合模到终点时，挤压面才完全密合。因此，塑件密度较低，强度等力学性能也不高，特别是合模太快时，会造成溢料量的增加，浪费较大。溢式模具结构简单，造价低廉，耐用(凸、凹模间无摩擦)，塑件易取出。除了可用推出机构脱模外，也可用压缩空气吹出塑件。这种压缩模对加料量的精度要求不高，加料量一般仅大于塑件质量的5%左右，常用预压型坯进行压缩成型，适用于压缩流动性好或带短纤维填料及精度要求不高且尺寸小的浅型腔塑件。

图9.5 溢式压缩模

1—凸模；2—导柱；3—凹模；4—推杆；5—推板；6—下模座

(2) 不溢式压缩模。不溢式压缩模如图9.6所示。这种模具的加料室在型腔上部延续，其截面形状和尺寸与型腔完全相同，无挤压面。由于凸模和加料腔之间有一段配合，故塑件径向壁厚尺寸精度较高。由于配合段单面间隙为0.025～0.075mm，故压缩时仅有少量的塑料流出，使塑件在垂直方向上形成很薄的轴向飞边，去除比较容易。其配合高度不宜过大，在设计不配合部分时，可以将凸模上部截面设计得小一些，也可以将凹模对应部分尺寸逐渐增大而形成15′～20′的锥面。模具在闭合压缩时，压力几乎完全作用在塑件上，因此塑件密度高，强度高。这类模具适用于成型形状复杂、精度高、壁薄、长流程的深腔塑件，也可成型流动性差、比容大的塑件，特别适用于含棉布、玻璃纤维等长纤维填料的塑件。

图9.6 不溢式压缩模

1—凸模；2—上模座；3—导柱；4—凹模；5—推杆

不溢式压缩模由于塑料的溢出量少,加料量直接影响着塑件的高度尺寸,因此每模加料都必须准确称量,否则塑件高度尺寸不易保证。另外由于凸模与加料室侧壁摩擦,将不可避免地会擦伤加料室侧壁,同时,塑件推出模腔时带划伤痕迹的加料室也会损伤塑件外表面且脱模较为困难,故固定式压缩模一般设有推出机构。为避免加料不均,不溢式模具一般不宜设计成多型腔结构。

(3) 半溢式压缩模。半溢式压缩模如图 9.7 所示。这种模具在型腔上方设有加料室,其截面尺寸大于型腔截面尺寸,两者分界处有一环形挤压面,其宽度为 4~5mm。凸模与加料室呈间隙配合,凸模下压时受到挤压面的限制,故易于保证塑件高度尺寸精度。凸模在四周开有溢流槽,过剩的塑料通过配合间隙或溢流槽排出。因此,此模具操作方便,加料量不必严格控制,只需简单地按体积计量即可。

半溢式压缩模兼有溢式和不溢式压缩模的优点,塑件径向壁厚尺寸和高度尺寸的精度均较好,密度较高,模具寿命较长,塑件脱模容易,塑件外表不会被加料室划伤。当塑件外形较复杂时,可将凸模与加料室周边配合面形状简化,从而减少加工困难,因此在生产中被广泛采用。半溢式压缩模适用于压缩流动性较好的塑件及形状较复杂的塑件,由于有挤压边缘,不适于压制以布片或长纤维作填料的塑件。

图 9.7　半溢式压缩模

1—上模座；2—凸模；3—导柱；4—凹模；5—推杆

以上所述的模具结构是压缩模的三种基本类型,将它们的特点进行组合或改进,还可以演变成其他类型的压缩模。

9.2　压注成型工艺与压注模
(Pressure Injection Molding Process and Pressure Injection Mould)

9.2.1　压注成型原理及特点(Pressure Injection Molding Principle and Feature)

压注成型又称传递成型,是在压缩成型基础上发展起来的一种热固性塑料的成型方法,能成型外形复杂、薄壁或壁厚变化很大、带有精细嵌件的塑件。压注成型与压缩成型最大的区别在于压注模有单独的加料室和浇注系统。

1. 压注成型原理

压注成型原理如图 9.8 所示。压注成型时，将热固性塑料原料(和压缩成型时一样，塑料原料为粉料或预压成锭的坯料)装入闭合模具的加料室内，使其在加料室内受热塑化，如图 9.8(a)所示；塑化后熔融的塑料在压柱压力的作用下，通过加料室底部的浇注系统进入闭合的型腔，如图 9.8(b)所示；塑料在型腔内继续受热、受压而固化成型，最后打开模具取出塑件，如图 9.8(c)所示。

图 9.8　压注成型原理

2. 压注成型特点

压注成型与压缩成型相比，具有以下一些特点。

(1) 成型周期短，生产效率高。塑料在加料室首先被加热塑化，成型时塑料高速通过浇注系统被压入型腔，未完全塑化的塑料与高温的浇注系统相接触，使塑料升温快而均匀。同时，熔料在通过浇注系统的窄小部位时吸收摩擦热使温度进一步提高，有利于塑料制件在型腔内迅速硬化，从而缩短了硬化时间。压注成型的硬化时间只相当于压缩成型的 1/5～1/3。

(2) 塑件的尺寸精度高、表面质量好。由于塑料受热均匀，交联硬化充分，因此改善了塑件的机械性能，使塑件的强度、力学性能、电性能都得以提高。塑件高度方向的尺寸精度较高，飞边很薄。

(3) 可以成型带有细小嵌件、较深侧孔及较复杂的塑件。由于塑料是以熔融状态压入型腔的，因此对细长型芯、嵌件等产生的挤压力比压缩模小。一般的压缩成型在垂直方向上成型的孔深不大于其直径的 3 倍，侧向孔深不大于其直径的 1.5 倍；而压注成型可成型孔深不大于直径 10 倍的通孔、不大于直径 3 倍的盲孔。

(4) 消耗原材料较多。由于存在浇注系统凝料，故塑料消耗比较多，这对小型塑件尤为突出。

(5) 压注成型收缩率大于压缩成型收缩率。一般酚醛塑料在压缩成型时的收缩率为 0.8%，而压注成型时的收缩率为 0.9%～1%，并且收缩率具有方向性。这是由于物料在压力作用下的定向流动而引起的，因此影响塑件的精度，但对于用粉状填料填充的塑件则影响不大。

(6) 压注模的结构比较复杂，工艺条件要求严格。由于压注时熔料是通过浇注系统进入模具型腔成型的，因此压注模的结构比压缩模复杂，工艺条件要求严格，特别是成型压力较高(比压缩成型时的压力要大得多)，而且操作比较麻烦，制造成本也大；因此，只有在用压缩成型无法达到要求时才用压注成型。

9.2.2 压注成型工艺过程(Pressure Injection Molding Process)

压注成型工艺过程和压缩成型工艺过程基本相似，它们的主要区别在于压缩成型过程是先加料后闭模，而压注模在压注成型时则一般要求先闭模后加料。

9.2.3 压注模的工作原理及结构组成(Structural Composition of Pressure Injection Mould)

1. 压注模的工作原理

图 9.9 所示为典型的固定式压注模结构。模具由压柱、上模、下模三部分组成，压柱 2 随上模座板 1 固定在上工作台，下模固定于压力机的下工作台上。开模时，压柱随上模座板 1 向上移动，A—A 分型面分型，加料室 3 敞开，压柱把浇注系统的凝料从浇口套中拉出。当上模座板 1 上升到一定高度时，拉杆 11 上的螺母迫使拉钩 13 转动，使之与下模部分脱开，接着定距导柱 16 起作用，使 B—B 分型面分型，最后由推出机构将塑件推出。合模时，复位杆 10 使推出机构复位，拉钩 13 靠自重将下模部分锁住。

图 9.9 固定式压注模的结构

1—上模座板；2—压柱；3—加料室；4—浇口套；5—型芯；6—推杆；7—垫块；
8—推板；9—下模座板；10—复位杆；11—拉杆；12—支承板；13—拉钩；
14—下模板；15—上模板；16—定距导柱；17—加热器安装孔

2. 压注模的结构组成

压注模主要由以下 7 个部分组成。

(1) 成型零部件。指直接与塑件接触的那部分零件，如上模板 15、下模板 14、型芯 5 等。

(2) 加料装置。由加料室 3 和压柱 2 组成，移动式压注模的加料室和模具是可分离的，固定式压注模的加料室与模具在一起。

(3) 浇注系统。与注射模相似，主要由主流道、分流道和浇口组成。

(4) 导向机构。由导柱、导套组成，起定位、导向作用。

(5) 侧向分型与抽芯机构。如果塑件中有侧孔或侧凹，则必须采用侧向分型与抽芯机构，具体的设计方法与注射模的结构类似。

(6) 推出机构。在注射模中采用的推杆、推管、推件板等各种推出结构，在压注模中也同样适用。

(7) 加热系统。压注模的加热元件主要是电热棒、电热圈，加料室、上模和下模均需要加热。移动式压注模主要靠压力机上下工作台的加热板进行加热。

9.2.4 压注模的分类(Classification of Pressure Injection Mould)

和压缩模一样，压注模的分类方法也很多，但通常情况下，压注模是按照模具的结构特征来进行分类的。按照加料室的结构特征，压注模可分为罐式压注模和柱塞式压注模两种形式。下面分别进行介绍。

1. 罐式压注模

罐式压注模使用较为广泛，这类模具对成型设备没有特殊的要求，在普通压力机上就可以压注成型塑件，分为移动式和固定式两种。

(1) 移动式。图 9.10 所示为典型的移动式罐式压注模，加料室与模具可分离，靠压力机上下工作台的加热板进行加热。工作时，模具闭合后放上加料室 4，将塑料加入到加料室 4 内，利用压力机的压力，将塑化好的物料高速压入型腔，硬化定型后，取下加料室 4 和压柱 5，用手工或专用工具将塑件取出。

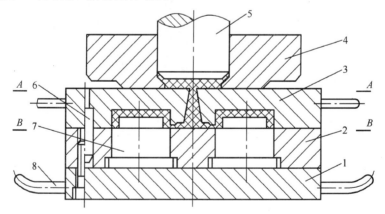

图 9.10　移动式压注模

1—下模座板；2—凸模固定板；3—凹模板；4—加料室；5—压柱；6—导柱；7—凸模；8—手把

(2) 固定式。图 9.9 所示为固定式罐式压注模。其加料室在模具的内部，与模具不能分离，模具上设有加热装置。

2. 柱塞式压注模

与罐式压注模相比，柱塞式压注模没有主流道，只有分流道，主流道变为圆柱形的加料室，与分流道相通。成型时，柱塞所施加的挤压力对模具不起锁模的作用，因此，需要用专用的压力机。这种压力机有主液压缸(锁模)和辅助液压缸(成型)两个液压缸，主液压缸起锁模作用，辅助液压缸起压入成型作用。这类模具既可以是单腔的，也可以一模多腔。

(1) 上加料室式压注模。上加料室式压注模的结构如图9.11所示。锁模液压缸在压力机的下方，自下而上合模，辅助液压缸在压力机的上方，自上而下将物料压入模腔。合模加料后，当加入加料室内的塑料受热成熔融状态时，压力机辅助液压缸工作，柱塞将熔融物料挤入型腔，固化成型后，辅助液压缸带动柱塞上移，锁模液压缸带动下工作台将模具分型开模，塑件与浇注系统凝料留在下模，推出机构将塑件从凹模镶块5中推出。这种结构的压注模成型时所需的挤压力小，成型质量好。

图 9.11 上加料室压注模

1—加料室；2—上模座板；3—上模板；4—型芯；5—凹模镶块；6—支承板；7—推杆；
8—垫块；9—推板导柱；10—推板；11—下模座板；12—推杆固定板；
13—复位杆；14—下模板；15—导柱；16—导套

(2) 下加料室式压注模。下加料室式压注模的结构如图9.12所示。锁模液压缸在压力机的上方，自上而下合模，辅助液压缸在压力机的下方，自下而上将物料压入型腔。下加料室式压注模与上加料室式压注模的主要区别在于它是先加料，后合模，最后压注成型；而上加料室式压注模是先合模，后加料，最后压注成型。由于余料和分流道凝料与塑件一同推出，因此，下加料室式压注模清理方便，可节省材料。

图 9.12　下加料室压注模

1—上模座板；2—上凹模；3—下凹模；4—加料室；5—推杆；6—下模板；
7—支承板(加热板)；8—垫块；9—柱塞；10—嵌件；11—分流锥

9.3　挤出成型工艺及模具(Extrusion Molding Process and Mould)

9.3.1　挤出成型原理及特点(Extrusion Molding Principle and Feature)

1. 挤出成型原理

材料在模具中受挤压，当挤出模口时形成所需形状的制品，这就是挤出成型。挤出成型主要用于成型热塑性塑料，可成型的制品包括管、棒、板、丝、薄膜、电缆电线的包覆及各种截面形状的异型材。其成型原理如图 9.13 所示(以管材的挤出为例)。首先将粒状或粉状塑料加入料斗中，在挤出机旋转螺杆的作用下，加热的塑料沿螺杆的螺旋槽向前方输送。在此过程中，塑料不断地接受外加热和螺杆与物料之间、物料与物料之间及物料与料筒之间的剪切摩擦热，逐渐熔融呈黏流态，然后在挤压系统的作用下，塑料熔体通过具有一定形状的挤出模具(机头)口模以及一系列辅助装置(定型、冷却、牵引、切割等装置)，从而获得截面形状一定的塑料型材。

2. 挤出成型特点

挤出成型所用的设备为挤出机，结构比较简单，操作方便，应用非常广泛，所成型的塑件均为具有恒定截面形状的连续型材。挤出成型的特点如下。

(1) 生产过程连续，可以挤出任意长度的塑件，生产效率高。适宜于制造管材、纤维、绝缘电线和电缆护套等。

(2) 塑件内部组织均衡紧密，尺寸比较稳定、准确。

图 9.13　挤出成型原理

1—挤出机料筒；2—机头；3—定径装置；4—冷却装置；5—牵引装置；6—塑料管；7—切割装置

(3) 模具结构也较简单，制造维修方便，投资少、收效快。

(4) 适应性强，除氟塑料外，所有的热塑性塑料都可采用挤出成型，部分热固性塑料也可采用挤出成型。变更机头口模，产品的截面形状和尺寸可相应改变，这样就能生产出各种不同规格的塑件。

9.3.2　挤出成型工艺过程(Extrusion Molding Process)

热塑性塑料的挤出成型工艺过程可分为三个阶段。

第一阶段是塑料原料的塑化。塑料原料在挤出机的机筒温度和螺杆的旋转压实及混合作用下，由粉状或粒状变成黏流态物质。

第二阶段是成型。黏流态塑料熔体在挤出机螺杆螺旋力的推动作用下，通过具有一定形状的机头口模，得到截面与口模形状一致的连续型材。

第三阶段是定型。通过适当的处理方法，如定径处理、冷却处理等，使已挤出的塑料连续型材固化为塑件。

1. 原料的准备

挤出成型用的大部分塑料是粒状塑料，粉状塑料用得较少。因为粉状塑料含有较多的水分，会影响挤出成型的顺利进行，同时影响塑件的质量，例如塑件出现气泡及表面灰暗无光、皱纹、流痕等，其物理性能和力学性能也随之下降，而且粉状物料的压缩比大，不利于输送。当然，不论是粉状物料还是粒状物料，都会吸收一定的水分，所以在成型之前应进行干燥处理，将原料的水分控制在 0.5%以下。原料的干燥一般是在烘箱或烘房中进行，此外，在准备阶段还要尽可能除去塑料中存在的杂质。

2. 挤出成型

将挤出机预热到规定温度后，起动电动机带动螺杆旋转输送物料，同时向料筒中加入塑料。料筒中的塑料在外加热和剪切摩擦热作用下熔融塑化。由于螺杆旋转时对塑料不断推挤，迫使塑料经过滤板上的过滤网，再通过机头成型为一定口模形状的连续型材。初期的挤出塑件质量较差，外观也欠佳，要调整工艺条件及设备装置直到正常状态后才能投入正式生产。在挤出成型过程中，要特别注意温度和剪切摩擦热两个因素对塑件质量的影响。

3. 塑件的定型与冷却

热塑件塑件在离开机头口模以后，应该立即进行定型和冷却，否则，塑件在自重力作用下就会变形，出现凹陷或扭曲现象。在大多数情况下，定型和冷却是同时进行的，只有在挤出各种棒料和管材时，才有一个独立的定径过程，而挤出薄模、单丝等则无需定型，仅通过冷却即可。挤出板材与片材，有时还需要通过一对压辊压平，也可起定型与冷却作用。管材的定型方法可用定径套，也有采用能通水冷却的特殊口模来定径的，但不管哪种方法，都是使管坯内外形成压力差，使其紧贴在定径套上而冷却定型。

冷却一般采用空气冷却或水冷却，冷却速度对塑件性能有很大影响。硬质塑件(如聚苯乙烯、低密度聚乙烯和硬聚氯乙烯等)不能冷却得过快，否则容易造成残余内应力，影响塑件的外观质量；软质或结晶型塑件则要求及时冷却，以免塑件变形。

4. 塑件的牵引、卷取和切割

塑件自口模挤出后，会由于压力突然解除而发生离模膨胀现象，而冷却后又会发生收缩现象，从而使塑件的尺寸和形状发生改变。此外，由于塑件被连续不断地挤出，自重越来越大，如果不加以引导，会造成塑件停滞，使塑件不能顺利挤出。因此，在冷却的同时，要连续、均匀地牵引塑件。

通过牵引的塑件根据使用要求在切割装置上裁剪(如棒、管、板、片等)，或在卷取装置上绕制成卷(如单丝、电线电缆等)。此外，有些塑件有时还需进行后处理，以提高其尺寸稳定性。

图9.14所示为常见的挤出工艺过程示意。

(a) 管材挤出

(b) 片、板材挤出

图 9.14　常见的挤出工艺过程示意

1—挤管机头；2—定型与冷却装置；3—牵引装置；4—切断装置；
5—片(板)坯挤出机头；6—碾平与冷却装置；7—切边与牵引装置

9.3.3　挤出成型模具(Extrusion Molding Mould)

挤出模具主要由机头和定型装置(定型套)两部分组成。下面以管材挤出成型机头为例，介绍机头的结构组成, 如图9.15所示。

图 9.15　管材挤出成型机头

1—管材; 2—定径套; 3—口模; 4—芯棒; 5—调节螺钉;
6—分流器; 7—分流器支架; 8—机头体; 9—过滤网; 10—加热器

1. 机头

机头是成型塑件的关键部分, 其作用是将挤出机挤出的熔融塑料由螺旋运动变为直线运动, 并使熔融塑料进一步塑化, 产生必要的成型压力, 保证塑件密实, 通过机头获得所需要的塑件。机头主要由以下几部分组成。

(1) 口模。口模 3 是成型塑件外表面的零件。

(2) 芯棒。芯棒 4 是成型塑件内表面的零件。

(3) 过滤网和过滤板。过滤网 9 的作用是改变料流的方向和速度, 将塑料熔体的螺旋运动转变为直线运动, 过滤杂质, 形成一定的压力。过滤板又称多孔板, 起支撑过滤网的作用。

(4) 分流器和分流器支架。分流器 6 俗称鱼雷头, 其作用是使通过它的塑料熔体分流变成薄环状平稳地进入成型区, 同时进一步加热和塑化。分流器支架 7 主要用来支撑分流器及芯棒, 同时也能对分流后的塑料熔体起加强剪切的混合作用(但有时会产生熔接痕而影响塑件强度), 小型机头的分流器与其支架可设计成整体式结构。

(5) 机头体。机头体 8 相当于模架, 用来组装并支撑机头的各零部件, 并且与挤出机料筒相连。

(6) 温度调节系统。为了保证塑料熔体在机头中正常流动和挤出成型质量, 机头上一般设有温度调节系统, 如加热器 10。

(7)调节螺钉。调节螺钉 5 用来调节控制成型区内口模与芯棒间的环隙及同轴度, 以保证挤出塑件壁厚均匀。通常调节螺钉的数量为 4～8 个。

2. 定型装置

从机头中挤出的塑件虽然具备了既定的形状, 可是因为制件温度比较高, 会由于自重而发生变形，因此需要使用定径装置(如定径套 2)将制件的形状进行冷却定型，从而获得能满足要求的正确尺寸、几何形状及表面质量。通常采用冷却、加压或抽真空的方法，将从机头中挤出的塑件的既定形状稳定下来，并对其进行精整，得到截面尺寸更为精确、表面更为光亮的塑件。

图 9.16　PVC 管材

9.3.4　应用案例(Application Case)

用挤出成型法生产 PVC 管材。管材是挤出成型的主要产品之一，挤出的管材直径可以从数毫米到 500mm，其中以数毫米至 100mm 直径的管材较为常见。可挤出成型管材的塑料种类有 PVC、PE、PP、PA、POM、PAK、PUR 弹性体等，成型材料的性质不同，挤出成型工艺及设备也会有所差异。图 9.16 所示为 PVC 管材；图 9.17 所示为国产某型号管材挤出成型设备。

图 9.17　国产某型号管材挤出成型机

9.4　中空吹塑成型(Hollow Blow Molding)

中空吹塑成型是将处于高弹态(接近于黏流态)的塑料型坯置于模具型腔内，通入压缩空气将其吹胀，使之紧贴于型腔壁上，经冷却定形后得到中空塑件的成型方法。它主要用于制造瓶类、桶类、罐类、箱类等中空塑料容器。

中空吹塑成型的方法很多，主要有挤出吹塑成型、注射吹塑成型、注射拉伸吹塑成型和片材吹塑成型等。

9.4.1 挤出吹塑成型(Extrusion Blow Molding)

挤出吹塑成型是成型中空塑件的主要方法，其成型工艺过程如图9.18所示。成型时，先由挤出机挤出管状型坯，如图9.18(a)所示；然后截取一段管坯趁热将其放入模具中，在闭合模具的同时夹紧型坯上下两端，如图9.18(b)所示；再用吹管通入压缩空气，使型坯吹胀并贴于型腔表壁成型，如图9.18(c)所示；最后经保压和冷却定型，便可排除压缩空气并开模取出塑件，如图9.18(d)所示。

挤出吹塑成型的模具结构简单，投资少，操作容易，适合多种塑料的中空吹塑成型。缺点是成型塑件的壁厚不均匀，塑件需要后加工以去除飞边和余料。

 特别提示

(1) 注意区分挤出成型和挤出吹塑成型，二者既有联系又有区别。都使用了挤出机，不过前者挤出的即是所需形状的制品，只需定型装置对塑件冷却定型便可完工；后者用挤出机挤出的不过是管状型坯，接下来还要在吹塑模里进行吹胀，经冷却定型后才能完工。

(2) 如果说挤出成型是"一步到位"，那么，挤出吹塑成型就经过了两个主要过程，先挤出，后吹塑。

图9.18 挤出吹塑成型

1—挤出机头；2—吹塑模；3—型坯；4—压缩空气吹管；5—塑件

9.4.2 注射吹塑成型(Injection Blow Molding)

注射吹塑成型是先用注射机将塑料在注射模中注射成型坯，然后将热的塑料型坯移入中空吹塑模具中进行中空吹塑成型，其工艺过程如图9.19所示。成型时，首先用注射机将熔融塑料注入注射模中制成型坯，型坯成型在周壁带有微孔的空心凸模上，如图9.19(a)所示；接着趁热将空心凸模与型坯一起移入吹塑模内，如图9.19(b)所示；然后合模并从空心凸模的管道内通入压缩空气，使型坯吹胀并贴于吹塑模的型壁上，如图9.19(c)所示；最后经保压、冷却定型后放出压缩空气并开模取出塑件，如图9.19(d)所示。

注射吹塑成型的优点是塑件壁厚均匀，无飞边，不需后加工。由于注射的型坯有底面，因此中空塑件的底部没有拼合缝，不仅外观美、强度高，而且生产效率高。但是注射吹塑成型所用的设备与模具的投资较大，因而多用于小型中空塑件的大批量生产。

图 9.19　注射吹塑成型

1—注射机喷嘴；2—注塑型坯；3—空心凸模；4—加热器；5—吹塑模；6—塑件

特别提示

> 　　注意注射成型和注射吹塑成型二者之间的联系与区别。与挤出成型和挤出吹塑成型相似，注射成型得到的是结果，而注射吹塑成型是借助了注射成型完成型坯的制造过程，接下来还有吹塑环节，再经保压、冷却定型后才能得到所需的塑件。

9.4.3　注射拉伸吹塑成型(Injection Stretch Blow Molding)

注射拉伸吹塑成型是将注射成型的有底型坯置于吹塑模内，先用拉伸杆进行轴向拉伸后再通入压缩空气吹胀成型的加工方法。与注射吹塑成型相比，注射拉伸吹塑成型在吹塑成型工位增加了拉伸工序，塑件的透明度、抗冲击强度、表面硬度、刚度和气体阻透性能都有很大提高，最典型的产品是线型聚酯饮料瓶。

注射拉伸吹塑成型可分为热坯法和冷坯法两种方法。

热坯法注射拉伸吹塑成型的工艺过程如图9.20所示。首先在注射工位注射一个空心有底的型坯，如图9.20(a)所示；接着将型坯迅速移到拉伸和吹塑工位，进行拉伸和吹塑成型，如图9.20(b)和图9.20(c)所示；最后经保压、冷却后开模取出塑件，如图9.20(d)所示。这种成型方法省去了冷型坯的再加热，节省了能源，同时由于型坯的制取和拉伸吹塑在同一台设备上进行，因而占地面积小，易于连续生产，自动化程度高。

图 9.20　热坯法注射拉伸吹塑成型

1—注射机喷嘴；2—注射模；3—拉伸心棒(吹管)；4—吹塑模；5—塑件

冷坯法注射拉伸吹塑成型是将注射好的型坯加热到合适的温度后再将其置于吹塑模中进行拉伸吹塑的成型方法。成型过程中，型坯的注射和塑件的拉伸吹塑成型分别在不同的设备上进行，为了补偿型坯冷却散发的热量，需要进行二次加热。这种方法的主要特点是设备结构相对比较简单。

9.4.4　片材吹塑成型(Sheet Blow Molding)

片材吹塑成型是将压延或挤出成型的片材再加热，使之软化后放入型腔，合模后在片材之间通入压缩空气而成型出中空塑件的成型方法。图 9.21(a)为合模前的状态；图 9.21(b)为合模后的状态。

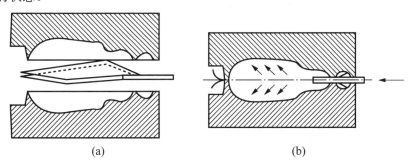

图 9.21　片材吹塑成型

9.4.5　应用案例(Application Case)

用挤出法制造塑料薄膜。塑料薄膜是最常见的塑料制品之一，它可用多种方法进行生产，如挤出法、压延法和流涎法等。其中挤出法生产薄膜又可分为平挤法和吹塑法两种。平挤法生产的薄膜厚度均匀、生产率高，是广泛应用的一种薄膜成型方法，但薄膜强度及透明度较差。吹塑法生产薄膜工艺简单、成本低，适用于多种热塑性塑料的成型加工，所以，在薄膜生产中有重要地位。

用挤出吹塑法生产出的薄膜厚度在 0.01～0.25mm 之间，展开宽度可达 20m。能够采用吹塑法生产薄膜的塑料品种有 PE，PP，PVC，PS，PA 等，其中以前三类薄膜最为常见。

吹塑法生产薄膜有三种方法，如图 9.22(a)~图 9.22(c)所示。其生产过程如图 9.22(d)所示：熔融塑料从挤出机端部的环形狭缝式口模挤出成圆管状管坯，将一定量的压缩空气自机头下部进气口鼓入管内，使其径向膨胀，同时借助牵引辊对其进行纵向牵引，在冷却风环吹出的冷空气作用下逐步冷却定型。冷却后的膜管被人字板压叠成双折薄膜，经牵引辊、导向辊，最后被卷取装置卷起。牵引辊同时起到封存膜管内空气，保持膜管内空气，保持膜管内压力恒定的作用。

(a) 上吹法　　　(b) 下吹法

(c) 平吹法　　　(d) 上吹法生产过程三维图

图 9.22　挤出吹塑薄膜

1—挤出机；2—口模；3—人字板；4—牵引机；5—卷取机

9.5　真空成型(Vacuum Molding)

真空成型又称吸塑成型，是把热塑性塑料板、片材等固定在模具上，用辐射加热器加热至软化温度，然后用真空泵把板材和模具之间的空气抽掉，借助大气的压力使板材贴在模腔上而成型，冷却后用压缩空气使塑件从模具型腔内脱出。真空成型的设备和模具结构比较简单，制件形状清晰，生产成本低，生产效率高，一般大、薄、深的塑件都能通过真空成型方法生产；但由于真空成型的压力有限，所以不能成型厚壁塑件。真空成型的不足之处是成型的塑件壁厚不均匀，当模具的凹凸形状变化较大且相距较近及凸模拐角处为锐角时，塑件上容易出现皱折，塑件的周边要进行修正。

真空成型的方法主要有凹模真空成型、凸模真空成型、凹凸模先后抽真空成型、压缩空气延伸法真空成型和柱塞延伸法真空成型等。

9.5.1　凹模真空成型(Vacuum Molding with Female Mould)

凹模真空成型是一种最常用、最简单的成型方法，如图 9.23 所示。成型时，把板材固定并密封在模腔的上方，在板材上方用加热器将板材加热至软化，如图 9.23(a)所示；移开加热器，在型腔内抽真空，板材就贴在凹模型腔上，如图 9.23(b)所示；冷却后由抽气孔通入压缩空气将成型好的塑件吹出，如图 9.23(c)所示。

　　用凹模真空成型法成型的塑件外表面尺寸精度高，一般用于成型深度不大的塑件。对于深度很大的塑件，特别是小型塑件，其底部转角处会明显变薄。多型腔的凹模真空成型与同个数的凸模真空成型相比更经济，因为凹模模腔间距可以更近些，用同样面积的塑料板，可以加工出更多的塑件。

图 9.23　凹模真空成型

9.5.2　凸模真空成型(Vacuum Molding with Male Mould)

　　凸模真空成型如图 9.24 所示。被夹紧的塑料板在加热器下加热软化，如图 9.24(a)所示；接着软化的塑料板下移，覆盖在凸模上，如图 9.24(b)所示；最后抽真空，塑料板紧贴在凸模上成型，如图 9.24(c)所示。由于成型过程中较冷的凸模首先与板材接触，因此塑件的内表面尺寸精度较高，但底部稍厚，多用于有凸起、形状较高的薄壁塑件。

图 9.24　凸模真空成型

9.5.3　凹凸模先后抽真空成型(Vacuum Molding with Female and Male Mould)

　　凹凸模先后抽真空成型如图 9.25 所示。首先把塑料板紧固在凹模上加热，如图 9.25(a)所示；塑料板软化后将加热器移开，在通过凸模吹入压缩空气的同时在凹模框抽真空，从而使塑料板鼓起，如图 9.25(b)所示；最后凸模向下插入鼓起的塑料板中并从中抽真空，同时凹模框通入压缩空气，使塑料板贴附在凸模的外表面成型，如图 9.25(c)所示。实际上这种成型方法最终还是凸模抽真空成型，由于将软化了的塑料板吹鼓，使板材延伸后再成型，所以成型的塑件壁厚比较均匀，可用于成型深型腔塑件。

图 9.25　凹凸模先后抽真空成型

9.5.4　压缩空气延伸法真空成型(Vacuum Molding with Compression air Extension)

压缩空气延伸法真空成型与凹凸模先后抽真空成型基本类似，其成型过程如图 9.26 所示。首先将塑料板紧固在凹模上，并用加热器对其加热，如图 9.26(a)所示；待塑料板加热软化后移开加热器，压缩空气通过凹模吹入把塑料板吹鼓后再将凸模顶起，如图 9.26(b)所示；然后停止从凹模吹气而凸模抽真空，塑料板则贴附在凸模上成型，如图 9.26(c)所示。

图 9.26　压缩空气延伸法真空成型

9.5.5　柱塞延伸法真空成型(Vacuum Molding with Plunger Extension)

柱塞延伸法真空成型如图 9.27 所示。成型时，首先将固定在凹模上的塑料板加热至软化状态，如图 9.27(a)所示；接着移开加热器，用柱塞将塑料板推下，这时凹模里的空气被压缩，软化的塑料板由于柱塞的推力和型腔内封闭的空气移动而延伸，如图 9.27(b)所示；然后凹模抽真空而成型，如图 9.27(c)所示。这种成型方法使塑料板在成型前先延伸，壁厚变形均匀，主要用于成型深型腔塑件，但是在塑件上残留有柱塞痕迹。

(a)   (b)   (c)

图 9.27　柱塞延伸法真空成型

9.5.6　应用案例(Application Case)

用真空吸塑成型机生产冰箱内胆。

真空吸塑成型机可将各类模片吸塑成不同形状的塑料罩，或以透明胶片披覆封盖在纸板上，形成包装。可应用在家电、汽车、航天、建材、玩具、五金、食品、电子、药品等的包装上，应用市场广阔。

真空吸塑成型机由上料工位、预加热工位、主加热工位、真空成型工位、切边工位、出料区、控制台等组成，如图 9.28 所示。

整个生产设备按照线性结合起来，完成整个内胆(图 9.29)加工成型的功能。工作过程简述如下：塑料板材 HIPS 或 ABS 在上料工位被真空吸盘输送到输送链条上，然后输送链条将板材输送到预加热工位进行预加热；预加热一定时间后，然后输送到主加热工位进行加热；加热到一定温度后，输送到真空成型工位，通过内胆模具与框架的配合，利用真空吸附成型的原理，使工件成型；冷却后输送到切边工位，切边机对内胆进行切边，将四周的废边切除掉，输送到下料工位，加工过程结束。

图 9.28　FLTP759 改进型真空吸塑机   图 9.29　冰箱内胆

1—上料工位；2—预加热工位；3—主加热工位；
4—真空成型工位；5—切边工位；6—出料区；7—控制台

9.6　压缩空气成型(Molding with Compressed Air)

　　压缩空气成型是借助压缩空气的压力，将加热软化的塑料板压入型腔而成型的方法。压缩空气成型的工艺过程如图9.30所示。图9.30(a)所示为开模状态；图9.30(b)所示是闭模后的加热过程，即从型腔通入微压空气，使塑料板直接接触加热板加热；图9.30(c)所示为塑料板加热后，由模具上方通入预热的压缩空气，使已软化的塑料板贴在模具型腔的内表面成型；图9.30(d)所示是塑件在型腔内冷却定型后，加热板下降一小段距离，切除余料；图9.30(e)所示为加热板上升，最后借助压缩空气取出塑件。

　　压缩空气成型与真空成型相似，也包括凹模成型、凸模成型、柱塞加压成型等方法。不同之处在于，压缩空气成型主要依靠压缩空气成型塑件，而真空成型主要依靠抽真空吸附成型塑件。此外，压缩空气成型采用加热板(可固定在上模座上)对模内板材加热，采用型刃切除塑件周边余料。

　　压缩空气成型的压力数值取0.3～0.8MPa，必要时也可取到3MPa，所以能够成型厚度较大(1～5mm)的板材，且塑件的精度、表面质量通常也比真空成型好。

图9.30　压缩空气成型

9.7 泡沫塑料成型(Foam Plastic Molding)

9.7.1 泡沫塑料的特性(Foam Plastic Feature)

泡沫塑料是以树脂为基础、内部含有无数微小气孔的塑料。泡沫塑料的品种很多,现代技术几乎能把所有的热固性塑料和热塑性塑料加工成泡沫塑料,目前最常用的品种有聚氨酯、聚乙烯、聚氯乙烯、聚苯乙烯、脲甲醛、酚醛等。虽然各种泡沫塑料的性能有所不同,但都含有大量气泡,因此具有以下共同特性。

(1) 具有吸收冲击载荷的能力。泡沫塑料受到冲击载荷时,泡沫中气体通过滞留和压缩,使外来作用的能量被消耗、逸散。泡体以较小的负加速度,逐步终止冲击载荷。

(2) 隔热性能好。由于气体的热导率比塑料的热导率低近一个数量级,所以泡沫塑料的导热系数比纯塑料低得多。泡沫中的气体相互隔离,减少了气体中的对流传热,有助于提高泡沫塑料的隔热能力。辐射热能透过泡体中的气体层传递,泡沫塑料对辐射热的传递能力主要由塑料对红外线的吸收系数、泡孔大小、泡孔的形状和气体的容积率等因素来决定。

泡沫塑料的传热能力是气体辐射和泡体热传导两种传热结果的综合。在泡体密度很低时,辐射传热量在总的传热过程中起主要作用;但在密度高的条件下,泡沫塑料的传热性能主要取决于泡体的热导率。

(3) 具有质轻、防振、防潮、吸湿、防火、吸声隔声等特点。泡沫塑料具有质轻、防振、防潮、吸湿、防火、吸声隔声等特点,因而应用非常广泛。例如在建筑上广泛用作隔音材料;在制冷方面广泛用作绝热材料;在仪器仪表、家用电器和工艺品等方面广泛用作防振防潮的包装材料;在水面作业时常用作漂浮材料。

9.7.2 泡沫塑料成型(Foam Plastic Molding)

泡沫塑料分为气发泡沫塑料和组合泡沫塑料两种,下面只介绍气发泡沫塑料成型。

气发泡沫塑料的成型过程可分为泡沫的气泡核形成、泡沫的气泡核增长和泡沫的稳定固化三个阶段。

(1) 泡沫的气泡核形成。在合成树脂中加入化学发泡剂或气体,当加温或降压时,就会生出气体而形成泡沫,当气体在熔体或溶液中超过其饱和限度而形成过饱和溶液时,气体就会从熔体中逸出而形成气泡。在一定的温度和压力下,溶解度系数的减小将引起溶解的气体浓度降低,放出的过量气体形成气泡。

(2) 泡沫的气泡核增长。在发泡过程中,泡孔增长速率是由泡孔内部压力的增长速率和泡孔率的变形能力决定的。在气泡形成之后,由于气泡内气体的压力与半径成反比,气泡越小,内部的压力越高,并通过成核作用增加了气泡的数量,加上气泡的膨胀扩大了泡沫的增长。促进泡沫增长的因素主要是溶解气体的增加、温度的升高、气体的膨胀和气泡的合并。

(3) 泡沫的稳定固化。如果泡孔增长过程在某一阶段未被中断,则一些泡孔可以增长到非常大,使形成泡孔壁的材料达到破裂极限,最后所有泡孔会相互串通,使整个泡沫结构瘫塌,或者会出现所有的气体从泡孔中缓慢地扩散到大气中的现象,泡沫中气体的压力逐渐衰减，泡孔会渐渐地变小并消失。

在泡沫形成中，控制泡孔的增长率和稳定泡孔是非常重要的。这可以通过使聚合物母体发生突然固化或使母体变形性逐渐降低来完成，可降低其表面张力，减少气体扩散作用，使泡沫稳定。比如，在发泡过程中，通过对物料的冷却或树脂的交联都能提高塑料熔体的黏度，以达到稳定泡沫的目的。

9.7.3 应用案例(Application Case)

以下介绍聚乙烯发泡天花板的制备。

聚乙烯(PE)发泡天花板是以高压聚乙烯为原料，通过添加其他助剂，经混炼、发泡、交联、吸塑等工艺过程成型的一种室内装饰材料。发泡后的片材厚度一般为6mm。这种天花板图案丰满、色泽好，具有质轻、耐水防潮、保温隔热、吸声、易安装等优点。本产品的生产设备较简单，工艺控制也不复杂，容易掌握。此类制品主要供宾馆、高级饭店、礼堂和影院等公共场所使用。

(1) 主要原材料。LDPE、碳酸钙、CA抗氧剂、硬脂酸锌。

(2) 主要设备。双辊炼塑机、平板硫化机。

(3) 配方设计。原料及典型配方见表9-2。

表9-2　原料及典型配方

物料名称	质量份	物料名称	质量份
LDPE	100	氧化锌	1
碳酸钙	120	AC发泡剂	4.5
CA抗氧剂	0.3	过氧化二异丙苯(DCP)	0.6
硬脂酸锌	1	硬脂酸	0.3

(4) 制备工艺。

① 生产工艺流程。工艺流程如图9.31所示：

图9.31　工艺流程示意

② 生产工艺。首先在双辊炼塑机上把PE树脂、填料、抗氧剂、硬脂酸锌、氧化锌混合均匀，滚筒温度为120～150℃，再加入发泡剂混炼两次，最后迅速加入交联剂，混炼两次后迅速出片；称重剪裁成一定规格的片材后，在多层硫化机上进行发泡模压，温度控制在170～230℃，时间为30s左右；待发泡后，趁热卸压开模出片，将已发泡的热片移至天花板模具上吸塑成型；用室温冷水冷却定型后，取出制品切除废边，即为成品。

本章小结(Brief Summary of this Chapter)

　　塑料的种类很多，其成型方法也很多。除注射成型之外，常用的成型方法还有压注成型、压缩成型、挤出成型、中空吹塑成型、真空成型、泡沫塑料成型等。

　　压缩成型与压注成型主要用于热固性塑料，文中主要介绍了其成型原理、工艺过程及典型模具结构。

　　挤出成型是目前比较普遍的塑料成型方法之一，适用于所有的热塑性塑料及部分热固性塑料，其成型工艺过程可分为塑化、成型和定形三个阶段。模具设计主要包括口模和定径两部分。

　　中空吹塑成型是将处于高弹态的塑料型坯置于模具型腔内，通入压缩空气将其吹胀，使之紧贴于型腔壁上，经冷却定形后得到中空塑件的成型方法。中空吹塑成型的方法很多，主要有挤出吹塑成型、注射吹塑成型、拉深注射吹塑成型和片材吹塑成型等。

　　真空成型是把热塑性塑料板、片材等固定在模具上，用辐射加热器加热至软化温度，然后用真空泵把板材和模具之间的空气抽掉，借助大气的压力使板材贴在模腔上而成型，冷却后用压缩空气使塑件从模具型腔内脱出。一般大、薄、深的塑件都能通过真空成型方法生产。真空成型的方法主要有凹模真空成型、凸模真空成型、凹凸模先后抽真空成型、压缩空气延伸法真空成型、柱塞延伸法真空成型和带有气体缓冲装置的真空成型等。

　　泡沫塑料是以树脂为基础、内部含有无数微小气孔的塑料，具有质轻、防振、防潮、吸湿、防火、吸声隔声等特点，隔热性能好，具有吸收冲击载荷的能力。其成型方法分为气发泡沫塑料成型和组合泡沫塑料成型两种。

习题(Exercises)

1. 简答题

(1) 何谓塑料压缩模？压缩模具结构由哪些部分组成？主要类型有哪些？

(2) 何谓塑料压注模？压注模具结构由哪些部分组成？主要类型有哪些？

(3) 挤出成型过程可分为哪几个阶段？管材挤出机头的组成和各部分的作用是什么？

(4) 中空吹塑成型有哪几种形式？分别叙述其成型工艺过程。

(5) 绘简图说明凹模真空成型和凸模真空成型的工艺过程。

(6) 压缩空气成型和真空成型在实质上有什么不同？

(7) 简述气发泡沫塑料成型过程。

2. 案例题

聚氯乙烯(PVC)为日用塑料制品，除了用注塑工艺加工以外，另一种较常用的加工方法是以 PVC 树脂，配以热稳定剂、增塑剂、润滑剂、着色剂以及其他加工助剂，配置成适于加工工艺要求的粉状原料，再以挤出机、压力机等加工设备，用热挤冷压成型工艺进行加工。

图 9.32 所示为 PVC 头梳和洗衣板的制备工艺流程图，问题：试根据本章所学知识，结合以前所学内容，简述挤出成型和压制成型在整个生产工艺流程中所起的作用。

图 9.32　制备工艺流程示意

答案提示：

(1) 将 PVC 树脂和加助剂混合制成浆料，在捏合机上混炼捏合。

(2) 将配置好的原料放入挤出机料筒内，在料筒外加热及物料与设备之间剪切摩擦热的作用下，原料逐渐熔化，经口模挤成棒状成厚片状料坯，迅速将此料坯趁热置于压力机上的模具内，加压成型得到半成品，冷却后经手工修整得到成品。

第 3 篇

模具制造技术

第 **10** 章
模具制造基础
(Basic of Mould and Die Manufacturing)

本章学习目标

了解模具制造特点，熟悉模具制造工艺过程，理解模具制造工艺规程制定的原则和步骤，理解模具零件图的工艺分析，掌握模具零件的毛坯选择方法。

应具备的能力：具备模具零件图工艺分析及模具零件毛坯选择的基本能力。

本章教学要求

能力目标	知识要点	权重	自测分数
了解模具制造特点	模具制造特点	20%	
熟悉模具制造工艺过程	模具制造工艺过程中的技术生产准备、模具零件毛坯选择、零部件加工、装配调试、试模鉴定	20%	
理解模具制造工艺规程制定的原则和步骤	模具制造工艺规程的作用，制订的原则、步骤及模具工艺文件的格式及应用	20%	
理解模具零件图的工艺分析，掌握模具零件的毛坯选择方法	模具零件的结构分析、模具零件的技术要求分析及模具零件的毛坯选择方法	40%	

导入案例

　　在金工实习和学习机械制造技术课程的过程中，已经知道一个零件从毛坯到加工为产品，需要用到不同的机床，不同的工艺过程，还有热处理工艺等。而模具是用于生产批量产品(或零件)的一种工艺装备，不可能大量生产同一种模具，这就使其成为单件、小批量制造生产的典型代表；同时由于模具的形状复杂、制造精度要求高等特点，使得模具的制造与一般零件的加工相比有着更高的要求。如图 10.01 所示为加工完成的模具中常用的推杆、导柱、导套、型芯等零件。

　　思考下列问题模具制造工艺过程包括哪些内容？特点是什么？零件工艺分析包括什么内容？指导生产过程的工艺规程编制步骤如何？选择什么毛坯？

图 10.01　由模具生产的零件

10.1　模具制造特点(Feature of Mould and Die Manufacturing)

　　在一定的制造装备和制造工艺条件下，直接对模具零件材料(一般为金属材料)进行加工，以改变其形状、尺寸、相对位置和性质，使其成为符合要求的零件，再将这些零件经配合、定位、连接与固定装配成模具的过程，称为模具制造。其具有以下特点。

　　(1) 模具形状复杂，加工精度高。除采用一般的机械加工方法之外，模具制造还需要采用特种加工(电火花加工、线切割加工等)、数控加工、CAD/CAM 技术、快速成形等现代加工技术。模具加工精度高主要体现在两个方面：一是模具零件本身的加工精度和表面粗糙度要求高，二是模具零件配合精度要求高。为此，在模具加工中，精密数控设备的使用越来越普遍，同时在生产中较多采用配合加工法来降低模具加工难度。

(2) 模具零件加工过程复杂，加工周期长。模具工作零件加工包括下料、锻造、粗加工、半精加工、精加工等工序，中间还需热处理、表面处理、检验等工序配合，因此加工过程复杂，加工周期比较长。

(3) 模具寿命要求高。从使用角度讲，模具寿命越高越好，因此模具工作零件材料硬度要求高，需进行热处理，因此其加工难度大，在制造过程中需要合理安排加工工艺。

(4) 模具零件加工属单件小批量生产。因此尽量采用通用工具、夹具，例如花盘、圆盘、精密平口钳、正弦磁力台、精密方箱等，不用或少用专用工具、夹具；尽量采用通用刀具，避免使用非标刀具；尽量采用通用量具检验，避免使用专用量具；尽量使用通用机床，避免使用专用机床；工序安排尽量采用工序集中原则，以保证模具加工质量和进度，简化管理，减少工序周转时间，避免工序分散。

(5) 模具零件需修配、调整和试模。由于模具结构复杂，零件尺寸精度高，收缩率确定不准确，使用过程中又受温度、压力等多种因素的影响，往往需要修配、调整和试模。复杂的模具有时还需要多次试模、修配和调整，直到合格为止。因此在生产进度安排上必须留有一定的试模周期。

10.2 模具制造工艺过程(Mould and Die Manufacturing Process)

模具制造工艺过程是指通过一定的加工工艺和工艺管理，对模具进行加工、装配的过程。其工艺过程包括以下五个阶段，它们的关系和内容如图 10.1 所示。

图 10.1 模具制造过程示意

1．技术、生产准备

（1）技术准备。

技术准备是整个模具生产的基础，对模具的质量、成本、进度和管理都有重大影响，包括以下内容：①零件工艺性分析；②模具设计；③模具制造工艺规程、加工程序编制；④模具制造用非标刀具、夹具、量具、辅具设计；⑤材料、标准件计划单编制；⑥制订工时定额。

（2）生产准备。

生产准备包括以下内容：①制订生产计划；②制订工具、材料、标准件、辅料采购计划；③作好工具、材料、标准件、辅料的管理。

2．毛坯准备

毛坯准备包括：先确定模具零件毛坯的种类、材料、大小及有关技术要求，随后进行准备。

3．模具零件加工

模具零件加工包括机械加工、特种加工、热处理、表面处理等。

4．装配调试

装配质量直接影响模具的精度和寿命，要合理选择装配基准和装配方法。装配调试包括组件装配、总装配、调试。

5．试模鉴定

试模鉴定就是对模具设计质量、制造质量及模具加工出的零件质量做出的合理性、正确性综合评价。要求模具设计、制造、使用三方人员都要到试模现场，参与试模鉴定。

10.3 模具制造工艺规程制订的原则和步骤(Principles and Steps of Process Scheduling for Mould and Die Manufacturing)

模具制造工艺规程是记述由毛坯材料加工成模具零件的过程的一种工艺文件，它是在具体的生产条件下，简要规定了模具零件的合理加工顺序，选用的机床、工具、工序的技术要求及必要的操作方法等。

10.3.1 模具制造工艺规程的作用(Function of Process Schedule for Mould and Die Manufacturing)

模具制造工艺规程的作用如下。

（1）模具制造工艺规程是指导生产的主要技术文件。合理的模具制造工艺规程是在具体的生产条件下，依据工艺理论和必要工艺试验而制订的，是理论与实践相结合的产物，它体现了模具企业的技术水平，生产中应严格执行模具制造工艺规程。但是模具制造工艺规程不是固定不变的，工艺人员要不断深入生产，总结工人的革新创造，及时吸取国内外先进的模具制造技术，按规定的程序对现行工艺不断改进和完善，以便更好地指导生产。

(2) 模具制造工艺规程是生产组织和生产管理的基本依据。在生产管理中，模具零件原材料及毛坯的供应、通用工艺装备的准备、机床负荷的调整、专用工艺装备的制造、作业计划的编排、人员的组织、生产成本的核算等，都是以模具制造工艺规程作为基本依据的。

(3) 模具制造工艺规程是新建或扩建工厂或车间的基本资料。在新建或扩建工厂或车间时，只有依据模具制造工艺规程和生产纲领才能正确确定生产所需要的机床和其他设备的种类、规格和数量，确定车间的面积、机床的布置形式、生产工人的工种、等级及数量，以及辅助部门的安排等。

10.3.2 制订模具制造工艺规程的原则(Principles of Process Scheduling for Mould and Die Manufacturing)

制订模具制造工艺规程的原则是在一定的生产条件下，使所编制的工艺规程能以最少的劳动量和最低的费用，可靠地加工出符合图样及技术要求的零件。在制订模具制造工艺规程时，要注意以下 4 个方面。

(1) 模具质量的可靠性。制订模具制造工艺规程时首先要关注模具质量，保证模具零件的形状、尺寸、精度及配合要求，这是最基本的原则。

(2) 技术上的先进性。在制订模具制造工艺规程时，要了解国内外模具行业工艺技术的发展，充分利用现有生产条件，通过必要的工艺试验，优先采用先进工艺和工艺装备，以保证模具质量和提高生产效率。

(3) 经济上的合理性。在一定的生产条件下，可能会出现几个保证模具零件技术要求的工艺方案，此时应全面考虑，通过核算或评比，选择经济上最合理的方案，使能源、物资消耗和成本最低。

(4) 有良好的劳动条件。在制订模具制造工艺规程时，要注意保证工人具有良好、安全的劳动条件，通过机械化、自动化等途径，把工人从笨重的体力劳动中解放出来。例如，普通冲裁模具中非圆形凸模在固定板中的固定方式，如图 10.2 所示，要尽量采用螺钉固定式或挂销固定式，而避免采用铆接固定式。

(a) 挂销固定式　　　　　　　(b) 铆接固定式

图 10.2　非圆形凸模在固定板中的固定方式

1—垫板；2—挂销；3—凸模固定板；4—凸模

10.3.3　制订模具制造工艺规程的步骤(Steps of Process Scheduling for Mould and Die Manufacturing)

制订模具制造工艺规程的步骤如下。

(1) 研究、消化装配图和零件图，进行工艺性分析。

(2) 确定生产类型。

(3) 确定毛坯种类和尺寸。

(4) 选择定位基准和主要表面的加工方法，拟订模具零件的加工工艺路线。

(5) 确定各工序具体内容、尺寸、留量及技术要求。

(6) 确定各工序使用的机床及工艺装备。

(7) 确定各工序切削用量及时间定额。

(8) 填写模具制造工艺文件。

10.3.4　模具工艺文件的格式及应用(Type and Application of Mould and Die Process Document)

将模具工艺规程的内容填入一定格式的卡片，作为生产准备和施工依据的技术文件，称为模具工艺文件。我国各模具企业的机械加工工艺规程表格不太一致，但其基本内容是相同的。常见的模具工艺文件有以下几种。

(1) 工艺过程卡片。工艺过程卡片的格式参见表 10-1，这种卡片主要列出了整个模具零件加工所经过的工艺路线(包括毛坯尺寸、机械加工和热处理等)，它是制订其他工艺文件的基础，也是进行生产准备、编制作业计划和组织生产的依据。在单件小批量模具生产中，通常不编制其他更为详细的工艺文件，而是以这种工艺过程卡片作为工艺指导文件。

表 10-1　工艺过程卡片令号：　　　　　　　共　　页　第　　页

图号		件号	名称	数量	件	工序简图	序号：					
下料				件								
				件								
序号	工种	工作内容					工时		操作者		检验	
							单件	实作	签名	合格	签名	备注

续表

责任							
		工艺编制	工艺校核		定额员		统计员

(2) 工艺卡片。这种卡片是以工序为单位，详细说明整个工艺过程的工艺文件。它不仅标出工序顺序、工序内容，同时对主要工序还表示出工步内容、工位及必要的加工简图或加工说明。此外，还包括零件的工艺特性(材料、质量、加工表面及其精度和表面粗糙度要求等)、毛坯性质和生产纲领。在成批模具零件生产中采用这种卡片。

10.4 模具零件图的工艺分析(Part Processability Analysis of Mould and Die)

模具零件图是制订工艺规程最主要的原始资料。在制订工艺规程时，必须首先对其加以认真分析。为了深刻理解零件结构的特征和主要技术要求，通常还要研究模具的总装图、部件装配图及验收标准，从中了解各个零件的作用、相关的装配关系及主要技术要求制订的依据等。

1. 模具零件图的结构分析

模具零件图的结构分析是指模具的结构、形状是否便于制造、装配和维修等。设计的模具在一定生产条件下能够高效、低耗地制造出来，并易于装配和维修，则认为该模具零件图有良好的结构工艺性；如果模具零件满足使用要求，但加工、装配却很困难，甚至根本无法加工，则认为该模具零件图结构工艺性差。因此在编制模具零件图工艺规程时，一定要分析模具零件图的结构工艺性。模具零件图的结构工艺分析通常注意以下内容。

(1) 不规则、非圆形凸模避免采用台阶式结构。如图 10.3 中非圆形凸模采用图 10.3(a) 的直通式结构，便于采用线切割加工，结构工艺性良好；而采用图 10.3(b) 的台阶式结构，加工困难，则结构工艺性差。

(a) 直通式　　　　　　　(b) 台阶式

图 10.3　非圆形凸模结构

(2) 封闭内腔避免采用直角过渡。如图 10.4 所示的注射模动、定模固定板的内框结构采用直角过渡，无法铣削加工，而采用线切割加工成本太高，结构工艺性差；如图 10.5 所示的注射模动、定模固定板的内框结构采用圆角过渡，方便采用铣削加工，生产效率高，成本低，则结构工艺性良好。

(3) 局部形状复杂、不便加工或强度低的型腔采用镶拼结构。图 10.6(a)所示的整体式结构，局部型腔尺寸小，无法切削加工和钳工抛光，结构工艺性差；而采用图 10.6(b)所示的镶拼式结构，将内形转换为外形，方便了切削加工和钳工抛光，且有利于成形时排气，则结构工艺性良好。

(a) 整体式固定板　　　　(b) 分体式固定板

图 10.4　注射模动、定模固定板内框直角过渡结构

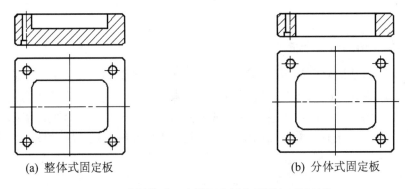

(a) 整体式固定板　　　　　　　　(b) 分体式固定板

图 10.5　注射模动、定模固定板内框圆角过渡结构

(a) 整体式结构　　　　　　　　　　(b) 镶拼式结构

图 10.6　模具型腔结构

如图 10.7(a)所示的整体式冲裁模凹模结构局部强度不足、容易损坏，模具寿命低；而采用了图 10.7(b)所示的镶拼式结构后，提高了模具寿命。

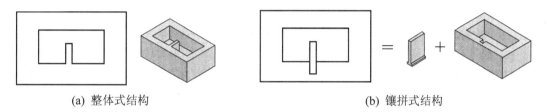

(a) 整体式结构　　　　　　　　　　(b) 镶拼式结构

图 10.7　冲裁模凹模结构

(4) 尽可能采用标准化设计。模具的结构形式、外形尺寸应尽可能采用标准设计，选用标准件，这样不但可以简化设计工作，还简化模具制造过程，缩短模具制造周期，提高模具制造质量，降低模具制造成本。在同一副模具中，应尽可能采用工艺规格一致的螺钉、销钉等标准件，以减少模具制造中刀具准备的种类、数量和更换次数。

(5) 改善加工条件，保证加工精度。如图 10.8(a)所示的注射模镶块内孔结构，径向尺寸精度高，深度尺寸太大时，镗削或铰削精加工困难，不易保证尺寸精度；改为图 10.8(b)所示的台阶内孔结构时，下边过孔采用钻削加工，上边一段精密孔采用镗削或铰削加工，改善了加工条件，保证了加工精度。

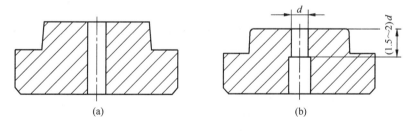

(a)　　　　　　　　　　　　　(b)

图 10.8　注射模镶块内孔结构

如图 10.9(a)所示的注射模导套内孔结构，当径向尺寸不大而深度尺寸太深时，采用内孔磨削会造成砂轮连接杆刚度不足，导致"让刀"现象，使内孔呈锥度而影响精度；改为图 10.9(b)所示台阶内孔结构时，左边内孔为过孔，右边一段精密孔采用内孔磨削加工，改善了加工条件，保证了加工精度。

(6) 轴和孔采用精密配合时，轴应设计成台阶状，以方便轴、孔的加工和装配。如图 10.10(a)

所示的轴、孔精密配合结构不合理，应设计成图 10.10(b)所示的两段式结构，这样装配时不会损伤工作段的表面。

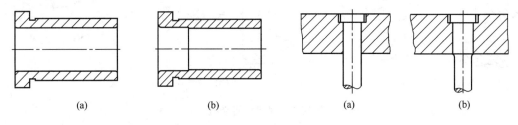

图 10.9　导套内孔结构　　　　　图 10.10　轴与孔的配合

图 10.11 所示为导柱与导套的结构。由于图 10.11(a)中固定板的导柱、导套配合孔需采用单独加工，位置精度不如图 10.11(b)中固定板的导柱、导套配合孔采用组合加工的高，因此图 10.11(a)为不太合理结构，而应设计成图 10.11(b)所示的结构。

(7) 减少和避免热处理变形和开裂。模具工作零件全部需要热处理，为减少和避免热处理过程中因应力集中而引起的变形和开裂，模具型腔中应避免尖角、窄槽和狭长的过桥，同时模具型腔的截面形状不能急剧变化。如图 10.12(a)所示的长方形凹模型孔有一狭长的过桥，淬火时过桥的冷却速度快，会产生内应力而造成零件开裂，为不合理结构；采用图 10.12(b)的镶拼结构则较为合理。

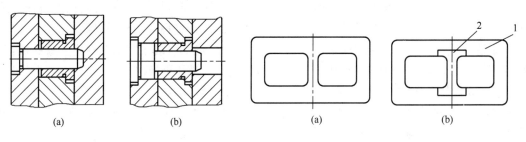

图 10.11　导柱与导套的配合结构　　　　　图 10.12　长方形凹模

1—凹模；2—镶块

(8) 采用共用安装沉孔。当模具的凸模、型芯或推杆相互位置很近时，可采用如图 10.13 所示的结构，方便加工。

图 10.13　共用安装沉孔

(9) 销钉、螺纹孔尽可能做成通孔。为便于配钻、配铰等加工，相关零件上的销钉、螺纹孔尽可能做成通孔，如图 10.14 所示。

图 10.14 销钉、螺纹孔结构

(10) 有装配关系的零件导入部位应倒角或圆角过渡。为便于装配，不划伤装配面，有装配关系的零件导入部位应倒角或圆角过渡，如图 10.15(a)所示，当凸模或型芯装入固定板时，装入部分也应倒角；当型芯表面不允许有倒角时，则在固定板上倒角，以方便型芯装入，如图 10.15(b)所示。如图 10.16 所示的导柱、导套结构，为避免装配时导柱、导套相互划伤配合面，导入、导出部位也应设计成圆角。

图 10.15 型芯与固定板的配合结构

图 10.16 导柱、导套结构

2. 模具零件的技术要求分析

模具零件的技术要求包括以下几个方面：①主要加工表面的尺寸精度；②主要加工表面的形状精度；③主要加工表面之间的相互位置精度；④各加工表面的粗糙度，以及表面质量方面的其他要求；⑤热处理要求及其他要求。

根据模具零件的结构特点，在认真分析了主要表面的技术要求之后，对模具零件的加工工艺即有了初步的认识。首先，根据模具零件主要表面的精度和表面质量要求，初步确定为达到这些要求所需的最终加工方法，然后再确定相应的中间工序及粗加工工序所需的加工方法。例如，对于孔径不大的 IT7 级精度的内孔，最终加工方法取精铰时，则精铰孔之前通常要经过钻孔、扩孔和粗铰孔等加工。

其次要分析加工表面之间的相对位置要求，包括表面之间的尺寸联系和相对位置精度。认真分析零件图上尺寸的标注及主要表面的位置精度，即可初步确定各加工表面的加工顺序。

零件的热处理要求影响加工方法和加工余量的选择，对零件加工工艺路线的安排也有一定的影响。例如，要求淬火的导柱、导套零件，热处理后一般变形较大，因此精加工工序应安排在热处理淬火工序之后进行。对于零件上精度要求较高的表面，工艺上要安排精加工工序(多为磨削加工)，而且要适当加大精加工的工序加工余量。

在研究模具零件图时，如发现图样上的视图、尺寸标注、技术要求有错误或遗漏，或零件的结构工艺性不好时，要提出修改意见。但修改时必须征得设计人员的同意，并经过一定的批准手续。必要时应与设计者协商进行改进分析，以确定在保证产品质量的前提下，更容易将零件制造出来。

10.5 模具零件的毛坯选择(Blank Selection of Part in Mould and Die)

模具零件的毛坯选择是否合理，对于模具零件加工工艺性以及模具的质量和寿命都有很大影响。在毛坯选择中，首先考虑的是毛坯的形式，在决定毛坯形式时主要考虑以下两个方面。

(1) 模具材料的类别。根据模具设计中规定的模具材料类别，可以确定毛坯形式。对于模具结构中的一般结构件，多选择原型材，例如非标准模架的上、下模座材料多为45号钢，其毛坯形式应该是厚钢板原型材。

(2) 模具零件的几何形状特征和尺寸关系。当模具零件的不同外形表面尺寸相差较大时，为了节省原材料和减少机械加工的工作量，应该选择锻件毛坯形式或铸造毛坯形式。

通常模具零件的毛坯形式主要分为原型材、锻造件、铸造件和半成品件4种。

1. 原型毛坯

原型材是指利用冶金材料厂提供的各种截面的棒料、板料或其他形状截面的型材，经过下料后直接送往加工车间进行表面加工的材料。

2. 锻造毛坯

经棒料下料，再通过锻造获得合理的几何形状和尺寸的模具零件坯料，称为锻件毛坯。模具零件毛坯的材质状态如何，对于模具加工质量和模具寿命都有较大影响。特别是模具中的工作零件，大量使用高碳高铬工具钢，这类材料的冶金质量存在缺陷，如存在大量的共晶网状碳化物，这种碳化物很硬也很脆，且分布不均匀，降低了材料的力学性能，恶化了热处理工艺性能，降低了模具使用寿命。只有通过锻造，打碎共晶网状碳化物，使碳化物分布均匀，晶粒组织细化，才能充分发挥材料的力学性能，提高模具零件的加工工艺性和使用寿命。

由于模具生产大多属于单件小批量生产，模具零件锻件毛坯的锻造方式多为自由锻造。模具零件锻造的几何形状多为圆柱形、圆板形、矩形，也有少数为T形、L形等。

(1) 锻造件加工余量。锻造件加工余量要适中，如果加工余量过大，不仅浪费材料，还会造成机械加工工作量过大，机械加工工时增多；如果加工余量过小，锻造过程中产生的锻造夹层、表层裂纹、氧化层、脱碳层和锻造不平现象不能消除，则无法得到合格的模具零件。矩形锻件的最小机械加工余量及锻造公差，推荐采用表 10-2 中的数值；圆形锻件的最小机械加工余量及锻造公差，推荐采用表 10-3 中的数值。

(2) 锻件下料尺寸的确定。合理选择圆棒料的尺寸规格和下料方式，对于保证锻件质量和方便锻造操作都有直接关系。锻件毛坯下料尺寸的确定方法如下。

① 计算锻件坯料的体积 $V_{坯}$。

$$V_{坯}=V_{锻}\times K \tag{10-1}$$

式中，$V_{坯}$——毛坯体积(mm^3)；

$V_{锻}$——锻件体积(mm^3)；

K——损耗系数，一般取 $K=1.05\sim1.10$。

锻件在锻造过程中的总损耗量包括烧损量、切头损耗、芯料损耗等。为了计算方便，总损耗量可按锻件质量的 5%～10%选取。在加热 1～2 次锻成，基本无鼓形和切头时，总损耗取 5%；在加热次数较多并有一定鼓形时，总损耗取 10%。

② 计算锻件坯料的尺寸。镦粗法锻造时，为避免产生弯曲，坯料的高度直径比 $H/D\leqslant2.5$；为便于下料，坯料的高度直径比 $H/D\geqslant1.25$。综合起来就是 $H=(1.25\sim2.5)D$，按 $H=2D$ 代入 $V_{坯}=\pi HD^2/4$ 即可得到理论圆棒料直径 $D_{理}$ 为

$$D_{理}=\sqrt[3]{0.637V_{坯}} \tag{10-2}$$

表 10-2　矩形锻件的最小机械加工余量及锻造公差　　(单位：mm)

工件截面尺寸 B 或 H	工件长度 L									
	<150		151～300		301～500		501～750		751～1000	
	加工余量 2b，2h，2l 及公差									
	2b 或 2h	2l	2b 或 2h	2l	2b 或 2h	2l	2b 或 2h	2l	2b 或 2h	2l
<25	4^{+3}	4^{+4}	4^{+3}	4^{+3}	4^{+3}	4^{+5}	4^{+4}	5^{+5}	5^{+5}	5^{+6}
26～50	4^{+4}	4^{+4}	4^{+4}	4^{+5}	4^{+4}	4^{+6}	4^{+5}	5^{+5}	5^{+6}	6^{+7}
51～100	4^{+4}	4^{+5}	4^{+4}	5^{+5}	4^{+4}	5^{+7}	5^{+6}	5^{+7}	5^{+6}	7^{+8}
101～200	5^{+5}	5^{+5}	5^{+5}	5^{+7}	5^{+5}	8^{+8}	6^{+6}	8^{+8}	—	—
201～350	5^{+7}	5^{+6}	6^{+5}	9^{+9}	6^{+6}	10^{+9}	—	—	—	—
351～500	9^{+6}	10^{+8}	7^{+6}	13^{+10}	7^{+7}	13^{+10}	—	—	—	—

注：1. 表中所列加工余量及公差均不包括锻件的凸面、圆弧。

2. 应按 H 或 B 的最大截面尺寸选择余量。例如：$H=60mm$，$B=120mm$，$L=160mm$ 的工件，其 H 的最小加工余量应按 120 取 5mm，而不是按 60 取 4mm。

表 10-3　圆形锻件的最小机械加工余量及锻造公差　　　　　（单位：mm）

工件直径 D	工件长度 L									
	<30		31～80		81～180		181～360		361～600	
	加工余量 2h、2l 及公差									
	2h	2l	2h	2l	2h	2l	2h	2l	2h	2l
18～30	—	—	—	—	3^{+2}	3^{+3}	3^{+2}	3^{+3}	3^{+3}	4^{+4}
31～50	—	—	3^{+3}	3^{+4}	3^{+3}	3^{+4}	3^{+3}	3^{+4}	4^{+4}	4^{+4}
51～80	—	—	3^{+3}	3^{+4}	4^{+4}	4^{+4}	4^{+4}	4^{+5}	4^{+4}	4^{+5}
81～120	4^{+4}	3^{+3}	4^{+4}	3^{+4}	4^{+4}	4^{+4}	4^{+4}	4^{+5}	4^{+5}	5^{+5}
121～150	4^{+4}	4^{+3}	4^{+4}	4^{+3}	4^{+5}	5^{+5}	—	—	—	—
151～200	4^{+4}	4^{+4}	4^{+5}	4^{+5}	5^{+5}	5^{+5}	—	—	—	—
201～250	5^{+5}	4^{+4}	5^{+5}	4^{+5}	—	—	—	—	—	—
251～300	5^{+6}	4^{+4}	6^{+6}	5^{+5}	—	—	—	—	—	—
301～400	7^{+7}	5^{+6}	8^{+7}	6^{+6}	—	—	—	—	—	—
401～500	8^{+10}	6^{+6}	—	—	—	—	—	—	—	—

注：1. 表中所列加工余量及公差均不包括锻件的凸面、圆弧。

　　2. 表中所列长度方向之加工余量及公差，不适用于锻后再切断的坯料。

③ 确定圆棒料实际直径。圆棒料的直径按现有棒料的直径规格选取，当 $D_\text{理}$ 比较接近实际规格时，取 $D_\text{实} \geqslant D_\text{理}$。

④ 计算圆棒料实际长度。圆棒料的长度 $L_\text{实}$ 应根据锻件坯料体积和选定的实际坯料直径，由式 $\pi D_\text{实}^2 L_\text{实}/4 = V_\text{坯}$ 计算得圆棒料实际长度 $L_\text{实}$：

$$L_\text{实} = 1.273 V_\text{坯}/D_\text{实}^2 \tag{10-3}$$

⑤ 校核高度直径比。根据计算出的圆棒料实际直径和实际长度，由式 $L_\text{实} = (1.25 \sim 2.5)D_\text{实}$ 校核高度直径比；如果不满足，应重新选择 $D_\text{实}$，重新计算 $L_\text{实}$，直到满足为止。

(3) 锻后热处理。毛坯在锻造成型后，应进行退火、正火或调质处理，以消除锻造应力、软化锻件，便于后续机械加工。

 特别提示

> 模具中哪些零件需要采用锻造毛坯？
> 模具中的成形零件，如冲压模具中的凸模、凹模、凸凹模和注射模中的型腔、型芯都需采用锻造毛坯。

3. 铸造毛坯

模具零件中常见的铸件有：冲压模具的上模座和下模座，材料为灰铸铁 HT200 或

HT250；精密冲裁模的上模座和下模座、大型塑料模的固定板等，材料为铸钢 ZG270-500；吹塑模具零件，材料为铸造铝合金，如铝硅合金 ZL102 等。

1) 铸件的质量要求

(1) 铸件的化学成分和力学性能应符合图样规定的材料牌号标准。

(2) 铸件的形状和尺寸要求应符合铸件图的规定。

(3) 铸件的表面应进行清砂处理，去除结疤、飞边和毛刺，其残留高度应≤1～3mm。

(4) 铸件内部，特别是靠近工作面处不得有气孔、砂眼、裂纹等缺陷，非工作面不得有严重的疏松和较大的缩孔。

2) 铸件的加工余量

为保证模具零件的尺寸精度和表面质量，在铸件加工表面上需留出加工余量。加工余量过大，则浪费金属材料和机械加工工时；加工余量过小，工件会因残留黑皮而报废，或者因表层的粘砂和黑皮硬度高而加快刀具磨损。推荐铸钢、铸铁件的机械加工余量见表 10-4。

表 10-4 铸件的加工表面最小机械加工余量　　　　　　　　（单位：mm）

铸件最大尺寸	浇注时加工面的位置	加工余量	
		灰铸铁件	碳钢、低合金碳钢件
≤500	顶面	4～6	6～8
	底面、侧面	3～5	4～6
500～1000	顶面	6～8	8～10
	底面、侧面	4～6	5～7
1000～1500	顶面	7～9	9～12
	底面、侧面	5～7	7～9
1500～2500	顶面	9～11	10～14
	底面、侧面	7～9	8～11
2500～3150	顶面	11～13	12～16
	底面、侧面	9～11	9～13

注：1. 表中所列数值指单面加工余量。

2. 塑料模动、定模固定板上的导柱、导套孔，原则上不铸出，当孔径大于 100mm 时，可酌情铸出。

3. 大型塑料模的整体动、定模固定板上中凹槽要铸出，并留机械加工余量，如图 10.17 所示。

图 10.17 铸出的大型塑料模整体动、定模固定板上的凹槽

3) 铸件的热处理

(1) 铸钢件应依据牌号确定热处理工艺。热处理工艺一般以完全退火为主，退火后硬度≤229HBW，常以机械加工时的切削性能和试样的机械性能来判断。

(2) 铸铁件大多进行时效处理，以消除内应力和改善加工性能，铸铁件热处理后的硬度≤269HBW。

4. 半成品毛坯

随着模具向专业化方向发展以及模具标准化程度的提高，以商品形式出现的冲压模标准模架、注射模标准模架、矩形凹模板、矩形模板、推杆等零件的应用日益广泛。采购这些半成品件后，再进行成形表面和相关部位的加工，对于降低模具成本和缩短模具制造周期都有很大影响。这种毛坯形式应该成为模具零件毛坯的主要形式。

本章小结(Brief Summary of this Chapter)

本章介绍了模具制造的特点、模具制造工艺规程制定的原则和步骤，并对模具零件图的工艺分析和模具零件的毛坯选择作了较详细的阐述。

模具制造具有形状复杂、加工精度高、周期长、寿命高、过程复杂、属单件小批量生产、需反复修配、调整等特点。

模具制造工艺过程包括技术生产准备、毛坯准备、模具零件加工、装配调试和试模鉴定。

模具制造工艺规程制订的原则包括模具质量的可靠性、技术上的先进性、经济上的合理性和良好的劳动条件。

模具制造工艺规程制订的步骤有图纸的工艺性分析，生产类型的确定，毛坯种类和尺寸确定，定位基准和主要表面的加工方法选择，加工工艺路线拟订，各工序具体内容、尺寸、留量及技术要求的确定，各工序使用的机床及工艺装备确定，各工序切削用量及时间定额确定及模具制造工艺文件填写等内容。

模具零件图工艺分析包括模具零件的结构分析和模具零件的技术要求分析。

模具零件的毛坯形式分为原型材、锻造件、铸造件和半成品件四种。应根据模具具体零件的性能特点不同选择不同的毛坯形式。

本章的教学目标是使学生了解模具制造特点、模具制造工艺规程制定的原则和步骤，具备模具零件图工艺分析能力及模具零件毛坯种类、尺寸大小的选择能力。

习题(Exercises)

1. 简答题

(1) 模具的机械加工与一般机械加工相比具有哪些特殊性？

(2) 编制模具制造工艺规程的作用是什么？

(3) 制定模具制造工艺规程的步骤是什么？

(4) 模具零件图的工艺分析包括哪些内容？

(5) 模具零件的毛坯形式有哪几种？分别适用哪些场合？

(6) 某厂直接用 Cr12 原钢料生产冷冲模，经切削加工和热处理后交付使用，结果发现冲模寿命很短。你认为是什么原因？如何改进工艺？

2. 案例题

图 10.18 所示为落料冲孔复合模装配图。

(1) 指出所有标有序号的模具零件名称，试分析其结构不合理之处。

(2) 分别指出序号 1、3、4、6、8、15、20 的零件所用材料名称，有热处理要求的一并提出。

图 10.18 落料冲孔复合模装配图

答案提示：

① 模柄台阶伸出上模座平面；

② 导柱、导套端面与模座端面平；

③ 下模座中弹压螺钉孔做成了台阶孔；

④ 序号 4 凸凹模零件的台阶固定；

⑤ 弹压螺钉螺纹处少定位台阶；

⑥ 序号 17 的位置。

第 11 章
模具成形表面的加工
(Profile Manufacturing of Mold and Die)

 本章学习目标

　　熟悉模具成形表面的机械加工方法和特种加工方法，了解现代模具制造技术，基本掌握模具工作零件加工工艺规程的编制。

　　应该具备的能力：具备编制中等复杂程度工作零件加工工艺的能力。

 本章教学要求

能力目标	知识要点	权重	自测分数
掌握模具成形表面的机械加工方法	车削、铣削、磨削、钻削、镗削等简单介绍	25%	
掌握特种加工方法	电火花成形技术介绍、电火花成形加工用电极的设计、电火花成形加工型腔准备工作、电极的装夹校正、电极定位，电火花线切割技术介绍、电火花线切割加工模具前的准备工作、电火花线切割编程、模具线切割加工中应注意的工艺问题	25%	
了解现代模具制造技术	数控加工技术、CAD/CAM、快速制造技术、反求技术等在模具中应用简介	10%	
掌握模具工作零件加工工艺规程的编制	模具工作零件(冲压模具凸模、凹模、凸凹模及注射模镶块等)加工工艺规程的编制	40%	

模具成形表面的加工是模具零件加工中最重要的部分，如何选择和合理使用先进、实用、特色、配套的成形表面加工技术，直接关系到模具质量、寿命、成本和周期。模具成形表面加工概括地讲主要分为两类：以分离为特征的凸、凹模组成的刃口型面，多属于二维型面；以成形为特征的冲模或塑料模的型腔、型芯和镶块，多属于三维型面；另外，还有深而窄的沟槽等形状。适用这些型面加工的方法有很多种，要正确选用，必须首先了解这些加工方法的特点。

思考图 11.01 所示塑料模具中的各个零件需要哪些加工方法，工艺规程如何编制？

图 11.01 塑料模具及其成形零件

11.1 模具成形表面的机械加工(Profile Machining of Mold and Die)

机械加工是模具加工中传统的方法，有其特殊的地位。当模具零件形状简单时，可采用机械加工直接完成；当模具零件形状复杂时，机械加工可完成模具的粗加工、半精加工，为模具的进一步精加工创造条件。

常用的机械加工方法有：车削加工、铣削加工、磨削加工、钻削加工及镗削加工等。

11.1.1 车削加工(Turning)

车削加工主要用于内外回转表面、螺纹面、端面、钻孔、铰孔、镗孔、抛光及滚花等形状的加工，如图 11.1 所示，是机械加工的主要方式之一。

在模具零件加工中，车削加工可用于硬度较低的圆形芯、模柄等零件的粗加工、半精加工、精加工、抛光等，对于需淬火处理的圆形凸模、凸凹模、导柱、导套等高硬度零件，车削加工可进行粗加工、半精加工。

车床的种类很多，其中卧式车床通用性好，在模具加工中应用最为广泛。卧式车床的常用装夹有以下三种。

(a) 钻中心孔　　　(b) 钻孔　　　(c) 铰孔　　　(d) 攻螺纹

(e) 车外圆　　　(f) 镗孔　　　(g) 车端面　　　(h) 切槽

(i) 车成形面　　　(j) 车锥面　　　(k) 滚花　　　(l) 车螺纹

图 11.1　车削加工形状

1. 采用自定心卡盘装夹

普通车削加工时，当模具零件形状呈内外同心的回转体时，往往采用能自动定心、装卸零件方便、生产效率高的自定心卡盘(即常说的三爪卡盘)装夹零件，如图 11.2(a)所示。

当模具零件的外形为非圆形而内形为圆形或零件外形虽是圆形但内外圆形不同心时，不能采用自定心卡盘，必须采用四爪卡盘或花盘进行装夹。

2. 采用四爪单动卡盘装夹

四爪单动卡盘如图 11.2(b)所示，它有 4 个互不相关的卡爪，每个卡爪的背面都有一个半弧形的螺纹与丝杠啮合。丝杠的顶端有一个方孔，用来安插卡盘扳手，用扳子转动丝杠时，与其相啮合的卡盘可单独作离心或向心移动，将此方向的零件松开或夹紧。四个卡爪相互配合，便可将零件夹紧在卡盘上。

四爪单动卡盘用于装夹外形尺寸不是很大且形状不规则的零件。其特点是夹紧力大，但装卸零件时比较麻烦，而且每装夹一次零件都必须单独校正。

3. 采用花盘装夹

花盘是一个铸铁大圆盘，可以直接安装在车床主轴上，它的盘面有很多长短不同的通槽和 T 形槽，用于安装各种螺栓，以紧固零件，如图 11.2(c)所示。其特点是盘面尺寸大，对于形状复杂、尺寸较大、不规则的零件，采用三爪或四爪卡盘无法装夹时，可以采用花盘进行装夹。但花盘装夹零件比较麻烦，既要考虑到零件被加工表面的位置以及如何用简便、可靠的方法把零件夹紧，又要考虑零件转动时的平衡和安全问题，而且每装夹一次零件都必须单独校正。

(a) 自定心卡盘   (b) 四爪单动卡盘   (c) 花盘

图 11.2　卧式车床常用装夹方式

11.1.2　铣削加工(Milling)

模具零件的铣削加工包括立式铣床和万能工具铣床的普通立铣加工及数控铣削加工等。其中立式铣床和万能工具铣床的普通立铣加工主要加工中小型模具零件非回转曲面型腔、较规则型面，也可作为成形磨削或电火花成形加工等方法的粗加工，其加工精度可达 IT10～IT8，表面粗糙度值 Ra 可达 1.6～0.8μm。当型腔的形状复杂或精度要求高时，可以采用数控铣削加工。

1. 平面或斜面的加工

在立式铣床上可以加工平面，如图 11.3(a)所示；型腔斜面，如图 11.3(b)所示；型腔底面，如图 11.3(c)所示；各种槽，如图 11.3(c)所示。这种加工方法生产效率高，加工质量好。

(a) 端铣刀铣平面   (b) 用万能铣头铣斜面   (c) 圆柱刀铣型腔底面   (d) 铣 T 形槽和燕尾槽

图 11.3　平面或斜面的加工

2. 圆弧面的加工

利用铣床附件——回转工作台，如图 11.4(a)所示，可以进行各种圆弧面的加工。如图 11.4(b)所示，安装零件时，必须找正铣床主轴中心与回转工作台中心，并使被加工圆弧中心与回转工作台的中心重合。

3. 复杂型腔或型面的加工

当模具型腔为复杂的立体曲面而又难以分解成若干简单型面来加工时，可以采用数控机床铣削加工，具体内容见 11.3.1 节。

(a) 回转工作台

(b) 在回转工作台上铣圆弧

图 11.4 圆弧面的加工

1—转台；2—底座；3—偏心套插销；4—蜗杆轴；5—手轮；6—螺钉；7—手柄

  特别提示

　　随着数控铣床和铣削加工中心应用的普及，现代模具的加工基本上转向以数控加工为主，普通机床加工为辅的情况，特别是三维空间形状的复杂型腔的加工更是如此。因此学习和掌握数控加工技术，是现代模具制造技术最根本的任务之一。

11.1.3　磨削加工(Grinding)

　　为了达到模具的高尺寸精度和低表面粗糙度等要求，大多数模具零件在经过车、铣加工后需经过磨削加工。磨削加工能磨削淬硬钢、硬质合金等高硬度材料和普通材料，加工精度可达 IT6～IT4，表面粗糙度值 Ra 为 1.6～0.2μm。

　　磨削加工有普通磨削(平面磨削、外圆磨削、内圆磨削)和成形磨削两种。平面、外圆及内圆等形状简单的零件采用普通磨削，而形状复杂的零件则需使用成形磨削、光学曲线磨床、坐标磨床和数控磨床等，如图 11.5 所示。但随着电火花成形加工技术及线切割加工技术的普及使用，模具的成形磨削工艺已很少使用，在此仅介绍普通磨削。

(a) 磨外圆　　　　　(b) 磨内圆　　　　　(c) 磨平面　　　　　(d) 无心磨外圆

(e) 坐标磨削外圆　　　　(f) 坐标磨削内锥孔　　　　(g) 成形磨削

图 11.5　磨削加工在模具中应用

1—导轮；2—零件；3—托板；4—磨削砂轮；5—平面磨床电磁吸盘

1. 平面磨削

1) 平行平面的磨削

模具中各模板的两大平面要求相互平行，表面粗糙度值 Ra 要求在 0.8μm 以下，这时应在平面磨床上反复交替磨削两平面，逐次提高平行度和降低表面粗糙度，如图 11.5(c)所示。

2) 模板侧基准平面的磨削

模具侧基准平面的磨削方法如图 11.6 所示，图 11.6(a)中用精密角铁 1 和平行夹头 3 装夹模板 2，用百分表找正后用平面磨床磨出侧基准面，适用于磨削尺寸较大的侧基准面；图 11.6(b)中用精密平口钳 6 装夹模板 5，用平面磨床磨出侧基准面，通过精密平口钳 6 自身的精度保证模板 5 的垂直度要求，适用于磨削尺寸较小的侧基准面。

(a) (b)

图 11.6 模板侧基准平面的磨削

1—精密角铁；2、5—模具零件；3—平行夹头；4—砂轮；6—精密平口钳；7—磨床工作台

3) 特殊平面的磨削

细小凸模磨削时，由于刚性不足，容易产生振颤，影响加工精度，因此可采用以下磨削方法：图 11.7(a)中，将单个凸模 2 固定在置于工具磨床上的精密 V 形铁 3 内，找正精密 V 形铁 3 侧面，进行凸模 2 端面的磨削；图 11.7(b)中，将装配状态的凸模固定板 4 放在平面磨床工作台 5 上，在凸模 3 周围填满塑型用的腻子 2 或缠绕橡胶带，让凸模 3 只露出少许与砂轮 1 接触，进行凸模 3 端面的磨削。

(a) (b)

图 11.7 细小凸模端面磨削

1—砂轮；2—凸模；3—精密 V 形铁；4—腻子；5—凸模固定板；6—平面磨床工作台

2. 外圆磨削

模具零件中圆形凸模、导柱、导套、推杆等零件的外圆柱面需进行外圆磨削，其加工在普通外圆磨床或万能外圆磨床上进行。其加工方式是以高速旋转的砂轮对低速旋转的零件进行磨削，零件相对于砂轮作纵向往复运动。外圆磨床可以加工外圆柱面、圆台阶面和外圆锥面等。外圆磨削的尺寸精度可达IT5～IT6，表面粗糙度值 Ra 为 0.8～0.2μm 。

外圆磨削的装夹方法如图 11.8 所示。

图 11.8　外圆磨削零件的装夹

1—鸡心夹；2—前顶尖；3—外圆磨床头架主轴；4—拨盘；5—拨杆；6—零件；
7—砂轮；8—后顶尖；9—尾架套

磨削前，零件的中心孔均要进行修研，以提高零件几何形状精度和表面粗糙度。中心孔的修研方法可用硬质合金梅花棱顶尖(图 11.9)在车床上挤研，当中心孔较大、修研精度要求较高时，可用油石或砂轮修研(图 11.10)。

图 11.9　硬质合金梅花棱顶尖

图 11.10　锥形砂轮修正中心定位孔

1—自定心卡盘；2—锥形砂轮；
3—零件；4—尾座顶尖

3. 内圆磨削

模具零件的内圆柱面(如导套内孔面、圆形凹模成形面等)尺寸精度要求很高、粗糙度要求很好时，需用内圆磨床或万能外圆磨床磨削加工。内圆磨削可以达到的精度等级为IT6～IT7，表面粗糙度值 Ra 为 1.6～0.4μm 。普通内圆磨床的磨削方法如图 11.11 所示。

4. 内、外圆同时磨削

模具零件中有一些零件(如导套)除要求内孔、外圆表面的尺寸精度和表面粗糙度外，还要求内、外圆的同轴度好，因此需要内、外圆同时磨削。加工时，一般先磨削内孔，然后插入芯轴定位、装夹，再磨削外圆，如图 11.12 所示。

(a) 纵磨法   (b) 横磨法   (c) 端面磨削

图 11.11 普通内圆磨床的磨削方法

图 11.12 内、外圆同时磨削

1—砂轮；2—导套；3—垫片；4—芯轴；5—螺母

11.1.4 钻削加工(Drilling)

钻削加工是用钻头或扩孔钻等在钻床上加工模具零件孔的方法，其操作简便，适应性强，应用很广，如图 11.13 所示。钻削加工所用机床多为普通钻床，主要类型有台式钻床、立式钻床及摇臂钻床，如图 11.14 所示。台式钻床主要用于加工 0.1～13mm 的小型模具零件的孔径，立式钻床主要用于加工中型模具零件的孔径，摇臂钻床主要用于加工大、中型模具零件的孔径。在钻床上进行孔加工时，零件的装夹方法如图 11.15 所示。

模具零件上的圆孔包括一般连接孔、深孔及精密孔等。钻削加工只用于连接孔、深孔的加工及精密孔的粗加工，精密孔的精加工需用坐标镗削或坐标磨削方法。

(a) 钻孔   (b) 扩孔   (c) 铰柱孔   (d) 铰锥孔   (e) 锪锥孔   (f) 攻螺纹

图 11.13 钻削的加工范围

（a）台式钻床   （b）立式钻床   （c）摇臂钻床

图 11.14　钻床的类型

（a）用虎钳装夹　　　（b）用压板、螺栓装夹　　　（c）用 V 形铁装夹　　　（d）用钻模装夹

图 11.15　钻削时零件的装夹

11.1.5　镗削加工(Boring)

镗削加工是用镗刀对已有孔进一步加工的精加工方法，常用来加工有位置度要求的孔和孔系，如注射模动、定模镶块中的各种型芯孔。镗削加工的范围很广，根据零件尺寸、形状、技术要求及生产批量的不同，镗削加工可在车床、铣床、镗床等机床上进行。在镗床上镗孔时，所用镗床分为普通镗床和坐标镗床。普通镗床主要适用于孔径精度和孔间距要求不高的孔，坐标镗床主要适用于高精度孔及孔系零件的加工。镗孔加工精度可达 IT6～IT5，孔间距精度可达 0.005～0.01mm，表面粗糙度 Ra 达 1.6～0.8μm。

坐标镗床利用精密的坐标测量装置来确定工作台、主轴的位移距离，以实现零件和刀具的精确定位。毫米以上的工作台和主轴位移值由粗读数标尺读出，毫米以下的读数通过精密刻度尺(即光屏读数器坐标测量装置)在光屏读数头上读出，或利用光栅(即数字显示器坐标测量装置)来控制精密位移。另外机床的主要零部件的制造和装配精度很高，有良好的刚性和抗振性。

坐标镗床按照布置形式不同，分为立式单柱、立式双柱和卧式等主要类型，如图 11.16所示。立式单柱坐标镗床主要用于小型模具零件的精密孔或孔系的加工，立式双柱坐标镗床主要用于大、中型模具零件的精密孔及孔系的加工，卧式坐标镗床主要用于模具零件侧面型孔和注射模中斜导柱孔的加工。当在立式镗床上结合使用机床附件——万能回转工作台(图 11.17)时，可加工模具零件的侧面型孔。

(a) 单柱立式坐标镗床

(b) 双柱立式坐标镗床

(c) 卧式坐标镗床

图 11.16　坐标镗床类型

图 11.17　万能回转工作台

1—圆盘；2—旋转手轮；3—角度手轮

使用坐标镗床加工模具零件时，要求先把模具零件正确安装在工作台上，使互相垂直的两个基准面分别平行于工作台的纵向和横向。加工时，先用中心钻钻出中心孔，然后根据孔的大小进行钻孔、扩孔、铰孔和镗孔等。进行钻孔、扩孔和铰孔时，先把中心钻、钻头或铰刀固定在钻夹头上，再将钻夹头固定在坐标镗床的主轴锥孔内。进行镗孔时，将镗夹头(图 11.18)的锥柄插入坐标镗床的主轴锥孔内。镗刀可作径向调整，以适应不同孔径的加工。如图 11.19 为模具零件的配镗加工。

图 11.18　镗夹头

1—锥柄；2—调节螺钉；3—镗刀；
4—镗刀夹头；5—固定螺钉

图 11.19　模具零件的配镗加工

1—压板；2—镗夹头；3，4，5—模具零件；
6—平行夹钳；7—镗床工作台；8—平行砧铁

11.1.6　压印加工(Stamping)

压印挫修是一种钳工加工方法，最适合加工无间隙的冲模，这种加工方法能保证凸、凹模的刃口形状一致。

1. 压印加工工艺方法

用已经加工的成品凸模，垂直放置在相应凹模型孔处，施加压力，通过凹模挤压与切削作用，在凹模上产生印痕，钳工按印痕挫去型孔的部分加工余量后再压印，再挫修，反复进行，直到加工出相应的型孔。用作压印的凸模称为压印基准件。

压印挫修加工也可以成品凹模做压印基准件加工凸模。

2. 压印加工工艺要点

(1) 凹模在压印加工前应先加工好外形轮廓，按划出的型孔轮廓线，在立式铣床上将型孔内部材料去除，留出 0.2～0.8mm 的单边加工余量。去除废料后的孔壁应进行修整使压印挫修余量均匀。

(2) 首次压印加工深度不宜过大，应控制在 0.2mm 左右，以后各次压印加工深度可大一些，每次压印加工都应用角尺校准基准件和压印件间的垂直度。

(3) 为降低压印表面的微观平面度，可用油石将锋利的凸模刃口磨出 0.1mm 左右的圆角，以增强挤压作用。还可在凸模表面涂一层硫酸铜溶液，以减少摩擦。

(4) 压印加工可在手动螺旋压印机或液压压印机上进行。

11.1.7　研磨与抛光加工(Lapping and Polishing)

由于塑料制品外观的需要，往往要求塑料模具型腔的表面达到镜面抛光的程度，如光学镜片、镭射唱片等模具对表面粗糙度要求极高。抛光不仅增加零件的美观，而且能够改善材料表面的耐腐蚀性、耐磨性，还可以使模具拥有其他优点，如使塑料制品易于脱模，减少生产周期等。因而抛光在模具制作过程中是很重要的一道工序。常用的抛光方法有以下几种。

(1) 机械抛光。机械抛光是靠切削、材料表面塑性变形去掉被抛光后的凸部而得到平滑面的抛光方法。一般使用油石条、羊毛轮、砂纸等，以手工操作为主，特殊零件如回转体表面，可使用转台等辅助工具，表面质量要求高的可采用超精研抛的方法。鉴于目前非手工作业研磨抛光方法的应用范围的局限，特别是型腔中窄缝、盲孔、深孔和死角部位的加工，仍然是手工研磨抛光方法占主导地位。

(2) 化学抛光。化学抛光是让材料在化学介质中表面微观凸出的部分较凹部分优先溶解，从而得到平滑面。这种方法的主要优点是不需复杂设备，可以抛光形状复杂的零件，可以同时抛光很多零件，效率高。化学抛光的核心问题是抛光液的配制。化学抛光得到的表面粗糙度一般为数十微米。

(3) 电解抛光。电解抛光的基本原理与化学抛光相同，即靠选择性地溶解材料表面微小凸出部分，使表面光滑。与化学抛光相比，可以消除阴极反应的影响，效果较好。

(4) 超声波抛光。将零件放入磨料悬浮液中并一起置于超声波场中，依靠超声波的振荡作用，使磨料在零件表面磨削抛光。超声波加工宏观力小，不会引起零件变形，但工装制作和安装较困难。超声波加工可以与化学或电化学方法结合。在溶液腐蚀、电解的基础上，再施加超声波振动搅拌溶液，使零件表面溶解产物脱离，表面附近的腐蚀或电解质均匀；超声波在液体中的空化作用还能够抑制腐蚀过程，利于表面光亮化。

(5) 流体抛光。流体抛光是依靠高速流动的液体及其携带的磨粒冲刷零件表面达到抛光的目的。常用方法有：磨料喷射加工、液体喷射加工、流体动力研磨等。流体动力研磨由液压驱动，使携带磨粒的液体介质高速往复流过零件表面。介质主要采用在较低压力下流过性好的特殊化合物(聚合物状物质)中掺上磨料制成，磨料可采用碳化硅粉末。

(6) 磁研磨抛光。磁研磨抛光是利用磁性磨料在磁场作用下形成磨料刷，对零件进行磨削加工。这种方法加工效率高，质量好，加工条件容易控制，工作条件好。采用合适的磨料，表面粗糙度 Ra 可以达到 $0.1\mu m$。

 特别提示

在塑料模具加工中所说的抛光与其他行业中所要求的表面抛光有很大不同，严格来说，模具的抛光应该称为镜面加工。它不仅对抛光本身有很高的要求，而且对表面平整度、光滑度及几何精确度也有很高的标准。表面抛光一般只要求获得光亮的表面即可。镜面加工的标准分为四级：A0 的 Ra 为 $0.008\mu m$，A1 的 Ra 为 $0.016\mu m$，A3 的 Ra 为 $0.032\mu m$，A4 的 Ra 为 $0.063\mu m$。由于电解抛光、流体抛光等方法很难精确控制零件的几何精确度，而化学抛光、超声波抛光、磁研磨抛光等方法的表面质量又达不到要求，所以精密模具的镜面加工还是以机械抛光为主。

11.2 模具成形表面的特种加工(Non-traditional Manufacturing of Mould and Die Profile)

随着现代工业生产的飞速发展和科学技术的长足进步，具有高强度、高硬度、高韧性、耐高温等特殊性能的模具材料不断出现，同时模具成形表面的形状越来越复杂、精度越来越高，传统的机械加工方法已不能完全满足要求。因此，直接利用电能、电化学能、声能等特种加工方法相继得到了很快发展，如电火花加工、电解加工、超声波加工、化学加工与电化学加工等。

电火花加工又称放电加工或电蚀加工，它包括电火花成形加工、电火花线切割加工、电火花成形磨削、电火花表面强化和刻字等工艺方法，如图 11.20 所示。在模具制造中主要应用电火花成形加工和电火花线切割加工。

(a) 电火花穿孔　(b) 电火花加工型腔　(c) 电火花切槽　(d) 电火花刻字　(e) 电火花线切割加工

图 11.20　几种电火花加工工艺

1—电极；2—零件

11.2.1 电火花成形加工的基本原理及特点(Principle and Feature of EDM)

1. 电火花成形加工概述

1) 基本原理

电火花成形加工是在一定液体介质中，通过工具电极和零件之间脉冲放电时的电腐蚀作用，对零件进行加工的一种工艺方法。

图 11.21　电火花成形加工原理示意

1—零件；2—脉冲电源；3—自动进给装置；
4—工具电极；5—工作液；6—过滤器；7—泵

电火花成形加工的基本原理如图 11.21 所示。脉冲电源 2 输出的单向脉冲电压作用在零件 1 和工具电极(简称电极)4 上。当电压升高到电极和零件间隙中工作液 5 的击穿电压时，会使工作液在绝缘强度最低处被击穿，产生火花放电。火花放电引起的瞬间高温使零件 1 和电极 4 表面都被蚀除掉一薄层材料。一次脉冲放电，在零件和电极表面各形成一个小凹坑，多次脉冲放电后，使零件整个被加工表面形成无数个小放电凹坑，工具电极 4 的轮廓形状便被复制到零件 1 上，从而完成零件的加工。

2) 电火花成形加工的基本条件

(1) 脉冲电源。电火花成形时必须具有脉冲波形为单向的脉冲电源，如图 11.22 所示。其中放电延续时间 t_i 称为脉冲宽度，应小于10s，以使放电所产生的热量来不及从放电点过多扩散到其他部位，只在极小的范围内使金属局部熔化，直至汽化。相邻脉冲之间的间隔时间 t_0 称为脉冲间隔，它使电介质有足够的时间恢复绝缘状态，以免引起持续放电而烧伤零件表面。

(2) 足够的放电能量。有足够的放电能量保证放电部位的金属熔化或气化。

(3) 合适的放电间隙。加工时，零件和电极接在脉冲电源的不同极性上，零件和工具电极间必须保持一定距离，此距离即为放电间隙。放电间隙大小要合适，过大时，极间电压不能击穿介质，无法产生电火花；过小时，容易形成短路接触，同样不能产生电火花。放电间隙的大小与电压、加工介质等因素有关，一般为 0.01~0.1mm。

(4) 绝缘介质。加工时零件和电极必须浸泡在具有一定绝缘性能的液体介质中。液体介质还能将电蚀产物从放电间隙中排除出去并对电极表面进行较好的冷却。目前大多数电火花成形机床采用煤油作液体介质，为避免起火还可采用燃点较高的机油或煤油与机油的混合物作液体介质。

3) 电火花成形加工的特点

(1) 便于加工用机械切削方法难以加工或无法加工的材料或形状，如淬火钢、硬质合金等。

(2) 电极和零件在加工过程中不接触，两者之间的作用力很小，所以便于加工小孔、深孔、窄缝等形状，且不受电极和零件刚度的限制。

(3) 电极材料不要求比零件材料硬。

图 11.22 脉冲电流波形

4) 电火花成形加工在模具制造中的应用

(1) 型孔的电火花加工。型孔电火花加工，主要指对各种模具成形孔的穿孔加工，图 11.20(a)所示，其在模具加工中的应用如下。

① 冲裁模零件的加工，如凹模、卸料板与固定板的型孔加工。

② 特殊材料(如淬硬材料、硬质合金)上的螺纹孔加工。

③ 特殊零件如淬硬材料、硬质合金、特殊形状的型孔加工，如图 11.23 所示。

图 11.23 硬质合金冲孔模具型孔板

(2) 型腔电火花加工。由于注射模中型腔一般为盲孔，对一些复杂、精度要求高的形状，如一些三维曲面、窄槽及不规则的形状，铣削、车削方法难以加工，通常采用电火花成形加工。

型腔电火花加工的特点：电极损耗小，以保证型腔的成形精度；加工过程中材料的蚀除量大，要求加工速度要快，生产效率要高；型腔侧面较难进行修光，需采用更换精加工电极或利用平动头进行侧面修光。

型腔电火花加工主要有单电极平动法、多电极更换法和分解电极法。

① 单电极平动法。单电极平动法是用一个电极在平动头的作用下完成型腔的粗、中、精加工，如图 11.24 所示。由于电极棱角处损耗快，难以加工出清晰的棱角，适用于形状简单、精度要求不高的型腔加工。

② 多电极更换法。多电极更换法是将加工同一个型腔的电极做成粗、精打等多个电极，

依次更换进行加工的方法，如图 11.25 所示。每个电极加工时，必须把上次规准的放电痕迹去掉。适用于形状、精度要求高的模具型腔加工。

③ 分解电极法。分解电极法是根据型腔的几何形状，把加工一个型腔的电极分解成多个电极的方法。主型腔电极加工型腔的主要部分，副型腔电极加工型腔的尖角、窄缝等部位。

(3) 小深孔的高速电火花加工。小深孔的高速电火花加工原理如图 11.26 所示，一是采用中空的管状电极；二是管中通高压工作液冲走电蚀产物，同时高压流动的工作液在小孔孔壁按螺旋线轨迹流出孔外，使电极管"悬浮"在孔心，不易产生短路，可加工出直线度和圆度很好的小深孔；三是加工时电极作回转运动，可使端面损耗均匀，不会产生偏斜。此种方法现已被广泛应用于线切割加工用穿丝小孔、喷嘴以及斜面、曲面上的小深孔的加工。

现代工业生产中，由于型孔类凹模大多可以采用电火花线切割方法加工，因此这里主要讨论型腔电火花加工。

图 11.24 单电极平动法示意

图 11.25 多电极更换法示意

1—模具镶块；2—精加工后型腔；3—中加工后型腔；
4—粗加工后型腔

图 11.26 电火花高速小孔加工原理

1—管电极；2—导向器；3—零件

2. 电火花成形加工用电极的设计

1) 电极材料

根据电火花成形加工原理，可以说任何导电材料都可用来作电极材料，但在生产中应选择损耗小、加工过程稳定、生产效率高、机械加工性能良好、资源丰富、价格低廉的材料作电极材料。常用电极材料的种类和性能见表 11-1。

表 11-1　常用电极材料的种类和性能

电极材料	电火花加工性能		机械加工性能	说明
	加工稳定	电极损耗		
铸铁	一般	中等	较好	
钢	较差	中等	好	
石墨	较好	较小	较好	机械强度较差，易崩角
黄铜	好	大	较差	
紫铜	好	较小	较好	磨削困难
铜钨合金	好	小	较好	价格昂贵
银钨合金	好	小	较好	价格昂贵

在型腔电火花加工中，常用的电极材料为紫铜和石墨。

2) 电极结构

电极结构的形式主要有整体式电极、组合式电极和镶拼式电极三种。

(1) 整体式电极。整个电极用一块材料加工而成，如图 11.27(a)所示。

(2) 组合式电极。将多个电极用固定板组合、装夹，如图 11.27(b)所示，同时加工同一个零件的多个型孔，可以提高生产效率。

(3) 镶拼式电极。对于形状复杂的电极整体加工有困难时，常将其分成几块，分别加工后再镶拼成整体，如图 11.27(c)所示。这样可节省材料，便于制造。

(a) 整体式电极　　　　(b) 组合式电极　　　　(c) 镶拼式电极

图 11.27　电极的结构形式

特别提示

电极不论采用哪种结构都应有足够的刚度，以提高加工过程中的稳定性。对于体积小、易变形的电极，可将电极工作部分以外的截面尺寸增大以提高刚度，如图 11.28 所示。对于尺寸较大、重量较重的电极，可在中间开孔或挖空(如图 11.27(a)的减重孔)。电极与主轴连接后，电极重心应位于主轴中心线上，这对于较重的电极尤为重要；否则会产生附加偏心力矩，使电极轴线偏斜，影响模具的加工精度。

图 11.28　细小电极的增强

1—电极增强部分；2—电极工作部分

3) 排气孔和冲油孔设计

型腔加工多为盲孔加工，排屑、排气条件差，直接影响加工速度、稳定性和表面质量，可在设计电极时设计排气孔和冲油孔。一般情况下，在不易排屑的拐角、窄缝处开设冲油孔，如图 11.29 所示；在蚀除面积大及电极端部有凹入的部位设计排气孔。排气孔和冲油孔的直径一般为 $\phi 1\sim\phi 2$mm，为有利于排气、排屑，常把排气孔和冲油孔的上端孔径加大，孔距为 20～40mm，位置相对错开，以避免加工表面出现波纹。

图 11.29　电极冲油孔的设计

1—电极；2—冲油孔；3—电极固定板

4) 电极尺寸计算

(1) 电极的横截面尺寸。电极在垂直于主轴进给方向上的尺寸称为横截面尺寸，如图 11.30 所示。电极的横截面尺寸可用如下公式计算：

$$a=A\pm Kb \tag{11-1}$$

$$b=S+H_{\max}+h_{\max} \tag{11-2}$$

式中，a ——电极横截面尺寸(mm)；

A ——模具型腔尺寸(mm)；

K——与型腔尺寸注法有关的系数；

b——电极单边缩放量(mm)；

S——电火花加工时单面放电间隙(mm)；

H_{max}——前一规准加工时表面微观最大不平度；

h_{max}——本规准加工时表面微观最大不平度。

式(11-1)中的"±"号及 K、b 值按下列原则确定。

① 凡模具图样上型腔凸出部分，其相应的电极凹入部分的尺寸应放大，即用"+"号；反之，凡模具图样上型腔凹入部分，其相应的电极凸出部分的尺寸应缩小，即用"-"号。

② 当模具图样上型腔尺寸完全标注在边界上时，取 $K=2$；当模具图样上型腔尺寸一端以中心标注、一端标注在边界上时，取单边 $K=1$；当模具图样上标注的为型腔尺寸中心距或角度值时，$K=0$。

③ 在实际应用中，由于平动量可在较宽的范围内调整，足以补偿电极的侧面损耗，因此可以简化电极的设计，一般中、小型电极的单边缩放量 b 粗加工时可在 $0.15\sim0.2$mm 范围内选取，精加工时可在 $0.07\sim0.10$mm 范围内选取。

图 11.30 电极的横截面尺寸缩放示意

1—电极；2—模具型腔

图 11.31 电极高度尺寸计算示意

1—模具型腔；2—电极

(2) 电极垂直方向尺寸。电极在平行于主轴方向上的纵断面尺寸称为垂直方向尺寸，如图 11.31 所示，可按如下公式计算：

$$H=L+L_1+L_2 \tag{11-3}$$

式中，H——除装夹部分外的电极总高度(mm)；

L——电极在垂直方向上的有效高度，包括型腔深度和电极端面损耗量，并扣除端面放电间隙值(mm)；

L_1——当加工的型腔位于另一个型腔中时需增加的高度(mm)；

L_2——考虑加工时，电极夹具不和模具或压板发生接触而需增加的高度(mm)，也可用于单电极拉直找正时用，此时常取 $15\sim20$mm。

3．电火花成形加工前的准备工作

(1) 对于有磁性的零件，要进行退磁处理，以免磁性吸住电蚀物，增加二次放电和烧弧，影响型腔精度。

(2) 由于电火花加工效率较低，所以电火花成形加工型腔前应进行粗加工，成形面应均匀留量。

4．电极装夹、校正

电极装夹是指将电极安装于电火花成形机床的主轴上；电极校正是指利用主轴上的调节装置调整电极垂直度，使电极轴线平行于主轴轴线、垂直于机床的工作台面。

1) 电极装夹形式

(1) 标准套筒装夹。标准套筒装夹适用于片状电极，如图 11.32(a)所示。

(2) 钻夹头装夹。钻夹头装夹适用于直径较小的圆电极，如图 11.32(b)所示。

(3) 标准螺钉夹头装夹。标准螺钉夹头装夹适用于用螺纹固定的小型电极，如图 11.32(c)所示。

(4) 板类夹具体装夹。大电极或用固定板固定的电极要通过螺钉固定在机床的板类夹具体上，如图 11.32(d)所示。

(a) 标准套筒装夹　　(b) 钻夹头装夹　　(c) 标准螺钉夹头装夹　　(d) 板类夹具体装夹

图 11.32　电极的装夹形式

2) 电极垂直度调节装置

电极垂直度调节装置的结构形式较多，目前常用的是钢球铰链式调节装置，如图 11.33所示。电极装夹在电极装夹套 4 内，用四只调节螺钉调整电极垂直度，其特点是结构简单、轴向高度尺寸小，但调节范围小。

3) 电极垂直度校直

(1) 用精密角尺校正电极垂直度。利用精密角尺在电极互相垂直的两个方向上进行校正，如图 11.34 所示。

(2) 用百分表校正电极垂直度。对于直接装夹的单个电极，使主轴头作上下运动，在电极侧面互相垂直的两个方向，用百分表分别找正，如图 11.35 所示。对于用固定板固定的多个电极或大电极，按如图 11.36 所示的方法校正，即沿 X 轴方向、Y 轴方向校正固定板的水平面来校正电极的垂直度，此类电极制作时要保证电极轴线与固定板底面的垂直度。

图 11.33　钢球铰链式调节装置

1—调节螺钉；2—球面垫圈；3—钢球；
4—电极装夹套

图 11.34　用精密角尺校正电极垂直度

1—电极；2—精密角尺；3—模具零件；
4—机床工作台

5. 电极定位

电极定位是将已装夹、校直完成的电极对准模具零件被加工位置，以保证电火花成形加工形状在模具零件上的位置与尺寸要求。电极的定位形式可分为以下几种。

1) 电极数量为单个，电极有互相垂直的侧基准面

(1) 自行找正法。自行找正方法如图 11.37 所示，将有相互垂直侧基准面的模具零件平放在电火花成形机床工作台上，并用千分表调整模具零件的垂直侧基准面 A'，B' 分别与工作台的 X 轴和 Y 轴平行。根据零件图纸，计算成形部位距零件的侧基准面尺寸 X、Y。将已安装正确的电极垂直下降，使电极侧基准面 A、B 分别靠上零件侧基准面 A'，B'，确定工作台此时位置坐标，然后移动工作台坐标距离 $(X-\delta, Y-\delta)$，δ 为单边放电间隙，这样就确定了电极相对于模具零件型腔的准确位置。

图 11.35　用百分表校正电极垂直度

1—电极校正调节装置；2—电极；
3—百分表；4—表座

图 11.36　用固定板装夹电极的垂直度校正

1—电极；2—电极校正调节装置；
3—百分表；4—表座

图 11.37　电极自行找正定位法示意

1—零件；2—电极；3—电火花成形机工作台

(2) 垫块规找正法。垫块规找正法如图 11.38 所示，将有相互垂直侧基准面的模具零件平放在电火花成形机床工作台上，用千分表调整模具零件的垂直侧基准面 A'、B' 分别与工作台的 X 轴和 Y 轴平行。根据零件图样，计算成形部位距零件的侧基准面尺寸 X、Y。组合块规尺寸为 $X+\delta$、$Y+\delta$，δ 为单边放电间隙。将已安装正确的电极垂直下降至接近零件，用块规和精密刀口直尺确定电极相对于零件型腔的准确位置。

图 11.38　电极用垫块规法定位示意

1—电极；2—块规；3—精密刀口直尺；4—零件；5—电火花成形机工作台

2) 电极无互相垂直的侧基准面

使用没有基准的单个电极或多个电极时，先用有侧向基准的固定板精密固定电极，然后用固定板上销孔或用固定板侧基准面碰零件基准的方法确定电极在零件中的精确位置。如图 11.39 所示，两个电极 2、4 属不规则形状，直接用电极无法定位，先用固定板 3 对电极 2、4 进行精密固定，然后在模具零件上加工两个与电极固定板 3 上完全一致的定位销孔 (图 11.40)，然后在两个孔上插上销钉，利用销钉确定电极相对零件的精确位置。

图 11.39　电极用固定板定位　　　　图 11.40　与电极固定板相对应的模具零件

1—紧固螺钉；2，4—电极；3—电极固定板

11.2.2　电火花线切割加工(Wire Cut Electrical Discharge Machining，WCEDM)

1. 电火花线切割加工概述

1) 电火花线切割加工基本原理

电火花线切割加工是利用移动的细金属丝做电极丝，利用高频脉冲发生器释放的脉冲电压将电极丝和零件的间隙击穿，产生瞬时火花放电，将零件局部融化而切割成形的。其加工原理如图 11.41 所示，零件接脉冲电源的正极，电极丝接负极，固定于工作台上的零件相对于电极丝按预定的程序要求运动，从而使电极丝沿着所要求的切割路线进行电腐蚀，实现切割加工。

2) 电火花线切割加工机床

根据电极丝的运动速度及方向不同，电火花线切割加工机床分为快走丝线切割机床和慢走丝线切割机床两类。

快走丝线切割机床是由我国自行研发生产，大多采用钼丝作电极丝，钼丝直径为 0.08～0.2mm。电极丝在储丝筒带动下作往复循环运动，走丝速度快，为 6～11m/s。加工精度稍差，目前能达到的加工精度为±0.01mm，表面粗糙度为 $Ra=2.5～0.63\mu m$。常用工作液为乳化液。由于钼丝反复使用，成本较低，机床结构简单，价格便宜，因此加工费用相对较低，且精度能满足一般要求，目前在我国应用较为广泛。

(a) 切割零件   (b) 机床示意

图 11.41　电火花线切割加工示意

1—工作液箱；2—丝架；3—导轮；4—电极丝；5—脉冲电源；6—零件；

7—夹具；8—工作台；9—储丝筒

慢走丝线切割机床最初是由国外生产，大多采用铜丝作电极丝，铜丝直径为 0.03～0.35mm，走丝速度慢，一般低于 0.2m/s。常用工作液主要为去离子水。电极丝单向走丝，不重复使用，加工精度高，目前能达到的加工精度为±0.001mm，表面粗糙度为 $Ra < 0.32\mu m$。由于铜丝一次使用，成本较高，且机床价格贵，因此加工费用相对较高。

3) 电极丝

电极丝在电火花线切割加工中起着极其重要的作用，合理选择电极丝的材料、直径及其均匀性是能否保证加工稳定进行的重要环节。对电极丝的选择应注意以下几点。

① 有良好的耐蚀性，有利于提高加工精度；

② 有良好的导电性，有利于提高回路效率；

③ 有较高的熔点，有利于大电流加工；

④ 有较高的抗拉强度和良好的直线性，有利于提高使用寿命。

常用的电极丝材料有黄铜丝、钨丝和钼丝，它们的加工性能见表 11-2。

表 11-2　电火花线切割加工使用的电极丝材料

电极丝材料	电火花加工性能	适用范围
黄铜丝	生产率较高,加工过程稳定,很少发生粘住现象,抗拉强度低、易断	特别适用于加工淬火钢,常用于慢走丝机床中
钨丝	生产率高,但火花放电后质脆易断	较少应用
钼丝	生产率不及前两种,但抗拉强度很高,不易断	生产中广泛应用于快走丝机床中

电极丝直径的选择应根据切缝宽窄、零件厚度和拐角尺寸大小进行。若加工带尖角、窄缝的零件时应选用较细的电极丝；若加工大厚度的零件应选择较粗的电极丝。

4) 电火花线切割加工特点

(1) 不需要制作电极，可节约电极设计与制造。

(2) 电极丝比较细，可以加工微细异形孔、窄缝、形状复杂的内孔或外形等二维截面。

(3) 采用移动的长电极丝进行加工，使单位长度电极丝的损耗较少，可获得较高的加工精度。特别是慢走丝线切割加工时，电极丝一次性使用，可获得更高的加工精度。

(4) 无论加工材料的硬度高低，只要导电均能实现切割加工。

(5) 自动化程度高，操作方便。

5) 电火花线切割加工在模具制造中的应用

(1) 加工模具零件。电火花线切割加工可用于多种形状的模具零件的加工。例如在冲裁模具中，凸模固定板、凹模及卸料板的型孔均与对应的凸模刃口形状相似，用电火花线切割加工时可以通过调整不同的间隙补偿量，只需一次编程即可。在塑料模中，当成型部位局部采用非圆形镶拼结构时，用电火花线切割加工可以通过调整不同的间隙补偿量，只需一次编程即可加工出镶拼凸模和凹模形状。同时，用电火花线切割加工可以对淬火零件(如冲模凸模、推杆等)进行长度截断。

(2) 用于电火花成形加工所用电极的制作。

2. 电火花线切割加工模具前的准备工作

1) 电极丝垂直度校正

由于模具精度要求高，所有型孔侧面要求与两大面垂直，因此装夹零件前应校正电极丝与工作台平面的垂直度。校正方法如图 11.42 所示，将侧面与底面垂直的圆柱标准块放在工作台上，从 X 轴、Y 轴两个方向慢慢靠近电极丝，通过观察上、下火花情况，来调整电极丝的垂直度。

2) 退磁处理

有磁性的零件，应先进行退磁处理。

3) 穿丝孔加工

(1) 钳工加工。采用钳工加工时，穿丝孔大小一般为 $\phi 3 \sim \phi 10mm$。太小，钻孔难度增加，不好穿丝；太大，增加钳工工作量。安排工序位置时，此工序应安排在热处理淬火之前进行。

(2) 车削加工。当圆形零件采用车削加工穿丝孔时，则孔径可大一些，单边留 1mm 加工余量即可。安排工序位置时，此工序应安排在热处理淬火之前进行。

(3) 电火花穿孔加工。当穿丝孔直径小于等于 $\phi 3mm$ 时，可采用电火花穿孔加工。安排工序位置时，此工序安排在热处理淬火之后进行。

确定穿丝孔位置时应根据切割零件的具体情况而定。一般原则是有利于简化编程运算和缩短切入时的无效切割行程，如图 11.43 所示。

图 11.42 电火花线切割电极丝垂直度校正

1—圆柱标准块；2—电极丝；3—火花

图 11.43　穿丝孔位置的安排(凸模线切割加工用工序图)

4) 零件装夹形式

(1) 两端支撑式。两端支撑式装夹方法如图 11.44(a)所示，将零件两端分别固定在机床工作台或夹具上，支撑稳定可靠，定位精度高。适用于尺寸较大的零件。

图 11.44　零件装夹支撑形式

(2) 悬臂支撑式。悬臂支撑式装夹方法如图 11.44(b)所示，此形式结构简单，装夹方便；但处于悬臂状态，对零件尺寸及质量有限制，仅适用于尺寸及质量较小的零件。

(3) 桥式支撑式。桥式支撑式装夹方法如图 11.44(c)所示，用两块等高的平行垫铁架在机床工作台或夹具上，跨度宽窄可根据零件大小随意调节。适用于带有相互垂直侧基准面的零件。

(4) 板式支撑式。板式支撑式装夹方法如图 11.44(d)所示，用事先加工好矩形孔和穿丝孔的平板架在机床工作台上，平板上配备有 X 和 Y 向定位基准。适用于小型零件。

特别提示

无论采用哪种装夹形式，都应使零件的切割范围全部在工作台纵、横拖板的内部，保证切割过程中不会切割到工作台。

5) 零件在机床上的校正

零件在机床上装夹后，必须进行校正，确保零件的基准面与机床工作台的 X 轴和 Y 轴平行。

(1) 以外形为校正和加工基准。对于如图 11.45 所示的矩形件，可以用与两大面垂直且互相垂直的侧基准面为校正和加工基准。

(2) 以外形为校正基准，内孔为加工基准。对于如图 11.46 所示的圆形件，应以一个与两大面垂直、与过两孔的中心线平行的侧面基准做校正基准，内孔作为加工基准。

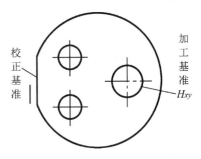

图 11.45　以外形为校正和定位基准　　　图 11.46　以侧面为校正基准、内孔为定位基准

(3) 以内孔为校正基准和加工基准。以内孔为校正基准时，要求作为基准的内孔必须大小一致，且距离远一些，穿上销钉后可作为校正基准用。如图 11.47 所示的凹模，要依次切割出两销孔和刃口形状，则可用两个销孔穿上销钉后作为校正基准，刃口内穿丝孔作为加工基准。

不管采用哪一种形式作校正基准，在工艺分析时都要考虑清楚，在线切割加工前就应准备好各校正基准面或基准孔。

6) 电极丝初始位置的确定

线切割加工前，应将电极丝调整到切割加工的起始位置上。其调整方法有以下几种。

(1) 目测法。目测法如图 11.48 所示，事先在零件穿丝孔中心处划出十字基准线，分别沿画线方向利用目测观察电极丝与基准线的相对位置，根据偏离情况调整工作台及零件位置，当电极丝中心分别与十字基准线重合时，工作台纵、横方向上的读数就确定了电极丝中心的初始位置。此方法适用于精度要求较低的零件加工。

(2) 火花法。火花法如图 11.49 所示，利用移动工作台使零件的基准面逐渐接近电极丝，产生轻微火花时记下工作台的相对坐标值，再根据放电间隙推算电极丝中心的初始位置。这种方法的缺点是要腐蚀基准面，故在要求精密的基准面时不易采用。

图 11.47　以内孔为校正和加工基准

图 11.48　目测法调整电极丝位置

（3）自动找中心法。自动找中心法如图 11.50 所示，设点 P 为电极丝在零件孔的穿丝位置，先向右沿 X 轴进给，当与孔的圆周在 A 点接触后，立即反向进给并开始计数，直至和孔圆周的另一点 B 接触时，再反方向进给 1/2 的距离，移动至 AB 间的中心位置 C。然后再向上沿 Y 轴进给，重复上述过程，确定电极丝在 Y 轴的中心位置点 O，点 O 即为电极丝中心的初始正确位置。微处理器控制的数控电火花线切割机床一般都具有此项功能。

图 11.49　火花法调整电极丝位置

1—零件；2—电极丝；3—火花

图 11.50　电极丝自动找中心法原理

3．电火花线切割编程

电火花线切割机床的控制系统是按照人的"命令"去控制机床加工的。因此在线切割加工之前，需对被加工零件进行程序编制，即把被加工模具零件的切割顺序、切割方向及有关尺寸等信息，按照一定格式输入给机床的数控装置，这项工作叫做电火花线切割编程。

我国电火花线切割机床所用编程代码有 3B，4B，ISO 等格式。

1）3B 代码简介

（1）程序格式。我国快走丝切割机床常用的 3B 编程代码格式为：

B　X　B　Y　B　J　G　Z

① B 为分隔符号，因为 X、Y、J 均为数码，需用 B 将它们区分开。

② 加工斜线时，坐标原点取为斜线的起点，X、Y 为终点坐标值。加工圆弧时，坐标原点取为圆心，X、Y 为起点坐标值。

在一个零件的加工过程中，X，Y 的方向应始终保持不变，即为 X 拖板和 Y 拖板的运动方向。加工不同的曲线时，取不同的坐标原点，坐标只是平移。

③ X、Y、J 数值均以 μm 为单位，计算误差应小于 1μm。当 X 或 Y 为零时，可以不写。对于计数长度 J，则应写足六位数，如 J＝250μm 应写成 J＝000250μm。

④ G 为计数方向，取 G_x 或 G_y。

 特别提示

> 计数长度 J 与计数方向的选取有关。
>
> (1) 对于斜线，应将进给距离较长的坐标作为记数方向。对于终点坐标为 (x_e, y_e) 的直线：当 $|x_e| > |y_e|$ 时，计数方向取 G_x，计数长度 $J=|x_e|$；当 $|x_e| < |y_e|$ 时，计数方向取 G_y，计数长度 $J=|y_e|$；当 $|x_e|=|y_e|$ 时，计数方向即可取 G_x 也可取 G_y。
>
> (2) 对于圆弧，计数方向应视加工到终点附近的进给情况而定。如果终点靠近 Y 轴，圆弧在终点附近趋向于平行 X 轴，最后一步进给的拖板必定是 X 拖板，故应选取 G_x 作为计数方向。反之，当终点靠近 X 轴时，应选取 G_y 作为计数方向。计数方向确定后，计数长度应取各段圆弧在该方向上的投影长度之和。

⑤ 加工指令 Z 共有 12 种，如图 11.51 所示。

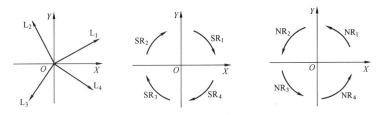

图 11.51　直线和圆弧的加工指令

当被加工的斜线在 Ⅰ、Ⅱ、Ⅲ、Ⅳ 象限时，分别用 L_1、L_2、L_3、L_4 表示。对于平行于 X 轴正方向的直线，用 L_1 表示；平行于 Y 轴正方向的直线，用 L_2 表示；平行于 X 轴负方向的直线，用 L_3 表示；平行于 Y 轴负方向的直线，用 L_4 表示。此时，直线终点坐标应取为 X＝Y＝0。

当被加工的圆弧起点在 Ⅰ、Ⅱ、Ⅲ、Ⅳ 象限，且加工点按顺时针方向运动时，分别用 SR_1、SR_2、SR_3、SR_4 表示。

当被加工的圆弧起点在 Ⅰ、Ⅱ、Ⅲ、Ⅳ 象限，且加工点按逆时针方向运动时，分别用 NR_1、NR_2、NR_3、NR_4 表示。

 特别提示

> 加工的圆弧可能跨越几个象限，此时加工指令应由圆弧起点所在的象限和加工走向来决定。

(2) 程序编制。数控电火花线切割加工程序编程是根据零件图样尺寸、电极丝的直径以及放电间隙大小等因素，在保证一定精度的要求下，求得相应的数据，再按规定的程序格式编制加工程序单。编程时应注意以下问题。

① 所要编制的程序单，不是零件的轮廓，而是电极丝中心的运动轨迹，如图 11.52 中点画线所示，粗实线为零件轮廓。电极丝中心的运动轨迹与零件轮廓之间的垂直距离为 f，其计算公式如下：

$$f = \frac{d}{2} + \delta \tag{11-4}$$

式中，d ——电极丝的直径(mm)；

δ ——单边放电间隙(mm)。

图 11.52　电极丝中心与零件轮廓的关系

② 电极丝中心的运动轨迹是由若干个子程序段组成的连续曲线，前一个子程序段的终点是下一个子程序段的起点。在编程时，应根据图样尺寸及加工条件，准确地求出各线段的交点(线与线、圆弧与圆弧、线段与圆弧的交点)坐标值。为计算方便，一般应尽量选择图形的对称轴为坐标系的坐标轴。

③ 零件尺寸都有公差要求，编程时应取其公差带的中心为编程计算尺寸。如圆弧 $R8^{+0.05}_{-0.01}$ mm，编程时的圆弧半径取

$$R = 8 + \frac{0.05 + 0.01}{2} = 8.03(\text{mm})$$

④ 合理选择切割加工起始点及方向。起始点应选在线段交点处，以避免出现接痕。

(3) 编程案例。编制如图 11.53 所示的冲裁模凹模的 3B 程序。已知凸、凹模的双面配合间隙为 0.02mm，采用 ϕ0.13mm 的钼丝，单边放电间隙为 0.01mm。

编制的凹模程序如下。

① 确定计算坐标系。取图形的对称轴为直角坐标系的 X、Y 轴，如图 11.64 所示。由于图形关于 X、Y 轴对称，只要计算一个象限的坐标点，其余象限的坐标点都可以根据对称关系直接得到。

② 计算钼丝中心偏移量 f。由式(11-4)得

$$f = \frac{d}{2} + \delta = \frac{130}{2} + 10 = 75(\mu\text{m})$$

图 11.53　零件图

图 11.54　凹模钼丝中心坐标

③ 计算各点的坐标。

显然圆心 O_1 的坐标为(0，7000)，点 a 的坐标计算为

$$x_{aO} = 3000 - 75 = 2925$$

$$y_{aO} = 7000 - \sqrt{(5800 - 75)^2 - x_{aO}^2} = 7000 - \sqrt{(5800 - 75)^2 - 2925^2} = 2079$$

因此，在计算坐标系中，a 点坐标为(2925，2079)，其余象限中各交点的坐标均可根据对称关系直接得到：

$$b(-2925，2079)，\quad c(-2925，-2079)，\quad d(2925，-2079)$$

圆心 O_2 的坐标为(0，-7000)。为了编制程序，还需计算各交点在切割坐标系中的坐标(切割坐标系分别以 O_1、O_2 等为原点，由计算坐标系平移而成)。

a．a 在 O_1 为原点的坐标系 XO_1Y 中有：

$$x_{aO_1} = 2925，\quad y_{aO_1} = 2079 - 7000 = -4921$$

b．b 在 O_1 为原点的坐标系 XO_1Y 中有：

$$x_{aO_1} = -2925，\quad y_{aO_1} = -4921$$

c．c 在 O_2 为原点的坐标系 XO_2Y 中有：

$$x_{aO_1} = -2925，\quad y_{aO_1} = 4921$$

d．d 在 O_2 为原点的坐标系 XO_2Y 中有：

$$x_{aO_1} = 2925，\quad y_{aO_1} = 4921$$

④ 确定切割顺序。若凹模的预孔钻在中心点 O 上，钼丝中心的切割顺序是 $\overline{Oa} - \overset{\frown}{ab} - \overline{bc} - \overset{\frown}{cd} - \overline{da}$。

⑤ 计数方向与计数长度。圆弧 $\overset{\frown}{ab}$ 的终点是 b，且有 $|x_{bO_1}| < |y_{bO_1}|$，终点靠近 Y 轴，所以计数方向取为 G_x，计数长度则应取各段圆弧在 X 方向上的投影之和，即

$$J = 5725 \times 2 + (5725 - 2925) \times 2 = 17050$$

同理，圆弧 $\overset{\frown}{cd}$ 的计数方向取 G_x，J=17050。各段直线与曲线的计数方向与计数长度如下。

(a) $\overline{Oa}$ 取 G_x, J=2925

(b) $\widehat{ab}$ 取 G_x, J=17050

(c) $\overline{bc}$ 取 G_y, J=4158

(d) $\widehat{cd}$ 取 G_x, J=17050

(e) $\overline{da}$ 取 G_y, J=4158

⑥ 编制程序。程序清单见表 11-3。

表 11-3　凹模程序清单

序号	程序段	B	x	B	y	B	J	G	Z
1	$\overline{Oa}$	B	2925	B	2079	B	002925	Gx	L_1
2	$\widehat{ab}$	B	2925	B	4921	B	017050	Gx	NR_4
3	$\overline{bc}$	B		B		B	004158	Gy	L_3
4	$\widehat{cd}$	B	2925	B	4921	B	017050	Gx	NR_2
5	$\overline{da}$	B		B		B	004158	Gy	L_2
6									D

2) ISO 代码简介

ISO 代码为国际标准编程代码，比 3B、4B 代码格式简单、灵活。为了便于国际交流，采用 ISO 代码进行数控编程是电加工编程的必然趋势。

在 ISO 代码格式程序段中，一个完整的零件加工程序由若干个程序段组成；一个程序段由若干个代码字组成；每个代码字则由文字和数字组成，有些数字还带有符号。字母、数字、符号统称为字符。

程序格式是一个程序段中字的排列书写方式和顺序以及每个字和整个程序段的长度限制和规定。常用的程序段格式有两种，即地址格式和分隔符格式。3B、4B 程序采用的是分隔符顺序格式。ISO 代码采用的是地址程序格式，其程序段长度可随字数和字长而变，故又称可变程序段地址格式。

地址程序格式程序段内各字的先后顺序并不严格，但为编程方便起见，一般的习惯排列顺序见表 11-4。

表 11-4　ISO 代码程序段格式

N__	G__	X__	Y__	…	F__	S__	T__	M__	LF
顺序号	准备功能字	尺寸字	尺寸字	尺寸字	进给功能字	主轴转数功能字	刀具功能字	辅助功能字	程序段结束

顺序号由地址码 N 和后面的若干位数字组成，用来识别程序段的编号，如 N005 表示是第 5 程序段；准备功能字由地址码 G 和两位数字组成，用来描述机床的动作类型，如 G01 表示直线插补功能，G02 表示顺时针圆弧插补功能；尺寸字由地址码、正负号和绝对值(或增量)数字构成，用来表示各坐标的运动尺寸，尺寸字码有 X，Y，Z，U，V，W 等，

坐标尺寸字的正号可以省略；进给速度功能字由地址码 F 和其后的若干位数字构成；刀具功能字由地址码 T 和若干数字构成，在电火花加工机床中，用以输入操作板上相应动作的代码(如电火花线切割加工机床中，T84 表示高压喷淋工作介质)；辅助功能由地址码 M 和两位数字表示，例如 M00 表示程序停止。

ISO 代码常用的指令及程序格式见表 11-5，与国际上使用的标准代码基本一致。

表 11-5　线切割加工机床常用 ISO 指令代码

代码	功能	代码	功能
G00	快速定位	G55	加工坐标系 2
G01	直线插补	G56	加工坐标系 3
G02	顺时针圆弧插补	G57	加工坐标系 4
G03	逆时针圆弧插补	G58	加工坐标系 5
G05	X 轴镜像	G59	加工坐标系 6
G06	Y 轴镜像	G80	接触感知
G07	X、Y 轴变换	G82	半程移动
G08	X 轴镜像、Y 轴镜像	G84	微弱放电找正
G09	X 轴镜像，X、Y 轴交换	G90	绝对坐标
G10	Y 轴镜像，X、Y 轴交换	G91	增量坐标
G11	X、Y 轴镜像，X、Y 轴交换	G92	定起点
G12	取消镜像	M00	程序暂停
G40	取消间隙补偿	M02	程序结束
G41	左偏间隙补偿，D 偏移量	M05	接触感知解除
G42	右偏间隙补偿，D 偏移量	M96	主程序调用文件程序
G50	取消锥度	M97	主程序调用文件结束
G51	锥度左偏，A 角度值	W	下导轮到工作台面高度
G52	锥度右偏，A 角度值	H	工作厚度
G54	加工坐标系 1	S	工作台面到上导轮高度

特别提示

现代数控线切割编程都是用软件来完成。这类软件很多，常用有的 MasterCAM、CAXA、BAND5、HY、OXY 等。这些软件采用图形人机界面，操作简单，并且都能够输出 B 代码、G 代码程序。

4. 模具线切割加工中应注意的工艺问题

(1) 尽量采用封闭切割。如图 11.55(a)所示的切割加工方案，主要连接部位被分离，刚度降低，容易产生变形，方案不合理；如图 11.55(b)所示的方案可缓解上述问题，但仍有变形；如图 11.55(c)所示的方案完全消除了上述问题，为最佳方案。由于模具零件的精度要求高，所以模具线切割加工时通常采用封闭切割。

对于如图 11.56 所示的凸模，如果采用线切割加工时，为保证封闭切割和正确地把坯料装夹在机床上，在准备凸模毛坯时应加大下料尺寸：装夹部位单边加大 10～15mm，非装夹部位单边加大 5～10mm。确定的凸模锻件尺寸、线切割装夹尺寸、穿丝孔位置如图 11.43 所示。

图 11.55　不同的切割加工方案

图 11.56　凸模

图 12.57　厚大凹模

注：带*号尺寸表示与凹模实际尺寸配作。

(2) 线切割加工前的预加工。对于厚、大零件，线切割加工时，内应力大，容易产生变形、开裂，较大变形又容易引起夹丝、断丝，生产效率低，因此应先进行预加工。如图 11.57 所示的冲裁模凹模，厚度较大，在热处理淬火之前先加工出漏料孔形状。

(3) 两次切割法。由于线切割加工中存在内应力，会造成零件变形，所以当零件尺寸精度要求较高和表面粗糙度要求较低时，可采用两次切割。第一次粗加工型孔时，单边留0.2～0.5mm 余量，待零件内残余应力充分释放后再进行第二次切割，就可提高加工精度，降低表面粗糙度，如图 11.58 所示。

(4) 线切割图形应避免尖角。零件尖角处容易产生应力集中，导致线切割加工时出现开裂，因此线切割加工图形要避免尖角，采用圆角过渡。图 11.59(a)所示结构不合理，图 11.59(b)所示合理。

图 11.58　二次切割法

1—第一次切割图形；2—第一次切割后的实际图形；3—第二次切割后图形

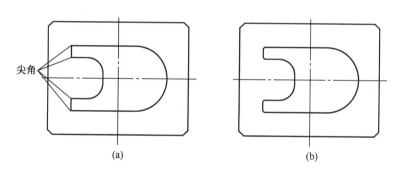

图 11.59　线切割加工零件的结构方案

11.3　现代模具制造技术(Modern Manufacturing Technology for Mould and Die)

11.3.1　数控加工(Numerical Control Machining)

数字程序控制机床简称数控(Numerical Control，NC)机床，是用数字化信号对机床的运动及其加工过程进行控制的一种方法，它综合应用了自动控制、计算机技术、精密测量和机床结构等方面的最新成就，近年来在模具加工中占有越来越重要的地位。在形状复杂(图 1.60)和高精度的模具成形表面加工中，数控机床在提高加工精度和保证质量方面发挥了重要作用。

图 12.60　模具型腔

数控机床一般由数控系统、驱动装置、主机(床身、立柱、主轴、进给机构等)和辅助装置(液压装置、气压装置、交换工作台、刀具及检测装置等)几部分组成。

1. **数控机床的工作原理**

数控机床加工时，首先根据被加工零件的形状、尺寸、工艺方案等信息，用规定的代码和程序格式编写程序单，并将程序单上的信息记录在输入介质上，然后通过阅读装置将输入介质的信息输入机床的数控装置内；数控装置对输入的各种信息进行译码、寄存和计算后，将计算结果向伺服系统的各个坐标分配进给脉冲，并发出动作信号；伺服系统将这些脉冲和动作信号进行转换与放大，驱动数控机床的工作台或刀架进行定位或按照某种轨迹移动，并控制其他必要的辅助操作，机床按照预先要求的形状和尺寸对模具成形表面进行加工。

2. 数控加工的特点

(1) 自动化程度高。在数控机床上加工零件时，整个加工过程都是由数控系统按照加工程序控制机床的运动部件自动完成的，能准确计算零件加工工时，简化检验工作，减少工夹具管理，操作者不必进行繁重的手工操作，自动化程度高。

(2) 生产效率高。数控机床可自动实现加工零件的尺寸精度和位置精度，省去了画线工作和对零件的多次装夹、测量、检测时间，省去了工艺装备的准备和调整时间，有效地提高了生产效率。

(3) 加工的精度和加工的质量高。数控机床大多采用高性能的主轴、伺服传动系统，高效、高精度的传动部件(如滚珠、丝杠副等)和具有较高动态刚度的机床机构，其定位精度普遍可达 0.03mm，重复定位精度可达 0.01mm。又由于数控机床按照程序自动加工，减少了人为操作误差，因此具有较高的加工精度和尺寸一致性。

(4) 模具生产周期短。数控加工可利用机床的多功能和高精度，采用一次装夹将复杂形状全部加工出来，避免了传统加工方法的多次装夹、找正，可有效节省或减少样板、模型等辅助工具的制造，节省了辅助生产时间，缩短了模具生产周期。

(5) 容易形成网络控制。可以用一台主计算机通过网络控制多台数控机床，也可以在多台数控机床之间建立通信网络，因而有利于形成计算机辅助设计、生产管理和制造一体化的集成制造系统。

3. 数控加工程序编制

数控加工程序编制是指从零件图到制成控制介质的过程，从编程手段上看，可分为手工编程和自动编程。

1) 手工编程

程序编制时，先由操作人员根据图样判断加工尺寸、加工顺序、工具移动量和进给速度等，然后按规定的代码和程序格式进行编程。程序编制过程主要包括以下 3 个阶段。

(1) 工艺处理阶段。根据被加工零件图样，对零件的形状、技术条件、毛坯及工艺要求等进行工艺分析，确定加工方式及零件的装夹、定位方案，合理选择机床、刀具，确定对刀点位置、走刀路线及切削用量等参数。

(2) 数学处理阶段。常用零件图的尺寸标注不一定符合数控加工的要求，必须用符合指令信息的书写方法修改图样，即在图样上确定坐标系，将铣削加工零件的轮廓分割成若干个直线段和圆弧段，或近似直线段和圆弧段，计算粗精加工时各运动轨迹的始点和终点、圆弧的圆心等坐标尺寸。

(3) 制作控制介质阶段。根据工艺处理和数学处理的结果，按所选数控机床要求的数据格式和已确定的加工顺序、刀号、切削参数等，编制出包含主轴、开停冷却液、换刀等辅助功能的程序单。在进行正式加工前，必须对程序单和输入介质进行校验。一般的方法是在机床上用笔代替刀具、坐标纸代替零件进行空转画图，检查机床运动轨迹的正确性。在具有图形显示功能的数控机床上，可通过显示走刀轨迹或模拟刀具对零件的切削过程检验程序。

手工编程耗费时间长，容易出错，无法胜任复杂形状的编程，所以多用于简单的二维图形编程。手工编程正逐渐被以 CAD/CAM 技术为基础的自动编程所取代。

2) 自动编程

模具 CAD/CAM(Computer Aided Design/Computer Aided Manufacturing)系统，是以加工零件的 CAD 模型为基础的集加工工艺规划及数控编程于一体的自动编程方法。它具有计算机辅助模具设计、绘图、工艺分析和数控编程的集成功能，可实现三维设计、分析与编程一体化，目前在制造业得到了广泛应用。

模具 CAD/CAM 系统的主要特点是零件的几何形状可以在图形交互方式下定义、显示和修改，在零件设计的基础上通过定义刀具、运动方式和切削加工参数，生成刀具轨迹，完成加工过程的动态仿真和后置加工程序的输出，使设计和加工形象、直观和高效。现在使用广泛的软件有 Euclid、MasterCAM、SurfCAM、Pro/ENGINEER、Cimatron、EdgeCAM、CATIA、UG、PowerMill、CAMworks、CAXA 制造工程师等。图 11.61 所示为在 CAXA 软件中进行的刀具轨迹仿真。

图 11.61　刀具的轨迹仿真

　特别提示

　　对于结构及形状复杂、原材料昂贵的零件和精加工零件，可用石蜡、塑料等易切削材料进行首件试切，必要时还要用金属材料试切，以保证加工的正确性。

4. 常用数控加工机床

1) 加工中心机床

加工中心(Machining Center, MC)实际上是将数控铣床、数控镗床、数控钻床的功能组合起来，再附上一个刀具库和一个自动换刀装置的综合数控机床。在加工中心机床上加工时，零件经一次装夹后，通过机床自动更换刀具可依次对零件各表面(除底面外)进行钻削、扩孔、绞孔、镗削、铣削、攻螺纹、切槽及曲面加工等多种加工功能。

加工中心机床按照主轴所处方位不同分为立式加工中心机床和卧式加工中心机床，如图 11.62 所示。

(a) 立式加工中心　　　　　　　　　　　　　　(b) 卧式加工中心

图 11.62　铣削加工中心

采用加工中心机床加工的优点如下。

(1) 工艺范围广。在加工中心机床上，对于复杂、高精度、有凹凸不平底面轮廓或复杂沟槽形的二维或三维曲面，可用数控加工或仿形联合加工，工艺范围广。

(2) 可进行多孔自动加工。对于多面的多孔加工，可以在一次装夹中自动连续进行加工(除底面外)。

(3) 可进行无人自动操作。当输出加工程序后，加工中心机床可以按照程序自动操作，中途不需人工操作。

(4) 加工速度快。加工中心机床刚度大，主轴能承受较大转矩，可进行强力切削，使加工效率提高。

2) 数控雕铣机

数控雕铣机(CNC Engraving and Milling)用于完成较小铣削量或软金属的加工(如电火花成形加工模具型腔表面精细的饰纹)。数控雕铣机的转速较高，可达 3000～30000 r/min，机床精度较高，强度较好。

11.3.2　快速原型制造技术(Rapid Prototyping Manufacturing)

快速原型制造技术(Rapid Prototyping Manufactring，RPM)是一种典型的材料累加法加工工艺，是由计算机对产品零件进行三维造型，然后进行平面分层处理，再由计算机控制成形装置从零件基层开始，逐层成形和固化材料，最后完成成形零件的技术。它集机械制造、CAD、数控技术以及材料科学等多项技术于一体，在没有任何刀具、模具及工装夹具的情况下，自动迅速地将设计思想物化为具有一定结构和功能的零件或原型，并可及时对产品设计进行快速反应，不断评价、现场修改，以最快的速度响应市场，从而提高企业的竞争能力。

1. 快速成形方法简介

1) 立体平板印刷法(SLA)

立体平板印刷法(Stereo Lithography Apparatus，SLA)是使用各种光敏树脂为成形材料，以激光为能源，以树脂固化为特征的快速成形方法。其工作原理如图 11.63 所示，首先采用计算机辅助设计形成零件的三维立体模型，通过计算机软件对立体模型进行平面分层，得到每一层截面的形状数据，由计算机控制的氦-镉激光发生器 1 发出激光束 2，按照获得的平面形状数据，从零件基层形状开始逐点扫描。当激光束照射到液态树脂后，被照射的液态树脂发生聚合反应而固化。然后由 Z 轴升降台 3 下降一个分层(一般为 0.01～0.02mm)，进行第二层的形状扫描，新固化层粘在前一层上。就这样逐层地进行照射、固化、粘接和下沉，堆积成三维模型实体，得到预定的零件。

2) 选择性激光烧结法(SLS)

选择性激光烧结法(Selective Laser Sintering，SLS)是将金属粉末(含热熔性结合剂)作为原材料，采用高功率的 CO_2 激光器(由计算机控制)对其层层加热熔化堆积成形，如图 11.64 所示。采用 SLS 法在烧结过程结束后，应先去除松散粉末，将得到的成形零件进行打磨烘干等后处理。SLS 法原料广泛，有塑料粉、陶瓷、金属粉末和它们的复合粉等。

图 11.63　立体平板印刷法示意

1—激光发生器；2—激光束；3—Z 轴升降台；
4—托盘；5—树脂槽；6—光敏树脂；7—成形零件

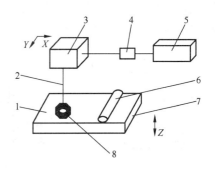

图 11.64　选择性激光烧结示意

1—粉末材料；2—激光束；3—扫描系统；4—透镜；
5—激光器；6—刮平器；7—工作台；8—成形零件

3) 熔丝沉积制造法(FDM)

熔丝沉积制造法(Fused Deposit Manufacturing，FDM)是采用熔丝材料经过加热后将半熔状态的熔丝材料在计算机控制下喷涂到预定位置，逐点逐层(每层厚度为 0.025～0.76mm)喷涂成形，如图 11.65 所示。FDM 法常用的熔丝材料有石蜡、尼龙和塑料等。

4) 物体分层制造法(LOM)

物体分层制造法(Laminated Object Manufacturing，LOM)是将纸片、塑料薄膜或复合材料等薄层材料，利用 CO_2 激光束切割出相应的横截面轮廓，然后依次使其粘结形成立体形状的成形方法，如图 11.66 所示。

图 11.65　熔丝沉积制造法示意

1—熔丝材料；2—滚轮；3—加热喷嘴；
4—半熔状丝料；5—成形零件；6—工作台

图 11.66　物体分层制造法示意

1—扫描系统；2—管路系统；3—激光器；4—加热棍；
5—薄层材料；6—供料滚筒；7—工作平台；
8—回收滚筒；9—成形零件；10—制成层；11—边角料

2. 快速原型制造技术在模具中的应用

快速原型制造技术在模具制造中的应用分为以下两类。

(1) 直接制造模具。快速原型制造技术可以用来直接制作金属模具，例如将金属粉末用易消失的聚合物树脂包覆，通过选择性激光烧结法得到树脂金属粘接实体，再将树脂在一定条件下分解消失，得到成形后的金属粘接实体，再在高温下烧结，形成多孔状的金属低密度烧结件，最后再渗入熔点较低的金属，完成金属模具制造。采用这种选择性激光烧结法制作的注射模具，寿命可达 5 万件以上。

图 11.67　陶瓷型铸造方法间接制造模具

1—砂箱；2，4—排气孔母模；3—水玻璃砂；5—粗模芯；6—定位销；
7—工板；8—通气孔；9—精模芯；10—陶瓷浆料

(2) 间接制造模具。用快速原型间接制造模具是利用快速原型制造技术首先制作非金属模芯,然后利用此模芯复制金属模具。根据模芯材料及模具不同,可分别采用精密铸造、电铸、陶瓷性铸造等方法制取模具。如图 11.67 所示为陶瓷型铸造方法间接制造模具的过程。

11.3.3 逆向工程技术简介(Reverse Engineering Technology)

传统的设计和工艺过程是从产品的设计开始,根据两维图纸借助 CAD 软件建立产品三维模型,然后编制数控加工程序,最终生产出产品,这种开发工程称为顺向工程(Forward Engineering,FE)。逆向工程则正好相反。

逆向工程(Reverse Engineering,RE)是指应用计算机技术由实物零件反求其设计的概念和数据并复制出零件的整个过程,也称为反向工程、反求工程。

1. 逆向工程技术在模具制造中的应用

模具制造过程中,运用逆向工程技术不仅能够得到精确的复制品,而且可以生成完整的数学模型和产品图样,为产品更改及 NC 加工带来方便,对提高模具质量、缩短模具制造周期具有特别重要的意义。逆向工程技术在模具制造中的应用主要包括以下两个方面。

(1) 以样本模具为对象进行复制。就是对原有的模具(如报废的模具或者二手的模具)进行复制,是一种相对比较简单的复制,只要能测绘出样本模具的各种参数,就能着手进行复制。

(2) 以实物零件为对象进行复制。就是对用户提供的实物(如主模型、产品样件、检具等)进行检测,然后通过制造模具复制零件。这是一种相对麻烦的复制,由于样本零件本身由模具成形获得,在成形时因为收缩及成形工艺参数等因素的影响,零件已发生了变形,再复制时对数据的获取和处理不准确。

2. 模具逆向工程的工作流程

模具逆向工程的具体实施过程是先对实物进行测绘,获得模具或零件的数字模型,然后进行设计及复制,如图 11.68 所示。

图 11.68　模具逆向工程的一般工作流程

11.4　模具工作零件的加工工艺(Processing Technic of Working Parts in Mould and Die)

11.4.1　冲裁模工作零件的加工(Processing of Working Parts in Blanking Die)

1. 凸模的加工

1) 圆形凸模的加工

如图 11.69 所示为一冲裁模的圆形凸模，材料 T10A，技术要求如图所示。其工艺分析：该凸模为圆形凸模，粗加工、半精加工时可采用车削加工，淬火后采用磨削加工达到图纸要求，其安装部分与工作部分有同轴度要求，加工时应安排外圆一次车出成形，磨削时也一次磨出，并同时磨出轴肩，以保证垂直度要求。为此加工时可选用顶尖孔作为定位基准。装入固定板后，与固定板平面配磨平齐，以保证工作部分垂直。

技术要求

(1) 热处理：56～60HRC；

(2) $\phi 11$ 与凸模固定板紧配，过盈量 0.01mm；

(3) 装后磨平上端面。

图 11.69　圆形凸模

编制圆形凸模的加工工艺如表 11-6 所示。

表 11-6　圆形凸模的加工工艺

工序号	工序名称	工序内容
1	下料	$\phi 25mm \times 37mm$
2	锻造	锻成 $\phi 18mm \times 70mm$
3	热处理	退火
4	车	车 $\phi 11mm$、$\phi 10.2mm$、台阶 5 均留 0.5mm 磨量，清根处清根，$\phi 15mm$ 车成，两端制中心孔
5	热处理	淬火、回火，保证硬度 56～60HRC
6	车	研两端中心孔
7	外圆磨	磨外圆 $\phi 10.2_{-0.02}^{0}$ 成 与凸模固定板配磨外圆 $\phi 11mm$(紧配，过盈量 0.01mm)，并靠 $\phi 13mm$ 下端面见光
8	钳工	压入凸模固定板
9	平磨	装后磨平上端面；磨下端面见光

2) 非圆形凸模的加工

如图 11.70(a)所示为冲裁模非圆形凸模零件，材料 Cr12，技术要求如图所示。其工艺分析：该凸模为非圆形凸模，采用电火花线切割加工能简化加工过程，缩短生产周期，提高自动化程度，且可以在模具淬火后进行，提高加工精度，质量好。固定用台肩可以二次装夹后采用电火花线切割加工出来。同时下料时要考虑到后续电火花线切割加工的装夹问题，毛坯料应下大一点。

技术要求
(1) 热处理:56～60HRC；
(2) 外形带 * 尺寸与凹模刃口实际尺寸配作，
    保证双面最小间隙 0.2mm；
(3) 装后磨平上端面。

(a)   (b)

图 11.70　非圆形凸模及线切割工序图

编制其加工工艺见表 11-7。

表 11-7　非圆形凸模的加工工艺

工序号	工序名称	工序内容
1	下料	ϕ40mm×50mm
2	锻造	锻成 135mm×65mm×70mm
3	热处理	退火
4	铣	铣六面尺寸为 125mm×60mm×65.5mm，对角尺
5	平磨	磨 65mm 两大面见光，磨一对相邻的侧基准面见光，保证平行度、垂直度
6	坐标镗	拉直找正基准面，在图 11.70(b)线切割工序图所示位置，加工ϕ5mm 穿丝孔
7	热处理	淬火、回火，保证硬度 56～60HRC
8	平磨	磨两大面见光，磨一对相邻的侧基准面见光，保证平行度、垂直度≤0.02mm
9	退磁	

工序号	工序名称	工序内容
10	线切割	去除穿丝孔内脏物；拉直找正，与对应凹模刃口实际尺寸配割最大外形成，保证双面最小间隙 0.2mm； 重新装夹，拉直找正，割台阶 8mm 成，要求 80* 与凹模对应刃口实际尺寸配割，保证双面最小间隙 0.2mm。
11	钳工	研磨外形刃口型面；压入凸模固定板
12	平磨	装后磨平后端面

2. 凹模的加工

如图 11.71 所示为冲裁模的凹模零件，材料 Cr12，编制其加工工艺见表 11-8。

图 11.71　凹模

表 11-8　凹模的加工工艺

工序号	工序名称	工序内容
1	下料	$\phi 50mm \times 80mm$
2	锻造	锻成 168mm×133mm×28mm
3	热处理	退火
4	铣	铣六面尺寸为 160mm×125mm×20.6mm，对角尺
5	平磨	磨上下两大面见光；磨一对相邻侧基准面见光
6	坐标镗	拉直找正相邻侧基准面，在 4×ϕ8mm 中心、ϕ4 孔中心、内型孔中心分别制 6×ϕ3mm 穿丝孔，制 4×ϕ8.5mm 过孔成
7	铣	铣漏料孔成

续表

工序号	工序名称	工序内容
8	热处理	淬火、回火，保证硬度 58～62HRC
9	平磨	磨两大面见光，磨一对相邻侧基准面见光，保证平行度、垂直度≤0.02mm
10	退磁	
11	线切割	去除穿丝孔内脏物；拉直找正侧基准面；割ϕ4mm、4×ϕ8mm 销孔及内形刃口成
12	钳工	研磨内型孔刃口型面；研磨销孔

11.4.2 塑料模工作零件的加工(Processing of Working Parts in Mould for Plastics)

如图 11.72 所示为塑料瓶盖单分型面注射模的定模板和型芯固定板零件图,材料 45 钢。编制定模板的加工工艺见表 11-9。

(a) 定模板　　　　(b) 型芯固定板

技术要求

(1) 热处理;28～32HRC;

(2) 未注脱模斜度30′;

(3) 成形部位未注圆角R0.5,成形部位粗糙度Ra取0.4μm。

图 11.72　塑料瓶盖注射模定模板及型芯固定板

表 11-9　定模板的加工工艺

工序号	工序名称	工序内容
1	下料	ϕ80mm×95mm
2	锻造	锻成 198mm×198mm×48mm
3	热处理	正火
4	铣削	铣六面尺寸为 190.5mm×190.5mm×40.6mm，对角尺
5	热处理	调质处理：28～32 HRC
6	平磨	磨上下两大面见光；磨一对相邻侧基准面见光
7	钳工	将定模板与型芯固定板组合、固定，保证侧基准面重合，画出各孔中心线，并将 4×ϕ20mm 孔粗加工为 4×ϕ19mm 孔
8	坐标镗	找正基准，镗 4×ϕ20mm 成，在 4 个型腔中心钻、铰工艺孔 4×ϕ10mm 深 8mm 成
9	平磨	磨两大面见光，磨一对相邻侧基准面见光，保证平行度和垂直度均小于 0.02mm
10	车削	用四爪单动卡盘装夹在车床上，找正工艺孔，粗、精车削出 ϕ78mm、ϕ70mm、ϕ68mm 孔。经四次装夹找正，车削出四个型腔
11	铣削	开流道槽
12	钳工	钻浇口套固定孔，打光、研磨成形面及浇注通道

📖 特别提示

在实际工作中编制加工工艺时，一定要依据所在企业的设备及加工能力，不能无的放矢。比如，所在企业的铣削加工中心较多，应尽量采用工序集中的加工方案，将镗、铣、钻等工序集中在加工中心上完成，一次装夹一次加工完成，提高加工精度，减少加工时间。

本章小结(Brief Summary of this Chapter)

本章介绍了模具加工中常用的机械加工方法、特种加工方法和现代模具制造技术，并就模具工作零件的加工工艺进行了详细阐述。

模具加工中常用的机械加工方法有车削、铣削、磨削、钻削、镗削等方法，其中车削用于回转体零件的粗加工、半精加工及硬度不高回转体零件的精加工；铣削用于回转体零件的粗加工、半精加工，以及硬度不高、形状简单的非回转体零件的精加工；磨削用于尺寸精度高、表面粗糙度好的平面、外圆、内孔等的加工；钻削用于位置度要求不高内孔的加工；镗削用于位置度要求高或尺寸精度要求高的内孔的精加工。

模具加工中常用的特种加工方法有电火花成形加工和线切割加工，电火花成形加工用于形状复杂、机械切削方法无法加工的盲孔或细小孔的穿孔加工，线切割用于形状复杂的二维图形或电火花成形加工电极的加工。

模具工作零件的加工工艺详细讲解了典型、常见的冲模凸、凹模零件和注射模工作零件的工艺过程。

本章的教学目标是使学生熟悉模具成形表面的机械加工方法和特种加工方法，了解现代模具制造技术，基本掌握模具工作零件加工工艺的编制。

习题(Exercises)

1. 简答题

(1) 机械加工常用的加工方法有哪些？各应用于哪些场合？

(2) 利用回转工作台如何进行模具圆弧面的铣削加工？

(3) 利用四爪卡盘、花盘装夹，车削模具零件时，如何找正中心基准？

(4) 模具磨削加工常用的普通机床有哪些？可磨削加工主要内容分别是什么？

(5) 简述电火花成形加工、电火花线切割加工的基本原理。

(6) 型腔电火花加工主要有哪些方法？

(7) 模具线切割加工中应注意哪些工艺问题？

(8) 如何选择线切割加工的工艺路线？电极丝初始位置的确定有哪几种方法？

(9) 什么是数控加工？数控加工有什么特点？

(10) 数控加工程序编制的过程是怎样的？

(11) 什么是模具 CAD/CAM 技术？模具 CAD/CAM 技术有何应用？

(12) 什么是快速原型制造技术？怎样应用该技术来制造模具？

(13) 常见的快速成形工艺方法有哪些？

(14) 什么是逆向工程技术？怎样应用该技术来制造模具？

2. 案例题

(1) 编制如图 11.53 所示零件的落料凸模的加工工艺和线切割加工程序。线切割电极丝直径 0.18mm，单边放电间隙为 0.01mm。

(2) 如图 11.73 所示为冲裁模复合模的凸凹模零件，材料 Cr12，编制其加工工艺规程。

图 11.73　凸凹模

(3) 编制如图 11.74 所示注射模定模镶块的加工工艺规程。

技术要求
(1) 材料:P20,热处理:40～44HRC;
(2) 未注脱模斜度30′;
(3) 成形部位未注圆角 R0.5,成形部位粗糙度 Ra 取0.4μm。

图 11.74　注射模定模镶块

综合实训(Comprehensive Practical Training)

1. 实训目标：通过模具加工常用方法的介绍，参考本章实例，结合具体零件要求，使学生掌握模具制造工艺规程的编制方法，提高实践应用能力，掌握将模具加工理论知识转化为编写模具制造工艺的实际操作技能。

2. 实训要求

(1) 编写内容：编写图 11.75 所示冲孔落料复合模的各零件加工工艺规程。

(2) 编写要求：工艺合理、技术可行，实际操作性强。

(3) 编写工艺规程要依据本校工程中心的设备情况，不能随意编写。根据实训工作量，可酌情将其中的零件加工出来。

3. 具体内容

(1) 拆画图 11.75 所示冲孔落料复合模中的非标准件零件工作图。

(2) 编制图 11.75 所示模具中的落料凸模 15 的加工工艺规程(落料凸模零件工作图参见图 11.76；参考工艺规程见表 11-10)。

(3) 编制图 11.75 所示模具中的凹模 4 的加工工艺规程(凹模零件工作图参见图 11.77；参考工艺规程见表 11-11)。

(4) 编制图 11.75 所示模具中的凸模固定板 14 的加工工艺规程(凸模固定板零件工作图参见图 11.78；参考工艺规程见表 11-12)。

(5) 编制图 11.75 所示模具中的卸料板 12 的加工工艺规程(卸料板零件工作图参见图 11.79；参考工艺规程见表 11-13)。

图 11.75　冲孔落料复合模装配图

1—簧片；2—螺钉；3—下模座；4—凹模；5—螺钉；6—承料板；7—导料板；8—始用挡料销；
9，26—导柱；10，25—导套；11—挡料钉；12—卸料板；13—上模座；14—凸模固定板；
15—落料凸模；16—冲孔凸模；17—垫板；18—圆柱销；19—导正销；20—模柄；21—止转销；
22—内六角螺钉；23—圆柱销；24—螺钉

技术要求

(1) 材料：Cr12；

(2) 热处理：58～62HRC；

(3) 外形尺寸与凹模刃口实际尺寸配作，保证双面最小间隙0.2mm；

(4) 内孔尺寸与对应凸模刃口实际尺寸配作，保证双面最小间隙0.2mm。

图 11.76　落料凸模

表 11-10　凸凹模加工工艺规程

工序号	工序名称	工序内容
1	下料	$\phi 40mm \times 50mm$(按等体积法计算后加上锻造的上烧损量)
2	锻造	锻成 83mm×55mm×63mm(除考虑锻造后的加工余量外，还应加上线切割时的装夹尺寸)
3	热处理	退火(消除锻后残余内应力，降低硬度)
4	铣	铣六面尺寸为 77mm×50mm×58mm，对角尺
5	平磨	磨两大面，磨一对相邻的侧基准面见光
6	坐标镗	拉直找正基准面，在 $2 \times \phi 6mm$ 孔中心、在图示位置(图 11.77 所示工序图)分别制 $3 \times \phi 3mm$ 穿丝孔，划出 2×M8 中心位置
7	钳	扩 $\phi 6mm$，$\phi 8mm$ 孔成，制 2×M8 成
8	热处理	淬火、回火，保证硬度 56～60HRC
9	平磨	磨两大面见光，磨一对相邻的侧基准面见光，保证平行度、垂直度≤0.02mm
10	退磁	
11	线切割	去除穿丝孔内脏物；拉直找正，与对应凸模刃口实际尺寸配割 $\phi 4.06mm$ 和 $\phi 7.1mm$ 内孔成，保证双面最小间隙 0.2mm；与凹模刃口实际尺寸配割外形成，保证双面最小间隙 0.2mm
12	钳工	研磨外形和内孔刃口型面；压入凸凹模固定板

技术要求　(1) 材料：Cr12；(2) 热处理：58～62HRC。

图 11.77　落料凹模

表 11-11　凹模的加工工艺规程

工序号	工序名称	工序内容
1	下料	ϕ50mm×77mm
2	锻造	锻成 145mm×30mm×30mm
3	热处理	退火
4	铣	铣六面尺寸为 141mm×126mm×26mm，对角尺
5	平磨	磨上下两大面见光；与卸料板、凸模固定板叠合，磨一对相邻侧基准面见光
6	坐标镗	与卸料板、凸模固定板叠合，拉直找正相邻侧基准面，在 4×ϕ3.6mm 孔中心、ϕ6mm 孔中心、4×ϕ8 销孔中心、内型孔中心分别制 10×ϕ3mm 穿丝孔，制 4×ϕ8.5mm 孔过孔成
7	铣	铣各漏料孔成
8	热处理	淬火、回火，保证硬度 58～62HRC
9	平磨	磨两大面见光，磨一对相邻侧基准面见光，保证平行度、垂直度≤0.02mm
10	退磁	
11	线切割	去除穿丝孔内脏物；拉直找正侧基准面，与对应凸模刃口实际尺寸配割 4×ϕ3.6mm 孔，保证双面最小间隙 0.3mm，割 4×ϕ8 销孔和挡料销安装孔ϕ6mm 成；割凹模内形刃口成
12	钳工	研磨各型孔刃口型面；研磨销孔

图 11.78　凸模固定板

表 11-12　凸模固定板的加工工艺规程

工序号	工序名称	工序内容
1	下料	150mm×135mm×20mm
2	铣	铣六面为 140mm×125mm×18.5mm，对角尺
3	平磨	磨上下两大面见光；磨一对相邻的垂直侧基准面见光，保证平行度、垂直度 ≤0.02mm
4	坐标镗	拉直找正侧基准面，钻、铰 4×ϕ8+0.016 成，在固定落料凸模型孔中心制ϕ6 穿丝孔，钻 4×M8 底孔成
5	线切割	拉直找正侧基准面，割预孔测量位置正确后，与落料凸模实际尺寸配割内型孔成，保证过盈配合双面间隙 0.01mm
6	铣	拉直找正侧基准面，铣固定落料凸模型孔的台阶
7	钳工	修除线切割丝棱，将凸模压入
8	平磨	与凸模一起磨平端面
9	钳工	找正凸、凹模间隙均匀后，配制销钉孔成。

图 11.79　卸料板

表 11-13 卸料板的加工工艺规程

工序号	工序名称	工序内容
1	下料	150mm×135mm×15mm
2	铣	铣六面为 140mm×125mm×11.5mm，对角尺
3	平磨	磨上下两大面见光；磨一对相邻的垂直侧基准面见光，保证平行度、垂直度≤0.02mm
4	钳工	划线,钻、扩4×ϕ8.5mm孔、4×ϕ4.3mm孔成,在落料凸模通过的型孔中心制ϕ6mm穿丝孔
5	线切割	拉直找正侧基准面，与落料凸模刃口实际尺寸配割内型孔，保证双面最小间隙0.22mm
6	钳工	修除线切割丝棱；配钻 4×ϕ8+0.016 成

第 **12** 章

模具装配工艺
(Assembly Process of Mould and Die)

本章学习目标

　　了解模具装配概念，熟悉模具零件的固定与连接方法，掌握模具间隙的控制方法，理解模具装配尺寸链，掌握中等复杂程度冲压模具和注塑模具装配工艺的编制。

　　应该具备的能力：具备控制模具间隙、编制中等复杂程度冲压模具和注塑模具装配工艺的基本能力。

本章教学要求

能力目标	知识要点	权重	自测分数
了解模具装配概念	模具装配的概念、内容及保证模具装配精度的方法	15%	
理解模具装配尺寸链	模具尺寸链的概念、建立及分析计算	20%	
掌握模具间隙的控制方法	模具间隙控制方法：垫片法、透光法、测量法、镀铜法、涂层法、工艺尺寸法、工艺定位器法、工艺定位孔法	25%	
基本掌握模具的装配工艺	冲压模具的组件装配和总装配，注射模具的组件装配和总装配	40%	

导入案例

模具的装配是整个模具制造过程中的最后一个阶段，它包括装配、调整、检验和试模等工作。模具的工作性能、使用效果和寿命等综合指标用来计定模具的质量，模具质量最终是通过装配来保证的。如装配不当，即使零件的制造质量合格，也不一定能装配出合格的模具；反之，当零件质量不太好时，只要在装配中采用合适的装配工艺措施，也能使模具达到设计的要求。因此，研究装配工艺过程和装配精度，采用有效的装配方法，采用合理的装配工艺，对保证模具质量有着十分重要的意义。

(a) 连续冲裁模   (b) 注射模

图 12.01

如图 12.01 所示的连续冲裁模和注射模，判断它们是如何将制造出的模具零件连接、固定而装配在一起的？在装配过程中如何保证模具的装配精度？如何判断模具是否合格呢？

12.1 模具装配概述(Introduction to Mould and Die Assembly)

根据模具装配图和技术要求，将模具零部件按照一定工艺顺序进行配合、定位、连接与紧固，使之成为符合技术要求和使用要求的模具的过程，称为模具装配。模具装配是模具制造过程中非常重要的环节，装配质量直接影响到模具的精度及寿命。

模具装配图及验收技术条件是模具装配的依据，构成模具的所有零件，包括标准件、通用件及成形零件等复合技术是模具装配的基础。但是，并不是有了合格的零件，就一定能装配出符合设计要求的模具，合理的装配工艺及装配经验也很重要。

模具装配过程是模具制造工艺全过程中的关键工艺过程，包括装配、调试、检验和试模。

12.1.1 模具装配精度要求(Precision requirement in mould assembling)

模具装配精度一般由设计人员根据产品零件的技术要求、生产批量等因素确定，它概括为模架的装配精度、主要工作零件及其他零件的装配精度，主要从以下几个方面体现。

(1) 相关零件的位置精度。相关零件的位置精度指冲压模的凸、凹的位置精度，注射模的定、动模型腔之间的位置精度等。

(2) 相关零件的运动精度。相关零件的运动精度包括直线运动精度、圆周运动精度及传动精度等，例如模架中导柱和导套之间的配合状态、卸料装置运动的灵活可靠、进料装置的送料精度等。

(3) 相关零件的配合精度。相关零件的配合精度是指相互配合零件间的间隙和过盈程度是否符合技术要求，例如凸模与固定的配合精度、销钉与销钉孔的配合精度、导柱与导套的配合精度等。

(4) 相关零件的接触精度。相关零件的接触精度指注射模具分型面的接触状态，弯曲模的上、下成形表面的吻合一致性及注射模滑块与锁紧块的斜面贴合情况等。

冲压模架的精度检查验收依据为冲模模架精度检查(J/B 8071—2008)，注射模模架及零件的精度检查验收依据为塑料注射模模架技术条件(GB/T 12556—2006)。

12.1.2 模具装配工艺方法(Mould and Die Assembling Methods)

模具装配的工艺方法有互换法、修配法和调整法等。由于模具制造属于单件小批量生产，具有成套性和装配精度高等特点，所以目前模具装配常用修配法和调整法。今后，随着模具加工设备的现代化，零件制造精度逐渐满足互换法的要求，互换法的应用将会越来越广泛。

1. 互换装配法

互换装配法是通过严格控制零件制造加工误差来保证装配精度。该方法具有零件加工精度高、难度大等缺点，但由于具有装配简单、质量稳定、易于流水作业、效率高、对装配钳工技术要求低、模具维修方便等优点，适合于大批量生产的模具装配。

2. 修配装配法

修配装配法是指装配时修去指定零件的预留修配量，达到装配精度要求的方法。这种方法广泛应用于单件小批量生产的模具装配。常用的修配方法有以下两种。

1) 指定零件修配法

指定零件修配法是在装配尺寸链的组成环中，预先指定一个零件作为修配件，并预留一定的加工余量，修配时再对该零件进行精密切削加工，达到装配精度要求的加工方法。如图 12.1 所示为注射模具滑块和锁紧块的贴合面修配，通常将滑块斜面预留一定的余量，根据装配时分型面的间隙 a 可用公式 $b = (a - 0.2)\sin\theta$ 来计算滑块斜面修磨量。

2) 合并加工修配法

合并加工修配法是将两个或两个以上的配合零件装配后，再进行机械加工，以达到装配精度要求的方法。如图 12.2 所示，当凸模 3 和凸模固定板 2 组合后，要求凸模 3 上端面和凸模固定板 2 的上平面为同一平面。采用合并加工修配法在单独加工凸模 3 和凸模固定板 2 时，对 A_1 和 A_2 尺寸不用严格控制，而是将两者组合在一起后，进行配磨上平面，以保证装配要求。

图 12.1　修配滑块和锁紧块贴合面

图 12.2　修配凸模和凸模固定板上平面

1—砂轮；2—凸模固定板；3—凸模；
4—等高平行垫铁；5—平面磨床工作台

修配法的优点是放宽了模具零件的制造精度，可获得很高的装配精度；缺点是装配中增加了修配工作量，装配质量依赖于工人的技术水平。

3．调整装配法

调整装配法是用改变模具中可调整零件的相对位置，或变化一组定尺寸零件(如垫片、垫圈)来达到装配精度要求的方法。如图 12.3 所示为冲压模具上顶出零件的弹性顶件装置，通过调整旋转螺母 8、压缩橡皮 7，使顶件力增大。

调整法可以放宽零件的制造公差，但装配时同样费工费时，并要求工人有较高的技术水平。

图 12.3　调整装配法调整顶件力

1—顶料板；2—凹模；3—顶杆；4—下模座；5—垫板；6—螺杆；7—橡皮；8—螺母

 特别提示

采用修配法时应注意以下两点。

(1) 应正确选择修配对象。选择那些只与本项装配精度有关，而与其他装配精度无关的零件作为修配对象；并要使修配对象易于拆装、修配量不大。例如图 12.1 所示的注射模侧向抽芯机构中锁紧面的修配常选择滑块作修配对象。

(2) 应尽可能考虑用机械加工方法代替手工修配。

12.2　装配尺寸链(Dimension Chain in Assembling Process)

模具是由若干零、部件装配而成的。为了保证模具的质量，必须在保证各个零部件质量的同时，保证这些零、部件之间的尺寸精度、位置精度和装配技术要求。在进行模具设计、装配工艺的制定和解决装配质量问题时，都要应用装配尺寸链的知识。

1.　装配尺寸链

在产品的装配关系中，由相关零件的尺寸(表面或轴线间的距离)或相互位置关系(同轴度、平行度、垂直度等)所组成的尺寸链，叫做装配尺寸链。装配尺寸链的封闭环就是装配后的精度和技术要求。这种要求是通过将零部件装配好以后才最后形成和保证的，是一个结果尺寸和位置关系。在装配关系中，与装配精度要求发生直接影响的那些零部件的尺寸和位置关系，是装配尺寸的组成环。组成环分为增环和减环。

装配尺寸链的基本定义、所用基本公式、计算方法，均与零件工艺尺寸链类似。应用装配尺寸链计算装配精度问题时，首先要正确地建立装配尺寸链；其次要作必要的分析计算，并确定装配方法；最后确定经济而可行的零件制造公差。

模具的装配精度要求，可根据各种标准或有关资料予以确定，当缺乏成熟资料时，常采用类比法并结合生产经验定出。确定装配方法后，把装配精度要求作为装配尺寸链的封闭环，通过装配尺寸链的分析计算，就可以在设计阶段合理地确定各组成零件的尺寸公差和技术条件。只有零件按规定的公差加工，装配按预定的方法进行，才能有效而又经济地达到规定的装配精度要求。

2.　尺寸链的建立

建立和解算装配尺寸链时应注意以下几点。

(1) 当某组成环属于标准件(如销钉等)时，其尺寸公差大小和分布位置在相应的标准中已有规定，属已知值。

(2) 当某组成环为公共环时，其公差大小及公差带位置应根据精度要求最高的装配尺寸链来决定。

(3) 其他组成环的公差大小与分布应视各环加工的难易程度予以确定。对于尺寸相近、加工方法相同的组成环，可按等公差值分配；对于尺寸大小不同、加工方法不一样的组成环，可按等精度(公差等级相同)分配；加工精度不易保证时可取较大的公差值。

(4) 一般公差带的分布可按"入体"原则确定，并应使组成环的尺寸公差符合国家公差与配合标准的规定。

(5) 对于孔心距尺寸或某些长度尺寸，可按对称偏差予以确定。

(6) 在产品结构既定的条件下建立装配尺寸链时，应遵循装配尺寸链组成的最短路线原则(即环数最少)，即应使每一个有关零件(或组件)仅以一个组成环来加入装配尺寸链中，因而组成环的数目应等于有关零部件的数目。

3．尺寸链的分析计算

当装配尺寸链被确定后，就可以进行具体的分析与计算工作。图 12.4(a)所示为注射模中常用的斜楔锁紧结构的装配尺寸链。在空模合模后，滑块 2 沿定模 1 内斜面滑行，产生锁紧力，使两个半圆滑块严密拼合。为此，须在定模 1 内平面和滑块 2 分型面之间留有合理间隙。

1) 封闭环的确定

图 12.4(a)中的间隙是在装配后形成的，为尺寸链的封闭环，用 L_0 表示。按技术条件，间隙的极限值为 0.18～0.30mm，则为 $L_{0~+0.18}^{~+0.30}$。

(a)　　　　　　　　　　　　　　　(b)

图 12.4　装配尺寸链

1—定模；2—滑块

2) 查明组成环

将 L_0～L_3 依次相连，组成封闭的装配尺寸链。该尺寸链共由 4 个尺寸环组成，如图 12.4(a)所示。L_0 是封闭环，L_1～L_3 为组成环。绘出相应的尺寸链图，并将各环的基本尺寸标于尺寸链图上，如图 12.4(b)所示。

根据图 12.4(b)的尺寸链，可得其尺寸链方程式为：$L_0 = L_1 - (L_2 + L_3)$。当 L_1 增大或减小(其他尺寸不变)时，L_0 也相应增大或减小，即 L_1 的变动导致 L_0 同向变动，故 L_1 为增环。其传递系数 $\xi_1 = +1$。当 L_2、L_3 增大时，L_0 减小；当 L_2、L_3 减小时，L_0 增大。所以 L_2、L_3 为减环，其传递系数 $\xi_2 = \xi_3 = 1$。

3) 校核组成环基本尺寸

将各组成环的基本尺寸代入尺寸链方程式得

$$L_0 = 58 - (20 + 37) = 1 \text{(mm)}$$

但技术要求 $L_0 = 0$，若将 $L_1 - 1$，即(58-1)mm = 57mm，则使封闭环基本尺寸符合要求。因此，各组成环基本尺寸确定为：$L_1 = 57$mm；$L_2 = 20$mm；$L_3 = 37$mm。

4) 公差计算

根据表 12-1 中的尺寸链计算公式可得：

封闭环上极限偏差为 $ES_0 = 0.30mm$；

封闭环下极限偏差为 $EI_0 = 0.18mm$；

封闭环中间偏差为 $\Delta_0 = 1/2(0.30+0.18) = 0.24(mm)$；

封闭环公差为 $T_0 = 0.30-0.18 = 0.12mm$。

其中 ES_0、EI_0、Δ_0 和 T_0 的下标 0 表示封闭环。

尺寸链各环的其他尺寸与公差可按表 12-1 内的公式进行计算。

表 12-1　尺寸链计算公式

序号	计算内容		计算公式	说明
1	封闭环基本尺寸		$L_0 = \sum_{i=1}^{n} \xi_i L_i$	下角标 0 表示封闭环，i 表示组成环的序号，n 表示组成环的个数
2	封闭环中间偏差		$\Delta_0 = \sum_{i=1}^{n} \xi_i \Delta_i$	Δ 表示偏差，其余含义与 L_0 计算式中同
3	封闭环公差	极值公差	$T_0 = \sum_{i=1}^{n} T_i$	公差值最大，T 表示公差，其余含义与 L_0 计算式中同
		平方公差	$T_0 = \sqrt{\sum_{i=1}^{n} \xi_i^2 T_i^2}$	公差值最小，ξ 表示传递系数
4	封闭环极限偏差		$ES_0 = \Delta_0 + 1/2T_0$ $EI_0 = \Delta_0 - 1/2T_0$	ES 表示上偏差，EI 表示下偏差
5	封闭环极限尺寸		$L_i\max = L_0 + ES_0$ $L_i\min = L_0 + EI_0$	ES 表示上偏差，EI 表示下偏差
6	组成环平均公差	极值公差	$T_{av} = T_0/n$	下角标 av 表示平均，其余含义参照上述各式
		平方公差	$T_{av} = T_0 / \sqrt{n}$	各部分含义参照上述各式
7	组成环极限偏差		$ES_i = \Delta_i + 1/2T_i$ $EI_i = \Delta_i - 1/2T_i$	各部分含义参照上述各式
8	组成环极限尺寸		$L_i\max = L_i + ES_i$ $L_i\min = L_i + EI_i$	各部分含义参照上述各式

12.3　模具间隙的控制方法
(Clearance Controlling Methods for Mould and Die)

12.3.1　冲压模具间隙的控制方法(Clearance Controlling Methods for Stamping Die)

冲压模具装配的关键是如何保证凸、凹模之间具有正确、合理、均匀的间隙。这既与模具零件的加工精度有关，也与装配工艺的合理与否有关。为保证凸、凹模间的位置正确和间隙均匀，装配时总是依据图纸要求先选择其中某一主要件(如凸模或凹模或凸凹模)作为装配基准件，然后以该基准件位置为基准，用找正间隙的方法来确定其他零件的相对位置，以确保其相互位置的正确性和间隙的均匀性。

控制冲压模具间隙均匀性常用的方法有如下几种。

1. 垫片法

垫片法是根据凸、凹模配合间隙的大小，在凸、凹模配合间隙四周内垫入厚度均匀、相等的薄铜片 8 来调整凸模Ⅰ、凸模Ⅱ和凹模 1 的相对位置，保证配合间隙均匀，如图 12.5 所示。

(a) 放垫片　　　　　　　　(b) 合模观察调整

图 12.5　垫片法调整间隙

1—凹模；2—上模座；3—凸模固定板；4—导套；5—凸模Ⅰ；6—导柱；

7—凸模Ⅱ；8—薄铜片；9—下模座

2. 测量法

测量法是将凸模组件、凹模 1 分别固定于上模座 9、下模座 3 的合适位置，然后将凸模 4 插入凹模 1 型孔内，用厚薄规(塞尺)6 分别检查凸、凹模不同部位的配合间隙，如图 12.6 所示，根据检查结果调整凸、凹模之间的相对位置，使间隙在水平四个方向上一致。该方法只适用于凸、凹模配合间隙 (单边) 在 0.02mm 以上，且四周间隙为直线形状的模具。

图 12.6　测量法调整间隙

1—凹模；2—等高平行垫铁；3—下模座；4—凸模；5—凸模固定板；

6—塞尺；7—导柱；8—导套；9—上模座

3. 透光法

透光法是将上、下模合模后，用手持电灯或电筒灯光照射，观察凸、凹模刃口四周的光隙大小来判断间隙是否均匀，若不均匀进行调整，如图 12.7 所示。该方法适合于薄料冲裁模，对装配钳工技术水平要求高。

4．镀铜法

镀铜法是在凸模 1 的工作端刃口部位镀一层厚度等于凸、凹模单边配合间隙的铜层 2，使凸、凹模装配后获得均匀的配合间隙，如图 12.8 所示。镀铜层厚度用电流及电镀时间来控制，厚度一致，易保证模具冲裁间隙均匀。镀铜层在模具使用过程中可以自行脱落，在装配后不必去除。

图 12.7　透光法调整间隙

1—凹模；2—凸模；3—光源；4—等高平行垫铁；
5—凸模固定板

图 12.8　镀铜法调整间隙

1—凸模；2—镀铜层；3—凹模

5．涂层法

涂层法原理与镀铜法相同，是在凸模上涂一层涂料(如磁漆或氨基醇酸绝缘漆等)，其厚度等于凸、凹模的单边配合间隙，再将凸模插入凹模型孔，以获得均匀的配合间隙，不同的只是涂层材料。该方法适用于小间隙冲模的调整。

6．工艺定位器法

工艺定位器法如图 12.9(a)所示，装配时用一个工艺定位器 3 来保证凸、凹模的相对位置，保证各部分的间隙均匀。其中，如图 12.9(b)所示的工艺定位器 d_1 与冲孔凸模滑配，d_2 与落料凹模滑配，d_3 与冲孔凹模滑配，d_1、d_2 和 d_3 尺寸应在一次装夹中加工成形，以保证三个直径的同轴度。

(a)　　　　　(b)

图 12.9　用工艺定位器调整间隙

1—凸模；2—凹模；3—工艺定位器；4—凸凹模

7. 工艺尺寸法

工艺尺寸法如图 12.10 所示，为调整圆形凸模 1 和凹模 3 的间隙均匀，可在制造凸模 1 时，将凸模工作部分加长 1～2mm，并使加长部分 2 的直径尺寸按凹模内孔的实测尺寸按精密的滑动配合，以便装配时凸、凹模对中、同轴，并保证模具间隙均匀。待装配完后，再将凸模加长部分 2 去除。

图 12.10　用工艺尺寸调整间隙

1—凸模；2—凸模加长部分；3—凹模

8. 工艺定位孔法

工艺定位孔法如图 12.11 所示，是在凹模和凸模固定板相同的位置上加工两个工艺孔，装配时，在定位孔内插入定位销以保证模具间隙的方法。该方法加工简单、方便(可将工艺孔与型腔用线切割方法一次装夹割出)，间隙容易控制。

(a) 凹模　　　　　　　　(b) 凸模固定板

图 12.11　用工艺定位孔法调整间隙

12.3.2　注射模具间隙控制方法(Clearance Controlling Methods for Injection Mould)

1. 大型模具

1) 装配保证

大中型模具以模具中主要零件如定模、动模的型腔、型芯为装配基准。这种情况下，定模和动模的导柱和导套孔先不加工。先将型腔和型芯加工好，装入定模板和动模板内，将型腔和型芯之间以垫片法或工艺定位器法来调整模具间隙均匀，然后将动模部分和定模部分固定成一体，镗制导柱和导套孔。

2) 机床加工保证

大中型模具的动、定模板采用整体结构时，可以在加工中心机床上一次装夹、加工出成形部分和导柱导套的固定孔，依靠加工中心机床的精度来保证模具间隙的均匀一致，如图 12.12 所示。

图 12.12　大型、复杂整体模板的加工

2．中、小型模具

中、小型模具常采用标准模架，动、定模固定板上已装配好导柱、导套。这种情况下，将已有导向机构的动模、定模板合模后，同时磨削模板的侧基准面，保证其垂直，然后以模板侧基准面为基准组合加工固定板中的内形方框，如图 12.13 所示。在加工动、定模镶块时，将动、定模镶块加工时的基准按合模状态进行统一，如图 12.14 所示，并严格控制固定板与镶块的配合精度。通过以上工艺可以保证模具间隙的均匀一致。

图 12.13　注射模动、定固定板内形方框的组合加工

1—导柱；2—定模固定板；3—导套；4—动模固定板

(a) 定模镶块　　　(b) 动模镶块

图 12.14　注射模动、定模镶块加工时的基准统一

12.4 冲压、注射模具装配工艺
(Assembly Process of Mould and Die)

模具质量取决于模具零件质量和装配质量，装配质量又与零件质量有关，也与装配工艺有关。装配工艺根据模具结构以及零件加工工艺不同而有所不同。

12.4.1 冲压模具装配工艺(Assembly Process of Stamping Die)

冲压模具的装配工艺包括组件装配和总装配。

1. 组件装配

1) 模架装配

以压入式模架装配为例。压入式模架的导柱和导套与上、下模座采用 H7/r6 配合。按照导柱、导套的安装顺序，有以下两种装配方法。

(1) 先压入导柱的装配方法

① 选配导柱和导套。按模架精度等级要求，选配导柱和导套，使其配合间隙符合技术要求。

② 压入导柱。如图 12.15 所示，将下模座 4 平放在压力机工作台上，将导柱 2 置于下模座 4 孔内，将压块 1 顶在导柱 2 中心孔上。在压前和压入过程中，在两个垂直方向上用千分表 3 检验和校正导柱 2 的垂直度。最后将导柱 2 慢慢压入下模座 4，检测导柱 2 与下模座 4 基准平面的垂直度，不合格时退出重新压入。

图 12.15　压入导柱

1—压块；2—导柱；3—千分表；4—下模座

③ 装导套。如图 12.16 所示，将下模座 4 反置套在导柱 2 上，然后套上导套 1，用千分表检测导套压配部分内外圆的同心度，并将其最大偏差 $\varDelta_{max}$ 放在两导套中心连线的垂直

位置，这样可减少由于不同心而引起的中心距变化。

④ 压入导套。将帽形垫块 1 放在导套 2 上，用压力机将导套 2 压入上模座 3 一部分，取走下模座及导柱，仍用帽形垫块将导套全部压入上模座，如图 12.17 所示。

图 12.16　安装导套

1—导套；2—导柱；3—上模座；4—下模座

图 12.17　压入导套

1—帽形垫块；2—导套；3—上模座

⑤ 检验模架平行度精度。将下模座底面放置在平板上，使上模座与下模座对合，中间垫上球形垫块，如图 12.18 所示。用千分表检测上模座的上平面，在被测表面内取千分表的最大与最小读数之差，即为被测模架的平行度误差。

(2) 先压入导套的装配方法

① 选配导柱和导套。

② 压入导套。如图 12.19 所示，将上模座 3 放在专用工具 4 的平板上，专用工具 4 上有两个与底面垂直、与导柱直径相等的圆柱，将导套 2 分别套在两个圆柱上，垫上等高平行垫块 1，在压力机上将导套 2 压入上模座 3 中。

图 12.18　模架平行度检查

图 12.19　压入导套

1—等高平行垫铁；2—导套；3—上模座；4—专用工具

③ 压入导柱。如图 12.20 所示，在上模座 1 和下模座 5 间垫入等高垫块 3，将导柱 4 插入导套 2 内。在压力机上将导柱 4 压入下模座 5 内 5～6mm，然后将上模座 1 提升至导套 2 不脱离导柱 4 的最高位置，如图 12.20 中双点画线所示位置，然后再轻轻放下，检验上模座 1 与等高平行垫块 3 接触的松紧是否均匀；如果松紧不均匀，则调整导柱 4 至接触均匀为止。然后将导柱 4 压入下模座 5 中。

图 12.20　压入导柱

1—上模座；2—导套；3—等高平行垫块；4—导柱；5—下模座

④ 检验模架平行度精度。

2) 凸模组件装配

以压入式凸模与凸模固定板的装配过程为例。压入式凸模与凸模固定板的配合常采用 H7/n6。如图 12.21(a)所示，将凸模固定板 3 型孔台阶向上，放在两个等高平行垫铁 4 上，将凸模Ⅰ、凸模Ⅱ的工作端向下放入型孔对正，用压力机慢慢压入(或用铜棒垂直敲入)，要边压边检查凸模垂直度，直至凸模台阶面与凸模固定板 3 型孔台阶面接触为止，然后在平面磨床上与凸模固定板 3 一起磨平端面，如图 12.21(b)所示。

(a)　　　　　　(b)

图 12.21　圆形凸模的压入装配

1—凸模Ⅰ；2—凸模Ⅱ；3—凸模固定板；4—等高平行垫块；5—砂轮

3）模柄装配

以压入式模柄装配为例。压入式模柄与上模座的配合为 H7/m6，在总装配凸模固定板和垫板之前，应先将模柄压入模座内。如图 12.22(a)所示，装配时，将上模座 3 放在等高平行垫铁 5 上，利用压力机将模柄 1 慢慢压入(或用铜棒垂直敲入)上模座 3，要边压边检查模柄 1 的垂直度，直至模柄 1 台阶面与上模座 3 安装孔台阶面接触为止。检查模柄 1 和上模座 3 上平面的垂直度，要求模柄 1 轴心线对上模座 3 上平面的垂直度误差在模柄长度内不大于 0.05mm。检查合格后配钻防转销孔，安装防转销，然后在平面磨床上与上模座一起磨平端面，如图 12.22(b)所示。

(a) 压入模柄　　　　　　　(b) 磨平端面

图 12.22　压入式模柄的装配

1—模柄；2—砂轮；3—上模座；4—防转销；5—等高平行垫铁

2. 总装配

(1) 选择装配基准件。根据冲压模具工作零件的相互依赖关系以及装配方便和易于保证装配精度要求等来确定装配基准件，例如单工序冲裁模通常选择凹模作装配基准件；复合模通常选择凸凹模作装配基准件，级进模通常选择凹模作装配基准件，无导柱、导套的导板式冲模通常选择导板作装配基准件。

(2) 确定装配顺序。根据各个零件与装配基准件的依赖关系和远近程度确定装配顺序，先装零件要有利于后装零件的定位和固定。当模具零件装入上、下模座时，先装作为基准的零件，在检查装配无误后，钻、铰销钉孔，打入销钉，后装部分在试冲达到要求后再配钻、铰销钉孔并装入销钉。

(3) 控制凸、凹模冲裁间隙。装配时要严格控制凸、凹模冲裁间隙，保证间隙均匀。

(4) 位置正确，动作无误。模具内各活动部件必须保证位置正确，活动配合部位动作灵活可靠。

(5) 试冲。试冲是模具装配的重要环节，通过试冲可以发现问题，并采取措施解决问题。

3. 冲裁模具装配案例

1）单工序冲裁模装配

如图 12.23 所示为单工序冲裁模，其装配基准件为凹模，应先装配下模部分，再以下模凹模为基准装配、调整上模中凸模和其他零件。

图 12.23　单工序冲裁模

1—下模座；2、15—销钉；3、16—螺钉；4—凹模；5—导柱；6—导套；7—上模座；
8—卸料板；9—橡皮；10—凸模固定板；11—垫板；12—弹压螺钉；13—凸模；14—模柄

(1) 组件装配。

① 将凸模 13 装入凸模固定板 10 内，磨平端面，作为凸模组件。

② 将模柄 14 压入上模座内，磨平端面。

(2) 总装。

① 装配下模部分。将凹模 4 放置于下模座 1 的中心位置，用平行夹板将凹模 4 和下模座 1 夹紧，以凹模 4 中销钉孔、螺纹孔为基准，在下模座 1 上预钻螺纹孔锥窝、钻铰销钉孔成。拆下凹模 4，按预钻的锥窝钻下模座 1 中的螺纹过孔及沉孔成。再重新将凹模 4 放置于下模座 1 上，找正位置，装入定位销 2，并用螺钉 3 紧固。

② 装配上模部分。

a. 配钻卸料螺纹孔。将卸料板 8 套在凸模组件上，在凸模固定板 10 与卸料板 8 之间垫入适当高度的等高平行垫铁，目测调整凸模 13 与卸料板 8 之间的间隙均匀，并用平行夹板将其夹紧。按卸料板 8 上的螺纹孔在凸模固定板 10 上钻出锥窝，拆开平行夹板后按锥窝钻凸模固定板 10 上的螺纹过孔。

b. 将凸模组件装在上模座上。将装好的下模部分平放在平板上，在凹模 4 上放上等高平行垫块，将凸模 13 装入凹模 4 内。以导柱 5、导套 6 定位安装上模座 7，用平行夹板将上模座 7 和凸模固定板 10 夹紧。通过凸模固定板 10 上螺纹孔在上模座 7 上钻锥窝，拆开后按锥窝钻孔，然后用螺钉 16 将上模座 7 和凸模固定板 10 稍加紧固。

c. 调整凸、凹模间隙。将装好的上模部分通过导套装在下模的导柱上，用手锤轻轻敲击凸模固定板 10 的侧面，使凸模 13 插入凹模 4 的型孔。再将模具翻转，用透光调整法从下模座 1 的漏料孔观察及调整凸、凹模的配合间隙，使间隙均匀。然后用硬纸片进行试冲。如果纸样轮廓整齐、无毛刺或周边毛刺均匀，说明四周间隙一致；如果局部有毛刺或周边毛刺不均匀，说明四周间隙不一致，需要重新调整间隙至一致为止。

d. 上模配制销钉孔。调好间隙后，将凸模固定板 10 的紧固螺钉 16 拧紧，然后在钻床上配钻、配铰凸模固定板 10 与上模座 7 的定位销孔成，最后装入销钉 15。

e. 装卸料板。将橡皮 9、卸料板 8 套在凸模 13 上，装上卸料螺钉 12，调整橡皮预压紧量大约 10%，保证当卸料板 8 处于最低位置时，凸模 13 的下端面低于卸料板平面约 0.5～1mm。检查卸料板运动是否灵活。

③ 检验。按冲模技术条件(GB/T 14662—2006)进行检验。

2) 复合冲裁模装配

复合模结构紧凑，内、外型表面相对位置精度要求高，冲压生产效率高，对装配精度的要求也高。现以图 12.24 所示的冲裁复合模为例说明复合模的装配过程。

(1) 组件装配。

① 将凸模 15 装入凸模固定板 26 内，磨平端面，这一过程为凸模组件装配。

② 将凸凹模 10 装入凸凹模固定板 7 内，磨平端面，这一过程为凸凹模组件装配。

③ 待上模部分配钻螺纹孔、销钉孔后，将模柄 20 装入上模座 19 内，配打防转销孔，装入防转销 17。

图 12.24　冲裁复合模

1、18—螺钉；2、24—销钉；3—弹压螺钉；4—下模座；5—下垫板；6—导柱；7—凸凹模固定板；
8—橡皮；9—卸料板；10—凸凹模；11—导料销；12—凹模；13—导套；14—推件块；15—凸模；
16—三叉打板；17—防转销；19—上模座；20—模柄；21—打料杆；22—三叉打料杆；
23—上垫板；25—空心垫板；26—凸模固定板

(2) 总装。

① 确定装配基准件。冲裁复合模以凸凹模 10 作为装配基准件。

② 安装下模部分。

a. 确定凸凹模组件在下模座 4 上的位置。将凸凹模组件放置于下模座 4 的中心位置，用平行夹板将凸凹模组件与下模座 4 夹紧，通过凸凹模组件螺纹孔在下模座上钻锥窝，并在下模座 4 上划出漏料孔线。

b. 拆开平行夹板，按锥窝加工下模座 4 漏料孔和螺钉过孔及沉孔。注意：下模座 4 漏料孔尺寸应比凸凹模漏料孔尺寸单边大 0.5～1mm。

c. 安装凸凹模组件。将凸凹模组件与下模座 4 用螺钉 1 固定在一起，配钻、配铰销钉孔，装入定位销 2。

③ 安装上模部分。

a. 检查上模各个零件尺寸是否满足装配技术条件要求。如推件块 14 放入凹模 12，使台阶面相互接触时，推件块 14 端面应高出凹模 12 端面 0.5～1mm；打料系统各零件是否合适，动作是否灵活等。

b. 安装上模、调整冲裁间隙。将安装好凸凹模组件的下模部分放在平板上，用平行夹板将凹模 12、凸模组件、上垫板 23、空心垫板 25、上模座 19 轻轻夹紧，然后用工艺尺寸法调整凸模组件、凹模 12 和凸凹模 10 的冲裁间隙。用硬纸片进行手动试冲，当内、外形冲裁间隙均匀时，用平行夹板将上模部分夹紧。

c. 配钻、配铰上模各销孔和螺孔。将用平行夹板夹紧的上模部分在钻床上以凹模 12 上的销孔和螺钉孔作为引钻孔，配钻螺纹过孔，配钻、配铰销钉孔。拆掉平行夹板，钻上模座 19 中的螺纹沉孔成。

d. 将模柄 20 装入上模座 19 内，配打防转销孔，装入防转销 17。

e. 装入销钉 24 和螺钉 18，将上模部分安装好。

④ 安装弹压卸料部分。

a. 将卸料板 9 套在凸凹模 10 上，在卸料板 9 与凸凹模组件端面间垫上等高平行垫块，保证卸料板 9 上端面与凸凹模 10 上平面的装配位置尺寸；用平行夹板将卸料板 9 与下模夹紧，然后在钻床上同钻卸料螺钉孔。拆掉平行夹板，将下模各板的卸料螺钉孔加工到规定尺寸。

b. 在凸凹模组件上安装橡皮 8，在卸料板上 9 安装挡料销，拧紧弹压螺钉 3，使橡皮 8 预压紧量约为 10%，并使凸凹模 10 的上端面低于卸料板 9 的端面约 1mm，如图 12.25 所示。

图 12.25　弹性卸料装置装配要求

 特别提示

为什么在图 12.24 中使凸凹模 10 的上端面低于卸料板 9 的端面约 1mm 呢？
为了在维修过程中，由卸料板端面保护凸凹模刃口不受损坏。

(3) 检验。按冲模技术条件(GB/T 14662—2006)进行总装配检验。

4. 试模(试冲)

试冲是模具装配的重要环节，按照图样加工和装配好的冲模，必须经过试模、调整后，才能作为成品交付生产使用。

成品的冲模，应该达到下列要求。

① 能顺利地将冲模安装到指定的压力机上；

② 能稳定地冲出合格的冲压零件；

③ 能安全地进行操作使用。

通常，仅仅按照图样加工和装配好的冲模，还不能完全达到上述要求，因为冲压件设计、冲压工艺、冲模设计直到冲模制造，任何一个环节的缺陷，都将在冲模调整中得到反映，都会影响冲模达到上述要求。所以，冲模试冲的目的和任务就是在正常生产条件下，通过试冲发现模具设计和制造缺陷，找出原因，对模具进行适当的调整和修理后再试冲，直到冲出合格制件，并能安全、稳定地投入生产使用，模具的装配过程即宣告结束。

因此，冲模试冲包括下列内容。

① 将冲压模正确安装到指定的压力机上；

② 用图样上规定的材料在模具上进行试冲；

③ 根据试冲出制件的质量缺陷，分析原因，找出解决办法，见表12-2，然后进行修理、调整，再试模，直至稳定冲出一批合格制件。

表 12-2　冲裁模试模常见缺陷、原因及调整方法

缺陷	产生原因	调整方法
送料不顺畅	1. 两导料板之间的尺寸过小或有斜度； 2. 用侧刃定距的冲裁模，导料板的工作面和侧刃不平行形成毛刺； 3. 侧刃与侧刃挡块不密合，形成毛刺	1. 根据情况修理导料板； 2. 重装或修理导料板； 3. 修理侧刃挡块，消除间隙
卸料不正常，退不下料	1. 卸料机构装配不正确，如卸料板与凸模配合过紧或因卸料板倾斜而卡紧； 2. 弹簧或橡皮的弹力不足； 3. 凹模和下模座的漏料孔没有对正，凹模孔有倒锥度； 4. 顶出器行程过短或卸料板行程不够	1. 修理或重装卸料板； 2. 更换弹簧或橡皮； 3. 修理凹模倒锥，将凹模和下模座的漏料孔对正； 4. 加长顶出器顶出部分尺寸，加深弹压螺钉沉孔深度
冲件毛刺过大	1. 刃口不锋利； 2. 间隙不均匀； 3. 间隙过大	1. 修磨刃口使其锋利； 2. 重新调整凸凹模间隙，使之均匀、合适
冲裁件剪切断面光亮带过宽	冲裁间隙过小	适当放大冲裁间隙，冲孔模间隙加大在凹模方向上；落料模间隙加大在凸模方向上
冲裁件剪切断面光亮带宽窄不均匀，局部有毛刺	冲裁间隙不均匀	重磨或重装凸模或凹模，调整间隙保证均匀

续表

缺陷	产生原因	调整方法
冲件不平整	1. 顶出杆分布不均，与零件接触面积小； 2. 落料凹模有上口大、下口小的倒锥，冲件从孔中通过时被压弯； 3. 模具结构不当，落料时没有压料装置	1. 更换顶出杆，加大与零件的接触面积； 2. 修磨凹模，消除倒锥； 3. 调整模具结构，增加压料装置
凹模被涨裂	1. 凹模刃壁高度太厚； 2. 凹模有倒锥	1. 修理凹模漏料槽深度，减小刃壁高度； 2. 修磨凹模，消除倒锥
落料外形和冲孔内形出现偏位现象	1. 挡料销位置不正； 2. 落料凸模上导正销尺寸过小或导正销位置有误； 3. 导料板导料方向与凹模中心线不平行； 4. 侧刃定距不准	1. 修正挡料销位置； 2. 更换导正销或修正导正销位置； 3. 修正导料板导料方向与凹模中心线平行； 4. 修正侧刃定距尺寸

④ 排除影响安全生产、质量稳定和操作方便等因素。如卸料、顶件力量是否足够，卸料、顶件行程是否合适，漏料孔和出料槽是否畅通无阻等。

等全部完成上述内容后，冲模即可作为成品入库，交付生产使用。

冲模在每次生产使用之前，还要进行生产调整。但是，这种调整工作，比起前面所述内容，要简单和容易得多。

12.4.2 注射模具装配工艺(Assembly Process of Injection Mould for Plastics)

注射模的装配过程同样包括组件装配和总装配。

1. 组件装配

1) 型芯的装配

小型芯与镶块采用过渡配合，保证配合间隙 0.01～0.03mm，以利于成型时排气。

(1) 小圆形型芯的装配。小圆形型芯装入镶块后采用如图 12.26 所示台阶式固定，并装后磨平左端面。

图 12.26　小圆形型芯的装配

(2) 非圆形型芯的装配。非圆形型芯装入固定板后采用如图 12.27 所示的螺钉固定式或挂销式固定。

图 12.27   非圆形型芯的装配

1—非圆型芯；2—螺钉；3—固定板

2) 型腔装配

(1) 型腔装配注意事项。塑料模具型腔装配，多采用压入式。压入时，型腔应从固定板底面压入。当固定板厚度小时，其压入端不应有斜度，如图 12.28 所示；当固定板较厚时，则在固定板配合孔下端作 1°～2° 的压入斜度，如图 12.29 所示，但注意一定要留有足够的定位配合高度 h。

装配后，对于用台阶式固定的，压入后底面要一起在平面磨床上磨平。

为保证装配后动、定模镶块的分型面结合紧密、无缝隙，应通过磨削固定板分型面的方法来保证型腔分型面高出固定板平面 0.05mm，如图 12.28 和图 12.29 所示。

图 12.28   小厚度固定板的型腔装配   **图 12.29   大厚度固定板的型腔装配**

(2) 型腔修磨。模具由许多零件组成，尽管各零件的制造公差限制较严，在装配中仍不能保证装配技术要求。例如，塑料零件中要求通孔的地方，在塑料模装配后，要求型芯与型腔在合模状态下应紧密接触，如图 12.30(b)所示。此时在装配过程中需采用将零件作局部修磨的方法，由于模具一般均非批量生产，因此在模具装配中采用修配法是一种经济有效的方法。

如图 12.30(a)是小型芯装配后为保证与定模镶块型腔面紧密贴合，在加工小型芯时，将小型芯的成形高度略加长 0.2mm。小型芯装配后合模时，在分型面出现了间隙 $\varDelta$。通过测量

出间隙 Δ，即修磨量，然后对小型芯端面进行修磨，并在小型芯端面抹红丹粉进行合模修研，既消除了分型面间隙，又保证小型芯装配后与定模镶块型腔面紧密贴合，如图 12.30(b) 所示。

(a) 小型芯安装引起的分型面间隙　　　　　(b) 消除间隙后的模具

图 12.30　小型芯安装引起的分型面间隙的消除

如图 12.31(a) 所示为装配后在型腔端面与型芯固定板间出现了间隙 Δ。为了消除间隙 Δ 可以采用以下修配方法。

① 修磨型芯工作面 A。此方法只适用型芯工作面为平面的情况。

② 在型芯台阶和固定板的沉孔底部垫上垫片，或者在型芯台阶的下端面焊接等厚度的材料，如图 12.31(b) 所示。此方法只适用于小模具，且修磨后型芯大端面与固定板背面一起装后磨平。

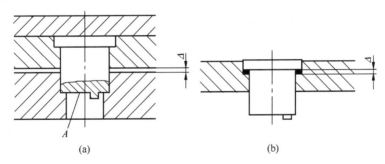

(a)　　　　　　　　　　(b)

图 12.31　型腔端面与型芯固定板间隙的消除

3) 浇口套的装配

浇口套与定模板的配合一般采用过盈配合 (H7/m6)，装配后要求浇口套与固定板内孔配合紧密、无缝隙，并保证注射过程中浇口套被压紧不动。为此在浇口套压入固定板时浇口套压入外表面不允许设置导入斜度，如需设置导入斜度，则将导入斜度开在固定板上浇口套配合孔的入口处；浇口套在压入固定板后，其台肩应和沉孔底面紧密贴实，装配后浇口套要高出固定板平面 0.02mm，如图 12.32(a) 所示。为了防止在压入时浇口套将固定板配合孔壁切坏，常将浇口套的压入端制成小圆角。在浇口套加工时应留有去除圆角的修磨余量 Z，压入后使圆角突出在固定板之外，如图 12.32(b) 所示；然后在平面磨床上磨平端面，如图 12.32(c) 所示。最后再把修磨后的浇口套稍微退出，将固定板磨去 0.02mm，重新压入后即成为图 12.32(a) 所示的形式。

4) 推出机构装配

注射模推出系统为推出制件所用，推出系统由推板、推杆固定板、推出元件、复位杆、小导柱、小导套等组成，导向装置(小导柱、小导套)对推出运动进行支承和导向，由复位杆对推出系统进行正确复位。塑料模具常用的推出机构是推杆推出机构，其装配的技术要求为：装配后运动灵活、无卡阻现象，推杆与推板固定板、支承板和动模固定板等过孔每边应有 0.5mm 的间隙，推杆与动模镶块采用 H7/f8 配合，推杆工作端面应高出成形表面 0.05～0.1mm，复位杆在合模状态下应低于分型面 0.02～0.05mm，如图 12.33 所示。

(a) 装配好的浇口套　　　(b) 压入后的浇口套　　　(c) 修磨浇口套

图 12.32　浇口套的装配

图 12.33　推杆的装配与修整

1—螺母；2—复位杆；3—垫圈；4—小导套；5—小导柱；6—推板；7—推杆固定板；8—推杆；
9—支承板；10—动模板；11—动模镶块

 特别提示

为什么在装配完成时，推杆工作端面应高出成形表面 0.05～0.1mm，复位杆应低于分型面 0.02～0.05mm 呢？

为确保塑件上推杆痕迹凹下，不影响装配，在装配完成时，推杆工作端面应高出成形表面 0.05～0.1mm；为使复位杆不影响模具闭合时分型面的贴紧，在装配完成时，复位杆应低于分型面 0.02～0.05mm。

(1) 推出系统中导向安装孔的加工。

① 单独加工法。采用坐标镗床单独加工推板、推杆固定板上的导套安装孔和动模垫板上的导柱安装孔。

② 组合加工法。将推板、推杆固定板与动模垫板按图 12.34 所示叠合在一起，用压板压紧，在铣床上组合钻、镗出小导柱、小导套的安装孔。

(2) 推杆过孔的加工。

① 支承板中推杆过孔的加工。如图 12.35 所示，将支承板 3 与装入动模镶块 1 的动模固定板 2 重叠，以动模固定板 2 中复位杆孔为基准，配钻支承板 3 上的复位杆过孔；以动模镶块上已加工好的推杆孔为基准，配钻支承板 3 上的推杆过孔。配钻时以动模固定板 2 和支承板 3 的定位销和螺钉进行定位和紧固。

图 12.34 推出系统中导向安装孔的组合加工

1—镗刀杆；2—镗刀头；3—推板；4—推杆固定板；5—等高平行垫铁；6—支承板

图 12.35 动模垫板中推杆过孔的加工

1—动模镶块；2—动模固定板；3—支承板

② 推杆固定板中推杆过孔的加工。如图 12.36 所示，用小导柱 5、小导套 4 将支承板 1、推杆固定板 3 配合，用平行夹板 2 夹紧，用钻头通过支承板 1 上的孔直接复钻推杆固定板 3 上的推杆过孔和复位杆过孔。拆开后根据推杆台阶高度加工推杆固定板 3 上推杆和复位杆的沉孔。

③ 推板和推杆固定板的连接螺纹孔配制。将推板和推杆固定板叠合在一起，配钻连接螺纹孔底孔，拆开后，在推杆固定板上攻螺纹，在推板上钻螺钉过孔和沉孔。

图 12.36　推杆固定板中推杆过孔的加工

1—支承板；2—夹板；3—推杆固定板；4—小导套；5—小导柱

(3) 推出系统的装配顺序。根据图 12.33 所示，推出系统装配顺序如下。

① 先将小导柱 5 垂直压入支承板 9，并将端面与支承板一起磨平。

② 将装入小导套 4 的推杆固定板 7 套装在小导柱 5 上，并将推杆 8、复位杆 2 装入推杆固定板 7、支承板 9 和动模镶块 11 的配合孔中，盖上推板 6 用螺钉拧紧，并调整使其运动灵活。

③ 修磨推杆和复位杆的长度。如果推板 6 和垫圈 3 接触时，复位杆、推杆低于型面，则修磨小导柱的台肩；如果推杆、复位杆高于型面时，则修磨推板 6 的底面。一般推杆和复位杆在加工时留长一些，装配后将多余部分磨去。修磨后的复位杆应低于分型面 0.02～0.05mm，推杆则应高于成形表面 0.05～0.10mm。

5) 抽芯机构的装配

塑料模具常用的抽芯机构是斜导柱抽芯机构，如图 12.37 所示。其装配技术要求为：闭模后，滑块的上平面与定模表面必须留有 $x=0.2$mm 的间隙，斜导柱外侧与滑块斜导柱孔留有 $y=0.2～0.5$mm 的间隙。其装配过程如下。

图 12.37　斜导柱抽芯机构的合模状态

1—动模型芯；2—侧型芯；3—斜导柱；4—锁紧块；5—滑块

(1) 将动模镶块压入动模固定板，磨上、下平面至要求尺寸。如图 12.38 所示，滑块的安装是以动模镶块的分型面 M 为基准的。动模固定板在零件加工时，分型面留有修正余量。因此要确定滑块的位置，必须先将动模镶块装入动模固定板，并将上下平面修磨正确，修磨 M 面时应保证型腔尺寸 A。

图 12.38 以动模镶块为基准确定滑块槽位置

1—动模固定板；2—动模镶块

(2) 将动模镶块压出动模固定板，精加工滑块槽。动模固定板上的滑块槽底面 N 决定于修磨后的 M 面，如图 12.38 所示。因此在 M 面修磨正确后将动模镶块压出，根据滑块实际尺寸配磨或精铣滑块槽。

(3) 测定型孔位置及配制型芯固定孔。固定于滑块上的侧型芯，往往要穿过动模镶块上的配合孔而进入成型部位，并要求侧型芯与孔配合正确、滑动灵活。为达到这个要求，合理而经济的工艺应该是将侧型芯和型孔相互配制。由于侧型芯形状与加工设备不同，采取的配制方式也不同。如图 12.39 所示为圆形侧型芯穿过动模镶块的结构形式，其配合加工方法如下。

图 12.39 圆形侧型芯穿过动模镶块的结构形式

1—动模固定板；2—滑块；3—侧型芯；4—定位销；5—动模镶块

① 如图 12.40 所示,测量出动模镶块上侧型孔相对于滑道槽的精确位置 a 与 b 的尺寸；
② 在滑块的相应位置，按测量的实际尺寸，镗制侧型芯安装孔，如图 12.41 所示。

图 12.40 滑块槽与动模镶块侧型孔的位置尺寸测量　　**图 12.41 滑块上侧型芯安装孔的加工**

(4) 侧型芯的装配。将侧型芯装入滑块，配制销孔，穿定位销固定。如果侧型芯在模具闭合时要求与定模型芯紧密接触，如图 12.42 所示，由于零件加工中的积累误差，一般都在侧型芯端面上留出修正余量，通过装配时修正侧型芯端面来达到。修正的具体操作过程如下。

① 将侧型芯 3 端部磨成和定模镶块 1 相应部位吻合的形状。

② 将未装侧型芯 3 的滑块 4 装入动模固定板 6 的滑块槽内，使滑块 4 前端面与动模镶块 2 的 A 面相接触，然后测量出尺寸 b。

③ 将侧型芯 3 装入滑块 4 后一起装入动模固定板 6 滑块槽，使侧型芯 3 前端面与定模镶块 1 相接触，然后测量出尺寸 a。

④ 由测量的尺寸 a、b，可得出侧型芯 3 前端面的修磨量为 $b-a$。

⑤ 将修磨正确的侧型芯 3 端面涂红丹粉，合模后观察与定模型芯的紧密接触情况。

图 12.42　侧型芯端面的修整

1—定模镶块；2—动模镶块；3—侧型芯；4—滑块；5—定位销；6—动模固定板；7—定模固定板

(5) 锁紧块的装配。侧型芯和定模镶块修配紧密接触后，便可确定锁紧块的位置。

① 锁紧块装配技术要求

a．模具闭合状态下，保证锁紧块和滑块之间具有足够的锁紧力。为此，在装配过程中要求在模具闭合状态下，使锁紧块和滑块的斜面接触时，分模面之间应保留 $x=0.2\text{mm}$ 的间隙，如图 12.43 所示，此间隙可用塞尺检查。

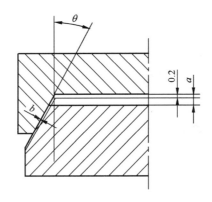

图 12.43　滑块斜面修磨量

b．在模具闭合时锁紧块斜面必须至少 3/4 和滑块斜面均匀接触。由于在零件加工中和装配中的误差，在装配时必须加以修正，一般以修正滑块斜面较为方便，所以滑块斜面加工时，一定要留出修磨余量。装配时滑块斜面修磨量图可按式(12-1)计算：

$$b = (a - 0.2)\sin\theta \tag{13-1}$$

式中，b——滑块斜面修磨量(mm)；

　　　a——闭模后测得的实际间隙(mm)；

　　　θ——锁紧面斜度(°)。

c．在模具使用过程中，锁紧块应保证在受力状态下不向开模方向松动，因此对于分体式锁紧块要求装配后端面应与定模固定板端面处于同一平面上，如图 12.44 所示。

② 锁紧块的装配方法。根据上述锁紧块装配要求，锁紧块的装配方法如下(图 12.44)。

a．将锁紧块 1 装入定模固定板 3 后，将其端面与定模固定板 3 一起磨平。

b．修磨滑块 2 的斜面，使其与锁紧块 1 的斜面紧密接触，用红丹粉检查接触情况。装配好后，要求滑块 2 和定模固定板 3 分模面之间应保留 0.2mm 的间隙。

图 12.44　锁紧块与定模固定板装配后端面平齐

1—锁紧块；2—滑块；3—定模固定板

(6) 镗斜导柱孔。将定模镶块、定模固定板、动模镶块、动模固定板、滑块和锁紧块装配、组合在一起，用平行夹板夹紧。此时锁紧块对滑块作了锁紧，分型面之间留有的 0.2mm 间隙用金属片垫实。

在卧式镗床上或立式铣床上进行配钻、配镗斜导柱孔。

(7) 松开模具，修正滑块上的斜导柱孔口倒圆角，如图 12.45 所示。

图 12.45　分体式滑块斜导柱孔口的倒圆角

(8) 将斜导柱压入定模固定板，一起磨平端面。

(9) 滑块定位装置的加工、装配。模具开模后，滑块在斜导柱作用下侧向抽出。为了保证合模时斜导柱能正确、顺利地进入滑块内孔，必须对滑块设置定位装置。如图 12.46

所示是用定位板作滑块开模后的定位装置，滑块开模后的正确位置可由修正定位板接触平面进行准确调整。

图 12.46 用定位板作滑块开模后的定位

如图 12.47 所示为用球头台阶销 2、弹簧 3 作滑块定位装置，其加工装配过程为：打开模具，当斜导柱脱离滑块内孔时，合模导向机构的导柱长度较长，仍未脱离导套，在斜导柱脱出滑块时在动模固定板 5 上画线，以确定开模后滑块 1 在导滑槽内的正确位置，然后用平行夹钳将滑块 1 和动模固定板 5 夹紧，以动模固定板 5 上已加工的弹簧孔引钻滑块锥孔。然后，拆开平行夹钳，依次在动模固定板 5 上装入球头台阶销 2、弹簧 3，用螺塞 4 进行固定。

图 12.47 用滚珠作滑块定位装置

1—滑块；2—球头台阶销；3—弹簧；4—螺塞；5—动模固定板

2. 总装配

由于塑料模具结构比较复杂，种类较多，因此在装配前要根据其结构特点拟订具体的装配工艺。一般塑料模具的总装配过程如下。

(1) 确定装配基准。

(2) 装配前要对零件进行测量，合格零件必须去磁并将零件擦拭干净。

(3) 调整各零件组合后的累积尺寸误差，如各模板的平行度要校验修磨，以保证模板组装密合；分型面处吻合面积不得小于 80%，防止产生飞边。

(4) 装配中尽量保持原加工尺寸的基准面，以便总装合模调整时检查。

(5) 组装导向机构，并保证开模、合模动作灵活，无松动和卡滞现象。

(6) 组装调整推出机构，并调整推出复位及推出位置等。

(7) 组装调整型芯、镶件，保证配合面间隙达到要求。

(8) 组装冷却或加热系统，保证管路畅通，不漏水、不漏电，阀门动作灵活。

(9) 组装液压或气动系统，保证运行正常。

(10) 紧固所有连接螺钉，装配定位销。

(11) 试模，试模合格后打上模具标记，如模具编号、合模标记及组装基面等。

(12) 最后检查各种配件、附件及起重吊环等零件，保证模具装备齐全。

3. 注射模具装配案例

下面以图 12.48 所示的注射模具为例，说明塑料模具装配的过程。

1) 装配动模部分

(1) 装配型芯固定板、动模垫块、支承板和动模座板。装配前，型芯 3、导柱 17 及 21、拉料杆 18 已压入型芯固定板 8 和支承板 9 并已检验合格。装配时，将型芯固定板 8、支承板 9、动模垫块 12 和动模座板 13 按其工作位置合拢、找正并用平行夹板夹紧。以型芯固定板 8 上的螺孔、推杆孔定位，在支承板 9、动模垫块 12 和动模座板 13 上钻出螺孔、推杆孔的锥窝，然后，拆下型芯固定板 8，以锥窝为定位基准钻出螺钉过孔、推杆过孔和锪出推杆螺钉沉孔，最后用螺钉拧紧固定。

图 12.48 热塑性塑料注射模具

1—浇口套；2—定位销；3—型芯；4，11—内六角螺栓；5—定模座板；6—定模板；7—推件板；
8—型芯固定板；9—支承板；10—推杆；12—动模垫块；13—动模座板；14—推板；15—螺钉；
16—推杆固定板；17，21—导柱；18—拉料杆；19，20—导套

(2) 装配推件板。推件板 7 在总装前已压入导套 19 并检验合格。总装前应对推件板 7 的型孔先进行修光，并且与型芯作配合检查，要求滑动灵活、间隙均匀并达到配合要求。将推件板 7 套装在导柱和型芯上，以推件板平面为基准测量型芯高度尺寸，如果型芯高度尺寸大于设计要求，则进行修磨或调整型芯，使其达到要求；如果型芯高度尺寸小于设计要求，则需将推件板平面在平面磨床上磨去相应的厚度，保证型芯高度尺寸。

(3) 装配推出机构。将推杆 10 套装在推杆固定板 16 上的推杆孔内并穿入型芯固定板 8 的推杆孔，再套装在推板导柱上，使推板 14 和推杆固定板 16 重合。在推杆固定板 16 螺孔内涂红粉，将螺钉孔位复印到推板 14 上，然后取下推杆固定板 16，在推板 14 上钻孔并攻螺纹后，重新合拢并拧紧螺钉固定。装配后，进行滑动配合检查，经调整使其滑动灵活、无卡阻现象。最后，将推件板 7 拆下，把推板 14 放到最大极限位置，检查推杆 10 在型芯固定板 8 上平面露出的长度，将其修磨到和型芯固定板 8 上平面平齐或低 0.02mm。

2) 装配定模部分

总装前浇口套 1、导套 20 都已装配结束并检验合格。装配时，将定模板 6 套装在导柱 21 上并与已装浇口套 1 的定模座板 5 合拢，找正位置，用平行夹板夹紧。以定模座板 5 上的螺钉孔定位，对定模板 6 钻锥窝，然后拆开，在定模板 6 上钻孔、攻螺纹后重新合拢，用螺钉拧紧固定，最后钻、铰定位销孔并打入定位销。

经以上装配后，要检查定模板 6 和浇口套 1 的锥孔是否对正，如果在接缝处有错位，需进行铰削修整，使其光滑一致。

4. 试模鉴定

模具检验是保证模具质量的一个重要环节，一般分为零件检验、部件检验和整模检验，并以试生产出合格塑件为最终检验条件。塑料模具具体验收的技术要求内容参见表 12-3。

表 12-3　塑料模具验收的技术要求

序号	验收项目		说明(验收方法、引用标准及要求等)
1	塑件技术要求	几何形状、尺寸与尺寸精度、形状公差	1. 主要根据产品图上标注和注明的尺寸与尺寸公差、形状位置偏差及其他技术要求 2. 根据有关塑件的行业或国家技术标准
		表面粗糙度	
		表面装饰性	
2	模具零部件技术要求	凸模与凹模质量标准，零、部件质量，其他辅助零件质量	塑料注射模零件及技术条件(GB/T 4169—4170)；塑料注射模模架及技术条件(GB/T 12555，12556)
3	模具装配与试模技术要求	模具整体尺寸和形状位置精度	1. 塑料注射模技术条件(GB/T 12554)； 2. 检查塑件是对模具质量的综合检验，即塑件必须符合用户产品零件图样上的所有要求； 3. 模具外观须符合用户和标准规定
		模具导向精度	
		间隙及其均匀性	
		使用性能和寿命	
		塑件检查	
		模具外观检查	
4	标记、包装、运输		按 GB/T 4170, GB/T 12554, GB/T 14662, JB/T 7653 等标准规定的内容验收

模具在交付使用前，应进行试模鉴定，必要时还需要做小批试生产鉴定。试模鉴定的内容包括：模具是否能顺利地成型出塑件，成型塑件的质量是否符合要求，模具结构设计和模具制造质量是否合理，模具采用的标准是否合理，塑件成型工艺是否合理等。试模时应由模具设计、工艺编制、模具装配、设备操作及模具用户等有关人员一同进行。

注射模试模过程中容易产生的缺陷及原因见表 12-4。

试模合格的模具，应清理干净，涂油防锈后入库。

表 12-4　注射模试模中容易产生的缺陷及原因

缺陷 ＼ 原因	浇不足	溢边	凹痕	银丝	熔接痕	气泡	裂纹	翘曲变形
料筒温度太高		✓	✓	✓		✓		✓
料筒温度太低	✓				✓		✓	
模具温度太高		✓						✓
模具温度太低	✓		✓		✓	✓	✓	
注射压力太大		✓					✓	
注射压力太小	✓		✓		✓			
注射时间太长				✓	✓			
注射时间太短	✓		✓		✓			
原料含水量过多				✓		✓		
分流道或浇口太小	✓		✓	✓	✓			
型腔排气不好	✓			✓		✓		
制件太薄	✓							
制件太厚或变化大			✓			✓		✓
注射机能力不足	✓		✓	✓				
注射机锁模力不足		✓						

12.5　综合案例(Comprehensive Case)

编写如图 2.69 所示冲孔落料连续模的装配工艺。

(1) 连续冲裁模装配精度要点

① 凹模上各型孔的位置尺寸及步距，要求加工正确。

② 凹模型孔板、凸模固定板和卸料板，三者型孔位置尺寸必须一致，即装配后各组型孔三者的中心线一致。

③ 各组凸、凹模的冲裁间隙均匀一致。

(2) 选择装配基准件。连续冲裁模以凹模为装配基准件。

(3) 组件装配。

① 将凸模依次压入固定板。复查凸模与固定板的垂直度合格后，磨削凸模组件的上端面平齐。

② 将模柄压入上模座中，配磨端面平齐。

（4）总装配。

① 组装下模。

把凹模放在下模座的对称中心位置上，用平行夹板夹紧，通过凹模螺钉孔在下模座上钻出锥窝，通过凹模销孔在下模座上引钻、铰销孔成。拆去凹模，在下模座上按锥窝制螺纹过孔及沉孔。再重新将凹模装在下模座上，装入销钉定位，用螺钉紧固。

② 将凸模组件装在上模座上。

a．在凹模上放上等高垫块，将凸模组件装入凹模孔内。

b．预装上模座。以导柱、导套定位安装上模座，用平行夹头将上模座和凸模固定板夹紧。通过凸模固定板孔在上模座上钻锥窝，拆开后按锥窝钻螺纹过孔、沉孔，然后用螺钉将上模座、凸模固定板稍加紧固。

③ 调整凸、凹模配合间隙。将上、下模合模，再将模具翻转，从下模座的漏料孔观察凸、凹模的配合间隙，用手锤敲击凸模固定板的侧面进行调整使配合间隙均匀。

经上述调整后，以纸作冲压材料，进行试冲。如果冲出的纸样轮廓齐整，没有毛刺或毛刺均匀，说明凸、凹模间隙是均匀的，如果只有局部毛刺，则说明间隙是不均匀的，应重新进行调整直到间隙均匀为止。

④ 调好间隙后，将凸模固定板的紧固螺钉拧紧，在钻床上配钻、配铰定位销孔，装入定位销钉。

⑤ 装导板。以凹模为基准，调整导板位置；试冲，达到要求后钻、铰销孔并装销钉。

⑥ 装承料板及弹簧侧压装置。

（5）检验。

（6）试模、调整。

本章小结(Brief Summary of this Chapter)

模具装配是模具制造过程中非常重要的环节，装配质量直接影响到模具的精度及寿命。模具装配概述中介绍了模具装配精度要求和模具装配方法。模具装配常用修配法和调整法，较少采用互换法，装配内容包括选择装配基准、组件装配、调整、修配、研磨抛光、检验和试模等环节。

装配尺寸链中介绍了装配尺寸链的概念、建立及分析计算。

模具间隙的控制方法中介绍了垫片法、透光法、测量法、镀铜法、涂层法、工艺尺寸法、工艺定位器法、工艺定位孔法。

模具装配工艺中介绍了冷冲模装配和塑料模具的装配。冷冲模装配包括模架的装配、凸模和凹模的装配、冷冲模的总装配及装配过程中的检测与调试；塑料模具的装配包括导柱、导套、型芯、型腔、主流道衬套、推杆的装配，塑料模具总装配及装配过程中的检测与调试。

模具在交付使用前，应会同模具设计、工艺编制、模具装配、设备操作及模具用户等有关人员一同进行试模鉴定，必要时还需要作小批试生产鉴定。

本章的教学目标是使学生掌握模具装配的基础知识，具备编制中等复杂程度冲压模具和注塑模具装配工艺的基本能力，具备处理模具装配中出现的一般工艺技术问题的能力。

习题(Exercises)

1. 简答题

(1) 模具零件的连接固定方法有哪些？

(2) 为保证冲压模具上、下模座的孔位一致，应采取什么措施？

(3) 冲压模具装配时，怎样控制模具的间隙？

(4) 举例说明模具装配中需修磨的部位与方法。

(5) 注射模动、定模型腔间的间隙如何控制？

(6) 冲裁模试模时，发现毛刺较大、内孔与外形的相对位置不正确，试分析是由哪些原因造成的？如何调整？

(7) 塑料模试模时发现塑件溢边，试分析是由哪些原因造成的？如何调整？

(8) 注射模滑块抽芯机构装配主要包括哪些步骤及内容？

(9) 叙述注射模中推出机构的装配步骤及内容。

2. 案例题

(1) 编写如图 2.10 所示冲压模具的装配工艺。

(2) 编写如图 12.49 所示注射模具的装配工艺。

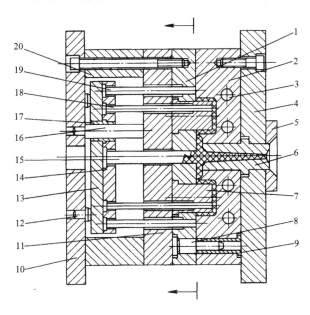

图 12.49 注射模具

1—动模板；2—定模板；3—冷却水道；4—定模座板；5—定位圈；6—浇口套；7—凸模；8—导柱；
9—导套；10—动模座板；11—支承板；12—支承钉；13—推板；14—推杆固定板；15—拉料杆；
16—推板导柱；17—推板导套；18—推杆；19—复位杆；20—垫块

综合实训(Comprehensive Practical Traning)

1．实训目标：增加学生对模具装配工艺过程的感性认识，将模具装配理论知识与模具实物装配相结合，提高模具拆装的实际操作技能。加深对模具结构、工作过程的认识，培养学生的实践动手能力，掌握冲裁模、塑料模具的装配工艺方法和过程。

2．实训内容：指导学生完成指定冲裁模具和塑料模具的拆装，完成以下工作：

(1) 在冲裁模装配过程中，用学过的方法对冲裁间隙进行调整；

(2) 在注射模装配过程中，注意对照本章所讲内容进行调整和修配，保证装配后的模具符合验收要求。

3．实训要求：模具的拆装要求按第 2 章的实训要求进行。

附录 A 冲模零件常用材料及热处理要求

类型	零件名称	材料	热处理	硬度
冲裁模	制件形状简单、批量小的凸、凹模	T8A，T10A，9Mn2V，CrWMn	淬火	凸模 56～60 HRC 凹模 58～62 HRC
	制件形状复杂、批量大的凸、凹模	Cr12，Cr12MoV		56～60 HRC
		YG15		
弯曲模/ 成形模	一般弯曲的凸、凹模及其镶块	T8A，T10A，Cr12	淬火	56～60 HRC
	形状复杂、要求耐磨的凸、凹模及其镶块	9Mn2V，CrWMn，Cr12MoV，Cr6WV		58～62 HRC
	热弯的凸、凹模	5CrNiMo，5CrMnMo		52～56 HRC
拉深模/ 翻孔模	一般拉深的凸、凹模	T8A，T10A	淬火	58～62 HRC
	级进拉深的凸、凹模	T10A，CrWMn		58～62 HRC
	变薄拉深及要求耐磨的凸、凹模	Cr12，Cr12MoV		58～62 HRC
		YG15，YG8		
	双动拉深的凸、凹模	YG15，YG8		
		钼钒铸铁	火焰淬硬	50～55 HRC
其他模具零件	上模座、下模座	HT200，ZG310-570，QT400-18		
	模板、固定板、卸料板导料板、弹顶器座圈	45，Q235，Q255		
	垫板	T7，T8，45	淬火	50～55 HRC
	顶杆、推杆、推板、挡料装置、定位销、定位板	45	淬火	43～48 HRC
	滑动导柱、导套	20	渗碳，淬火	58～62 HRC
	侧刃、废料切刀、斜楔、滑块	T8A，T10A	淬火	50～54 HRC
	压边圈、导正销	T8A，T10，T10A	淬火	54～58 HRC

附录 B　常用塑料的收缩率

塑料种类	收缩率/(%)	塑料种类	收缩率/(%)
聚乙烯(低密度)	1.5～3.5	尼龙 610	1.2～2.0
聚乙烯(高密度)	1.5～3.0	尼龙 610(30%玻璃纤维)	0.35～0.45
聚丙烯	1.0～2.5	尼龙 1010	0.5～4.0
聚丙烯(玻璃纤维增强)	0.4～0.8	醋酸纤维素	1.0～1.5
聚氯乙烯(硬质)	0.6～1.5	醋酸丁酸纤维素	0.2～0.5
聚氯乙烯(半硬质)	0.6～2.5	丙酸纤维素	0.2～0.5
聚氯乙烯(软质)	1.5～3.0	聚丙烯酸酯类塑料(通用)	0.2～0.9
聚苯乙烯(通用)	0.6～0.8	聚丙烯酸酯类塑料(改性)	0.5～0.7
聚苯乙烯(耐热)	0.2～0.8	聚乙烯醋酸乙烯	1.0～3.0
聚苯乙烯(增韧)	0.3～0.6	氟塑料 F-4	1.0～1.5
ABS(抗冲)	0.3～0.8	氟塑料 F-3	1.0～2.5
ABS(耐热)	0.3～0.8	氟塑料 F-2	2
ABS(30%玻璃纤维增强)	0.3～ 0.6	氟塑料 F-46	2.0～5.0
聚甲醛	1.2～3.0	酚醛塑料(木粉填料)	0.5～0.9
聚碳酸酯	0.5～0.8	酚醛塑料(石棉填料)	0.2～0.7
聚砜	0.5～0.7	酚醛塑料(云母填料)	0.1～0.5
聚砜(玻璃纤维增强)	0.4～0.7	酚醛塑料(棉纤维填料)	0.3～0.7
聚苯醚	0.7～1.0	酚醛塑料(玻璃纤维填料)	0.05 ～0.2
改性聚苯醚	0.5～0.7	脲醛塑料(纸浆填料)	0.6～1.3
氯化聚醚	0.4～0.8	脲醛塑料(木粉填料)	0.7～1.2
尼龙 6	0.8～2.5	三聚氰胺甲醛(纸浆填料)	0.5～0.7
尼龙 6(30%玻璃纤维)	0.35～0.45	三聚氰胺甲醛(矿物填料)	0.4～0.7
尼龙 9	1.5～2.5	聚邻苯二甲酸二丙烯酯(石棉填料)	0.28
尼龙 11	1.2～1.5	聚邻苯二甲酸二丙烯酯(玻璃纤维填料)	0.42
尼龙 66	1.5～2.2	聚间苯二甲酸二丙烯酯(玻璃纤维填料)	0.3～0.4
尼龙 66(30%玻璃纤维)	0.4～0.55		

附录 C　塑料模具成型零件及其他工作零件常用材料及热处理要求

表 C1　塑料模具成型零件常用材料及热处理要求

零件名称	材料	热处理	硬度	说明
型腔(凹模) 型芯 螺纹型芯 螺纹型环 成形镶件 成形推杆等	T8A，T10A	淬火	54～58 HRC	用于形状简单的小型芯或型腔
	CrWMn 9Mn2V CrMn2SiWMoV Cr12 Cr4W2MoV	淬火	54～58 HRC	用于形状复杂、要求热处理变形小的型腔或镶件
	20CrMnMo 20CrMnTi	渗碳、淬火		
	5CrMnMo 40CrMnMo	渗碳、淬火	54～58 HRC	用于高耐磨、高强度和高韧性的大型芯、型腔等
	3Cr2W8V 38CrMoAl	调质、氮化	1000HV	用于形状复杂、要求耐磨蚀的高精度型腔、型芯等
	45	调质	28～32 HRC	用于形状简单、要求不高的型腔、型芯
		淬火	43～48 HRC	
	20，15	渗碳、淬火	54～58 HRC	用于冷压加工的型腔

表 C2　塑料模具其他工作零件常用材料及热处理要求

零件类别	零件名称	材料	热处理	硬度
模体零件	垫板(支承板) 浇口板	45	淬火	43～48 HRC
	动、定模板 动、定模座板	45	调质	28～32HRC
	固定板	45	调质	28～32 HRC
		Q235		
	推板	T8A，T10A	淬火	54～58 HRC
		45	调质	230～270 HB
浇注系统零件	浇口套 拉料杆	T8A，T10A	淬火	50～55 HRC

零件类别	零件名称	材料	热处理	硬度
导向零件	导柱	20	渗碳、淬火	56～60 HRC
	导套	T8A，T10A	淬火	50～55 HRC
	限位导柱，推板导柱、导套	T8A，T10A	淬火	50～55 HRC
抽芯机构零件	斜导柱 滑块 斜滑块	T8A，T10A	淬火	54～58 HRC
	锁紧楔	T8A，T10A	淬火	54～58 HRC
		45		43～48 HRC
推出机构零件	推杆 推管	T8A，T10A	淬火	54～58 HRC
	推块 复位杆	45	淬火	43～48 HRC
	挡板	45	淬火	43～48 HRC
	推杆固定板	45，Q235		
定位零件	定位圈	45		
	定位螺钉 限位钉	45	淬火	43～48 HRC
支承零件	支承座	45	淬火	43～48 HRC
	垫块	45，Q235		
其他零件	加料室 压柱	T8A，T10A	淬火	50～55 HRC
	手柄 套筒	Q235		
	喷嘴	45，黄铜		
	吊钩	45		

附录 D　冲压模和塑料模专业
术语中英文对照

D1　冲压模

air cushion	气垫	coil	卷料
angular clearance	漏料斜度	combination die	复合模(冲裁与成形复合)
backing plate	垫板	compound-combination die	复合模(二种冲裁与成
ball bearing cage	保持圈		形复合)
ball bearing die set	滚珠导柱模架	compound die	复合模(二种冲裁复合)
ball bearing retainer	保持圈	conic blank holder	锥形压料圈
barrier guard	防护板	cropping	切断
beading	压筋	curling	卷边；卷缘
bending	弯曲	cut band	光面
bend radius	弯曲半径	cutoff	切断
binder	压料板(圈)	cutting	冲裁
blank	坯料	die	冲模；凹模；下模
blank development	展开图		(不包括倒装)
blank holder	压料板(圈)	die block	凹模；模框
blanking	落料	die cushion	弹顶器
blank size	展开尺寸	die height	闭合高度
break	毛面	die life	寿命
bridge	搭边	die section	凹模
bulging	胀形	die set	模架
bumper block	限位板	dinking	凿切
burnish	光面	dish	起拱
burr	毛刺	draft angle	刃口斜度
burr side	毛刺面	draw bead	压料筋
cam	斜楔	drawing	拉深
carbide die	硬质合金冲模	draw ratio	拉深比
chipping	崩刃	draw mark	拉痕
chute	料槽	earing	凸耳
clearance	间隙	edge radius	塌角
clearance hole	漏料孔	ejector pin	推杆
clearance per side	单面间隙	embossing	起伏成形

expanding	扩口	leader pin	导柱
false wiring	卷缘(缘内空心)	liftout plate	顶板
feed	送料装置；上件装置	loading	上件
feeding	送料；上件	locating pin	定位销
feeding equipment	送料装置；上件装置	locking bead	压料筋
fine blanking	精冲	lower bolster	下模座
finish blanking	光洁冲裁	lower dead center	下极点
finished part	零件	lower shoe	下模座
fixed stripper	固定卸料板	material guide	导料板
flaking	崩刃	material stop	挡料销(板)
flaring	翻边	matrix	凹模
flattening	校平	minimum bend radius	最小弯曲半径
flexible (die set) coupling	浮动模柄	multi-stage drawing	连续拉深
follow-on tool	连续模(级进模)	multi-stage tool	连续模(级进模)
forming	成形	necking	缩口
fracture	毛面	nest plate	定位板
gage	定位销(板)	neutral axis	中性层
galling	粘模	neutral axis location	中性层系数
grip feed	夹持送料装置	notching	冲缺
guide bush	导套	notching punch	侧刃
guide bushing	导套	parting	剖切
guide pillar	导柱	perforating	冲孔(孔数较多)
guide pin	导柱	piercing	冲孔
guide-pin bushing	导套	pilot	导正销
guide plate	导板 (有脱料、脱件	pin gage	定位销
	功能)；导料板	pitch	步距
guide post	导柱	plain guide die set	导柱模架
guide-post bushing	导套	plate	板料(较厚)
heel block	反侧压块	positive stripper	固定卸料板
hole-flanging	翻孔	press tool	冲模
hook feed	钩式送料装置	pressure pad	顶板、压料板
hopper	料斗	pressure pin	顶杆
hydraulic-action forming	液压拉深	progression	步距
inside-out redrawing	反拉深	progressive die	连续模(级进模)
ironing	变薄拉深	progressive draw	连续拉深
knockout pin	推杆	punch	凸模；上模(不包括
knockout plate	推板		倒装)
lancing	切开；切舌	punching	冲孔
layout	排样	punch plate	固定板

punch retainer	固定板	stretching	拉延
pusher	侧压板	strip	条料
reverse redrawing	反拉深	strip layout	排样图
roll feed	滚轴送料装置	strop material tray	承料板(带导料装置)
rollover	塌角	stripper	卸件器
scrap allowance	搭边	stripper bolt	卸料螺钉
scrap cutter	废料切刀	stripper plate	卸料板
segment	拼块	stroke	行程
shank	模柄	swaging	压凸
shaving	整修	top dead center	上级点
sheet	板料(较薄)	total clearance	双面间隙
shut height	闭合高度	trimming	切边
single-operation die	单工序模	trimming punch	侧刃
sizing	整形	trim stop	(侧刃)挡块
slotting	冲槽	tryout	试模
smooth-edge blanking	光洁冲裁	twisting	扭弯
solid stop	固定挡料销(板)	universal die	组合冲模、通用冲模
spring-back	回弹	unloading	出件
spring-operated stripper	弹压卸料板	unloading device	出件装置
stalk	模柄	upper bolster	上模座
stamping	冲件；压花；冲压	upper shoe	上模座
starting stop	始用挡料销	V-ring	齿圈
stock guide	导料板	wear plate	导板(无脱料、脱件功能)
stock lifter	顶料销	wiring	卷缘(缘内空心)
stop block	限位块	workpiece	零件
stop pin	挡料销	wrinkling	起皱
stretch-forming	拉弯		

D2 塑料模

mould for plastics	塑料成形模具	injection mould for thermosets	热固性塑料注射模
mould for thermoplastics	热塑性塑料模	flash mould	溢式压缩模
mould for thermosets	热固性塑料模	semi-positive mould	半溢式压缩模
compression mould	压缩模	positive mould	不溢式压缩模
transfer mould	传递模	portable compression mould	移动式压缩模
injection mould	注射模	portable transfer mould	移动式压注模
injection mould for thermoplastics	热塑性塑料注射模	fixd compression mould	固定式压缩模
		fixed transfer mould	固定式压注模

runnerless mould	无流道模	spew groove	溢料槽
hot runner mould	热流道模	vent(of a mould)	排气槽(孔)
insulated runner mould	绝热流道模	parting line	分型面
warm runner mould	温流道模	horizontal parting line	水平分型面(线)
feed system	浇注系统	vertical parting line	垂直分型面(线)
sprue	主流道	stationary mould	定模
runner	分流道	fixed half	定模
gate	浇口	movable mould	动模
direct gate	直接浇口	moving half	动模
sprue gate	主流道浇口	upper mould	上模
ring gate	环形浇口	upper half	上模
disk gate	盘形浇口	lower mould	下模
diaphragm gate	隔膜浇口	lower half	下模
spoke gate	轮辐浇口	cavity(of a mould)	型腔
spider gate	轮辐浇口	impression	凹模
pin-point gate	点浇口	cavity block	凹模
edge gate	侧浇口	cavity plate	凹模
submarine gate	潜伏浇口	mold insert	镶件
tunnel gate	隧道式浇口	movable insert	活动镶件
fan gate	扇形浇口	loose detail	活动镶件
tab gate	护耳浇口	splits(of a mould)	拼块
cold-slug well	冷料穴	cavity splits	凹模拼块
sprue bush	浇口套	core splits	型芯拼块
gating insert	浇口镶块	core	型芯
spreader	分流锥	side core	侧型芯
runner plate	流道板	slide core	侧型芯
mainfold block	热流道板(柱)	thread plug	螺纹型芯
hot-runner manifold	热流道分流锥(管)	threaded core	螺纹型芯
warm runner plate	温流道板	thread ring	螺纹型环
secondary nozzle	二级喷嘴	threaded cavity	螺纹型环
torpedo	鱼雷形组合体	punch	凸模
torpedo body assembly	鱼雷形组合体	force	凸模
cartridge heater	管式加热器	insert(for moulding)	嵌件
heat pipe	热管	fixed clamp plate	定模座板
valve gate	阀式浇口	top clamping plate	定模座板
loading chamber(in a compression mould) 加料腔		top plate	定模座板
transfer pot(in a transfer mould) 加料腔		moving clamp plate	动模座板
force plunger	柱塞	bottom clamping plate	动模座板
flash groove	溢料槽	bottom plate	动模座板

upper clamping plate	上模座板	straight bushing	直导套
lower clamping plate	下模座板	guide bush,headed	带头导套
cavity-retainer plate	凹模固定板	shoulder bushing	带头导套
core-retainer plate	型芯固定板	ejector guide bush	推板导套
punch-retainer plate	凸模固定板	ejector bushing	推板导套
chase	模套	locating ring	定位圈
bolster	模套	mould bases locating elements	锥形定位件
frame	模套	ejector plate return pin	复位杆
backing plate	支承板	push-back pin	复位杆
support plate	支承板	stop pin	限位钉
spacer	垫块	stop but ton	限位钉
parallel	垫块	stop block	限位块
ejector housing	支架	stop pad	限位块
mould base leg	支架	length bolt	定距拉杆
support pillar	支承柱	puller bolt	定距拉杆
mould plate	模板	puller plate	定距拉板
angle pin	斜销	limit plate	定距拉板
finger cam	斜销	ejector pin	推杆
slide	滑块	ejector pin with cylindrical head	圆柱头推杆
cam slide	滑块	shouldered ejector pin	带肩推杆
side core-slide	侧型芯滑块	flat ejector pin	扁推杆
slide guide strip	滑块导板	ejector sleeve	推管
heel block	锁紧块	ejector pad	推块
wedge lock	锁紧块	stripper plate	推件板
finger guide plate	斜槽导板	stripper ring	推件环(盘)
dog-leg cam	弯销	stripper disk	推件环(盘)
angled-lift splits	斜滑块	ejection retainer plate	推杆固定板
guide pillar	导柱	ejection plate	推板
guide pin	导柱	ejector plate	推板
leader pin	导柱	ejector tie rod	连接推杆
guide pillar straight	带头导柱	sprue puller	拉料杆
straight leader pin	带头导柱	sprue puller,z-shaped	钩形拉料杆
guide pillar,shouldered	带肩导柱	sprue puller,ball headed	球头拉料杆
shoulder leader pin	带肩导柱	sprue puller,conical headed	圆锥头拉料杆
ejector guide pillar	推板导柱	runner puller	分流道拉料杆
ejector guide pin	推板导柱	runner lock pin	分流道拉料杆
guide bush	导套	runner stripper plate	浇道脱料板
guide bushing	导套	cooling channel	冷却通道
guide bush,straight	直导套	cooling line	冷却通道

baffle	隔板	portable transfer mould	移动式压注模
heating plate	加热板	fixed compression mould	固定式压缩模
thermal insulation board	隔热板	fixed transfer mould	固定式压注模
mould bases(of a injection mould)	模架(注射模)	runnerless mould	无流道模
standard mould bases	标准模架	hot runner mould	热流道模
shot capacity	注射能力	insulated runner mould	绝热流道模
shrinkage	收缩率	warm runner mould	温流道模
injection pressure	注射压力	feed system	浇注系统
clamping force	锁模力	sprue	主流道
locking force	锁模力	runner	分流道
moulding pressure	成形压力	gate	浇口
internal mould pressure	模内压力	direct gate	直接浇口
cavity pressure	模内压力	sprue gate	主流道浇口
mould opening force	开模力	ring gate	环形浇口
ejection force	脱模力	disk gate	盘形浇口
core-pulling force	抽芯力	diaphragm gate	隔膜浇口
core-pulling distance	抽芯距	spoke gate	轮辐浇口
mould shut height	闭合高度	spider gate	轮辐浇口
maximum daylight	最大开距	pin-point gate	点浇口
open daylight	最大开距	edge gate	侧浇口
projected area	投影面积	submarine gate	潜伏浇口
draft	脱模斜度	tunnel gate	隧道式浇口
stripper distance	脱模距	fan gate	扇形浇口
mould for plastics	塑料成型模具	tab gate	护耳浇口
mould for thermoplastics	热塑性塑料模	cold-slug well	冷料穴
mould for thermosets	热固性塑料模	sprue bush	浇口套
compression mould	压缩模	gating insert	浇口镶块
transfer mould	传递模	spreader	分流锥
injection mould	注射模	runner plate	流道板
injection mould for thermoplastics	热塑性塑料注射模	mainfold block	热流道板(柱)
injection mould for thermosets	热固性塑料注射模	hot-runner manifold	热流道分流锥(管)
flash mould	溢式压缩模	warm runner plate	温流道板
semi-positive mould	半溢式压缩模	secondary nozzle	二级喷嘴
positive mould	不溢式压缩模	cartridge heater	管式加热器
portable compression mould	移动式压缩模	heat pipe	热管
		valve gate	阀式浇口

附录 E 金属材料性能符号的新旧标准

拉伸性能符号					
新标准(GB/T 228—2010)			旧标准(GB/T 228—1987)		
性能名称		符号	性能名称		符号
断面收缩率	Percentage reduction of area	Z	断面收缩率		ψ
断后伸长率	Percentage elongation after fracture	A $A_{11.3}$ A_{xmm}	断后伸长率		δ_5 δ_{10} δ_{xmm}
断裂总伸长率	Percentage total elongation at fracture	A_t	—		—
最大力总伸长率	Percentage elongation at maximum force	A_{gt}	最大力下的总伸长率		δ_{gt}
屈服点延伸率	Percentage yield point extension	A_e	屈服点延伸率		δ_s
屈服强度	Yield strength	—	屈服点		σ_s
上屈服强度	Upper yield strength	R_{eH}	上屈服点		σ_{sU}
下屈服强度	Lower yield strength	R_{eL}	下屈服点		σ_{sL}
规定总延伸强度	Proof strength, total extension	R_t, 例如 $R_{t0.5}$	规定总伸长应力		σ_t, 例如 $\sigma_{t0.5}$
规定残余延伸强度	Permanent set strength	R_r, 例如 $R_{r0.2}$	规定残余伸长应力		σ_r, 例如 $\sigma_{r0.2}$
抗拉强度	Tensile strength	R_m	抗拉强度		σ_b
剪切性能符号					
新标准(GB/T 6400—2007)			旧标准(GB/T 6400—1986)		
性能名称		符号	性能名称		符号
抗剪强度	Shear strength	τ_b	抗剪强度		τ

材料硬度符号					
新标准（GB/T 231.1—2009）			旧标准（GB/T 231—1984）		
性能名称	说明	符号	性能名称	说明	符号
布氏硬度	压头为硬质合金球	HBW	布氏硬度	压头为钢球时	HBS
				压头为硬质合金球时	HBW

注: 1. 该表只列出本书中用到的金属材料性能符号的新旧标准对照，符号未有变化的没有列出。

    2. 屈服强度 δ_s 是指呈屈服现象的金属材料，试样在试验过程中力不增加(保持恒定)仍能继续伸长时的应力。在新标准中把这种情况归类到下屈服强度 R_{eL}，所以本书均用 R_{eL} 替换其他教材中的 δ_s。

参 考 文 献

[1] 施于庆. 冲压工艺及模具设计[M]. 杭州：浙江大学出版社，2012.

[2] 冲模设计手册编写组. 冲模设计手册[M]. 北京：机械工业出版社，2007.

[3] 郑展. 冲压工艺与冲模设计手册[M]. 北京：化学工业出版社，2013.

[4] 薛啟翔. 冲压模具设计制造难点与窍门[M]. 北京：机械工业出版社，2003.

[5] 罗益旋. 最新冲压新工艺、新技术及模具设计实用手册[M]. 长春：吉林出版发行集团，2004.

[6] 薛啟翔. 冲压工艺与模具设计实例分析[M]. 北京：机械工业出版社，2008.

[7] 肖祥芷. 中国模具工程大典(第4卷)：冲压模具设计[M]. 北京：电子工业出版社，2007.

[8] 宋建丽. 塑性成形与模具专业英语[M]. 北京：机械工业出版社，2011.

[9] 陈炎嗣. 冲压模具设计手册：多工位级进模[M]. 北京：化学工业出版社，2013.

[10] 朱光力，李学峰，周建安. 模具设计与制造实训[M]. 北京：高等教育出版社，2008.

[11] 褚亮. 锥形凹模缩口工艺试验及理论研究[D]. 南昌：南昌大学，2005.

[12] 史艳艳. MoldFlow 2012 标准教程[M]. 北京：海洋出版社，2013.

[13] 屈华昌. 塑料成型工艺与模具设计(修订版)[M]. 北京：高等教育出版社，2007.

[14] 塑料模设计手册编写组. 塑料模设计手册[M]. 北京：机械工业出版社，2002.

[15] 杨占尧. 最新冲压模具标准及应用手册[M]. 北京：化学工业出版社，2010.

[16] 张惠敏，焦冬梅. 注塑模型腔壁厚计算公式讨论[J]. 工程塑料应用，2005, 33(9)：52-54.

[17] [美]M. J. 戈登. 塑料制品工业设计[M]. 苑会林，译. 北京：化学工业出版社，2005.

[18] 阎其凤. 模具设计与制造[M]. 北京：机械工业出版社，1998.

[19] 张洪峰. 塑料模具设计与制造[M]. 郑州：河南科学技术出版社，2006.

[20] 李海梅，申长雨. 注塑成形及模具设计实用技术[M]. 北京：化学工业出版社，2005.

[21] 施靖. FLTP-759 型真空吸塑成型机改进设计[D]. 扬州：扬州大学，2006.

[22] 李俊松. 塑料模具设计[M]. 北京：人民邮电出版社，2007.

[23] 伍先明，陈志钢，杨军，等. 塑料模具设计指导[M]. 3版. 北京：国防工业出版社，2012.

[24] 郭铁良. 模具制造工艺学[M]. 北京：高等教育出版社，2006.

[25] 刘晋春，赵家齐，赵万生. 特种加工[M]. 北京：机械工业出版社，2007.

[26] 胡家秀. 简明机械零件设计实用手册[M]. 北京：机械工业出版社，2012.

[27] 李云程. 模具制造工艺学[M]. 2版. 北京：机械工业出版社，2011.

[28] 李奇，朱江峰. 模具设计与制造[M]. 北京：人民邮电出版社，2006.

[29] 齐晓杰. 塑料成型工艺与模具设计[M]. 2版. 北京：机械工业出版社，2012.

[30] 张玉龙. 橡塑制品压制成形实例[M]. 北京：机械工业出版社，2005.

[31] 刘朝福. 模具制造实用手册[M]. 北京：化学工业出版社，2012.

[32] 王华山. 塑料注塑技术与实例[M]. 北京：化学工业出版社，2005.

[33] 杨海鹏. 模具设计与制造实训教程[M]. 北京：清华大学出版社，2011.

[34] 廖毅娟. 金属板料多次拉深中拉深系数的确定[J]. 广东机械学院学报，1996.3

[35] 李淼泉，李庆华. 材料科学与工程：模具 CAD/CAM [M]. 西安：西北工业大学出版社，2012.

[36] 熊惟皓. 模具表面处理与表面加工[M]. 北京：化学工业出版社，2007.

[37] 韦玉屏. 模具材料及表面处理[M]. 2版. 北京：机械工业出版社，2012.

[38] 杨晓. 塑料模具标准件及设计应用手册[M]. 北京：化学工业出版社，2008.

北京大学出版社教材书目

✧ 欢迎访问教学服务网站 www.pup6.com，免费查阅已出版教材的电子书(PDF 版)、电子课件和相关教学资源。

✧ 欢迎征订投稿。联系方式：010-62750667，童编辑，13426433315@163.com，pup_6@163.com，欢迎联系。

序号	书　名	标准书号	主　编	定价	出版日期
1	机械设计	978-7-5038-4448-5	郑　江，许　瑛	33	2007.8
2	机械设计	978-7-301-15699-5	吕　宏	32	2013.1
3	机械设计	978-7-301-17599-6	门艳忠	40	2010.8
4	机械设计	978-7-301-21139-7	王贤民，霍仕武	49	2014.1
5	机械设计	978-7-301-21742-9	师素娟，张秀花	48	2012.12
6	机械原理	978-7-301-11488-9	常治斌，张京辉	29	2008.6
7	机械原理	978-7-301-15425-0	王跃进	26	2013.9
8	机械原理	978-7-301-19088-3	郭宏亮，孙志宏	36	2011.6
9	机械原理	978-7-301-19429-4	杨松华	34	2011.8
10	机械设计基础	978-7-5038-4444-2	曲玉峰，关晓平	27	2008.1
11	机械设计基础	978-7-301-22011-5	苗淑杰，刘喜平	49	2015.8
12	机械设计基础	978-7-301-22957-6	朱　玉	38	2014.12
13	机械设计课程设计	978-7-301-12357-7	许　瑛	35	2012.7
14	机械设计课程设计	978-7-301-18894-1	王　慧，吕　宏	30	2014.1
15	机械设计辅导与习题解答	978-7-301-23291-0	王　慧，吕　宏	26	2013.12
16	机械原理、机械设计学习指导与综合强化	978-7-301-23195-1	张占国	63	2014.1
17	机电一体化课程设计指导书	978-7-301-19736-3	王金娥　罗生梅	35	2013.5
18	机械工程专业毕业设计指导书	978-7-301-18805-7	张黎骅，吕小荣	22	2015.4
19	机械创新设计	978-7-301-12403-1	丛晓霞	32	2012.8
20	机械系统设计	978-7-301-20847-2	孙月华	32	2012.7
21	机械设计基础实验及机构创新设计	978-7-301-20653-9	邹旻	28	2014.1
22	TRIZ 理论机械创新设计工程训练教程	978-7-301-18945-0	蒯苏苏，马履中	45	2011.6
23	TRIZ 理论及应用	978-7-301-19390-7	刘训涛，曹　贺等	35	2013.7
24	创新的方法——TRIZ 理论概述	978-7-301-19453-9	沈萌红	28	2011.9
25	机械工程基础	978-7-301-21853-2	潘玉良，周建军	34	2013.2
26	机械工程实训	978-7-301-26114-9	侯书林，张　炜等	52	2015.10
27	机械 CAD 基础	978-7-301-20023-0	徐云杰	34	2012.2
28	AutoCAD 工程制图	978-7-5038-4446-9	杨巧绒，张克义	20	2011.4
29	AutoCAD 工程制图	978-7-301-21419-0	刘善淑，胡爱萍	38	2015.2
30	工程制图	978-7-5038-4442-6	戴立玲，杨世平	27	2012.2
31	工程制图	978-7-301-19428-7	孙晓娟，徐丽娟	30	2012.5
32	工程制图习题集	978-7-5038-4443-4	杨世平，戴立玲	20	2008.1
33	机械制图(机类)	978-7-301-12171-9	张绍群，孙晓娟	32	2009.1
34	机械制图习题集(机类)	978-7-301-12172-6	张绍群，王慧敏	29	2007.8
35	机械制图(第 2 版)	978-7-301-19332-7	孙晓娟，王慧敏	38	2014.1
36	机械制图	978-7-301-21480-0	李凤云，张　凯等	36	2013.1
37	机械制图习题集(第 2 版)	978-7-301-19370-7	孙晓娟，王慧敏	22	2011.8
38	机械制图	978-7-301-21138-0	张　艳，杨晨升	37	2012.8
39	机械制图习题集	978-7-301-21339-1	张　艳，杨晨升	24	2012.10
40	机械制图	978-7-301-22896-8	臧福伦，杨晓冬等	60	2013.8
41	机械制图与 AutoCAD 基础教程	978-7-301-13122-0	张爱梅	35	2013.1
42	机械制图与 AutoCAD 基础教程习题集	978-7-301-13120-6	鲁　杰，张爱梅	22	2013.1
43	AutoCAD 2008 工程绘图	978-7-301-14478-7	赵润平，宗荣珍	35	2009.1
44	AutoCAD 实例绘图教程	978-7-301-20764-2	李庆华，刘晓杰	32	2012.6
45	工程制图案例教程	978-7-301-15369-7	宗荣珍	28	2009.6
46	工程制图案例教程习题集	978-7-301-15285-0	宗荣珍	24	2009.6
47	理论力学（第 2 版）	978-7-301-23125-8	盛冬发，刘　军	38	2013.9

序号	书　名	标准书号	主　编	定价	出版日期
48	材料力学	978-7-301-14462-6	陈忠安，王　静	30	2013.4
49	工程力学(上册)	978-7-301-11487-2	毕勤胜，李纪刚	29	2008.6
50	工程力学(下册)	978-7-301-11565-7	毕勤胜，李纪刚	28	2008.6
51	液压传动（第2版）	978-7-301-19507-9	王守城，容一鸣	38	2013.7
52	液压与气压传动	978-7-301-13179-4	王守城，容一鸣	32	2013.7
53	液压与液力传动	978-7-301-17579-8	周长城等	34	2011.11
54	液压传动与控制实用技术	978-7-301-15647-6	刘　忠	36	2009.8
55	金工实习指导教程	978-7-301-21885-3	周哲波	30	2014.1
56	工程训练（第3版）	978-7-301-24115-8	郭永环，姜银方	38	2016.1
57	机械制造基础实习教程	978-7-301-15848-7	邱　兵，杨明金	34	2010.2
58	公差与测量技术	978-7-301-15455-7	孔晓玲	25	2012.9
59	互换性与测量技术基础(第3版)	978-7-301-25770-8	王长春等	35	2015.6
60	互换性与技术测量	978-7-301-20848-9	周哲波	35	2014.1
61	机械制造技术基础	978-7-301-14474-9	张　鹏，孙有亮	28	2011.6
62	机械制造技术基础	978-7-301-16284-2	侯书林　张建国	32	2012.8
63	机械制造技术基础	978-7-301-22010-8	李菊丽，何绍华	42	2014.1
64	先进制造技术基础	978-7-301-15499-1	冯宪章	30	2011.11
65	先进制造技术	978-7-301-22283-6	朱　林，杨春杰	30	2013.4
66	先进制造技术	978-7-301-20914-1	刘　璇，冯　凭	28	2012.8
67	先进制造与工程仿真技术	978-7-301-22541-7	李　彬	35	2013.5
68	机械精度设计与测量技术	978-7-301-13580-8	于　峰	25	2013.7
69	机械制造工艺学	978-7-301-13758-1	郭艳玲，李彦蓉	30	2008.8
70	机械制造工艺学(第2版)	978-7-301-23726-7	陈红霞	45	2014.1
71	机械制造工艺学	978-7-301-19903-9	周哲波，姜志明	49	2012.1
72	机械制造基础(上)——工程材料及热加工工艺基础(第2版)	978-7-301-18474-5	侯书林，朱　海	40	2013.2
73	制造之用	978-7-301-23527-0	王中任	30	2013.12
74	机械制造基础(下)——机械加工工艺基础(第2版)	978-7-301-18638-1	侯书林，朱　海	32	2012.5
75	金属材料及工艺	978-7-301-19522-2	于文强	44	2013.2
76	金属工艺学	978-7-301-21082-6	侯书林，于文强	32	2012.8
77	工程材料及成形技术基础（第2版）	978-7-301-22367-3	申荣华	58	2013.5
78	工程材料及其成形技术基础学习指导与习题详解（第2版）	978-7-301-26300-6	申荣华	28	2015.9
79	机械工程材料及成形基础	978-7-301-15433-5	侯俊英，王兴源	30	2012.5
80	机械工程材料（第2版）	978-7-301-22552-3	戈晓岚，招玉春	36	2013.6
81	机械工程材料	978-7-301-18522-3	张铁军	36	2012.5
82	工程材料与机械制造基础	978-7-301-15899-9	苏子林	32	2011.5
83	控制工程基础	978-7-301-12169-6	杨振中，韩致信	29	2007.8
84	机械制造装备设计	978-7-301-23869-1	宋士刚，黄　华	40	2014.12
85	机械工程控制基础	978-7-301-12354-6	韩致信	25	2008.1
86	机电工程专业英语(第2版)	978-7-301-16518-8	朱　林	24	2013.7
87	机械制造专业英语	978-7-301-21319-3	王中任	28	2014.1
88	机械工程专业英语	978-7-301-23173-9	余兴波，姜　波等	30	2013.9
89	机床电气控制技术	978-7-5038-4433-7	张万奎	26	2007.9
90	机床数控技术(第2版)	978-7-301-16519-5	杜国臣，王士军	35	2014.1
91	自动化制造系统	978-7-301-21026-0	辛宗生，魏国丰	37	2014.1
92	数控机床与编程	978-7-301-15900-2	张洪江，侯书林	25	2012.10
93	数控铣床编程与操作	978-7-301-21347-6	王志斌	35	2012.10
94	数控技术	978-7-301-21144-1	吴瑞明	28	2012.9
95	数控技术	978-7-301-22073-3	唐友亮　余　勃	45	2014.1
96	数控技术与编程	978-7-301-26028-9	程广振　卢建湘	36	2015.8
97	数控技术及应用	978-7-301-23262-0	刘　军	49	2013.10
98	数控加工技术	978-7-5038-4450-7	王　彪，张　兰	29	2011.7
99	数控加工与编程技术	978-7-301-18475-2	李体仁	34	2012.5
100	数控编程与加工实习教程	978-7-301-17387-9	张春雨，于　雷	37	2011.9
101	数控加工技术及实训	978-7-301-19508-6	姜永成，夏广岚	33	2011.9
102	数控编程与操作	978-7-301-20903-5	李英平	26	2012.8
103	现代数控机床调试及维护	978-7-301-18033-4	邓三鹏等	32	2010.11
104	金属切削原理与刀具	978-7-5038-4447-7	陈锡渠，彭晓南	29	2012.5

序号	书　名	标准书号	主　编	定价	出版日期
105	金属切削机床(第 2 版)	978-7-301-25202-4	夏广岚，姜永成	42	2015.1
106	典型零件工艺设计	978-7-301-21013-0	白海清	34	2012.8
107	模具设计与制造(第 2 版)	978-7-301-24801-0	田光辉，林红旗	56	2015.1
108	工程机械检测与维修	978-7-301-21185-4	卢彦群	45	2012.9
109	特种加工	978-7-301-21447-3	刘志东	50	2014.1
110	精密与特种加工技术	978-7-301-12167-2	袁根福，祝锡晶	29	2011.12
111	逆向建模技术与产品创新设计	978-7-301-15670-4	张学昌	28	2013.1
112	CAD/CAM 技术基础	978-7-301-17742-6	刘 军	28	2012.5
113	CAD/CAM 技术案例教程	978-7-301-17732-7	汤修映	42	2010.9
114	Pro/ENGINEER Wildfire 2.0 实用教程	978-7-5038-4437-X	黄卫东，任国栋	32	2007.7
115	Pro/ENGINEER Wildfire 3.0 实例教程	978-7-301-12359-1	张选民	45	2008.2
116	Pro/ENGINEER Wildfire 3.0 曲面设计实例教程	978-7-301-13182-4	张选民	45	2008.2
117	Pro/ENGINEER Wildfire 5.0 实用教程	978-7-301-16841-7	黄卫东，郝用兴	43	2014.1
118	Pro/ENGINEER Wildfire 5.0 实例教程	978-7-301-20133-6	张选民，徐超辉	52	2012.2
119	SolidWorks 三维建模及实例教程	978-7-301-15149-5	上官林建	30	2012.8
120	UG NX 9.0 计算机辅助设计与制造实用教程(第 2 版)	978-7-301-26029-6	张黎骅，吕小荣	36	2015.8
121	CATIA 实例应用教程	978-7-301-23037-4	于志新	45	2013.8
122	Cimatron E9.0 产品设计与数控自动编程技术	978-7-301-17802-7	孙树峰	36	2010.9
123	Mastercam 数控加工案例教程	978-7-301-19315-0	刘 文，姜永梅	45	2011.8
124	应用创造学	978-7-301-17533-0	王成军，沈豫浙	26	2012.5
125	机电产品学	978-7-301-15579-0	张亮峰等	24	2015.4
126	品质工程学基础	978-7-301-16745-8	丁 燕	30	2011.5
127	设计心理学	978-7-301-11567-1	张成忠	48	2011.6
128	计算机辅助设计与制造	978-7-5038-4439-6	仲梁维，张国全	29	2007.9
129	产品造型计算机辅助设计	978-7-5038-4474-4	张慧姝，刘永翔	27	2006.8
130	产品设计原理	978-7-301-12355-3	刘美华	30	2008.2
131	产品设计表现技法	978-7-301-15434-2	张慧姝	42	2012.5
132	CorelDRAW X5 经典案例教程解析	978-7-301-21950-8	杜秋磊	40	2013.1
133	产品创意设计	978-7-301-17977-2	虞世鸣	38	2012.5
134	工业产品造型设计	978-7-301-18313-7	袁涛	39	2011.1
135	化工工艺学	978-7-301-15283-6	邓建强	42	2013.7
136	构成设计	978-7-301-21466-4	袁涛	58	2013.1
137	设计色彩	978-7-301-24246-9	姜晓微	52	2014.6
138	过程装备机械基础（第 2 版）	978-301-22627-8	于新奇	38	2013.7
139	过程装备测试技术	978-7-301-17290-2	王毅	45	2010.6
140	过程控制装置及系统设计	978-7-301-17635-1	张早校	30	2010.8
141	质量管理与工程	978-7-301-15643-8	陈宝江	34	2009.8
142	质量管理统计技术	978-7-301-16465-5	周友苏，杨 飒	30	2010.1
143	人因工程	978-7-301-19291-7	马如宏	39	2011.8
144	工程系统概论——系统论在工程技术中的应用	978-7-301-17142-4	黄志坚	32	2010.6
145	测试技术基础(第 2 版)	978-7-301-16530-0	江征风	30	2014.1
146	测试技术实验教程	978-7-301-13489-4	封士彩	22	2008.8
147	测控系统原理设计	978-7-301-24399-2	齐永奇	39	2014.7
148	测试技术学习指导与习题详解	978-7-301-14457-2	封士彩	34	2009.3
149	可编程控制器原理与应用(第 2 版)	978-7-301-16922-3	赵 燕，周新建	33	2011.11
150	工程光学	978-7-301-15629-2	王红敏	28	2012.5
151	精密机械设计	978-7-301-16947-6	田 明，冯进良等	38	2011.9
152	传感器原理及应用	978-7-301-16503-4	赵 燕	35	2014.1
153	测控技术与仪器专业导论(第 2 版)	978-7-301-24223-0	陈毅静	36	2014.6
154	现代测试技术	978-7-301-19316-7	陈科山，王燕	43	2011.8
155	风力发电原理	978-7-301-19631-1	吴双群，赵丹平	33	2011.10
156	风力机空气动力学	978-7-301-19555-0	吴双群	32	2011.10
157	风力机设计理论及方法	978-7-301-20006-3	赵丹平	32	2012.1
158	计算机辅助工程	978-7-301-22977-4	许承东	38	2013.8
159	现代船舶建造技术	978-7-301-23703-8	初冠南，孙清洁	33	2014.1

如您需要免费纸质样书用于教学，欢迎登陆第六事业部门户网(www.pup6.com)填表申请，并欢迎在线登记选题以到北京大学出版社来出版您的大作，也可下载相关表格填写后发到我们的邮箱，我们将及时与您取得联系并做好全方位的服务。